高等职业教育生物技术类专业教材

生 物 化 学

（第二版）

范继业　于文国　主　编

图书在版编目（CIP）数据

生物化学/范继业，于文国主编. —2 版. —北京：中国轻工业出版社，2024.8
高等职业教育"十三五"规划教材
ISBN 978-7-5184-1454-3

Ⅰ.①生… Ⅱ.①范… ②于… Ⅲ.①生物化学—高等职业教育—教材 Ⅳ.①Q5

中国版本图书馆 CIP 数据核字（2017）第 176919 号

责任编辑：江 娟 贺 娜　　责任终审：滕炎福　　封面设计：锋尚设计
策划编辑：江 娟 张 靓　　责任校对：晋 洁　　责任监印：张京华

出版发行：中国轻工业出版社（北京鲁谷东街 5 号，邮编：100040）
印　　刷：三河市万龙印装有限公司
经　　销：各地新华书店
版　　次：2024 年 8 月第 2 版第 6 次印刷
开　　本：720×1000　1/16　印张：20.75
字　　数：413 千字
书　　号：ISBN 978-7-5184-1454-3　定价：45.00 元
邮购电话：010-85119873
发行电话：010-85119832　010-85119912
网　　址：http://www.chlip.com.cn
Email：club@chlip.com.cn
版权所有　侵权必究
如发现图书残缺请与我社邮购联系调换
241452J2C206ZBQ

编写人员名单

主　编　范继业　于文国
副主编　魏　转　崔润丽　张　静
参　编　孙佰虎　黄智璇
主　审　陈金利

前　　言

本教材在编写过程中坚持以培养高素质技术技能型人才为核心，以职业为导向、以能力为本位、以学生为主体的指导思想和原则，按照制药类、生物类、药学类等专业的人才培养目标，确立本课程的教学内容，编写本教材，最大可能地实现学习与岗位工作的对接。

生物化学课程既为后续课程提供理论和技术基础，又直接面向工业生产和现实应用，如何在基础理论教学和实践应用教学上达成一致一直是高职高专教育的难点，鉴于生物化学课程教学内容的并行性和广泛性，以及生物化学制品的产品品种，本教材在延续传统分类体系的基础上对教学内容进行了序化和整合，一方面实现了教学内容上的优化整合，将生物氧化、脂代谢、核酸代谢等理论性较强的内容做了精简合并，以必需够用为度，另一方面体现了与产品种类的对应性，每个项目均依托真实产品设计了来源于典型工作过程的项目任务，提供了完成项目任务必需的基础知识和技能训练，使学生在完成工作任务的过程中达到规定的知识学习目标和能力目标。本教材编写了大量原创性实训项目，并在其中包含了传统的单元实验技能，以方便各个层次的院校实施。

本教材内容包括绪论和10个教学项目（蛋白质、酶、核酸、糖与生物能、脂、维生素、氨基酸、基因工程、蛋白质工程、物质转化），绪论由河北化工医药职业技术学院于文国编写；项目一、项目四、项目十由河北化工医药职业技术学院范继业编写；项目二由石家庄职业技术学院孙佰虎编写；项目三由广东食品药品职业技术学院黄智璇编写；项目五、项目九由河北化工医药职业技术学院魏转编写；项目六由河北化工医药职业技术学院张静编写；项目七、项目八由河北化工医药职业技术学院崔润丽编写。全书由范继业统稿，由华药集团生物技术分公司陈金利高级工程师参与项目设计并审稿。

由于时间仓促，加之学识水平有限，难免存在诸多不足之处，恳请广大读者提出宝贵意见。

编者

2017 年 5 月

目 录

绪论 ·· 1
　一、生物化学的起源 ·· 1
　二、生物化学的研究内容 ·· 1
　三、生物化学的分类 ·· 3
　四、生物化学的发展简史 ·· 3
　五、生物化学的意义和应用 ··· 5

项目一　蛋白质 ·· 8
　一、蛋白质概述 ·· 8
　二、氨基酸 ·· 13
　三、肽 ·· 26
　四、蛋白质的结构 ··· 30
　五、蛋白质的性质 ··· 41
　六、蛋白质的分离提纯及应用 ··· 46
　实训一　酪蛋白制品的制备 ·· 52
　实训二　玉米肽的制备 ·· 57
　实训三　蛋白粉制品的制备 ·· 58

项目二　酶 ·· 59
　一、酶概述 ·· 60
　二、酶的催化特性 ··· 61
　三、酶的命名和分类 ·· 63
　四、酶的分子组成和结构 ·· 66
　五、酶的作用机制 ··· 69
　六、影响酶促反应速度的因素 ··· 72
　七、别构酶、同工酶、诱导酶、抗体酶 ··· 78
　八、酶的分离纯化与活力测定 ··· 81
　九、酶工程简介 ·· 85

实训一　影响酶促反应速率的因素 …………………………………………………… 89
　　实训二　胰蛋白酶的制备与检测 ……………………………………………………… 92

项目三　核酸 ………………………………………………………………………………… 96
　　一、核酸的化学组成 …………………………………………………………………… 97
　　二、DNA 的组成和结构 ………………………………………………………………… 99
　　三、RNA 的组成和结构 ………………………………………………………………… 103
　　四、核酸的性质 ………………………………………………………………………… 106
　　五、核酸的分离纯化及含量测定 ……………………………………………………… 109
　　六、核酸制品及应用 …………………………………………………………………… 112
　　实训一　DNA 的提取与检测 …………………………………………………………… 115
　　实训二　脱氧核苷酸注射液的制备 …………………………………………………… 117

项目四　糖与生物能 ………………………………………………………………………… 121
　　一、糖类物质 …………………………………………………………………………… 121
　　二、新陈代谢 …………………………………………………………………………… 128
　　三、糖的消化吸收与酶促降解 ………………………………………………………… 129
　　四、糖的分解代谢 ……………………………………………………………………… 131
　　五、糖异生 ……………………………………………………………………………… 152
　　六、血糖与血糖浓度调节 ……………………………………………………………… 155
　　七、多糖代谢 …………………………………………………………………………… 158
　　实训一　双酶法制备淀粉水解糖 ……………………………………………………… 173
　　实训二　斐林试剂热滴定法测定还原糖和总糖含量 ………………………………… 174
　　实训三　3，5－二硝基水杨酸法测定还原糖和总糖含量 …………………………… 177
　　实训四　酒精发酵 ……………………………………………………………………… 179

项目五　脂 …………………………………………………………………………………… 181
　　一、脂类物质及功能 …………………………………………………………………… 181
　　二、脂类物质消化、吸收与代谢 ……………………………………………………… 185
　　三、脂肪的降解 ………………………………………………………………………… 185
　　四、脂肪的生物合成 …………………………………………………………………… 190
　　实训一　血液中胆固醇的快速测定 …………………………………………………… 197

实训二　卵磷脂的提取与鉴定 …………………………………………… 200
　　实训三　肥皂的制作 ……………………………………………………… 201

项目六　维生素 …………………………………………………………… 203
　　一、维生素概述 …………………………………………………………… 203
　　二、脂溶性维生素 ………………………………………………………… 204
　　三、水溶性维生素 ………………………………………………………… 209
　　实训　天然维生素 C 制备与检测 ………………………………………… 220

项目七　氨基酸 …………………………………………………………… 223
　　一、蛋白质的酶促降解 …………………………………………………… 224
　　二、氨基酸的分解与转化 ………………………………………………… 228
　　三、氨的来源与去路 ……………………………………………………… 236
　　四、α-酮酸的代谢转变 …………………………………………………… 241
　　五、氨基酸衍生的重要化合物 …………………………………………… 242
　　实训一　玉米蛋白粉制备谷氨酸钠 ……………………………………… 247
　　实训二　复合氨基酸营养液制备及含量测定 …………………………… 249

项目八　基因工程 ………………………………………………………… 253
　　一、DNA 的生物合成——复制 …………………………………………… 254
　　二、RNA 的生物合成——转录 …………………………………………… 261
　　三、基因工程简介 ………………………………………………………… 267
　　实训一　大肠杆菌转基因实验 …………………………………………… 279
　　实训二　酵母 RNA 的提取及鉴定 ………………………………………… 281

项目九　蛋白质工程 ……………………………………………………… 284
　　一、遗传密码 ……………………………………………………………… 285
　　二、蛋白质合成的分子基础 ……………………………………………… 287
　　三、蛋白质生物合成过程 ………………………………………………… 289
　　四、肽链合成后的加工修饰 ……………………………………………… 293
　　五、干扰蛋白合成的药物 ………………………………………………… 294
　　六、蛋白质工程简介 ……………………………………………………… 297

实训　血清蛋白的分离纯化与鉴定 ………………………………………… 301

项目十　物质转化 ……………………………………………………… 305
　　一、物质代谢的相互联系 …………………………………………………… 305
　　二、物质代谢的调节 ………………………………………………………… 308
　　实训一　柠檬酸的发酵生产 ………………………………………………… 312
　　实训二　糖酵解中间产物的鉴定 …………………………………………… 315

参考文献 …………………………………………………………………… 318

绪 论

学习目标

通过绪论的学习，获得生物化学的涵义、研究内容、发展历程及未来展望，理解生物化学课程对微生物、分离纯化、发酵技术等课程的重要指导意义，了解生化产品在现实中的实际应用。为后续课程内容的学习奠定基础。

知识目标

1. 掌握生物化学的涵义及重大的发展成果。
2. 熟悉生物化学的研究内容及发展历程。
3. 了解生物化学的现实应用与未来展望。

一、生物化学的起源

生命是物质的一种高级运动形式，核酸和蛋白质是生命的物质基础，生物体内各种物质的化学结构和化学反应过程是生命活动的体现。生物化学（biochemistry）即生命的化学，是在分子水平上研究生物体生命现象的化学本质的一门科学。

生物化学（biochemistry）这一名词的出现大约在19世纪末，但其起源可追溯得更远，其早期的历史是生理学和化学的一部分，主要发现是生物体的气体交换作用和对一些有机化合物（如甘油、柠檬酸、苹果酸、乳酸和尿酸等）的揭示。如18世纪80年代，A.-L.拉瓦锡证明呼吸与燃烧一样是氧化作用，同时科学家又发现光合作用本质上是动物呼吸的逆过程。又如1828年F.沃勒首次在实验室中合成了一种有机物——尿素，打破了有机物只能靠生物产生的观点。1860年L.巴斯德证明发酵是由微生物引起的，1897年毕希纳兄弟进一步证明没有活细胞也可进行如发酵这样复杂的生命活动。

【课堂互动】
请说出一个你最感兴趣的生命现象，并寻求生物化学上的解释。

二、生物化学的研究内容

生物化学主要研究生物体分子结构与功能、物质代谢与调节以及遗传信息传递的分子基础与调控规律。

（一）生物体的化学组成

生物体是由一定的物质成分按严格的规律和方式组织而成的。除了水和无机盐之外，活细胞的有机物主要由碳原子与氢、氧、氮、磷、硫等结合组成，分为大分子和小分子两大类。前者包括蛋白质、核酸、多糖和脂质；后者有维生素、激素、各种代谢中间物以及合成生物大分子所需的氨基酸、核苷酸、糖、脂肪酸和甘油等。

生物大分子种类繁多，自然界 130 余万种生物体中，据估计有 $10^{10} \sim 10^{12}$ 种蛋白质及 10^{10} 种核酸。人体内的蛋白质分子据估计不下 100000 种，且极少与其他生物体内的相同。当生物大分子被水解时，即可发现构成它们的基本单位，如蛋白质中的氨基酸、核酸中的核苷酸、脂类中脂肪酸及糖类中的单糖等。这些小而简单的分子称作"构件分子"。它们的种类为数不多，在每一种生物体内基本上都是一样的。实际上，生物体内的生物分子仅仅是由不多几种构件分子借共价键连接而成的。构件分子在生物体内的新陈代谢中，按一定的组织规律，互相连接，依次逐步形成生物分子、亚细胞结构、细胞组织或器官，最后在神经及体液的沟通和联系下，形成一个有生命的整体。

（二）新陈代谢与代谢调节控制

新陈代谢由合成代谢和分解代谢组成。前者是生物体从环境中取得物质，转化为体内新的物质的过程，也称为同化作用；后者是生物体内的原有物质转化为环境中的物质，也称为异化作用。营养物质进入体内后，在合成代谢中，作为原料供给生物体生长、发育、修补及繁殖，在分解代谢中，主要作为能源物质，经生物氧化作用，放出能量，供生命活动所需，产生的废物经各途径排出体外，交回环境，这就是生物体与其外环境的物质交换过程，一般称为物质代谢或新陈代谢。据估计一个人在其一生中（按 60 岁计算），通过物质代谢与其体外环境交换的物质约相当于 60000kg 水、10000kg 糖类、1600kg 蛋白及 1000kg 脂类。在物质代谢的过程中还伴随有能量的变化。生物体内机械能、化学能、热能等能量的相互转化和变化称为能量代谢，此过程中 ATP 起着中心的作用。

物质代谢的调节控制是生物体维持生命的一个重要方面，物质代谢中绝大部分化学反应由酶催化进行，具有高度调控能力，这是生物的重要特点之一。以蛋白质为例，用人工合成，即使有众多高深造诣的化学家，在设备完善的实验室里，也需要数月以至数年，才能合成一种蛋白质，而在一个活细胞里，在适宜环境中，合成一个蛋白质分子只需几秒钟，而且有成百上千个不相同的蛋白质分子。

（三）生物大分子的结构与功能

组成生物体的每一部分都具有其特殊的生理功能。从生物化学的角度，则必须深入探讨细胞、亚细胞结构及生物分子的功能。功能来自结构。欲知细胞的功能，必先了解其结构；同理，要知道一种细胞结构的功能，也必先弄清构成它的生物分子。关于生物分子的结构与其功能有密切关系的知识，已略有所知。例如，DNA中核苷酸排列顺序的不同，表现为遗传中的不同信息，实际是不同的基因。生物化学近年来在这方面的发展极为迅速，有人将这部分内容称为分子生物学。

生物大分子的化学结构一经测定，就可在实验室中进行人工合成。20世纪80年代初出现的蛋白质工程，通过改变蛋白质的结构基因，获得在指定部位经过改造的蛋白质分子。这一技术不仅为研究蛋白质的结构与功能的关系提供了新的途径；而且也开辟了按一定要求合成具有特定功能的、新的蛋白质的广阔前景。

（四）繁殖与遗传

生物体有别于非生物的另一突出特点是具有繁殖能力及遗传特性。一切生物体都能自身复制，并能稳定遗传，遗传的特点是保守性和稳定性。近年来，随着生物化学的发展，已经证实，基因是DNA分子中核苷酸残基的种种排列顺序。现在DNA分子的结构已不难测得，遗传信息也可以知晓，传递遗传信息过程中的各种核糖核酸也已基本弄清，不但能在分子水平上研究遗传，而且还有可能改变遗传，从而派生出遗传工程学。通过将所需要的基因提出或合成，再将其转移到适当的生物体内去，以改变遗传、控制遗传，这不但能解除一些疾患，而且还可以改良动植物、微生物品种，使其更好地为人类服务。

（五）激素与维生素

激素是新陈代谢的重要调节因子。激素系统和神经系统构成生物体两种主要通讯系统，两者之间又有密切的联系。70年代以来，激素的研究范围日益扩大。如发现肠胃道和神经系统的细胞也能分泌激素；一些生长因子、神经递质等也纳入了激素类物质中。许多激素的化学结构已经测定，它们主要是多肽和甾体化合物。一些激素的作用原理也有所了解，有些是改变膜的通透性，有些是激活细胞的酶系，还有些是影响基因的表达。维生素对代谢也有重要影响，可分水溶性与脂溶性两大类。它们大多是酶的辅基或辅酶，与生物体的健康有密切关系。

三、生物化学的分类

生物化学若以不同的生物为对象，可分为动物生化、植物生化、微生物生化、昆虫生化等。若以生物体的不同组织或过程为研究对象，则可分为神经生化、免疫生化等。因研究的物质不同，又可分为蛋白质化学、核酸化学、酶学等。按领域划分，可分为医学生化、农业生化、工业生化、营养生化等。

四、生物化学的发展简史

生物化学是生命科学中最古老的学科之一，发展大体可分为3个阶段。

（1）静态生物化学时期（从19世纪末到20世纪30年代） 研究内容以分

析生物体内物质的化学组成、性质和含量为主。其中 E. 菲舍尔测定了糖和氨基酸的结构，确定了糖的构型，并指出蛋白质是肽键连接的。1926 年 J. B. 萨姆纳制得了脲酶结晶，并证明它是蛋白质，确立了酶是蛋白质这一概念。1931 年中国生物化学家吴宪提出了蛋白质变性的概念。

（2）动态生物化学时期（20 世纪 30~50 年代） 这是一个飞速发展的辉煌时期，主要特点是研究生物体内物质的变化，即代谢途径。其间突出成就是确定了糖酵解、三羧酸循环以及脂肪分解等重要的分解代谢途径。对呼吸、光合作用以及腺苷三磷酸（ATP）在能量转换中的关键位置有了较深入的认识。

（3）机能生物化学时期（20 世纪 50 年代开始） 这个时期出现了真正意义上的现代的生命化学。蛋白质化学和核酸化学成为研究重点。生物化学的发展进入了分子生物学（molecular biology）时期。通常将研究核酸、蛋白质等生物大分子的结构、功能及基因结构、表达与调控的内容称为分子生物学。

1973 年重组 DNA 获得成功，从此开创了基因工程。自 1977 年以后，用这一技术先后成功地制造了生长激素释放抑制激素、胰岛素、干扰素、生长激素等。1982 年用基因工程生产的人工胰岛素获得美、英、联邦德国、瑞士等国政府批准出售而正式工业化。

我国在这一时期取得了一系列重大突破，1965 年我国科学家首次合成了结晶牛胰岛素，证明与天然胰岛素具有相同的结构和生物活性。1981 年又首先合成了具有天然生物活力的酵母丙氨酸 tRNA。

【知识链接】

生物化学大事记

1903 年，Neuberg 首先使用"生物化学"一词。

1937 年，英籍德裔生物化学家克雷布斯（Krebs）发现三羧酸循环，获 1953 年诺贝尔生理学奖。

1944 年，麦克劳德和麦卡蒂证明 DNA 是遗传物质。

1953 年，沃森（Watson）和克里克（Crick）确定 DNA 双螺旋结构，获 1962 年诺贝尔生理学或医学奖，奠定了现代分子生物学的基础。

1955 年，英国生物化学家桑格尔（Sanger）确定牛胰岛素结构，获 1958 年诺贝尔化学奖。

1965 年，中国科学家首次人工合成结晶牛胰岛素。

1973 年，基因重组技术建立。（美）。

1776—1778 年，瑞典化学家舍勒（Sheele）从天然产物中分离出：甘油、苹果酸、柠檬酸、尿酸等有机物。

1980 年，桑格尔和吉尔伯特（Gilbet）设计出测定 DNA 序列的方法，获 1980 年诺贝尔化学奖。

1984 年，诺贝尔化学奖授予 Bruce Merrifield（美国），奖励其建立和发展蛋白质化学合成方法。

1993年,诺贝尔化学奖授予Karg B. Mallis(美)以表彰其发明PCR方法和Michael Smith(加拿大)以表彰其建立DNA合成作用与定点诱变研究。

1994年,诺贝尔生理学或医学奖授予Alfred G. Gilman(美国),以表彰其发现G蛋白及其在细胞内信号转导中的作用。

1996年,诺贝尔生理学或医学奖授予Petr C. Doherty(美)等,以表彰其发现T细胞对病毒感染细胞的识别和MHC(主要组织相容性复合体)限制。

1997年,博耶(PaulD. Boyer),美国生物化学家,由于在研究产生储能分子三磷酸腺苷(ATP)的酶催化过程有开创性贡献而与沃克共获了1997年诺贝尔化学奖。同时获得该奖项的还有发现输送离子的Na/K ATP酶的科学奖Jens C. Skon(丹麦)。

1997年诺贝尔生理医学奖颁发给史坦利·布鲁希纳(Stanley Prusiner)教授(美)。表彰在研究引起人类脑神经退化而成痴呆的古兹菲德-雅各氏病(Creutzfeldt-Jakob disease,CJD)病原体朊蛋白(PRION),并在其致病机理的研究方面做出了杰出贡献。

1998年,诺贝尔生理学或医学奖授予Rolert F. Furchgott(美国),表彰其发现NO是心血管系统的信号分子。

2000年,人类基因组计划完成。

2008年,美籍华人钱永健,我国科学家钱学森堂侄,利用水母发出绿光的化学物来追查实验室内进行的生物反应,钱永健改造绿色荧光蛋白取得多项成果,世界上目前使用的荧光蛋白大多是钱永健实验室改造后的变种。

五、生物化学的意义和应用

21世纪与生物化学有关的最重要的领域主要有以下几个方面:

(1) 生物大分子结构与功能的关系。
(2) 生物膜的结构与功能。
(3) 机体自身调控的分子机理。
(4) 生化技术的创新与发明。
(5) 功能基因组、蛋白质组、代谢组等。
(6) 分子育种与分子农业(工厂化农业)。
(7) 生物净化。
(8) 生物电子学。
(9) 生化药物。
(10) 生物能源的开发。

【知识拓展】

生物化学与生物制药

2007年全球生物技术药物市场销售额已达到828亿美元，全球销售额最高的6大类生物技术药物，分别是肿瘤治疗药物、anti-TNF alfa药物、EPO、胰岛素、beta-干扰素和凝血因子，超过10亿美元销售额的生物技术药物就有28个。

目标检测

一、单项选择题

1. 关于生物化学叙述错误的是（　　）
 A. 生物化学是生命的化学 B. 生物化学是生物与化学
 C. 生物化学是生物体内的化学 D. 生物化学研究对象是生物体
 E. 生物化学研究目的是从分子水平探讨生命现象的本质

2. 关于分子生物学叙述错误的是（　　）
 A. 研究核酸的结构与功能 B. 研究蛋白质的结构与功能
 C. 研究基因结构、表达与调控 D. 研究对象是人体
 E. 是生物化学的重要组成部分

3. 关于生物化学的发展叙述错误的是（　　）
 A. 经历了三个阶段
 B. 18世纪中至19世纪末是叙述生物化学阶段
 C. 20世纪前半叶是动态生物化学阶段
 D. 20世纪后半叶以来是分子生物学时期
 E. DNA双螺旋结构模型的提出是在动态生物化学阶段

4. 当代生物化学研究的主要内容不包括（　　）
 A. 生物体的物质组成 B. 生物分子的结构和功能
 C. 物质代谢及其调节 D. 基因信息传递
 E. 基因信息传递的调控

5. 我国生物化学家吴宪做出贡献的领域是（　　）
 A. 生物分子合成 B. 免疫化学
 C. 蛋白质变性和血液分析 D. 人类基因组计划
 E. 人类后基因组计划

6. 我国生物化学家刘思职做出贡献的领域是（　　）
 A. 生物分子合成 B. 免疫化学
 C. 蛋白质变性和血液分析 D. 人类基因组计划
 E. 人类后基因组计划

7. 我国生物化学家人工合成具有生物活性的牛胰岛素是在（　　）
 A. 公元前21世纪 B. 20世纪

C. 1965 年　　　　　　　　　　D. 1981 年
E. 2001 年

二、简答题
1. 什么是生物化学？它的研究对象和目的是什么？
2. 什么是分子生物学？它与生物化学的关系是什么？
3. 当代生物化学研究的主要内容是什么？

项目一　蛋白质

学习目标

通过本项目的学习，获得蛋白质的结构、功能、理化性质等知识，为学好酶、蛋白质生物合成等后续内容和药理学、生物制药工艺学、生物工程学等后续专业课程奠定必备的蛋白质理论基础。

知识目标

1. 掌握蛋白质的元素组成及特点，掌握氨基酸的分类和结构。
2. 掌握蛋白质的理化性质和相应概念，掌握沉淀、透析、电泳、层析等技术分离纯化蛋白质的原理。
3. 熟悉肽键、多肽链、一级结构、空间结构的概念，相应结构类型及特点。
4. 熟悉蛋白质结构与功能的关系。
5. 了解氨基酸、小分子肽、蛋白质与药物生产应用的关系。

能力目标

1. 能将蛋白的相关知识应用于有关氨基酸、小分子肽及蛋白质类药物的生产、检测、运输和贮存过程中。
2. 能进行蛋白质分离纯化的相关技术操作。

任务描述

某生物制品生产厂家在药品和营养品开发方面有一定经验，该厂家计划开发一系列产品，主要依托粮食主产区，生产蛋白粉类营养产品，开拓市场，并以此为基础积累生产经验，尝试单一蛋白的纯化制备，逐渐过渡到药品领域，现我单位接受该厂家委托进行产品的研发及后续策划工作，请大家制定生产方案。

一、蛋白质概述

蛋白质是生物体的基本组成成分，是荷兰化学家 Mulder 首先使用的，源于希腊语"protos"意为"第一"和"最重要的"。不论是动物、植物，还是简单的细菌、病毒等都有蛋白质存在。它是细胞原生质的主要成分，与核酸一起共同构成了生命的物质基础。人体内蛋白质含量就占其干重的45%左右。

（一）蛋白质是生命的物质基础

1. 蛋白质是生物机体的结构物质

蛋白质是生物体内重要的生物大分子，从高等动、植物到低等的微生物，都以蛋白质为主要组成成分，人体的皮肤、肌肉、内脏、毛发和血液等都是以蛋白质为主要成分，如结缔组织的胶原蛋白、血管和皮肤的弹性蛋白、膜蛋白等。表1-1为人体主要器官组织中蛋白质的含量。

表1-1　　　　　　　　人体各器官组织中蛋白质的含量

器官与组织	蛋白质含量/%	器官与组织	蛋白质含量/%
皮肤	63	心脏	60
骨骼	28	肝脏	57
横纹肌	80	肺脏	82
消化道	63	肾脏	72
体液组织	85	脾脏	84
脑、神经	45	胰脏	47

【知识链接】

蛋白质的相关定义

● 蛋白质是氨基酸通过肽键连接而成的一类大分子含氮化合物，由1条或若干条多肽链组成。

● 多肽链是以多种氨基酸作为结构单位通过肽键连接而成的生物大分子。

● 多肽：两个氨基酸脱水形成二肽，三个氨基酸通过两个肽键连接形成三肽，依次类推。一般相对分子质量小于10^3的多肽链可简称为肽，相对分子质量在$1\times10^3 \sim 1\times10^6$的多肽链称为蛋白质。

2. 蛋白质在生命活动中的作用

蛋白质的重要性很早就被认识，1838年，当Mulder提出蛋白质这个名词时，他就明确指出：在植物和动物中存在这样一种物质，毫不怀疑它是生物体中已知的最重要的物质，如果没有它，在我们这个星球上生命则是不可能存在的。因此，蛋白质有着极其重要的生物学意义。

【课堂互动】

很多国家提倡国民饮用牛乳，印度民族运动领袖圣雄甘地就倡导喝牛乳；英国政坛"铁娘子"撒切尔夫人时任英国政府教育大臣时，因倡导学校安排孩子每天喝杯牛乳，被开玩笑地称作是"牛乳部长"；第二次世界大战后，日本政府每天配给中学生一盒牛乳。为什么？有什么作用？

蛋白质的功能是通过种类和结构的多样性实现的，自然界蛋白质种类繁多，结构复杂，最简单的单细胞生物如大肠杆菌有3000种不同的蛋白质，负担不同的生物学作用，具有不同的生物学特性，因此蛋白质被称为"功能大分子"。蛋白质的类型及生物学功能见表1-2。

表1-2　　　　　　　　　蛋白质的类型及生物学功能

蛋白质类型	生物学功能	蛋白质类型	生物学功能
酶类		结构蛋白	
己糖激酶	使葡萄糖磷酸化	胶原	结缔组织（纤维性）
糖原合成酶	参与糖原合成	弹性蛋白	结缔组织（弹性）
酯酰基脱氢酶	脂肪酸的氧化	转运蛋白	
转氨酶	氨基酸的转氨作用	血红蛋白	O_2和CO_2的运输
DNA聚合酶	DNA的复制与修复	血清蛋白	维持血浆渗透压
激素蛋白		脂蛋白	脂类的运输
胰岛素	降血糖作用	运动蛋白	
促肾上腺皮质激素	调节肾上腺皮质激素合成	肌球蛋白，肌动蛋白	参与肌肉收缩运动
防御蛋白		核蛋白	遗传功能
抗体	免疫保护作用	视蛋白	视觉功能
纤维蛋白原	参与血液凝固	受体蛋白	接收和传递调节信息

总体来说，蛋白质与生命活动关系密切，生命现象和生理活动往往都是通过蛋白质来实现的，主要体现在八个方面。

（1）生物催化功能　蛋白质的一个最重要的生物学功能是作为有机体新陈代谢的催化剂——酶。几乎所有的酶都是蛋白质。生物体内的各种化学反应几乎都是在相应的酶参与下进行的，如人体新陈代谢的酶系统就包含4000余种具有蛋白组分的酶，保证代谢有序进行。

（2）结构蛋白　蛋白质另一个主要的生物学功能是作为有机体的结构成分。在高等动物里，胶原纤维是主要的细胞外结构蛋白，参与结缔组织和骨骼作为身体的支架，具有强烈的韧性，1mm粗的胶原纤维可耐受100~400N的张力。

【课堂互动】
你还能够说出人体的哪些组织和器官是由蛋白质组成的？

（3）物质运输功能　脊椎动物的血红蛋白运输氧和二氧化碳；血浆运铁蛋白转运铁离子，某些色素蛋白如细胞色素c等起传递电子的作用。

（4）免疫保护功能　生物体防御体系中的抗体也是蛋白质。它能识别病毒、细菌以及其他机体的细胞，并与之相结合而排除外来物质对有机体的干扰，起到保护机体的作用。

【知识链接】
2002年中国已有19种生物技术药物投放市场。其中重组人干扰素、重组人白细胞介素是重要的基因工程药物产品。2009年抗甲流疫苗投放市场，反映我国生物技术药物的研发水平有了大幅度提高。

（5）代谢调节功能　还有一些蛋白质具有激素的功能，对生物体内的新陈代谢起调节作用，如胰岛素、生长激素、胸腺激素等，其中胰岛素参与血糖的调节，能降低血液中葡萄糖的含量。

（6）运动功能　某些蛋白质与生物体的运动有关，如肌肉的收缩和松弛由肌球蛋白和肌动蛋白完成，是人运动、血液循环、呼吸和消化的基础，细菌的鞭毛或纤毛蛋白也能产生类似的活动。

（7）机械支持功能　高等动物具有机械支持功能的组织如骨、结缔组织以及具有覆盖保护功能的毛发、皮肤、指甲等组织，主要是由胶原蛋白、角蛋白、弹性蛋白等组成的。

（8）贮藏功能　生物体将各种营养以蛋白质的形式进行贮藏，保障子代发育时的营养供应，如卵清蛋白和种子蛋白。

（二）蛋白质的元素组成

蛋白质是含氮的有机化合物，其含氮量占生物组织中一切含氮物质的绝大部分。氮元素是蛋白质区别于糖和脂肪的特征性元素，根据对大多数蛋白质的氮元素分析，其氮元素的含量都相当接近，一般为 15%～17%，平均为 16%，即 100g 蛋白质中含有 16g 氮。这是凯氏（Kjedahl）定氮法测定蛋白质含量的计算基础。通过凯氏定氮法可以测得样品中氮元素的百分含量，计算公式如下：

$$蛋白质含量 = 蛋白氮 \times 6.25$$

式中　6.25——16%的倒数，每测得1g氮相当于6.25g的蛋白质

【案例分析】

2008年某品牌婴幼儿配方乳粉受到三聚氰胺污染，导致多例婴幼儿泌尿系统结石，成为重大的食品安全事故。卫生部专家指出，三聚氰胺是一种化工原料，可导致人体泌尿系统产生结石。该品牌部分批次乳粉中含有的三聚氰胺，是不法分子为增加原料乳或乳粉的蛋白含量而人为加入的。请问三聚氰胺是蛋白质吗？为什么不法分子向乳粉里加入三聚氰胺可提高蛋白质含量？应如何避免这一问题？

凯氏定氮法是通过测定生物样品中氮元素含量的方法间接求得蛋白质大致含量的方法，在利用凯氏定氮法测定粗蛋白时，由于在样品消化时，有些非蛋白质如硝基、氨基等，也会游离释放出来，造成测定值偏高，限制了凯氏定氮法的实际应用。

另外，并非所有蛋白质中氮元素含量均为 16%，如肉类、蛋类的换算系数为 6.25，而植物性食物中换算系数偏低。如小麦与大麦为 5.83、花生为 5.46、动物胶为 5.30、大豆为 5.11 等。

根据蛋白质的元素主要包括碳、氢、氧、氮和少量的硫，在蛋白质中的组成

百分比如图1-1所示。需要注意的是，蛋白质元素组成中所占比重最大的仍然是碳元素。

（三）蛋白质的分类

蛋白质可以按不同的方法分类。作为分类的依据主要有：分子的形状或空间构象；组成成分；蛋白质来源；蛋白质功能。

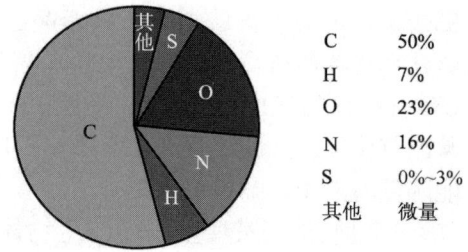

图1-1 蛋白质的元素组成

1. 按照分子的形状或空间构象

可将蛋白质分为纤维状蛋白和球状蛋白两大类。

纤维状蛋白形状类似纤维，如角蛋白、丝心蛋白以及胶原蛋白等。

球状蛋白质分子的形状接近球形，如血红蛋白、肌红蛋白等。

2. 按照组成成分

可将蛋白质分为单纯蛋白和结合蛋白两类。

单纯蛋白不含非蛋白质部分，这类蛋白质水解的最终产物只有氨基酸。单纯蛋白质按其溶解性质的不同可分为清蛋白、球蛋白、谷蛋白、醇溶蛋白、精蛋白、组蛋白以及硬蛋白等。

结合蛋白是指由单纯蛋白和非蛋白成分结合而成的蛋白质，包括核蛋白、脂蛋白、磷蛋白、糖蛋白等。

3. 按照蛋白质来源

可将蛋白质分为动物蛋白、植物蛋白及微生物蛋白。

4. 按照蛋白质功能

可划分为酶蛋白、结合蛋白、运输蛋白、受体蛋白、调节蛋白、防御蛋白、贮存蛋白和毒蛋白等。

（四）蛋白质的水解

1. 酸水解

方法：常用6mol/L的盐酸或4mol/L的硫酸在105~110℃条件下进行水解，反应时间约20h。

特点：优点是不容易引起水解产物的消旋化；缺点是色氨酸被沸酸完全破坏。

注意：含有羟基的氨基酸，如丝氨酸或苏氨酸有一小部分被分解；天冬酰胺和谷氨酰胺侧链的酰胺基被水解成了羧基。

2. 碱水解

方法：常用5mol/L氢氧化钠煮沸10~20h。

特点：优点是色氨酸在水解中不受破坏。缺点是部分的水解产物发生消旋化。

注意：由于水解过程中许多氨基酸都受到不同程度的破坏，导致产率不高。

3. 酶水解

方法：在适宜条件下，使用特定蛋白质酶进行特异性水解。

现状：目前用于蛋白质多肽链断裂的蛋白水解酶或称蛋白酶已有十多种。

特点：优点是不会破坏氨基酸，也不会发生消旋化；缺点是产物为较小的肽段，水解不彻底。

二、氨基酸

蛋白质是一类含氮的生物大分子，相对分子质量大，一般为 $10^4 \sim 10^6$，结构复杂，功能多样，经酸、碱或酶处理，使蛋白质彻底水解可得到各种氨基酸，现已证明氨基酸是蛋白质的基本组成单位。目前发现的氨基酸有 180 多种，但从天然蛋白质水解得到的氨基酸只有 20 种，这些氨基酸除甘氨酸外都是 L-氨基酸。L-α-氨基酸结构通式如下：

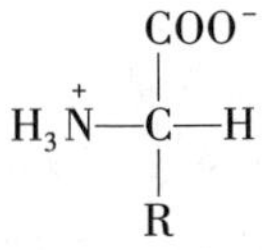

$$H_3\overset{+}{N}-\overset{\underset{R}{|}}{\underset{|}{C}}-H \quad (COO^-)$$

（一）氨基酸的结构特征

氨基酸是同时含有氨基及羧基的有机化合物。从蛋白质水解产物中分离出来的常见的 20 种氨基酸，在结构上的共同特点是与羧基相邻的 α-碳原子上都有一个氨基，因而称为 α-氨基酸（脯氨酸除外）。有两种结构表示方法：

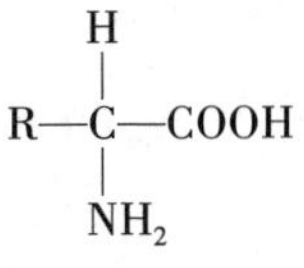

非解离形式 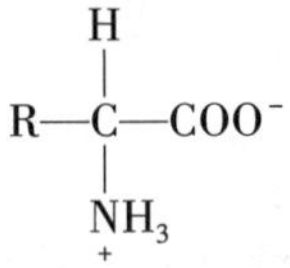　　　　两性离子形式

式中的 R 表示化学基团，又因为这些基团常常处于蛋白质链状分子的侧链上故又称为侧链基团，R 基的不同构成不同的氨基酸。

【知识链接】

哪个碳原子是 α-碳原子？其他碳原子如何命名？

以赖氨酸为例：

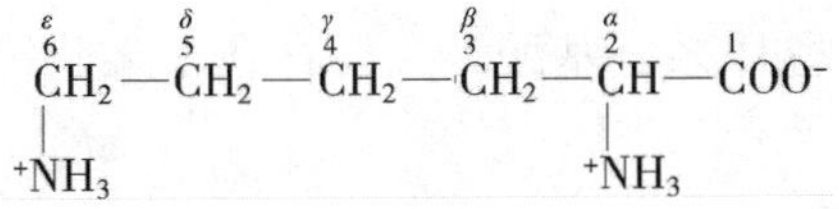

$$\overset{\varepsilon}{\underset{6}{CH_2}}-\overset{\delta}{\underset{5}{CH_2}}-\overset{\gamma}{\underset{4}{CH_2}}-\overset{\beta}{\underset{3}{CH_2}}-\overset{\alpha}{\underset{2}{CH}}-\overset{1}{COO^-}$$

从结构上看，除甘氨酸外，所有 α-氨基酸的 α-碳原子都是不对称碳原子

或称手性碳原子，因此都具有旋光性，都能使偏振光平面向左或向右旋转，左旋通常用（－）表示，右旋通常用（＋）表示。其次每种氨基酸都有 D－和 L－型两种立体异构体，这是与甘油醛相比较确定的。书写时将羧基写在 α－碳原子的上端，则氨基在左边的为 L－型，氨基在右边的为 D 型从蛋白质水解得到的 α－氨基酸都属于 L 型的，所以习惯上书写氨基酸都不标明构型和旋光方向。

$$
\begin{array}{cc}
\text{COO}^- & \text{COO}^- \\
H_3\overset{+}{N}-C-H & H-C-\overset{+}{N}H_3 \\
CH_3 & CH_3 \\
\text{L-型氨基酸} & \text{D-型氨基酸}
\end{array}
$$

【知识拓展】

构型与旋光性

手性碳原子（α－碳原子）是 α－氨基酸的不对称中心，所以有以下关系需要注意。

（1）除甘氨酸外，每种 α－氨基酸都有 L 型和 D 型两种立体异构体。这是因为 α－碳原子周围的价键是四面体排布，这样四个不同的取代基在空间的排布有两种不同的方式，他们是不能叠合的物体与镜像关系或左右手关系（图 1－2）。

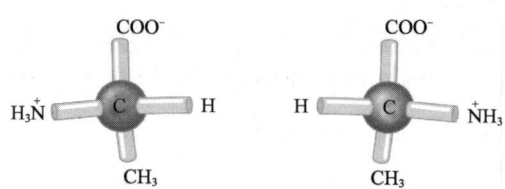

图 1－2　L 型和 D 型氨基酸的镜像关系

（2）除甘氨酸外，每种 α－氨基酸都具有旋光性。因为给定的氨基酸的一个异构体溶液，在旋光计上使偏振光平面向左旋转（逆时针方向）记为（－），另一个异构体则使偏振光平面向右旋转（顺时针方向）记为（＋），但两者的旋转程度相等。旋光物质在化学反应中，只要不对称的碳原子经过对称状态的中间阶段，即将发生消旋作用并变为 D 型和 L 型的等量混合物，称为消旋物。蛋白质与碱共热水解或用一般有机合成方法人工合成氨基酸时得到的都是无旋光性的 DL－消旋物。注意：构型和旋光性是两个不同的概念，L 型的氨基酸多数为右旋，少数有左旋现象。

生物界中也发现一些 D 系氨基酸，主要存在于某些抗生素以及个别植物的生物碱中。

（二）氨基酸的分类

从 α－氨基酸的结构通式可以知道，各种 α－氨基酸的区别就在于侧链 R 基团的不同，即不同的氨基酸有不同的 R 基团。这样，组成蛋白质的 20 种常见氨基酸可以按照 R 基的化学结构或极性大小进行分类。

1. 根据 R 的结构不同分类

（1）R 基团为烃基

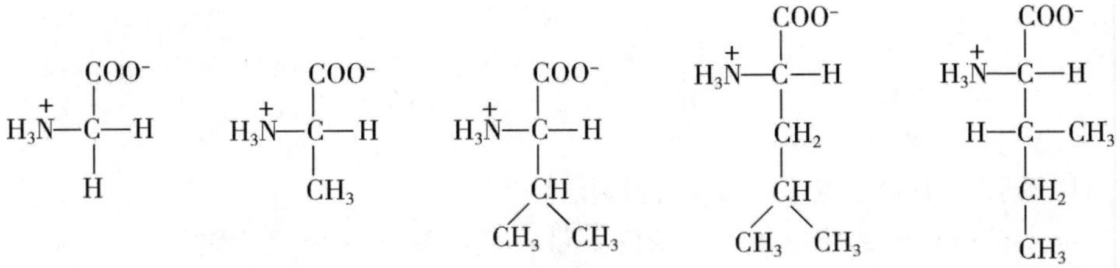

甘氨酸 Gly　　丙氨酸 Ala　　缬氨酸 Val　　亮氨酸 Leu　　异亮氨酸 Ile

① R 基均为中性烷基，对酸碱性影响很小，几乎有相同等电点（6.0 ± 0.03）。

② Gly 是唯一不含手性碳原子的氨基酸，因此不具旋光性。

③ 从 Gly 至 Ile，R 基团疏水性逐渐增加。

（2）R 基团含硫或含羟基

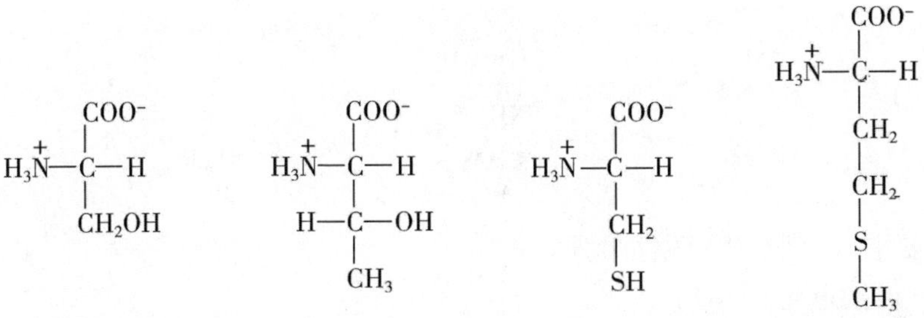

丝氨酸 Ser　　苏氨酸 Thr　　半胱氨酸 Cys　　甲硫氨酸（蛋氨酸）Met

① Ser 的—CH_2OH 基在生理条件下不解离，在大多数酶的活性中心都发现有 Ser 残基存在。

② Cys 的 R 中含巯基（—SH），具有两个重要性质：

a. 在较高 pH 条件，巯基解离。

b. 两个 Cys 的巯基氧化生成二硫键，生成胱氨酸。

③ Met 在生物合成中是一种重要的甲基供体。

（3）R 基团含酰胺、酸性氨基酸　酸性氨基酸有两个，即天冬氨酸和谷氨酸，它们都含有一个氨基和两个羧基。

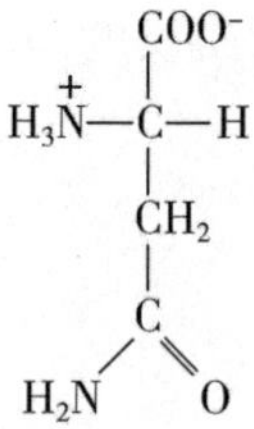

天冬酰胺 Asn   谷酰胺 Gln   天冬氨酸 Asp   谷氨酸 Glu

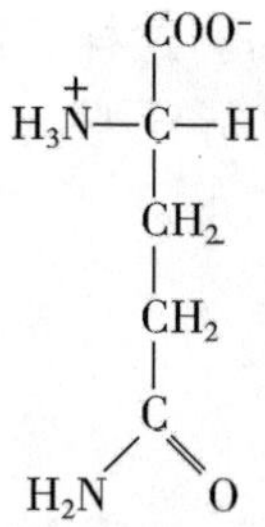

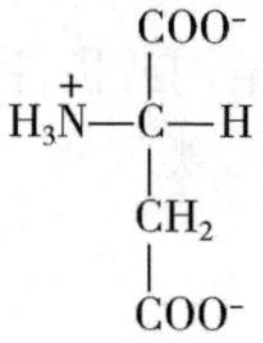

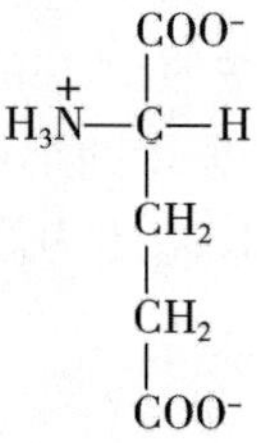

① 酰胺基中氨基易发生氨基转移反应。
② Asp 和 Glu 是唯一在生理条件下带有负电荷的两个氨基酸。
（4）碱性氨基酸　碱性氨基酸有三个，即精氨酸、赖氨酸和组氨酸，它们都含有一个羧基、两个以上的氨基或亚氨基。

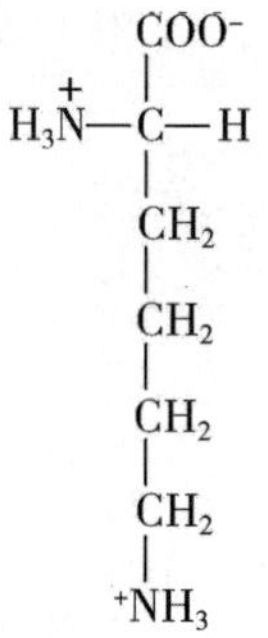

赖氨酸 Lys   精氨酸 Arg   组氨酸 His

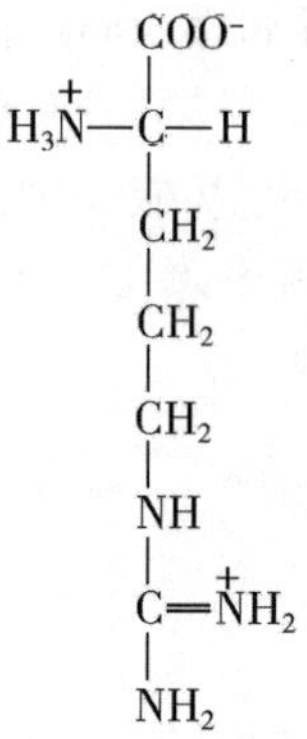

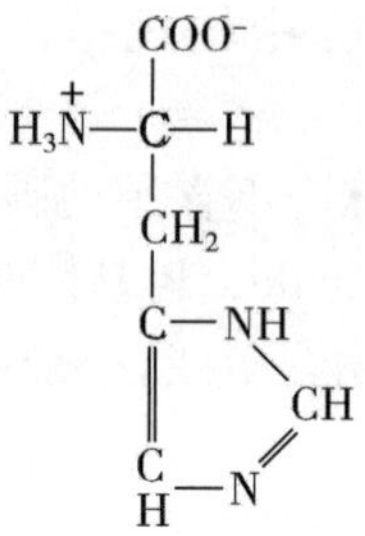

① 精氨酸含有胍基，碱性最强。
② His 最接近生理 pH。
（5）芳香族氨基酸　芳香族氨基酸 3 种，苯丙氨酸、酪氨酸和色氨酸，它们的 R 基团含芳香环。

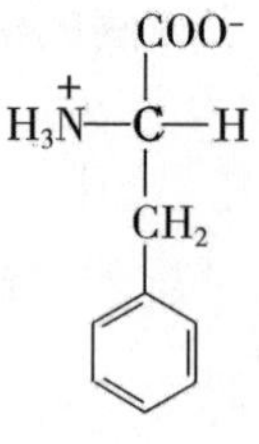

苯丙氨酸 Phe   酪氨酸 Tyr   色氨酸 Trp

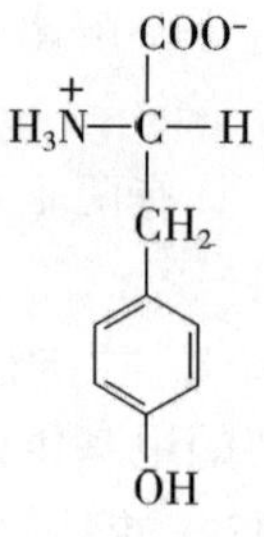

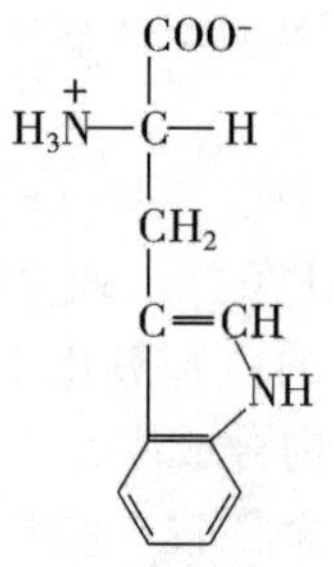

在 280nm 处，Trp 吸收最强，Tyr 次之，Phe 最弱。

（6）脯氨酸　R 基取代了氨基的一个氢形成一个杂环。

$$\begin{array}{c} COO^- \\ | \\ H \\ | \\ C \\ H_2N^+ \quad CH_2 \\ | \quad\quad | \\ H_2C \text{——} CH_2 \end{array}$$

脯氨酸(Pro)

① Pro 的 α-亚氨基是环的一部分，具有特殊的刚性结构。

② 一般出现在两段 α-螺旋之间的转角处。

2. 根据侧链 R 的极性划分

按照 20 种氨基酸侧链 R 基团的极性差别进行分类，对于认识蛋白质的性质、结构与功能更为有利。按照这种分类方法可将氨基酸分为四大类。

（1）非极性或疏水性的侧链 R 基氨基酸　氨基酸的 R 基团不带电荷或极性极微弱的属于非极性 R 基氨基酸，它们的 R 基团具有疏水性共丙氨酸 Ala、缬氨酸 Val、亮氨酸 Leu、异亮氨酸 Ile、苯丙氨酸 Phe、色氨酸 Trp、甲硫氨酸 Met、脯氨酸 Pro 8 种氨基酸。

（2）极性但不带电荷的 R 基氨基酸　R 基团有极性，但不解离，或解离极弱，R 基团有亲水性。这一组有丝氨酸 Ser、苏氨酸 Thr、酪氨酸 Tyr、天冬酰胺 Asn、谷氨酰胺 Gln、半胱氨酸 Cys 和甘氨酸 Gly 7 种氨基酸，甘氨酸 Gly 的侧链介于极性与非极性之间，有时也把它归入非极性类。

（3）极性带负电核的氨基酸　即 2 种酸性氨基酸，天冬氨酸和谷氨酸。它们都含有两个羧基，显酸性，分子带负电荷。

（4）极性带正电核的氨基酸　即 3 种碱性氨基酸，赖氨酸、精氨酸和组氨酸，是 pH=7 时带净正电荷的氨基酸。

赖氨酸除 α-氨基外，在脂肪链的 ε 位置上还有一个氨基；精氨酸含有一个带正电荷的胍基；组氨酸是 R 基的 pK 值在 7 附近的唯一种氨基酸。

【知识拓展】

必需氨基酸

成年人：Thr、Val、Leu、Ile、Phe、Trp、Lys、Met。

婴儿期：Arg 和 His 供给不足，属半必需氨基酸。

【课堂互动】

构成蛋白质的 20 种氨基酸及存在于多种组织和细胞的非蛋白质氨基酸（约 180 种）有各自的存在方式及生理作用，许多氨基酸在我们生活中以单一制品、添加剂及复合营养品等形式出现，请结合表 1-3、表 1-4 举例说明或进行课下调研。

表1-3　　　　　　　　　常见氨基酸的存在及用途

名称	存在及用途	名称	存在及用途
甘氨酸	胶原中含25%～30%，可治胃酸过多与肌力衰竭	半胱氨酸	毛、发角、蹄中，有解毒作用
丙氨酸	丝纤维蛋白中含25%	甲硫氨酸	肉、卵蛋白中，治疗肝病
缬氨酸	卵及乳蛋白中含量10%	天冬氨酸	多数蛋白均有，植物蛋白较多
亮氨酸	谷物、玉米蛋白中含量10%	谷氨酸	谷物中降血氨，治疗肝昏迷
异亮氨酸	糖蜜、肉蛋白中含5%～6.5%	精氨酸	鱼精蛋白中
苯丙氨酸	一般蛋白含4%～5%	赖氨酸	血红蛋白
酪氨酸	乳酪中含量多，明胶中较少	组氨酸	血红蛋白最多，消化溃疡的辅助治疗
色氨酸	各种蛋白中均含少量	脯氨酸	结缔组织中
丝氨酸	丝蛋白中含量丰富精蛋白中7.8%	天冬酰氨	多种蛋白中均有
苏氨酸	酪蛋白较多，有抗贫血作用	谷氨酰氨	多种蛋白中均有

表1-4　　　　　　　　　非蛋白质氨基酸的存在及用途

名称	存在及作用
β-丙氨酸	泛酸及辅酶A的组成成分
γ-氨基丁酸	存在于脑组织中，与脑组织营养及神经传递有关
高半胱氨酸	甲硫氨酸合成的中间产物
鸟氨酸	尿素生成的中间产物
瓜氨酸	尿素生成的中间产物

（三）氨基酸的性质

1. 一般物理性质

氨基酸呈白色结晶或粉末状，熔点很高（一般 >200℃，个别 >300℃），通常溶于水、稀酸和稀碱溶液中，但不溶于有机溶剂，所以用酒精能把氨基酸从其溶液中析出；除甘氨酸外都具有旋光性。

2. 紫外吸收——芳香族氨基酸具有紫外吸收

构成蛋白质的氨基酸在可见光区都没有光吸收，但在紫外区苯丙氨酸、酪氨酸和色氨酸具有光吸收能力。苯丙氨酸的最大光吸收在257nm，酪氨酸的最大光吸收在275nm，色氨酸的最大光吸收在280nm。蛋白质因为含有这些芳香族氨基酸，所以也有紫外吸收能力，一般采用紫外分光光度计在280nm波长处测最大光

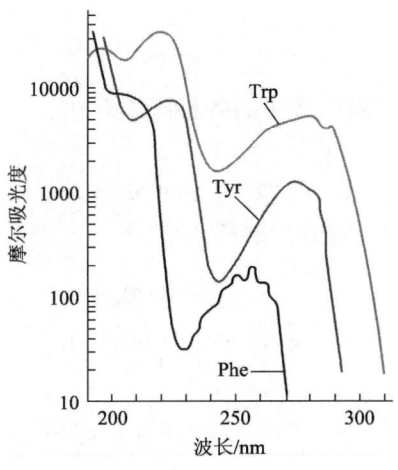

图1-3 芳香族氨基酸的紫外吸收

吸收来测定蛋白质的含量。如图1-3所示。

3. 两性解离与等电点

氨基酸的同一分子中含有碱性的氨基（—NH_2）和酸性的羧基（—COOH），因此，它是两性电解质。它的—COOH基可以解离释放出H^+，其自身变为—COO^-，释放出的H^+离子与—NH_2结合，使—NH_2变为—NH_3^+，此时氨基酸成为带有正、负两种电荷的兼性离子，这也是氨基酸在水中或结晶状态时的主要存在形式。

$$R-\underset{N^+H_3}{\underset{|}{\overset{H}{\overset{|}{C}}}}-COO^- + H^+ \rightleftharpoons R-\underset{N^+H_3}{\underset{|}{\overset{H}{\overset{|}{C}}}}-COOH$$

$$R-\underset{N^+H_3}{\underset{|}{\overset{H}{\overset{|}{C}}}}-COO^- \rightleftharpoons R-\underset{NH_2}{\underset{|}{\overset{H}{\overset{|}{C}}}}-COOH^- + H^+$$

氨基酸的氨基和羧基的解离情况以及氨基酸本身带电情况取决于它所处环境的pH。当它处于酸性环境时，由于羧基结合质子而使氨基酸带正电荷；当它处于碱性环境时，由于氨基的解离而使氨基酸带负电荷；当它处于某一pH时，氨基酸所带的正电荷和负电荷相等，即净电荷为零的兼性离子状态，此时的pH称为该氨基酸的等电点，用p*I*表示。

【知识链接】

氨基酸的 p*I* 与电场运动

当 pH > p*I* 值时，氨基酸带净负电荷，在电场中向正极移动；

当 pH < p*I* 值时，氨基酸带净正电荷，在电场中向负极移动；

在一定pH范围内，氨基酸溶液的pH离等电点越远，氨基酸所携带的净电荷越大。

【知识拓展】

在生理pH时，大多数氨基酸以兼性离子的形式存在。由于静电的作用，在等电点时氨基酸的溶解度最小，容易沉淀。利用这一性质可以分离制备氨基酸。如谷氨酸的生产，就是将微生物发酵液的pH调节到3.22（谷氨酸的等电点）而使谷氨酸沉淀析出。

4. 氨基酸等电点计算

等电点的求法：

（1）依次写出它从酸性至中性至碱性解离过程中的各种离子形式。

（2）找出净电荷为零的兼性离子状态。

（3）取两性离子两侧的 pK 值的平均值，即为该氨基酸的 pI 值。

现以甘氨酸为例说明氨基酸的解离情况。它分步解离如下：

$$N^+H_3-\underset{H}{\underset{|}{C}}-H \xrightleftharpoons{pK_1'} N^+H_3-\underset{H}{\underset{|}{C}}-H + H^+ \xrightleftharpoons{pK_2'} NH_2-\underset{H}{\underset{|}{C}}-H + H^+$$

阳离子（R^+）　　　　兼性离子 R^0　　　　阴离子（R^-）

在上列公式中，K_1' 和 K_2' 分别代表 α-碳原子上的—COO^- 和—N^+H_3 的解离常数。对侧链 R 基不解离的中性氨基酸来说，其等电点是 pK_1' 和 pK_2' 的平均值。

$$pI = \frac{1}{2}(pK_1' + pK_2')$$

由于氨基酸的两性性质，在水溶液中它既可以被酸滴定又可以被碱滴定，通过对氨基酸的酸碱滴定，可以得到氨基酸的各个基团的解离常数，即 pK 值，每一种氨基酸的等电点就是它的兼性离子两侧能解离基团的 pK 值的一半，即碱性氨基酸的等电点为 $pI = 1/2(pK_2 + pK_3)$，其他类型的氨基酸的等电点 $pI = 1/2(pK_1 + pK_2)$。如图 1-4、表 1-5、图 1-5 所示。

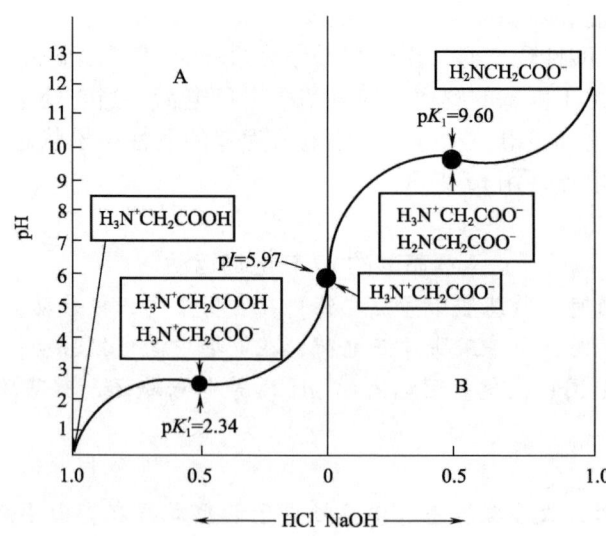

图 1-4　甘氨酸的解离曲线（方框内表示在解离曲线拐点处的 pH 时所具有的离子形式）

表1-5　氨基酸的各个基团的解离常数

氨基酸		—COOH	—NH₂	—R
Gly	G	2.34	9.60	
Ala	A	2.34	9.69	
Val	V	2.32	9.62	
Leu	L	2.36	9.68	
Ile	I	2.36	9.68	
Ser	S	2.21	9.15	
Thr	T	2.63	10.4	
Met	M	2.28	9.21	
Phe	F	1.83	9.13	
Trp	W	2.38	9.39	
Asn	N	2.02	8.80	
Gln	Q	2.17	9.13	
Pro	P	1.99	10.6	
Asp	D	2.09	9.82	3.86
Glu	E	2.19	9.67	4.25
His	H	1.82	9.17	6.0
Cys	C	1.71	10.8	8.33
Tyr	Y	2.20	9.11	10.07
Lys	K	2.18	8.95	10.53
Arg	R	2.17	9.04	12.48

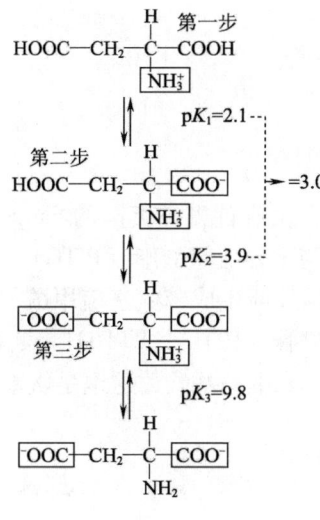

图1-5　天冬氨酸的pI计算

5. 化学性质

氨基酸的化学反应主要指它的 α-氨基、α-羧基以及侧链上的基团所参与的一些反应。

（1）由 α-氨基参与的反应

①与亚硝酸反应：在室温下，亚硝酸能与含游离 α-氨基的氨基酸起反应，定量放出氮气，氨基酸被氧化成羟酸（含亚氨基的脯氨酸则不能与亚硝酸反应）。其反应式如下：

$$R-\underset{NH_2}{\underset{|}{CH}}-COOH + HNO_2 \longrightarrow R-\underset{OH}{\underset{|}{CH}}-COOH + N_2\uparrow + H_2O$$

式中产生的氮气一半来自氨基酸的氨基氮，另一半来自亚硝酸。在标准条件下测定所生成的氮气体积，即可计算出氨基酸的量，这就是 Valslyke（范斯莱克）法测定氨基酸氮的基础。在生产上，可用此法来进行氨基酸定量测定和蛋白质水解程度的测定。

②与2,4-二硝基氟苯的反应：在弱碱性溶液中，氨基酸的 α-氨基很容易

与 2，4-二硝基氟苯（DNFB）作用，生成稳定的黄色 2，4-二硝基苯氨基酸（简写为 DNP-氨基酸）。

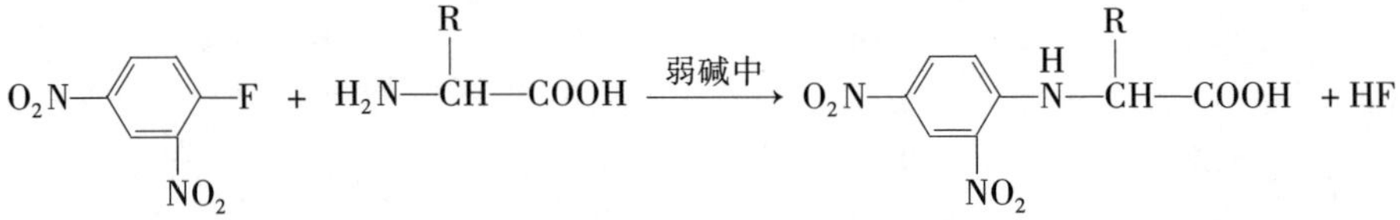

$$O_2N-C_6H_3(NO_2)-F + H_2N-CHR-COOH \xrightarrow{\text{弱碱中}} O_2N-C_6H_3(NO_2)-NH-CHR-COOH + HF$$

（DNFB）　　　　　　　　　　　　　　　　　　　　DNP-氨基酸（黄色）

这个反应首先被英国的 Sanger 用来鉴定多肽或蛋白质的 N-末端氨基酸。

③与苯异硫氰酸酯（PITC）的反应：苯异硫氰酸酯（PITC）在弱碱性条件下与氨基酸反应生成苯氨基硫甲酰氨基酸（PTC-氨基酸），在无水酸中环化变为苯硫乙内酰脲（PTH），即 PTH-氨基酸。此反应最早被 Edman 用来测定多肽和蛋白质的 N-末端氨基酸，这也是氨基酸自动分析仪测定氨基酸序列的设计原理。

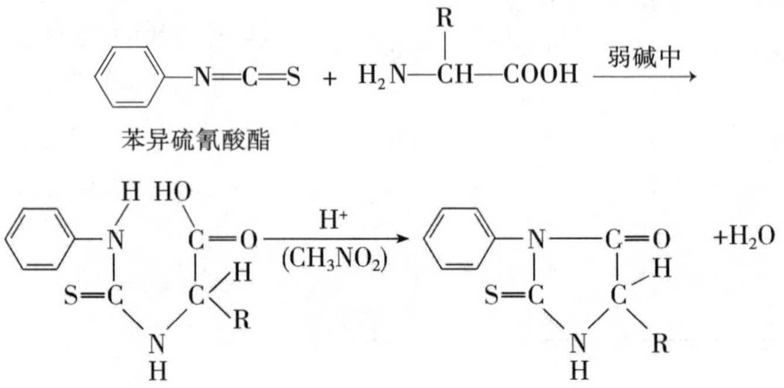

$$C_6H_5-N=C=S + H_2N-CHR-COOH \xrightarrow{\text{弱碱中}}$$

苯异硫氰酸酯

苯氨基硫甲酰衍生物 (PTC-氨基酸) $\xrightarrow[\text{(CH}_3\text{NO}_2\text{)}]{H^+}$ 苯硫乙内酰脲衍生物 (PTH-氨基酸) $+ H_2O$

（2）α-羧基参与的反应　氨基酸的 α-羧基和其他有机酸的羧基一样，在特定的条件下可发生成盐、成酯、成酰氯、成酰胺、脱羧和叠氮化等反应。

（3）α-氨基、α-羧基共同参与的反应　与茚三酮反应。

在氨基酸的化学分析中，具有特殊意义的是氨基酸与茚三酮的反应。茚三酮在弱酸性溶液中与 α-氨基酸共热，引起氨基酸氧化脱氨、脱羧反应，最后茚三酮与反应物——氨和还原茚三酮发生反应，生成蓝紫色物质。其反应如下：

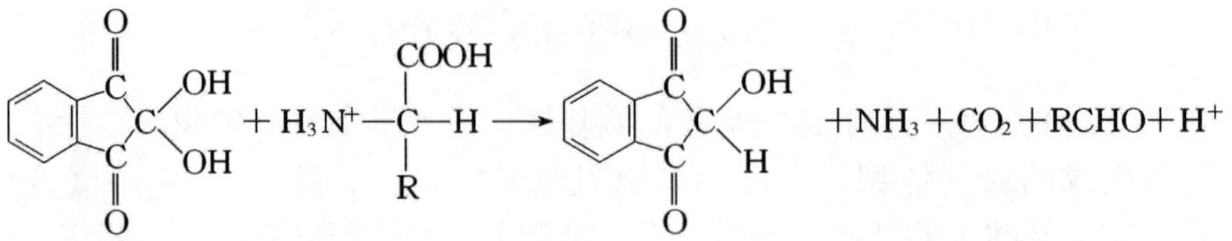

水合茚三酮 $+ H_3N^+-CHR-COOH \longrightarrow$ 还原茚三酮 $+ NH_3 + CO_2 + RCHO + H^+$

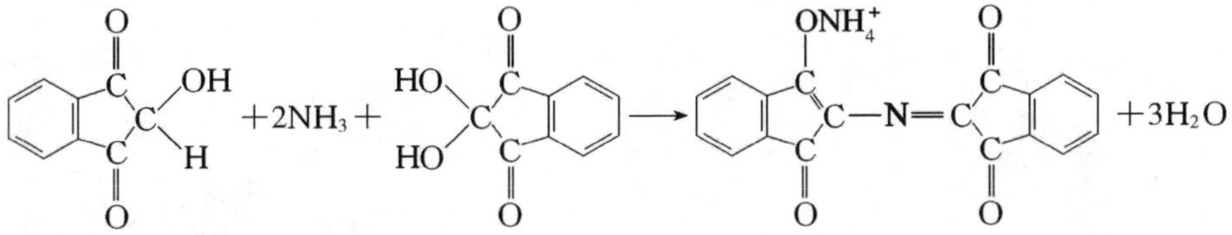

$$\text{还原茚三酮} + 2NH_3 + \text{水合茚三酮} \longrightarrow \text{蓝紫色物质} + 3H_2O$$

实际应用中先用纸层析或柱层析把各种氨基酸分开后，再利用茚三酮显色定性或定量测定各种氨基酸。脯氨酸与茚三酮反应形成黄色化合物。

（四）氨基酸的分离、分析与鉴定

利用氨基酸分子质量小、侧链基团和溶解度的差异等，可以从氨基酸混合液、发酵液中分离出不同的氨基酸。

1. 纸层析法

纸层析是一种以滤纸作为支持物的电泳方法，滤纸纤维素与吸附的液体为层析中的固定相，而展开剂中的有机溶剂为流动相。不同的氨基酸分子由于侧链基团不同，它们在固定相和流动相中的溶解度不同。带有非极性侧链的氨基酸，如丙氨酸、缬氨酸、亮氨酸、异亮氨酸、苯丙氨酸、色氨酸、甲硫氨酸在流动相中的溶解度大，而带有极性氨基酸侧链的氨基酸，如丝氨酸、苏氨酸、酪氨酸、天冬酰氨、谷氨酰氨、半胱氨酸等在固定相中的溶解度小。

当在一定的温度和溶剂系统中达到溶解平衡后，氨基酸在流动相和固定相中的浓度比为常数，称为分配系数 K_d。当流动相流经固定相时，氨基酸不断地在两相之间进行分配。在流动相中溶解度大的（K_d 值大）氨基酸随流动相在滤纸上移动的速度快，流动相中溶解度小的（K_d 值小）氨基酸随流动相在滤纸上移动的速度慢。经过无数次分配，各种组分被分开，集中在滤纸上的不同区段，用茚三酮显色，可以得到氨基酸的单向层析图谱。

如果只是少量几种氨基酸的混合物，单向层析可将其分开。如果是多种氨基酸的混合物，且氨基酸的性质接近，则需要进行双向层析，用同样的原理将第一次展层后的滤纸旋转90°进行第二次层析，可以得到氨基酸的双向层析结果。如图1-6所示。

【课堂互动】

纸层析法在高中阶段就进行过生物方面的实验应用，还记得吗？请根据今天学习的内容解释当时的实验结果。

2. 薄板色谱法

薄板色谱法是以薄玻璃为载体，以纤维素粉或硅胶作为支持物，将支持物均匀地涂布在玻璃板或其他载体上制成均匀无气泡的薄层，薄层上结合的水为固定相，有机溶剂作为流动相进行展层。将氨基酸的混合物点样到薄层板上，由于不同氨基酸在两相中的溶解度不同而被分离。薄层层析的分辨率高于纸层析，需要

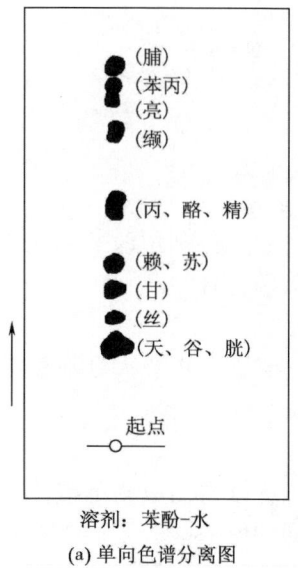
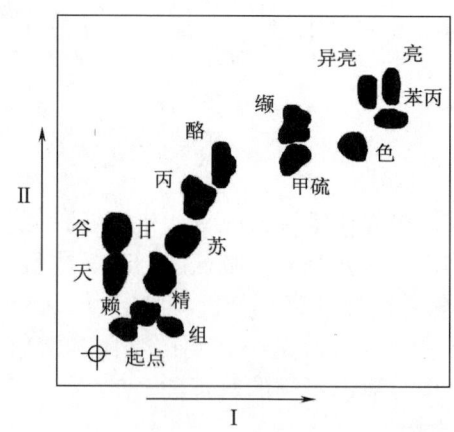

(a) 单向色谱分离图　　　　　(b) 双向(二维)色谱分离图

图 1-6　氨基酸纸层析示意图

样品的量极少，0.1μg 至几微克即可进行分离，且层析速度快、设备简单、操作方便是氨基酸定性定量分析的常用方法之一。如图 1-7 所示。

3. 电泳法

（1）电泳的概念　电泳指带电颗粒在电场作用下发生定向迁移的过程。许多重要的生物分子，如氨基酸、多肽、蛋白质、核酸等都具有可电离的基团，它们在某个特定的 pH 下可以带正电荷和负电荷。在电场的作用下，这些带电分子会向着与其所带电荷极性相反的电极方向移动。电泳技术就是在电场的作用下，由于待分离样品中各种分子带电性质以及分子本身大小、形状等性质的差异，使带电分子产生不同的迁移速度，从而对样品进行分离、鉴定或提纯的技术。

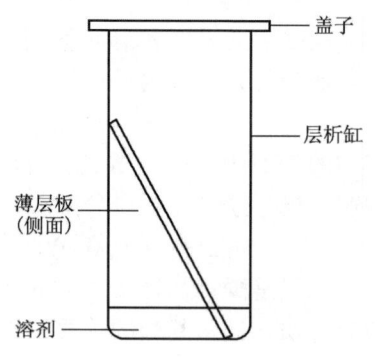

图 1-7　薄层层析示意图

（2）影响电泳的主要因素

①带电特性：待分离的生物大分子所带的电荷、分子大小和性质都会对电泳产生明显影响。一般来说，分子带的电荷量越大、直径越小、形状越接近球形，其电泳的速度越快。

②电场强度：也称电位梯度。电场强度越大，电泳越快。但是增大电场强度会引起通过介质的电流强度增大，从而造成电泳过程中产生的热量增大，会引起蛋白变性、分离带加宽等。

③支持介质的筛孔：支持介质的筛孔大小对待分离的生物大分子的电泳迁移速度具有明显的影响。孔隙越大，电泳速度越快。一般根据实验的目的选择适当的孔隙。例如，分离核酸时，如果待分离的分子之间相差300bp以上，可以用1%的琼脂糖凝胶电泳，如果相差在50bp以上，一般用2%的琼脂糖凝胶电泳，如果相差只有几个bp一般采用聚丙烯酰胺电泳。

【知识拓展】

纸电泳和醋酸纤维素薄膜电泳

纸电泳是用滤纸作为支持介质的一种早期电泳技术。采用水平电泳槽，氨基酸电泳时用茚三酮作为显色剂。

醋酸纤维素薄膜电泳是将醋酸纤维素薄膜作为支持介质。将醋酸纤维素的羟基乙酰化为醋酸酯，溶于丙酮后形成有均一细密微孔的薄膜，其厚度为0.1~0.15mm。醋酸纤维素薄膜电泳的优点：①样品吸附少，无拖尾现象，染色后蛋白区带更清晰。②快速省时。一般完成全部操作只需90min左右。③灵敏度高。0.1μg能够区分，0.5μg可以有清晰的条带。

4. 离子交换法

氨基酸分离时常用强酸型阳离子交换树脂。氨基酸是一种两性化合物，其带电荷的种类和数量受到溶液pH的影响。在某一特定的pH下不同的氨基酸分子所带的电荷的种类和数目不同，因而和离子交换树脂的结合能力不同，在用洗脱液进行洗脱时，从离子交换柱上洗脱下来的顺序不同而得到分离。洗脱常用的方法是升高洗脱液pH和增加洗脱液的盐浓度。根据不同氨基酸的带电性质可以将其从树脂上分别洗脱下来，自动分析仪就是根据这一原理制成的。

5. 氨基酸自动分析仪

利用阳离子交换色谱柱分离，茚三酮柱后衍生，对氨基酸溶液进行全自动分离并进行定性、定量测定，自动记录结果。

（五）**高效液相色谱法**

高效液相色谱的流动相和固定相都是液体，之间应互不相溶，采用高压输液系统，将具有不同极性的单一溶剂或不同比例的混合溶剂、缓冲液等流动相泵入装有固定相的色谱柱，在柱内各成分被分离后，进入检测器进行检测，从而实现对试样的分析。

【知识拓展】

高效液相色谱法有"三高一广一快"的特点：

（1）高压 流动相为液体，流经色谱柱时，受到的阻力较大，为了能迅速通过色谱柱，必须加高压。

（2）高效　分离效能高，可选择固定相和流动相以达到最佳分离效果。

（3）高灵敏度　紫外检测器可达 0.01ng，进样量在 μL 数量级。

（4）应用范围广　70% 以上的有机化合物可用高效液相色谱分析。

（5）分析速度快、流速快　通常分析一个样品在 15～30min，有些样品甚至在 5min 内即可完成，一般小于 1h。

三、肽

（一）肽的命名和相关概念

1. 肽

一个氨基酸的 α-羧基和另一个氨基酸的 α-氨基脱水缩合而成的化合物称为肽。

2. 肽键和多肽链

氨基酸之间脱水后形成的键称肽键（peptide bond），又称为酰胺键，写作 —CO—NH—。最简单的肽由两个氨基酸组成，称为二肽（dipeptide），其中包含一个肽键。含有三个、四个氨基酸的肽分别称为三肽、四肽。10 个以上氨基酸所生成的肽称为多肽，多肽为链状结构，所以多肽也称多肽链。

$$H_3N^+-CH(R_1)-C(=O)-OH + H-N(H)-CH(R_2)-COO^- \xrightleftharpoons[H_2O]{H_2O} H_3N^+-CH(R_1)-C(=O)-N(H)-CH(R_2)-COO^-$$

3. 氨基酸残基

肽链中氨基酸由于参加肽键的形成已经不是原来完整的分子，因此称为氨基酸残基（amino acid residue）。

多肽链中每一氨基酸单位在形成肽键时都丢失 1 分子水，即每形成一个肽键丢失 1 分子水，因此丢失的水分子数比氨基酸残基数少 1 个。一条多肽链通常在一端含有一个游离的末端氨基，在另一端含有一个游离的末端羧基。这两个游离的末端基团有时可连接而成环状肽（cyclic peptide）。

肽的命名是根据参与其组成的氨基酸残基来确定的。肽链写法：规定从肽链的 —NH$_2$ 末端氨基酸残基开始，游离 α-氨基在左，游离 α-羧基在右，氨基酸之间用"-"表示肽键。例如，具有下列化学结构的五肽命名为 Ser - Gly - Tyr - Ala - Leu。

项目一　蛋白质

H_3N^+—Ser—Gly—Tyr—Ala—Leu—COO⁻

氨基末端（N-末端）　　　肽键　　　　　　　　　　　　　　　羧基末端（C-末端）

【课堂互动】

请从 20 种氨基酸中任意选择 5 种氨基酸组合成五肽，写出结构，给予命名。

多肽链也像氨基酸一样具有极性，通常总是把—NH_2 末端氨基酸残基放在左边，—COOH 末端氨基酸残基放在右边。除特别指明者外，上面举例的五肽丝氨酸残基一侧为—NH_2 末端，亮氨酸残基一侧为—COOH 末端。注意，反过来书写的 Leu – Ala – Tyr – Gly – Ser 是与前者不同的另一种五肽。

4. 肽单位和肽平面

组成肽键的四个原子和与之相邻的两个 α - 碳原子所组成的基团。

肽单位的特点：

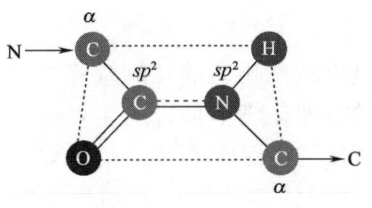

图 1 – 8　肽键与肽平面

（1）主链肽键 C—N 具有部分双键性质，不能自由旋转。C—N 单键的键长是 0.148nm；C＝N 双键的键长是 0.127nm；X - 射线衍射分析证实，肽键中 C⋯N 的键长为 0.132nm。可见，肽键中—C—N—键的性质介于单、双键之间，具有部分双键的性质，因而不能旋转，这就将其固定在一个平面之内，不能自由旋转。如图 1 – 8 所示。

（2）肽键的所有 4 个原子和与之相连的两个 α - 碳原子（习惯上称为 $C^α$）都处于一个平面内，此刚性结构的平面称为肽平面（peptide plane）或酰胺平面，每一个肽单位实际上就是一个肽平面。

肽链中能够旋转的只有 α 碳原子所形成的单键，此单键的旋转决定两个肽键平面的位置关系，于是肽键平面就成为了肽链盘曲折叠的基本单位，如图 1 – 9 所示。

（3）肽键中的 C—N 因具有双键性质，分子就会有顺反不同的立体异构，已证实肽平面内的 C＝O 与 N—H 呈反式排列，各原子间的键长和键角都是固定的。

肽链中的骨干是由肽单位规则地重复排列而成的，称为共价主链（main

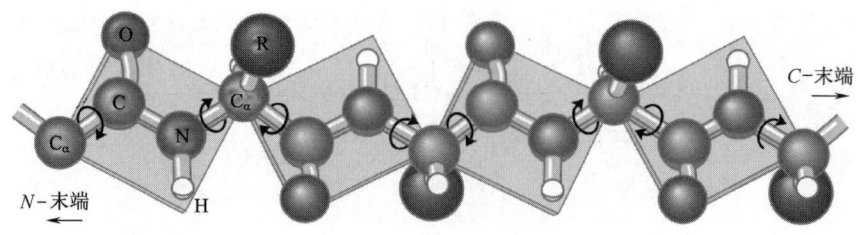

图1-9 完全伸展的肽链构象（并示出肽平面）

backbond）。各种肽链的主链结构都是一样的，但侧链R基的顺序即氨基酸残基的顺序不同。

【知识链接】

肽与氨基酸的异同

相同点都含有α-羧基和α-氨基，不同之处在于肽还含有侧链R基，且肽的主要可电离基团主要在侧链上。肽链中α-羧基和α-氨基间隔距离较大，因此它们之间的静电引力较弱，可离子化程度较低。不同肽的大小可以以它的离子化程度高低来加以鉴别，大的肽链比小的肽链离子化程度低，即大肽中的N-末端的α-氨基的pK'值要比游离氨基酸的小一些，而C-末端的α-羧基的pK'值要比游离氨基酸的大一些。

（二）重要的生物活性肽及其应用

生物活性肽又称天然肽，是生物体内一些具有特殊功能的肽的统称。生物活性肽是沟通细胞与细胞之间、器官与器官之间的重要化学信使，对生物活性肽的研究涉及人类意识、行为、学习、记忆等更高层次的生命形态和活动规律，涉及免疫防疫、肿瘤病变、抗衰防老、生殖控制、生物钟节律等一系列理论和实际问题。

1. 谷胱甘肽（GSH）——谷胱甘肽参与体内氧化还原反应

谷胱甘肽是谷氨酸、半胱氨酸和甘氨酸构成的三肽，广泛存在于动植物和微生物细胞中。结构特点：

```
        CO—NH—CH—CO—NH—CH₂—COOH          γ Glu—Cys—Gly
  γ CH₂         CH₂                              |
       |         |                               S
  β CH₂         SH                               |
       |                                         S
  α CHNH₂                                        |
       |                                 γ Glu—Cys—Gly
       COOH
   还原型谷胱甘肽（GSH）              氧化型谷胱甘肽（GSSG）
```

谷胱甘肽是属于含有巯基的、小分子肽类物质，具有抗氧化和整合解毒两种重要的生理作用。

谷胱甘肽一方面作为生物体内的抗氧化剂，能抗自由基、抗衰老、抗氧化。机体代谢产生的自由基会损伤生物膜，侵袭生命大分子，促进机体衰老。谷胱甘肽可消除自由基，起到强有力的保护作用。

谷胱甘肽另一生理作用就是整合解毒，能与某些药物（如扑热息痛）、毒素（如重金属）等结合，参与生物转化，从而把机体内有害的毒物排出体外。

谷胱甘肽本身的解毒和抗氧化能力，使得谷胱甘肽具有重要的保肝护肝作用。临床上应用还原型谷胱甘肽作为保肝的重要药物成分。

2. 阿斯巴甜

阿斯巴甜是一种非碳水化合物类的人造甜味剂，由苯丙氨酸与天冬氨酸组成。由于阿斯巴甜比蔗糖甜约200倍，因此也被广泛地用作蔗糖的代替品。

【知识拓展】

阿斯巴甜为James M. Schlatter于1965年发现，该化学家在合成抑制溃疡药物时，无意间舔到手指，发现到阿斯巴甜具有甜味。

常温下，阿斯巴甜为白色结晶性的粉末。因其甜味高和热量低，主要添加于饮料、维他命含片或口香糖代替糖的使用。许多糖尿病患者、减肥人士都以阿斯巴甜作为糖的代用品。但因高温会使其分解而失去甜味，所以阿斯巴甜不适合用于烹煮和热饮。

阿斯巴甜每年销售额多达十亿美元，众多产品采用，包括儿童服食的维他命、钙片。美国可口可乐公司的健怡可乐和新上市的零系可口可乐都是采用阿斯巴甜作甜料，更有部分饭店有提供阿斯巴甜供客人选用。讽刺的是，食品里的这些阿斯巴甜本来是为了减肥添加的，但是当被人体吸收后，它们却能促进脂肪的增长。

3. 神经肽

神经肽首先从脑组织中分离出来并主要存在于中枢神经系统的一类活性肽。包括脑啡肽、内啡肽、强啡肽等一系列脑肽和P-物质。

（1）脑啡肽（enkephalins） 是一类比吗啡更有镇痛作用的五肽物质。1975年底明确其结构，并从猪脑中分离出两种类型，其结构如下：

Met-脑啡肽　　Tyr-Gly-Gly-Phe-Met
Leu-脑啡肽　　Tyr-Gly-Gly-Phe-Leu

由于脑啡肽类物质是高等动物脑组织中原来就有的，因此对它们进行深入研究不仅有可能人工合成出一类既有镇痛作用而又不会像吗啡那样使病人上瘾的药物,更重要的是为分子神经生物学的研究开阔了思路,从而可以在分子基础上阐明大脑的活动。

(2) 内啡肽 目前发现 3 种,称为 α、β、γ - 内啡肽,其中 β - 内啡肽的镇痛作用最强,αγ - 内啡肽除有镇痛作用外,还对动物行为起调节作用。

(3) 强啡肽 具有较强的吗啡类活性与镇痛作用。是 Met - 脑啡肽 700 倍,Leu - 脑啡肽 50 倍。

四、蛋白质的结构

蛋白质是生物体中功能最多样化的生物大分子。它们在功能上的多样化决定于构象上的多样化。蛋白质的基本结构是由氨基酸残基构成多肽链,再由一条或一条以上的多肽链按一定的方式组合成具有特定结构的生物活性大分子。肽链数目、氨基酸的组成及其排列顺序不同,形成了不同的蛋白质。蛋白质与多肽并无严格的界线,通常是将分子质量在 6000u 以上的多肽称为蛋白质。蛋白质分子质量变化范围很大,从 6000u 到 1000000u 甚至更大。

根据对蛋白质三维结构的研究,已确认蛋白质的结构有不同的层次,通常认为其逻辑关系为:一级结构→二级结构→超二级结构→结构域→三级结构→亚基→四级结构,如图 1 - 10 所示。

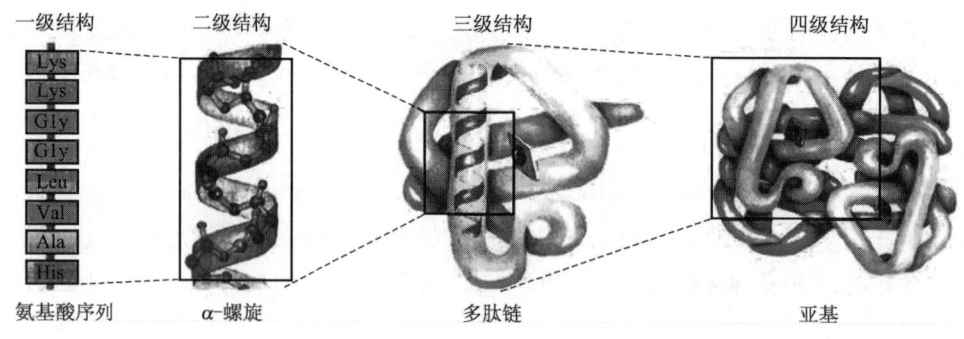

图 1 - 10 蛋白质结构组成

(一) 蛋白质的一级结构

1. 蛋白质的一级结构

一级结构就是蛋白质分子中氨基酸残基的排列顺序,即氨基酸的线性序列。包括以下三点。

(1) 组成蛋白质的多肽链数目。

(2) 多肽链的氨基酸顺序。

(3) 多肽链内或链间二硫键的数目和位置。

其中最重要的是多肽链的氨基酸顺序,它是蛋白质生物功能的基础。1953

年，Sanger 等人经过将近 10 年的努力，首次完成了牛胰岛素的氨基酸顺序的测定，目前一级结构已经测定的蛋白质数量日益增多，主要的有胰岛素、细胞色素 C、血红蛋白、肌红蛋白等。

【知识拓展】

胰岛素是一级结构首先被揭示的蛋白质，是动物胰岛细胞分泌的一种激素蛋白。胰岛素分子由 51 个氨基酸残基组成，相对分子质量为 5734，它由两条肽链组成，一条称为 A 链，是 21 肽；另一条称为 B 链，是 30 肽。A 链和 B 链由两对二硫键连接起来。在 A 链内还有一个由二硫键形成的链内小环。

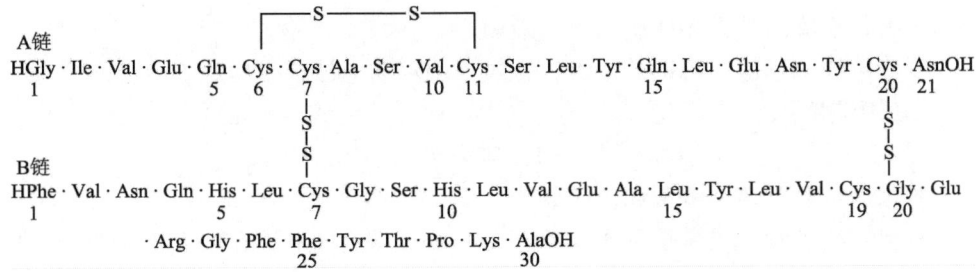

测定一级结构的意义在于：①使人工合成有生物活性的蛋白质和多肽成为可能；②揭示一级结构与生物功能间的关系；③通过分析比较同种蛋白质的个体差异，为遗传疾病的诊治提供可靠依据。我国生化工作者根据胰岛素的氨基酸顺序于 1965 年用人工方法合成了具有生物活性的牛胰岛素，第一次成功地完成了蛋白质的全合成，为生物化学的发展做出了重大贡献。

2. 蛋白质的一级结构的测定

蛋白质氨基酸顺序的测定是蛋白质化学研究的基础。自从 1953 年 F. Sanger 测定了胰岛素的一级结构以来，现在已经有上千种蛋白质的一级结构被测定。

（1）测定蛋白质的一级结构的要求

① 样品必需纯（>97% 以上）。

② 知道蛋白质的分子质量。

③ 知道蛋白质由几个亚基组成。

④ 测定蛋白质的氨基酸组成；并根据分子质量计算每种氨基酸的个数。

⑤ 测定水解液中的氨量，计算酰胺的含量。

（2）测定步骤

①多肽链的拆分：由多条多肽链组成的蛋白质分子，必须先进行拆分。可用 8mol/L 尿素或 6mol/L 盐酸胍处理，即可分开多肽链（亚基）。

②测定蛋白质分子中多肽链的数目：通过测定末端氨基酸残基确定多肽链的数目。

③二硫键的断裂：应用过甲酸氧化法或巯基还原法拆分多肽链间的二硫键。

④测定每条多肽链的氨基酸组成，并计算出氨基酸成分的分子比。

⑤分析多肽链的 N-末端和 C-末端。

N-末端氨基酸测定方法有：二硝基氟苯（DNFB）法、丹磺酰氯法、氨肽酶法等。

C-端氨基酸测定方法有：肼解法、羧肽酶法。

⑥多肽链断裂成多个肽段：可采用酶解法和溴化氰水解法，将多肽样品断裂成两套或多套肽段或肽碎片，并将其分离开来。

⑦测定每个肽段的氨基酸顺序。

⑧确定肽段在多肽链中的次序：利用两套或多套肽段的氨基酸顺序彼此间的交错重叠，拼凑出整条多肽链的氨基酸顺序。

⑨确定原多肽链二硫键的位置：一般采用双向电泳技术确定二硫键的位置。

【知识链接】

构型与构象

构象和构型是两个容易混淆的概念。

构型是指不对称碳原子所连接的四个不同的原子或基团在空间中的两种不同的排列。

构象是指一个由几个碳原子组成的分子，因一些单键的旋转而形成的不同碳原子上各取代基团或原子的空间排列。

蛋白质的空间构象就是指蛋白质分子中的原子或基团在三维空间的排列、分布及肽链的走向。目前已知一个蛋白质的多肽链只有一种或很少几种构象，这种天然构象保证了它的生物活性，并且较稳定。

构型的改变必然会引起共价键的破坏（如氨基酸由 D 型变成 L 型），构象的改变并不需要共价键的断裂，只需要单键的旋转就可以产生新的构象。

（二）蛋白质的二级结构

蛋白质的二级结构是指多肽链的主链在空间中的排列，或规则的几何走向、旋转及折叠。它只涉及多肽链主链的构象及链内或链间形成的氢键。主要有 α-螺旋、β-折叠、β-转角等。如图 1-11 所示。

1. α-螺旋

α-螺旋特点如下所述。

（1）多肽链中的各个肽平面围绕同一轴旋转，形成螺旋结构，螺旋一周，沿轴上升的距离为 0.54nm，含 3.6 个氨基酸残基；两个氨基酸之间的距离为 0.15nm。

（2）肽链内形成氢键，氢键的方向几乎与轴平行，第一个氨基酸残基的酰胺基团的—CO 基与第四个氨基酸残基酰胺基团的—NH 基形成氢键，间隔 13 个原子。

（3）蛋白质分子为右手 α-螺旋。如图 1-12 所示。

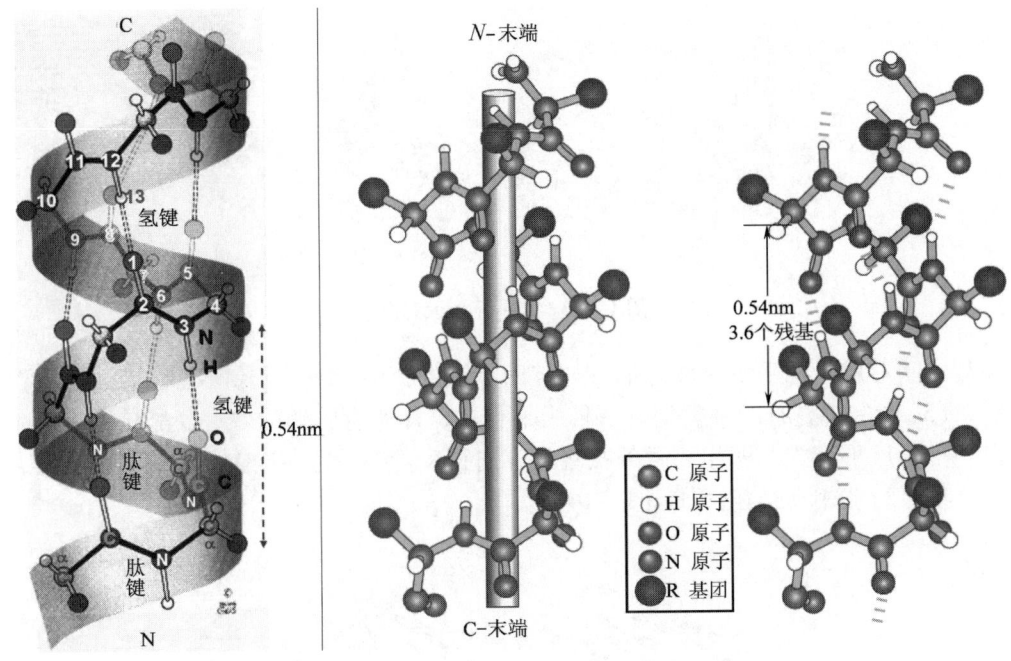

图1-11 蛋白质多肽链的α-螺旋

（4）在α-螺旋中肽平面的键长和键角一定，肽键的原子排列呈反式构型，相邻的肽平面构成两面角。

【课堂互动】

什么蛋白是由α-螺旋组成的？请以人体为例，举出实例。

2. β-折叠

两段以上折叠成锯齿状的多肽链，通过氢键相连而平行成片层状的结构称为β-片层（β-pleated sheet）结构或称β-折叠，如图1-13所示。

β-折叠是由两条或多条几乎完全伸展的肽链平行排列，通过链间的氢键交联而形成的。其结构特点如下所述。

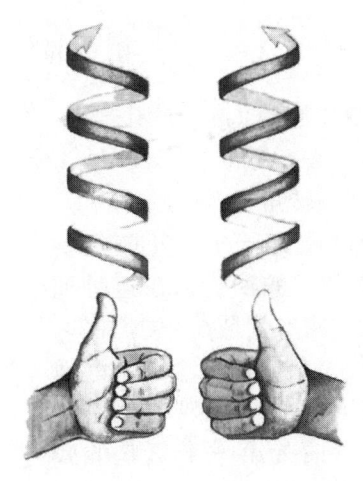

图1-12 α-螺旋是右手螺旋

（1）在β-折叠中，α-碳原子总是处于折叠的角上，氨基酸的R基团处于折叠的棱角上并与棱角垂直，两个氨基酸之间的轴心距为0.35nm。

（2）β-折叠的氢键主要在两条多肽链之间形成；也可以在同一肽链的不同

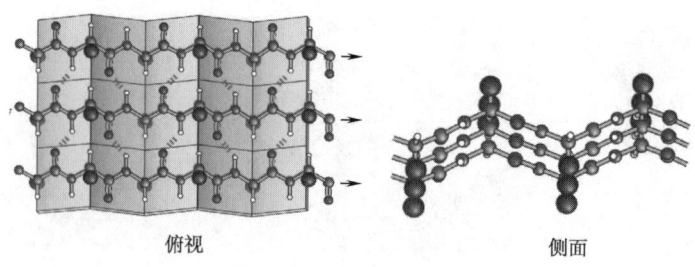

图 1-13 β-折叠示意图

部分之间形成。几乎所有肽键都参与链内氢键的交联，氢键与链长轴接近垂直。

（3）β-折叠有两种类型。一种为平行式，即所有肽链的 N-端都在同一边。另一种为反平行式，即相邻两条肽链的方向相反。β-片层结构的形式十分多样，正、反平行能相互交替。如图 1-14 所示。

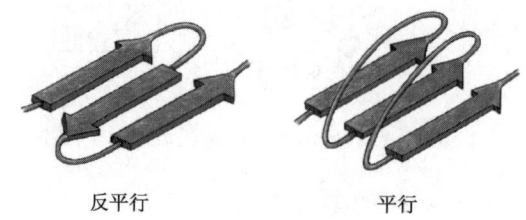

图 1-14 β-折叠的平行与反平行

【课堂互动】

什么蛋白是由 β-螺旋组成的？请以人体为例，举出实例。

3. β-转角

蛋白质分子中，肽链经常会出现 180°的回折，在这种回折角处的构象就是 β-转角（β-turn）。β-转角由四个氨基酸残基组成，第三个一般为甘氨酸残基，弯曲处第一个氨基酸残基的—C═O 和第四个残基的—N—H 之间可形成氢键，形成一个环状结构。这类结构主要存在于球状蛋白分子中。如图 1-15 所示。

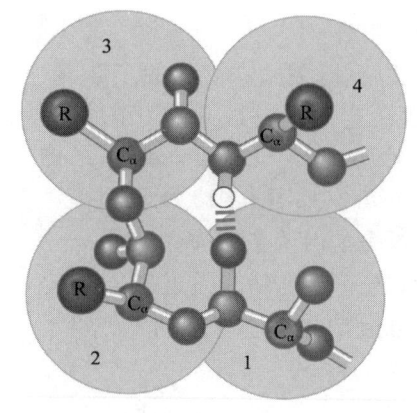

图 1-15 β-转角示意图

【知识拓展】

无规则卷曲

蛋白质分子中，常出现没有确定规律性的肽链构象，肽链中肽键平面呈不规则排列，称为无规则卷曲，又称为无规则构象、自由折叠或回转。在蛋白分子中，往往含有大量无规则卷曲，使蛋白质从整体上形成球状构象。

无规则卷曲为无规律的松散肽链结构，但仍是紧密有序的稳定结构，通过主链间及主链与侧链间氢键维持其构象。不同的蛋白质，自由回转的数量和形式各不相同。

（三）超二级结构和结构域

随着对蛋白质空间结构研究的深入，在二级结构和三级结构之间还可以进一步细分为超二级结构和结构域。

1. 超二级结构

在蛋白质分子中，由若干相邻的二级结构单元（即 α-螺旋、β-折叠片和 β-转角等）组合在一起，彼此相互作用，形成有规则、在空间上能辨认的二级结构组合体，称为超二级结构（supersecondary structure）。

已知的超二级结构有三种基本组合形式，即 α-螺旋的组合（αα），β-折叠组合（βββ），α-螺旋和 β-折叠的组合（βαβ），其中以 βαβ 组合最为常见。

超二级结构是蛋白质构象中二级结构与三级结构之间的一个层次，但没有聚集成具有功能的结构域。可充当三级结构的构件，或结构域的组成单位。一些超二级结构，如图 1-16 所示。

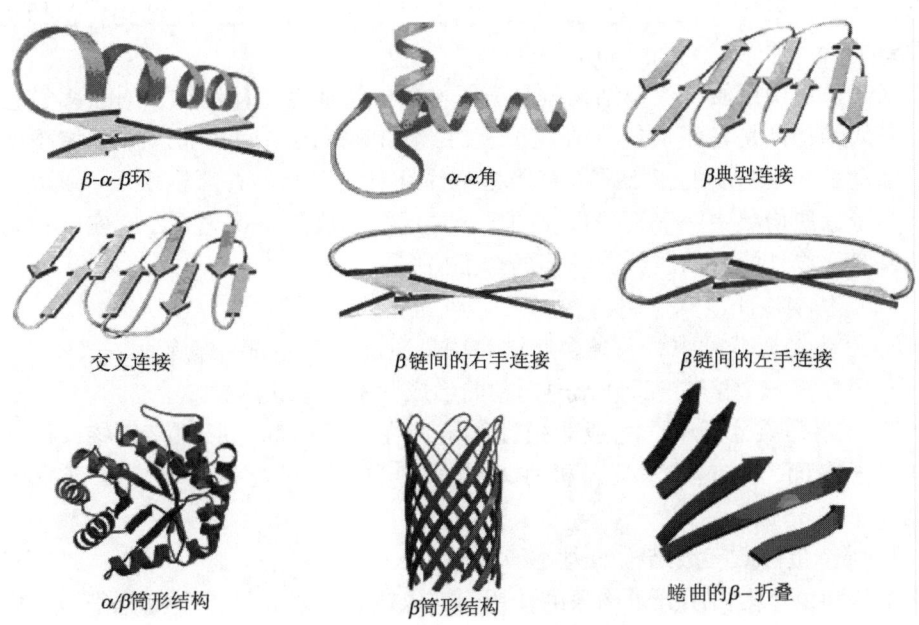

图 1-16 蛋白质的超二级结构

2. 结构域

对于较大的蛋白质分子，多肽链往往由两个或两个以上相对独立的三维实体缔合而成三级结构，这种相对独立的三维实体就称为结构域。结构域是多肽链在超二级结构的基础上组装而成的，通常是几个超二级结构的组合。对于较小的蛋白质分子，结构域与三级结构等同，即这些蛋白为单结构域。如图1-17所示。

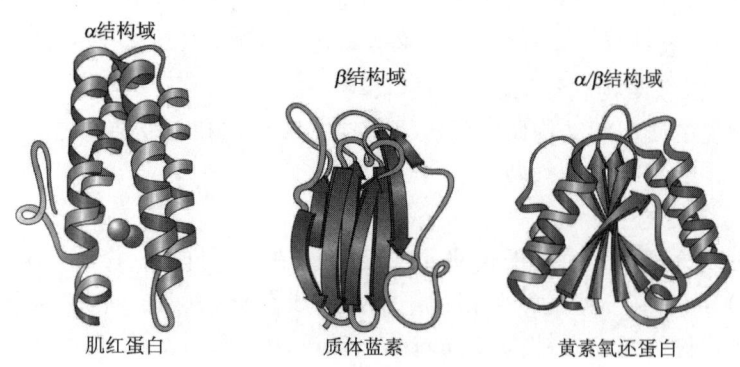

图1-17 蛋白质的结构域

（四）蛋白质的三级结构

1. 蛋白质三级结构的概念及特征

（1）定义 蛋白质分子的三级结构是指多肽链在二级结构（包括超二级结构和结构域）的基础上进一步盘曲或折叠，从而生成特定的空间结构，包括主链和侧链的所有原子的空间排布。

对于单链蛋白质，三级结构就是分子本身的特征性主体结构；对于多链蛋白质，三级结构则是各组成链（亚基）的主链和侧链的空间排布。生物体重要的生命活动都与蛋白质的三级结构直接相关并且对三级结构有严格要求。所以三级结构是蛋白质构象中一个至关重要的等级式层次，从整体观念看，它实际包含着除亚基缔合以外的蛋白质分子结构的全部内容。

（2）基本特征

① 在蛋白质分子中，一条多肽链往往是通过一部分 α -螺旋、一部分 β -折叠、一部分 β -转角和一部分无规则卷曲形成紧密的球状构象。

② 在蛋白质分子中，一般非极性侧链埋在分子内部，形成疏水核，极性侧链在分子表面，形成亲水区。极性基团的种类、数目与排布决定了蛋白质的功能。

2. 维持蛋白质三级结构的力

维持和稳定蛋白质分子构象的作用力有氢键、疏水作用力、范德华力、离子键和二硫键。

（1）氢键 由电负性较强的原子与氢形成的基团如 N—H 和 O—H，这一正电荷氢与另一个电负性强的原子可产生静电吸引，即氢键。

$$x—H\cdots y$$

这里 x、y 是电负性强的原子（N、O、S 等）；x—H 是共价键；H⋯y 是氢键。氢键在维持蛋白质的结构中起重要作用，是维持蛋白质二级结构的主要作用力。除此之外，氢键还可以在侧链与侧链、主链肽键与侧链之间形成。

（2）疏水作用力　是指非极性基团即疏水基团为了避开水相而群集在一起的集合力。水介质中球状蛋白质的折叠总是倾向于把疏水残基埋藏在分子内部，这种现象就是疏水作用或疏水效应，也称为疏水键。它在维持蛋白质的三级结构方面占有突出的地位。

（3）范德华力　在物质的聚集状态中，中性分子或中性原子之间的作用力称为范德华力。它对维持和稳定蛋白质的三、四级结构具有一定贡献。

（4）离子键　离子键又称盐键或静电作用力，它是由带相反电荷的两个基团间的静电吸引所形成的。在蛋白质分子中，通常有带正电荷的基团和带负电荷的基团。可以相互接近而形成离子键。

（5）二硫键　二硫键是两个硫原子之间所形成的共价键。它可以把不同的肽链或同一条肽链的不同部分连接起来，对维持和稳定蛋白质的构象具有重要作用。

【知识拓展】

维持蛋白质结构稳定的作用力

维系蛋白质分子的一级结构：肽键、二硫键。

维系蛋白质分子的二级结构：氢键。

维系蛋白质分子的三级结构：疏水力、氢键、范德华力、离子键、二硫键。

维系蛋白质分子的四级结构：范德华力、离子键、二硫键。

（五）蛋白质的四级结构

许多生物活性蛋白质是由两条或多条肽链构成，肽链与肽链之间并不是通过共价键相连，而是由非共价键缔合在一起。每条多肽链都有自己的一级、二级和三级结构，这些多肽链相互间以二硫键相连。

1. 亚基

具有四级结构的蛋白质中每个球状蛋白质称为亚基。

2. 寡聚蛋白

许多蛋白质是由两个或两个以上独立的三级结构（亚基）通过非共价键结合成的多聚体，称为寡聚蛋白。

3. 四级结构

蛋白质的四级结构是指亚基的种类、数量以及各个亚基在寡聚蛋白质中的空间排布和亚基间的相互作用。

一般认为，多数寡聚蛋白质分子亚基的排列是对称的，对称性是四级结构蛋白质分子最重要的性质之一。

（六）蛋白质分子结构与功能的关系

蛋白质的结构与功能之间具有高度的统一性，蛋白质分子具有的多种多样的生物功能是以其化学组成和极其复杂的结构为基础的。这不仅在于其一定的化学结构，而且还在于一定的空间构象。研究蛋白质的结构与生物功能的关系正成为当前分子生物学的一个重要方向。

1. 一级结构与功能的关系

蛋白质分子一级结构的细微差异，可能引起生物功能的显著变化，甚至使有机体出现病态现象，如镰刀型贫血病。该病显著的特点是一部分红血球的形状呈镰刀状或新月状，输氧能力下降，易发生溶血。这是由于病人的血红蛋白分子（HbS）与正常人的血红蛋白分子（HbA）相比，正常人 HbA 的 β – 链 N – 端第6位氨基酸为谷氨酸，而病人 HbS 的 β – 链 N – 端第六位氨基酸为缬氨酸。

$$\text{Hb-A} \quad N-\text{末端} \quad \overset{1}{\text{Val}} \quad \overset{2}{\text{His}} \quad \overset{3}{\text{Leu}} \quad \overset{5}{\text{Thr}} \quad \text{Pro} \quad \overset{6}{\text{Glu}} \cdots \cdots C-\text{末端}$$

$$\text{Hb-S} \quad N-\text{末端} \quad \text{Val} \quad \text{His} \quad \text{Leu} \quad \text{Thr} \quad \text{Pro} \quad \text{Val} \cdots \cdots C-\text{末端}$$

血红蛋白是由574个氨基酸构成的蛋白质，仅仅只有两个氨基酸残基发生改变（两条 β – 链），即可导致功能上的重大变化，足见结构与功能关系的高度统一。

2. 二级结构与功能的关系

【课堂互动】

蛋白质的 α – 螺旋、β – 折叠等二级结构决定了蛋白质的相应功能，并在现实中有所应用，如发型塑造工艺。请结合实例1的相关描述，解释为什么发型塑造后可以相对稳定？

实例 1

如将毛发 α – 角蛋白在湿热条件下拉伸，可拉长到原长2倍，这种 α – 螺旋的 X 线衍射图可改变为与 β – 角蛋白类似的衍射图。说明 β – 角蛋白中的结构和 α – 螺旋拉长伸展后结构相似。如图 1 – 18 所示。

3. 结构域与功能的关系

【课堂互动】

作为独立的功能单元，不同的结构域往往具有不同的功能，并在现实中有所反映，如抗原抗体的特异性免疫反应。请结合实例2的相关描述，收集材料说明免疫球蛋白（IgG）不同结构域的功能？

实例 2

免疫球蛋白（IgG）由12个结构域组成，其中两个轻链上各有2个，两个重链上各有4个，补体结合部位与抗原结合部位处于不同的结构域。如图 1 – 19 所示。

4. 三级结构与功能的关系

肌红蛋白是哺乳动物肌肉中贮氧的蛋白质。在潜水哺乳类如鲸、海豹和海豚的肌肉中肌红蛋白含量丰富，以致它们的肌肉呈棕色，使这些动物能长时间潜在

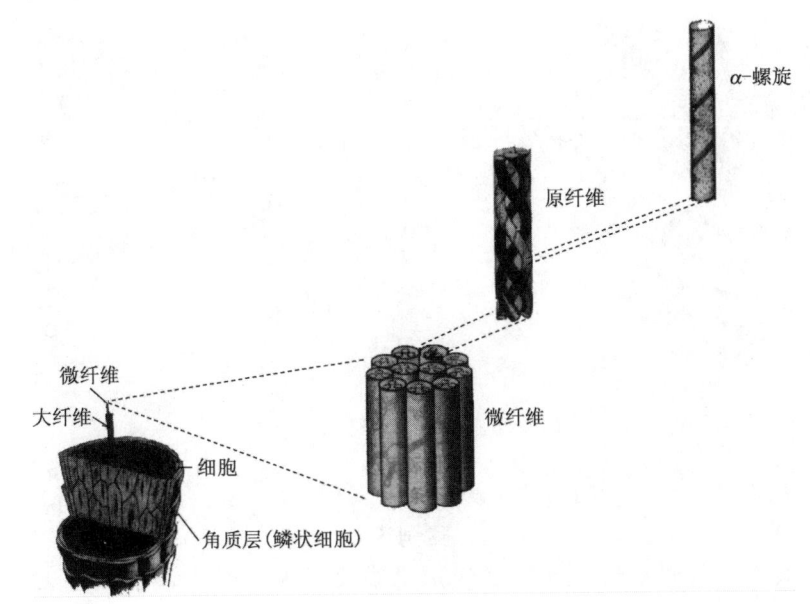

图 1-18 人类头发的结构与组成

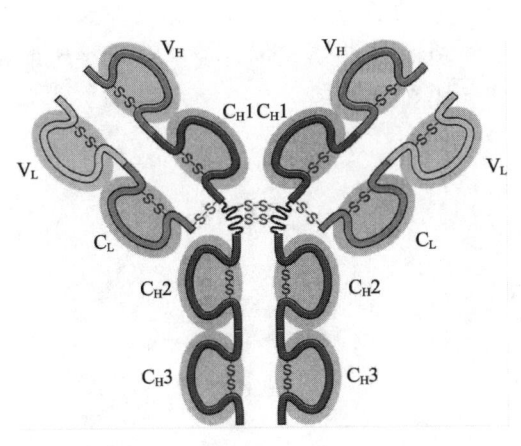

图 1-19 人免疫球蛋白的结构域

水下。肌红蛋白在结构上和血红蛋白相近,由一条多肽链构成,含一个血红素辅基。

肌红蛋白的特点是整个分子中有 8 段 α-螺旋体。具有极性基团侧链的氨基酸残基几乎全部分布在分子的表面,可以与水分子结合,使肌红蛋白成为可溶性的。血红素辅基垂直地伸出分子表面,并通过组氨酸残基与肌红蛋白分子内部相连。血红素中的 Fe 原子可以有六个配体,四个是平面卟啉分子的 N,组氨酸残基的咪唑基是它的第五个配位体,第六个配体处于"开放"状态,用作 O_2 结合部位。如图 1-20 所示。

5. 四级结构与功能的关系

【课堂互动】

蛋白质的四级结构是蛋白质功能多样化的重要条件,与现实应用息息相关,如血红蛋白对氧气的运输。请结合实例 3 中血红蛋白的结构功能关系及别构效应

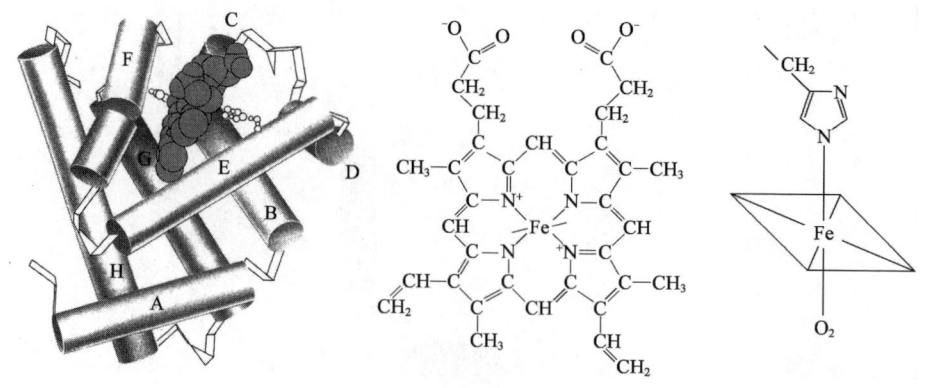

图 1-20 肌红蛋白结构示意图

模式,查找资料,获得新的结构与功能关系实例。

实例3

血红蛋白的四级结构由佩鲁茨1958年测定,是一种由四个亚基组成的球状寡聚蛋白,由两条 α-链和两条 β-链组成,是一个含有两种不同亚基的四聚体。每一个亚基含有一个血红素辅基。其三级结构和肌红蛋白相似。

α 亚基折叠形成球状,依赖侧链间形成的各种次级键维持稳定,表面为亲水区,辅基血红素嵌接在疏水区。β 亚基和 α 亚基构象相似,四个亚基 $\alpha_2\beta_2$ 聚合成具有四级结构的球形 Hb 分子,如图 1-21 所示。

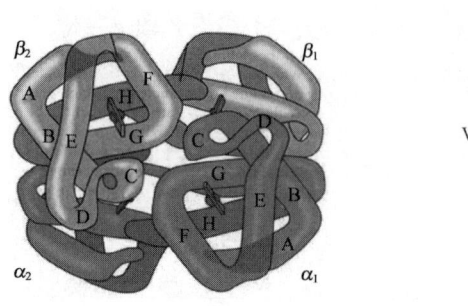 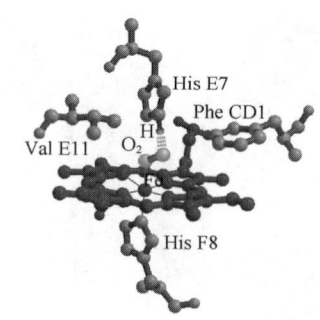

图 1-21 血红蛋白结构示意图

Hb 在体内的主要功能为运输氧气,而 Hb 的别构效应,有利于它在肺部与 O_2 结合及在周围组织释放 O_2。

Hb 是通过其辅基血红素的 Fe^{2+} 与氧发生可逆结合的(参考肌红蛋白),结合物称氧合血红蛋白。在血红素中,四个吡咯环形成一个平面,在未与氧结合时 Fe^{2+} 的位置高于平面 0.7nm,O_2 与 Fe^{2+} 的结合使 Fe^{2+} 向该平面内移动约 0.75nm,嵌入四吡咯平面,铁的这一微小移动,改变了该亚基构象,并促进第二亚基变构氧合，后者又促进第三亚基变构氧合，最终第四亚基氧合速度为第一亚基氧合速度的数百倍。此种一个亚基的别构作用，促进另一亚基变构的现象，称为亚基间的协同效应，所以在不同氧分压下，Hb 氧饱和曲线呈"S"型。如图 1-22 所示。

图 1-22　血红蛋白的别构效应

五、蛋白质的性质

蛋白质的性质由它们的分子大小、化学组成——氨基酸和化学结构所决定。

（一）蛋白质的两性离解和电泳现象

蛋白质与多肽一样，能够发生两性离解，也有等电点。在等电点时溶解度最小，在电场中不移动。在不同的 pH 环境下，蛋白质的电荷性质不同。在等电点偏酸性溶液中，蛋白质粒子带正电荷，在电场中向负极移动；在等电点偏碱性溶液中，蛋白质粒子带负电荷，在电场中向正极移动。这种现象称为蛋白质电泳。蛋白质在等电点 pH 条件下，不发生电泳现象。利用蛋白质的电泳现象，可以将蛋白质进行分离纯化。

$$\underset{\text{带正电荷}}{\overset{pH < pI}{R-\underset{H}{\overset{\overset{+}{N}H_3}{C}}-COOH}} \underset{+H^+}{\overset{+OH^-}{\rightleftharpoons}} \underset{\text{正负电荷相等}}{\overset{pH = pI}{R-\underset{H}{\overset{\overset{+}{N}H_3}{C}}-COO^-}} \underset{+H^+}{\overset{+OH^-}{\rightleftharpoons}} \underset{\text{带负电荷}}{\overset{pH > pI}{R-\underset{H}{\overset{NH_2}{C}}-COO^-}}$$

【生化视野】

蛋白质电泳方法

目前对蛋白质分离有高分辨率的电泳首推聚丙烯酰胺凝胶电泳。这种电泳方法因为聚丙烯酰胺凝胶是微孔介质，样品不易扩散，同时兼有分子筛的作用，分离效果好。如果将凝胶装入玻璃管中，蛋白质的不同组分形成环状圆盘，称为圆盘电泳。在铺有凝胶的玻璃板上进行的电泳称为平板电泳。由于蛋白质分子有一定的等电点，当它处在一个由阳极到阴极 pH 梯度逐渐增加的介质中，并通过直流电时，它便"聚焦"在与其等电点相同的 pH 位置上，等电点不同的蛋白质泳动形成的区带位置不同，这种电泳分离方法称为等电聚焦电泳。此外还有双向电泳、免疫电泳等。而纸电泳、醋酸纤维薄膜电泳也仍然在一定范围内应用。由于以上这些电泳方法可以将被分离物形成带状区域,因此称为区带电泳。

(二) 蛋白质的胶体性质

蛋白质溶液是一种亲水胶体,蛋白质分子是分散相,水是分散介质,蛋白质分子表面的亲水基能与水分子起水化作用,使蛋白质分子表面形成水化层。蛋白质分子表面上的可解离基团在适当的 pH 条件下带有相同的净电荷,与周围的反离子构成稳定的双电层。蛋白质溶液由于具有水化层与双电层两方面的稳定因素,所以是相对稳定的。蛋白质溶液也和其他胶体系统一样具有丁达尔现象、布朗运动等性质。

蛋白质分子扩散速度慢,不易透过半透膜,黏度大,在分离提纯蛋白质过程中,我们可利用蛋白质的这一性质,将混有小分子杂质的蛋白质溶液放于半透膜制成的囊内,置于流动水或适宜的缓冲液中,小分子杂质皆易从囊中透出,保留了比较纯化的囊内蛋白质,这种方法称为透析。如图 1-23 所示。

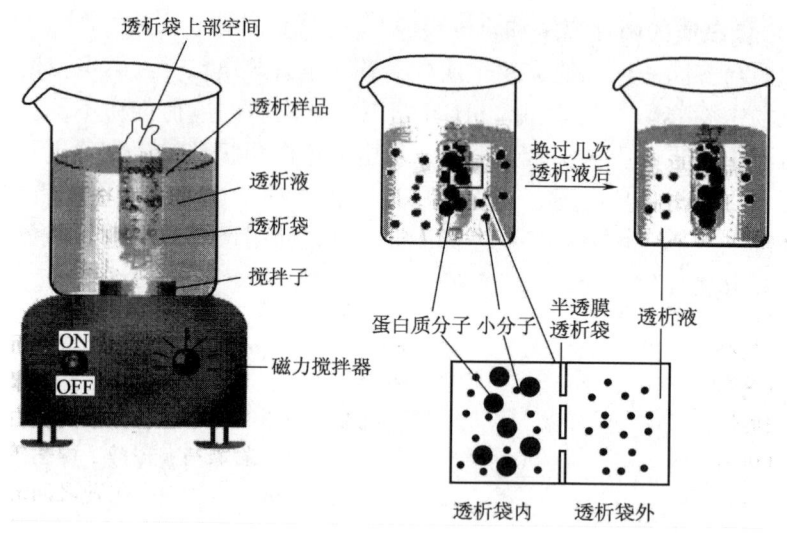

图 1-23 蛋白质的透析

(三) 蛋白质的沉淀作用

蛋白质胶体溶液的稳定性与它的分子量大小、所带的电荷层和水化层有关。改变溶液的条件,影响蛋白质的溶解性质,就能将蛋白质从溶液中沉淀出来。

沉淀蛋白质的方法有以下几种。

1. 盐析法

在蛋白质溶液中加入大量的中性盐,使蛋白质脱去水化层而聚集沉淀,这种方法称为盐析。常用的中性盐有硫酸铵、硫酸钠、氯化钠等。盐析沉淀一般不引起蛋白质变性。

各种蛋白质盐析时所需的盐浓度及 pH 不同,故可用于对混合蛋白质组分的分离。例如用半饱和的硫酸铵来沉淀血清中的球蛋白，饱和硫酸铵可以使血清中的白蛋白、球蛋白都沉淀出来，盐析沉淀的蛋白质，经透析除盐，仍保证蛋白质的活性。调节蛋白质溶液的 pH 至等电点后，再用盐析法则蛋白质沉淀的效果更好。

2. 有机溶剂沉淀法

向蛋白质溶液中加入一定量的极性有机溶剂，使蛋白质脱去水化层以及降低介电常数而增加带电物质间的相互作用，致使蛋白质颗粒凝集而沉淀。

可与水混合的有机溶剂，如酒精、甲醇、丙酮等，对水的亲和力很大，能破坏蛋白质颗粒的水化膜，在常温下，有机溶剂沉淀蛋白质往往引起变性。如酒精消毒灭菌就是如此，但若在低温条件下，则变性进行较缓慢，可用于分离制备各种血浆蛋白质。

3. 重金属盐沉淀法

当溶液 pH 大于等电点时，蛋白质颗粒带负电荷，这样就容易与重金属离子（Mg^{2+}、Pb^{2+}、Cu^{2+}、Ag^+ 等）结成不溶性盐而沉淀。

重金属沉淀的蛋白质常是变性的，但若在低温条件下，并控制重金属离子浓度，也可用于分离制备不变性的蛋白质。

【知识拓展】

临床上利用蛋白质能与重金属盐结合的这种性质，抢救误服重金属盐中毒的病人，给病人口服大量蛋白质，然后用催吐剂将结合的重金属盐呕吐出来解毒。

4. 生物碱试剂沉淀法

蛋白质可与生物碱试剂（如苦味酸、钨酸、鞣酸）以及某些酸（如三氯醋酸、过氯酸、硝酸）结合成不溶性的盐沉淀，沉淀的条件是 pH 小于等电点，这样蛋白质带正电荷易于与酸根负离子结合成盐。

这类沉淀反应经常被临床检验部门用来除去体液中干扰测定的蛋白质。此类沉淀反应也可用于检验尿中蛋白质。

5. 加热变性沉淀法

几乎所有的蛋白质都因加热变性，可凝固而沉淀。少量盐可促进蛋白质加热凝固。当蛋白质处于等电点时，加热凝固最完全和最迅速。我国很早便创造了将大豆蛋白质的浓溶液加热并点入少量盐卤（含 $MgCl$）来制作豆腐的方法，这是成功地应用加热变性沉淀蛋白的一个例子。

【课堂互动】

我们每个人都看过或操作过详细的蛋白质受热变性。凝固沉淀的例子，是什么？观察到了哪些变化？

【知识拓展】

蛋白质的变性、沉淀、凝固相互之间有很密切的关系。但蛋白质变性后并不一定沉淀，变性蛋白质只在等电点附近才沉淀，沉淀的变性蛋白质也不一定凝固。例如，蛋白质被强酸、强碱变性后由于蛋白质颗粒带着大量电荷，故仍可溶于强酸或强碱。但若将 pH 调节到等电点，则变性蛋白质凝集成絮状沉淀物，若将此絮状物加热，则变成较为坚固的凝块。

（四）蛋白质的变性

1. 定义

天然蛋白质分子在某些理化因素的影响下，其分子内部原有的高度规律性结构发生了变化，致使蛋白质的理化性质和生物学性质都有改变，但并不导致蛋白质一级结构的破坏，这种现象称为变性作用。蛋白质变性作用的实质是维持蛋白质分子特定结构的次级键和二硫键被破坏，引起天然构象解体，但主链共价键并未打断，即一级结构保持完好。

【知识链接】

1931 年我国的生物化学家吴宪在世界上第一次提出了蛋白质的变性学说。

2. 变性的原因、结果

（1）变性的原因　能使蛋白质变性的因素很多，化学因素有强酸、强碱、尿素、胍、去污剂、重金属盐、三氯醋酸、磷钨酸、苦味酸、浓乙醇等；物理因素有加热（70~100℃）、剧烈振荡或搅拌、紫外线及 X 射线照射、超声波等。但不同的蛋白质对各种因素的敏感程度是不同的。

（2）变形的结果　蛋白质变性过程中，往往出现下列现象。

① 生物活性丧失：蛋白质的生物活性是指蛋白质所具有的酶、激素、抗原与抗体等的活性。生物活性的丧失是蛋白质变性的主要特征。

② 反应性增加：蛋白质变性时，一些原来在分子内部包藏而不易与化学试剂起反应的侧链基团由于结构的伸展松散而暴露出来。

③ 理化性质改变：蛋白质变性后，疏水基外露，溶解度降低，结晶能力丧失，分子形状也可能改变。

④ 生物性质的改变：变性后分子结构伸展松散，易被蛋白水解酶分解。

（3）变性与复性　蛋白质变性后，其一级结构未变，一旦解除引起变性的条件，蛋白质又可能重新形成原有的空间结构，并恢复部分理化特性和生物学功能。如图 1-24 所示。

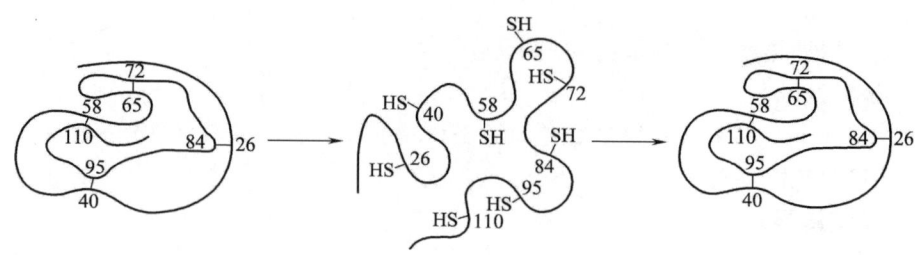

图 1-24　蛋白质的变性与复性

当变性因素除去后,变性蛋白质重新回复到天然构象,这一现象称为蛋白质的复性。是否所有的蛋白质的变性都是可逆的,这一问题至今仍有疑问。

(4) 变性的应用——变性作用具有实际意义　防治病虫害时利用热、紫外光、高压及高浓度有机溶剂等会促进病虫害体内的蛋白质变性,在制备蛋白质和酶制剂过程中,为了保持天然性质,就必须防止发生变性作用,因此在操作过程中必须注意保持低温,避开强酸、强碱、重金属盐类,防止振荡等。相反,那些不必需的杂蛋白则可通过变性作用而沉淀出去。

(五) 蛋白质的紫外吸收

大部分蛋白质均含有带芳香环的苯丙氨酸、酪氨酸和色氨酸。这三种氨基酸在280nm附近有最大吸收,因此大多数蛋白质在280nm附近显示强吸收,利用这一性质,可以对蛋白质进行定性鉴定。

(六) 蛋白质的颜色反应

在蛋白质的分析工作中,常利用蛋白质分子中某些氨基酸或某些特殊结构与某些试剂产生颜色反应,作为测定的根据。重要的颜色反应如下所述。

1. 双缩脲反应

双缩脲是由两分子尿素缩合而成的化合物。将尿素加热到180℃,则2分子脲素缩合成1分子双缩脲,并放出1分子氨,反应如下:

$$H_2N-\overset{O}{\underset{\|}{C}}-NH_2 + H_2N-\overset{O}{\underset{\|}{C}}-NH_2 \xrightarrow{加热} H_2N-\overset{O}{\underset{\|}{C}}-NH-\overset{O}{\underset{\|}{C}}-NH_2 + NH_3$$

双缩脲在碱性溶液中能与硫酸铜反应产生粉红色的复合物,此反应称为双缩脲反应。蛋白质分子中含有许多和双缩脲结构相似的肽键,因此也能起双缩脲反应。通常可用此反应来定性鉴定蛋白质水解程度,也可根据反应产生的颜色在540nm处比色,定量测定蛋白质。

2. 米伦氏反应

蛋白质溶液中加入米伦试剂(硝酸、亚硝酸、硝酸汞、亚硝酸汞的混合物)后产生白色沉淀,加热后沉淀变成红色。含有酚基的化合物都有这个反应,故酪氨酸及含有酪氨酸的蛋白质都能与米伦试剂反应。

3. 乙醛酸反应

在蛋白质溶液中加入乙醛酸,并沿试管壁慢慢注入浓硫酸,在两液层之间就会出现紫色环,凡含有吲哚基的化合物都有这一反应。色氨酸及含色氨酸的蛋白质有此反应,用于鉴定蛋白质中是否含有色氨酸。

4. 坂口反应

精氨酸分子中含有胍基,能与次氯酸钠(或次溴酸钠)及 α - 萘酚在 NaOH 溶液中产生红色产物。此反应可以用来鉴定溶液中是否含有精氨酸的蛋白质,也可以用来测定精氨酸的含量。

5. 福林试剂反应

蛋白质分子一般都含有酪氨酸，而酪氨酸中的酚基能将福林试剂中的磷钼酸及磷钨酸还原成蓝色化合物（即钼兰和钨兰的混合物）。这一反应常用来测定蛋白质含量。

6. 茚三酮反应

凡含有 α - 氨基酸的蛋白质都能与水合茚三酮生成蓝紫色化合物。

六、蛋白质的分离提纯及应用

（一）蛋白质分离提纯的一般原理

蛋白质在组织或细胞中一般都是以复杂的混合物形式存在。到目前为止，还没有一个单独的或一套现成的方法能把任何一种蛋白质从复杂的混合蛋白质中提取出来。但是对于任何一种蛋白质都有可能选择一套适当的分离提纯程序以获得高纯度的制品。蛋白质提纯的总目标是增加制品纯度或比活力，设法除去变性的蛋白质和其他杂蛋白，且希望所得蛋白质的产量达到最高值。

（二）蛋白质分离纯化的一般步骤

材料的选择→原料的预处理→蛋白质的抽提→从抽提液中沉淀蛋白质→纯化→蛋白质的结晶。

1. 原料的选择

要求含待分离的蛋白质丰富，廉价，易得，容易收集，新鲜无腐败。

2. 原料的预处理

分离提纯某一蛋白质，首先要求把蛋白质从原来的组织或细胞中以溶解的状态释放出来，并保持原来的天然状态，不丧失生物活性。为此，应根据不同的情况，选择适当的方法。

如果待分离蛋白质为胞外蛋白质，材料破碎后，用适当的溶剂直接抽提；若待分离蛋白质为胞内蛋白质，则需要破碎细胞膜，再用适当的溶剂抽提。如果所要的蛋白质主要集中在某一细胞组分中，如细胞核、染色体、核糖体或可溶性的细胞浆等，则可用差速离心方法将它们分开（表1-6），收集该细胞组分作为下一步提纯的材料。这样可以除去很多杂蛋白，使提纯工作容易得多。如果碰上所要的蛋白质与细胞膜或膜质细胞器相结合，则必须利用超声波或去污剂使膜结构解聚，然后用适当的介质提取。

表1-6　　在不同离心力下沉降的细胞组分

离心力/g	时间/min	沉降的组分
1000	5	真核细胞
4000	10	叶绿体、细胞碎片、细胞核
15000	20	线粒体、细菌

续表

离心力/g	时间/min	沉降的组分
30000	30	溶酶体、细菌细胞碎片
100000	3~10 (h)	核糖体

3. 蛋白质的抽提

蛋白质的抽提又称粗分级,当获得蛋白质混合物提取液后,选用一套适当的方法,将所要的蛋白质与其他杂蛋白分离开。一般这一步采用盐析、等电点沉淀和低温乙醇沉淀法等方法。这些方法的特点是简便、处理量大,既能除去大量的杂质,又能浓缩蛋白质溶液。

4. 纯化

将沉淀的蛋白质溶解,再选择适当的纯化方法,得到纯度比较高的蛋白质溶液。

样品经粗分级后,一般杂蛋白大部分已被除去,进一步提纯的方法包括透析或超滤、电泳法、凝胶过滤法、离子交换层析、吸附层析法、亲和层析、超速离心法等。这些分离纯化蛋白质方法的主要原理有以下几种。

(1) 利用蛋白质电荷的差异。

(2) 利用蛋白质分子量的差异。

(3) 利用蛋白质的特异性相互作用。

【知识链接】

亲和层析

蛋白质分子具有能和某些相对应的专一分子可逆结合的特性。这些被作用的对象物质称为配基。将配基固定在固相载体上,并且放进层析柱中,当样品通过它时,由于配基和相对应的蛋白质分子间有专一性的亲和作用,可通过某种次级键将这种蛋白质分子吸附在柱中,样品中的其他组分不产生专一性结合,则会被直接漏出层析柱。然后,便可应用洗脱剂将柱中的蛋白质洗脱出来。这种利用生物高分子和配基间可逆结合和解离的原理发展起来的层析方法就称为亲和层析。

5. 蛋白质的结晶

结晶是蛋白质分离提纯的最后步骤。尽管结晶并不能保证蛋白质的均一性,但只有某种蛋白质在溶液中数量占优势时才能形成结晶。结晶过程本身也伴随着一定程度的提纯,而重结晶又可除去少量杂质。

蛋白质纯度越高,溶液越浓,就越容易结晶。结晶的最佳条件是使溶液略处于过饱和状态,此时较易得到结晶。要得到适度的过饱和溶液,可通过控制温度、加盐盐析、加有机溶剂或调节 pH 等方法来达到,接入晶种能加速结晶过程。由于结晶从未发现过变性蛋白质,因此蛋白质的结晶不仅是纯度的一个标志,也是鉴定制品是否处于天然状态的有力指标。

(三) 蛋白质含量的测定与纯度鉴定

在蛋白质分离提纯过程中，经常需要测定蛋白质的含量和检查某一蛋白质的提纯程度。这些分析工作包括：测定蛋白质总量、测定蛋白质混合物中某一特定蛋白质的含量和鉴定最后制品的纯度。

测定蛋白质总量常用的方法有：凯氏定氮法、双缩脲法、Folin 酚试剂法和紫外吸收法等。

测定蛋白质混合物中某一特定蛋白质的含量通常要用高度特异性的生物学方法。如具有酶性质的蛋白质可以利用它们的酶活性来测定含量。

蛋白质制品纯度鉴定通常采用分辨率高的物理化学方法，如电泳分析、沉淀分析、扩散分析等。纯的蛋白质在它稳定的范围内，在一系列不同 pH 条件下进行电泳时，都以单一的泳动度移动，因此在界面移动电泳中，它的电泳图谱只有一个峰。

【知识拓展】

纯的蛋白质在一定溶剂系统中具有恒定的溶解度，而不依赖于溶液中未溶解固体的数量。用恒溶度法鉴定蛋白质纯度在理论上是严格的，在实验方法上是简便易行的。在严格规定的条件下，以加入的固体蛋白质对溶解的蛋白质作图。如果蛋白质制品是纯的，那么溶解度曲线只呈现一个折点，在折点以前，直线的斜率为1，在折点以后，斜率为零，如图 1-25 所示。不纯的蛋白质的溶解度曲线常常呈现两个以上的折点。

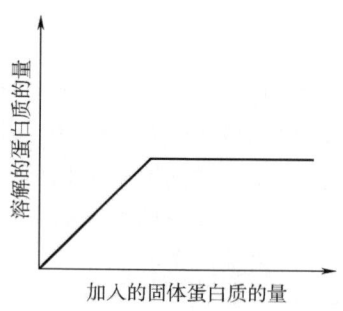

图 1-25 蛋白质的溶解度曲线

(四) 蛋白质的应用

蛋白质的应用范围是很广泛的。①在临床化学分析上，不仅包括生物体化学成分的分析，也包括将各种酶的活力测定作为临床诊断的指标，如将乳酸脱氢酶同工酶的检定作为心肌梗死的诊断指标，转氨酶作为肝病变的指标等。②许多蛋白制剂是安全有效的药品，如蛋白水解酶复剂作为消化药物广泛应用。胰岛素人胎盘丙种球蛋白、细胞色素 c 等也都是有效的药物。③酶法分析也应用于食品分析上，其对象主要是辅酶和有机酸。有些酶法分析很灵敏，如 L-乳酸、DL-柠檬酸可测定范围为（0.2~10）μg/mL、（2~50）μg/mL。食品分析中还包括农药毒物分析，即利用毒物可以非竞争性抑制某些酶的活性，求出毒物在食品中的浓度。如果小麦受了DDT的污染，可用牛红白球碳酸酐酶测定，检查精度为1g中含有10μg的毒物。④在一些工业生产上也常常利用酶制剂，如生丝的处理。天然生丝是互相粘着在一起的，为了使生丝分开，就要破坏粘着天然生丝的"天然胶水"。以肥皂和苏打水洗煮生丝，生丝的结构会受到破坏；如果以酶制剂处理生丝，对生丝无害并可大大提高丝线的质量。⑤日常生活中使用的合成洗涤剂以蛋白水解酶为添料，可以去除牛乳、蛋白、血液等不易去除的污物。⑥在农业生产上也有应用，如苏云金杆菌的晶体蛋白可用于防虫。

总之，蛋白质的知识以及蛋白制品的利用已经成为某些生产和人们生活的组成部分，而且随着科学的发展应用范围会越来越广。

学习小结

学习内容

蛋白质是生命的物质基础，没有蛋白质就没有生命。蛋白质是由20种氨基酸组成的。氨基酸性质方面的差别反映了它们侧链的不同。除了甘氨酸没有手性碳以外，其他19种氨基酸都至少含有1个手性碳。氨基酸的侧链可以按照它们的化学结构进行分类，还可以按侧链的极性和营养价值分类。

蛋白质的供给与人类的营养水平、健康状况有关，同时蛋白质、氨基酸、天然肽既是营养品又可作为药物使用，如抗体、激素等。多肽链中相邻氨基酸残基通过肽键连接，肽键具有部分双键特性，所以整个肽单位是一个平面结构。肽键的构型大都是反式的。

氨基酸的各种侧链基团可以进行很多种化学反应，如与茚三酮、DNFB、PITC、亚硝酸等的反应。每种氨基酸均有自己的等电点，在电场中可以发生电泳。

蛋白质结构水平分为四级，一级结构指的是氨基酸序列，二级结构是指在局部肽段中相邻氨基酸的空间关系，三级结构是整个多肽链的三维构象，四级结构是指能稳定结合的两条或两条以上多肽链（亚基）的空间关系。蛋白质具有由基因确定的唯一的氨基酸序列，一级结构决定了蛋白质的构象。蛋白质存在几种不同的二级结构，其中包括 α-螺旋、β-折叠和 β-转角等。蛋白质有各种理化性质，如蛋白质的两性解离及等电点、胶体性质、变性、复性、沉淀反应、各种显色反应等。蛋白质含量测定的方法有双缩脲法、凯式定氮法、考马斯亮蓝法、Folin-酚试剂法、紫外吸收法等。

知识框架

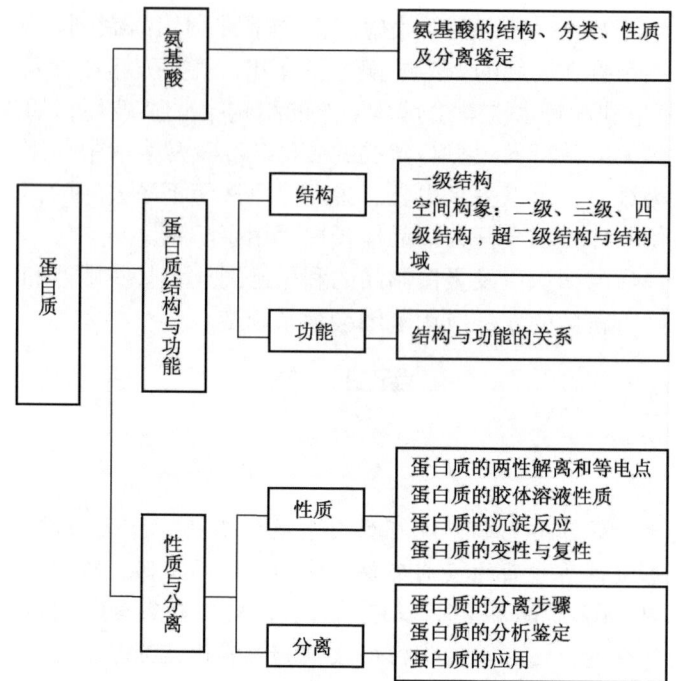

目标检测

一、单项选择题

1. 下列氨基酸中，哪个含有吲哚环（　　）
   A. 甲硫氨酸　　　　B. 苏氨酸　　　　C. 色氨酸
   D. 缬氨酸　　　　　E. 组氨酸

2. 下列有关氨基酸的叙述，哪个是错误的（　　）
   A. 酪氨酸和苯丙氨酸都含有苯环
   B. 酪氨酸和丝氨酸都含羟基
   C. 亮氨酸和缬氨酸都是分支氨基酸
   D. 脯氨酸和酪氨酸都是非极性氨基酸
   E. 组氨酸、色氨酸和脯氨酸都是杂环氨基酸

3. 下列氨基酸溶液除哪个外都能使偏振光发生旋转（　　）
   A. 丙氨酸　　　　　B. 甘氨酸　　　　C. 亮氨酸
   D. 丝氨酸　　　　　E. 缬氨酸

4. 下列哪一类氨基酸完全是非必需氨基酸（　　）

A. 碱性氨基酸　　　　　B. 含硫氨基酸　　　　　C. 分支氨基酸
D. 芳香族氨基酸　　　　E. 以上四种答案都不对

4. 下列蛋白质组分中，哪一种在280nm具有最大的光吸收（　　）
A. 色氨酸的吲哚环　　　B. 酪氨酸的酚环　　　　C. 苯丙氨酸的苯环
D. 半胱氨酸的硫原子　　E. 肽键

5. 下列哪种氨基酸有米伦（Millon）反应（　　）
A. 色氨酸　　　　　　　B. 酪氨酸　　　　　　　C. 苯丙氨酸
D. 组氨酸　　　　　　　E. 精氨酸

6. 下列氨基酸中除哪种外都是哺乳动物的必需氨基酸（　　）
A. 苯丙氨酸　　　　　　B. 赖氨酸　　　　　　　C. 酪氨酸
D. 亮氨酸　　　　　　　E. 甲硫氨酸

7. 下列哪一种氨基酸侧链基团的 pK 值最接近于生理 pH（　　）
A. 半胱氨酸　　　　　　B. 谷氨酸　　　　　　　C. 谷氨酰胺
D. 组氨酸　　　　　　　E. 赖氨酸

8. 肽键在下列哪个波长具有最大光吸收（　　）
A. 215nm　　　　　　　B. 260nm　　　　　　　C. 280nm
D. 340nm　　　　　　　E. 以上都不是

9. 测定小肽氨基酸顺序的最好方法是（　　）
A. 2，4-二硝基氟苯法（FDNB 法）
B. 二甲氨基萘磺酰氯法（DNS-Cl 法）
C. 氨肽酶法
D. 苯异硫氰酸法（PITC 法）
E. 羧肽酶法

10. 下列哪些蛋白质具有四级结构（　　）
（1）血红蛋白　　　　（2）烟草斑纹病毒外壳蛋白
（3）乳酸脱氢酶　　　（4）肌红蛋白
A. 1，2，3　　　　　　B. 1，3　　　　　　　　C. 2，4
D. 4　　　　　　　　　E. 1，2，3，4

二、问答题

（1）某氨基酸溶于 pH7 的水中，所得氨基酸溶液的 pH 为 6，问此氨基酸的 pI 是大于 6、等于 6 还是小于 6？

（2）某氨基酸溶于 pH7 的水中，所得氨基酸溶液的 pH 为 8，问此氨基酸的 pI 是大于 8、等于 8 还是小于 8？

实训一 酪蛋白制品的制备

任务1 酪蛋白两性验证和等电点的测定

一、实训目的

（1）了解蛋白质的两性解离性质。

（2）初步学会测定蛋白质等电点的方法，为下一步提取做准备。

> **实训备忘**
>
> 蛋白质由许多氨基酸组成，虽然绝大多数的氨基酸与羧基以肽键结合，但是总有一定数量自由的氨基与羧基，以及酚基、巯基、胍基、咪唑基等酸碱基团，因此蛋白质和氨基酸一样是两性电解质。调节溶液的酸碱度达到一定的氢离子浓度时，蛋白质分子所带的正电荷和负电荷相等，以兼性离子状态存在，在电场内该蛋白质分子既不向阴极移动，也不向阳极移动，这时溶液的pH，称为该蛋白质的等电点（pI）。当溶液的pH低于蛋白质等电点时，即在氢离子较多的条件下，蛋白质分子带正电荷成为阳离子；当溶液pH大于等电点时，即在氢氧根较多的条件下，蛋白质分子带负电荷，成为阴离子。
>
> 蛋白质等电点多接近于pH 7.0，略偏酸性的等电点也很多，如白明胶的等电点为pH 4.7，也有偏碱性的，如精蛋白等电点为pH 10.5。在等电点时蛋白质溶解度最小，容易沉淀析出。

二、实训材料

1. 实训仪器

试管及试管架，滴管，吸量管（1mL和5mL）。

2. 实训试剂

（1）0.5％酪蛋白溶液（以0.01mol/L氢氧化钠溶液作溶剂）。

（2）酪蛋白醋酸钠溶液 称取纯酪蛋白0.25g，加蒸馏水20mL及1.00mol/L氢氧化钠溶液5mL（必须准确），摇荡使酪蛋白溶解。然后加1.00mol/L醋酸溶液5mL（必须准确），将溶液移入50mL容量瓶内，用蒸馏水稀释至刻度，混匀，结果酪蛋白溶于0.10mol/L醋酸溶液内，酪蛋白的浓度为0.5％。

（3）0.01％溴甲酚绿指示剂。

（4）0.02mol/L盐酸溶液。

（5）0.10mol/L醋酸溶液。

（6）0.02mol/L氢氧化钠溶液。

（7）0.01mol/L醋酸溶液。

（8）1.00mol/L醋酸溶液。

三、实训内容与操作步骤

(一) 蛋白质的两性反应

(1) 取 1 支试管,加 0.5% 酪蛋白溶液 20 滴和 0.01% 溴甲酚绿指示剂(变色 pH 范围是 3.8~5.4。酸色型为黄色,碱色型为蓝色)5~7 滴,混匀观察呈现的颜色,并说明原因。

(2) 用细滴管缓慢加 0.02mol/L 盐酸溶液,随滴随摇,直至有明显的大量沉淀发生,此时溶液的 pH 接近于酪蛋白的等电点。观察溶液颜色的变化。

(3) 继续滴入 0.02mol/L 盐酸溶液,观察沉淀和溶液颜色的变化,并说明原因。

(4) 再滴入 0.02mol/L 氢氧化钠溶液进行中和,观察是否出现沉淀,解释其原因。继续滴入 0.02mol/L 氢氧化钠溶液,为什么沉淀又会溶解?溶液的颜色如何变化?说明了什么问题?

(二) 酪蛋白等电点的测定

(1) 取 9 支粗细相近的干燥试管,编号后按下表的顺序准确地加入各种试剂。加入每种试剂混合均匀。见表 1-7。

表 1-7　　　　　　　　酪蛋白等电点试剂混合

	试管编号	1	2	3	4	5	6	7	8	9
加入的试剂	蒸馏水体积/mL	2.4	3.2	—	2.0	3.0	3.5	1.5	2.75	3.38
	1.00mol/L 醋酸溶液体积/mL	1.6	0.8	—	—	—	—	—	—	—
	0.10mol/L 醋酸溶液体积/mL	—	—	4.0	2.0	1.0	0.5	—	—	—
	0.01mol/L 醋酸溶液体积/mL	—	—	—	—	—	—	2.5	1.25	0.62
	酪蛋白醋酸钠溶液体积/mL	1.0	1.0	1.0	1.0	1.0	1.0	1.0	1.0	1.0
	溶液的最终 pH	3.5	3.8	4.1	4.4	4.7	5.0	5.3	5.6	5.9
	沉淀出现的情况									

(2) 静置约 20min,观察每支试管中溶液的混浊度,以 -、+、++、+++、++++ 符号表示沉淀的多少。根据观察结果,指出哪一个 pH 是酪蛋白的等电点?

(3) 该实验要求各种试剂的浓度和加入量必须相当准确。除了需要精心配制试剂以外,实验中应严格按照定量分析的操作进行。为了保证实验的重复性或为了进行大批量的测定,可以事先按照上述的比例配制成大量的 9 种不同浓度的醋酸溶液。实验时分别准确吸取 4mL 该溶液,再各加入 1mL 酪蛋白醋酸钠溶液。

四、思考题

(1) 在等电点时蛋白质的溶解度为什么最低?请结合实验结果和蛋白质的

胶体性质加以说明。

(2) 本实验中,酪蛋白质在等电点时从溶液中沉淀析出,所以说凡是蛋白质在等电点时必然沉淀出来。这种结论对吗?为什么?

(3) 在分离蛋白质时等电点有何实际应用意义?

任务2 酪蛋白的制备

一、实训目的

学习从牛乳中制备酪蛋白的原理和方法。

实训备忘

酪蛋白是牛乳中存在的主要蛋白质,它在牛乳中的含量约为35g/L。实际上酪蛋白不是一种简单的蛋白质,而是一些含磷蛋白质的混合物。

酪蛋白在其等电点时溶解度很低,利用这一性质,将牛乳调到pH 4.8,酪蛋白就可从牛乳中分离出来。酪蛋白不溶于乙醇,这个性质被利用来从酪蛋白粗制剂中除去脂类杂质。

二、实训材料

(一) 试剂

牛乳;0.2mol/L醋酸钠缓冲液,pH 4.6;乙醇;乙醚;乙醇-乙醚混合液乙醇:乙醚=1:1(体积比)。

(二) 器材

100℃温度计,细布,布氏漏斗,烧杯(500mL),电炉或煤气灯,玻璃漏斗(大),抽滤瓶,pH试纸或酸度计。

三、实训内容与操作步骤

将100mL牛乳放到500mL烧杯中。加热到40℃,再在搅拌下慢慢地加入100mL 40℃左右的醋酸钠缓冲液,直到pH达到4.8左右,可以用酸度计调节。将上述悬浮液冷却至室温,然后,放置5min,用布氏漏斗过滤,收集沉淀。

上述沉淀用少量水洗数次,然后悬浮于30mL乙醇中。将此悬浮液倾于布氏漏斗中,过滤除去乙醇溶液,再倒入乙醇-乙醚混合液洗涤沉淀(两次)。最后再用乙醚洗涤沉淀两次,抽干。将沉淀从布氏漏斗中移出,在表面上摊开除去乙醚,干燥后得到的是酪蛋白纯品。准确称重后,计算出每100mL牛乳所制备出的酪蛋白量(g),并与理论产量(3.5g)相比较。求出实际获得百分率。

四、思考题

(1) 为什么酪蛋白可在等电点pH下沉淀出来?

(2) 蛋白质为什么可以用有机溶剂沉淀?

任务3　考马斯亮蓝 G-250 比色法测定蛋白质含量

一、实训目的

（1）学习和掌握考马斯亮蓝 G-250 法测定蛋白质含量的原理和方法。

（2）进一步掌握比色法或分光光度法，包括制作标准曲线、准确测定未知样品、正确使用测定仪器等。

实训备忘

考马斯亮蓝 G-250 法测定蛋白质含量属于一种染料结合法。考马斯亮蓝 G-250 是一种蛋白染料，它在游离状态下最大吸收波长为 464nm。

由于它所含的疏水基团与蛋白质的疏水微区具有亲和力，通过疏水作用与蛋白质相结合。当它与蛋白质结合后形成蓝色的蛋白质-染料复合物，其最大吸收波长变为 595nm。这种结合在 2min 左右达到平衡，生成的复合物在 1h 内保持稳定。

在一定的蛋白质浓度范围内，蛋白质-染料复合物在 595nm 处的光吸收与蛋白质含量成正比，所以可用于蛋白质含量的测定。

该方法非常灵敏，蛋白质最低检测量为 5g，而且此法操作简便、快速、干扰物质少，是实验室常用的蛋白质定量方法。但染料易吸附在比色杯上（注意：不可用石英比色杯）而造成误差，操作时应及时用酒精清洗。

二、实训材料

（一）材料

任务 2 产品牛乳制备酪蛋白粗品。

（二）仪器

分光光度计、电子天平

（三）器材

普通试管 20mL 10 支；容量瓶 100mL 1 支、500mL 1 支；移液管 1mL 4 支、5mL 1 支；烧杯 250mL 1 支、50mL 1 支；滴管 2 支；洗耳球 2 支；坐标纸；研钵、洗瓶、试管架、移液管架、玻棒各 1 支。

三、实训准备

1. 牛血清白蛋白标准液（100g/mL）

精确称取 0.0100g 牛血清白蛋白，用蒸馏水溶解后定容至 100mL。

2. 考马斯亮蓝 G-250 染色液

取 0.10g 考马斯亮蓝 G-250，溶于 50mL 95% 的乙醇中，加入 100mL 85% 的正磷酸，再用蒸馏水定容到 1000mL。过滤待用。

该试剂于常温下可保存1个月。

四、实训内容与操作步骤

（一）样品液的准备

取1g酪蛋白样品稀释到100mL。

（二）标准曲线制作

取6支试管，按表1-8所示顺序操作。

表1-8　　　　考马斯亮蓝G-250比色法标准蛋白浓度梯度

操作＼管号	空白	标准蛋白溶液浓度梯度				
	0	1	2	3	4	5
牛血清白蛋白标准液体积/mL		0.2	0.4	0.6	0.8	1.0
蒸馏水体积/mL	1.0	0.8	0.6	0.4	0.2	
考马斯亮蓝染色液	各5.0mL					
反应	各管混匀，室温下放置15min					
比色	以0号管为空白参比，测定595nm处的吸光度					
记录吸光度（A_{595}）						

（三）样品测定

取4支试管，按表1-9所示顺序操作。

表1-9　　　　　　　　　样品测定

操作＼管号	空白	样品液		
	0	1	2	3
酪蛋白样品体积/mL		1.0	1.0	1.0
蒸馏水体积/mL	1.0	0	0	0
考马斯亮蓝染色液	各5.0mL			
反应	各管混匀，室温下放置15min			
比色	以0号管为空白参比，测定595nm处的吸光度			
记录吸光度（A_{595}）				

（四）结果处理

1. 由0~5号管的数据，以蛋白质含量（g）为横坐标，A_{595}为纵坐标，在坐标纸上绘制标准曲线。

2. 求三个样品管A_{595}的平均值$\overline{A}_{595}$。

3. 由$\overline{A}_{595}$从标准曲线中求样品管中蛋白质的量（g）。

计算酪蛋白粗品中酪蛋白的含量（单位用 mg/mL）。

五、思考题

用本实验方法所得的测定值与样品的实际值之间的误差主要是由什么原因引起的？

实训二　玉米肽的制备

一、实训目的

（1）掌握生物活性肽的性质与提取方法。

（2）会从植物蛋白粉中提取相应活性肽。

二、实训材料

（一）材料

木瓜蛋白酶、玉米蛋白粉（已粉碎经过 80 目筛）。

（二）试剂

甲醛、NaOH、HCl 等均为分析纯。

（三）仪器

恒温水浴振荡仪、精密 pH 计、离心机等。

三、实训内容与操作步骤

（一）玉米肽干粉制备的工艺流程

原料→粉碎→水解→灭酶→分离→干燥→粉碎→成品。

（二）粉碎

玉米蛋白粉粉碎过 80 目筛备用。

（三）水解

2.5g 蛋白粉于 50mL 三角瓶中，按一定的比例用水配成 5% 悬浮液，搅拌均匀。放入恒温水浴振荡仪中，保温至 55℃，用 4mol/L 的 NaOH 调至 pH7.0。向三角瓶中加入 0.1g 酶（酶与底物比：4%），水解 3.5h。水解过程保持 pH 恒定。

（四）灭酶

水解结束后，用 4mol/L 的 HCl 调 pH 至 4.0，将三角瓶放入 90℃ 水浴锅中，保持 20min，使酶失活。

（五）分离

将失活的水解液迅速冷却，放入离心机中离心（4000r/min）15min，然后取上清液。

（六）干燥

将经离心取得的上清液放入干燥箱中加热使水分蒸发，至水分完全蒸发，取出收集。

（七）粉碎

将经干燥得到的产物粉碎即得玉米肽成品。

四、思考题

将上清放入干燥箱中加热除蒸发水分外，还有什么作用？

实训三　蛋白粉制品的制备

一、实训目的

（1）掌握植物蛋白粉的组成与提取方法。

（2）会从植物材料中提取相应蛋白粉。

二、实训材料

（一）材料

米渣（大米糖化后副产物米糟干燥而成）。

（二）试剂

NaOH、HCl 等。

（三）仪器

恒温水浴振荡仪、精密 pH 计、离心机等。

三、实训内容与操作步骤

本项目采用碱溶酸沉提取法，也可以采用酶法，请自行制定方案。

（1）称取一定量的大米渣，加入一定比例的水（料液比为 1∶12），搅拌均匀，加入 0.1mol/L 的氢氧化钠溶液调节溶液的 pH 至 12，控制 40℃温度缓慢搅拌 2h，使蛋白质在碱性状态下溶解，离心（3000r/min）10min 分离，去渣，得蛋白液。

（2）向蛋白液中加入 0.3mol/L 的盐酸调节蛋白液至等电点，即 pH 3.9，静置沉淀，蛋白质沉淀完全后离心（3000r/min）10min 分离，干燥，即得产品。

注：等电点测定方法及考马斯亮蓝法测定蛋白含量方法见实训一的任务 3。

（3）将沉淀下来的蛋白质回调 pH 至 6.5 后干燥，得到的蛋白质产品口味纯正、细腻，是良好的食用蛋白质。

项目二　酶

学习目标

通过本项目的学习，了解酶的概念和本质，自身特点和催化特点，酶的分类和命名；掌握酶的结构特点和作用机制以及影响酶活性的主要因素；了解酶的分离、纯化与保存技术；了解酶制剂及酶工程领域的相关内容。为应用微生物技术、生物制药设备、药物分离纯化技术、生物制药工艺等后续课程的学习打下基础。

知识目标

1. 了解酶的概念和本质、自身特点、催化特点、酶的分类和命名。
2. 了解酶的分离、纯化与保存技术，酶工程领域相关内容。
3. 掌握酶的结构特点和作用机制以及影响酶活性的主要因素。

能力目标

1. 培养学生掌握简单活性酶的制备方法。
2. 培养学生在酶分离、纯化方面的操作能力。
3. 培养学生完成酶制剂应用过程中的操作任务。

任务描述

山东某啤酒厂在河北衡水新建一个啤酒生产基地，由于地域的限制，对啤酒生产原料的选择不同，这改变了传统意义上啤酒生产工艺中所使用的酶制剂。对于新上的设备和工艺而言，不仅采用新型的酶与酶制剂，受该啤酒厂委托，还要对新上啤酒工艺中涉及的酶与酶制剂进行设计，预期达到满意的生产效果，请大家制定设计方案。

【知识链接】

生物体由细胞构成，每个细胞由于酶的存在才表现出种种生命活动，体内的新陈代谢才能进行。酶是人体内新陈代谢的催化剂，只有酶存在，人体内才能进行各项生化反应。人体内酶越多、越完整，其生命就越健康。当人体内没有了活性酶，生命也就结束。人类的疾病，大多数均与酶缺乏或合成障碍有关。

猪日粮中添加酶制剂的重要性

2007至2008年全国猪肉上涨带动了国内消费物价指数（CPI），甚至有的经济学家调侃道："目前中国的经济走向猪说了算。"一句简单的调侃却映射出养猪链条中的一系列问题。另外，自2008年以来瘦肉精、人造蛋等等食品安全成为广大消费者普遍关注的问题。一方面要满足市场需求降低价格，另一方面要保证食品的安全性。于是就出现了在正常的饲养前提下提高生猪出栏率，也就是降低生长时间。但是要解决这些问题，专家将目光投到了猪日粮添加酶制剂上。通过添加蛋白酶、葡聚糖酶、淀粉酶、木聚糖酶等多种酶来改善谷物在猪体内的消化率，提高营养物质的吸收，侧面降低了养猪的成本。原来在猪饲料中添加的酶制剂在一段时间内却能影响中国的经济走向。

一、酶概述

生物体内的新陈代谢过程包含着许多复杂而又有规律的物质变化和能量变化，绿色植物利用太阳能、水、二氧化碳和无机盐等简单物质，经过一系列变化合成复杂的糖、蛋白质、脂肪等物质，而动物又利用植物体中的物质，并经过错综复杂的分解和合成反应转化成为自身的一部分，得以生长、活动、繁殖等，这些化学反应都是在酶催化下进行的。

【课堂互动】

日常生活中常常碰到的一些现象，如吃饭时，多嚼一会儿，会感觉到甜。这是因为口腔的唾液里有淀粉酶能把饭中的淀粉分解成为糊精和麦芽糖。医生常会给消化不良的病人吃多酶片，其成分主要是胃蛋白酶、胰蛋白酶、淀粉酶。这些酶都是促进生命体物质代谢和能量代谢的催化剂，可以说，没有酶的参与生命活动一刻也不能进行。

请大家列举其他酶催化现象。

酶是由活细胞产生的一类具有催化功能和高度专一性的生物大分子物质，又称为生物催化剂。酶催化发生的生物化学反应，称为酶促反应。在酶的催化作用下发生化学变化的物质称为底物，反应后生成的物质称为产物。

【知识拓展】

传统意义上一般认为催化生物化学反应的酶是蛋白质，但随着生物化学的发展，近年来不断有新的生物大分子充当着酶的角色。如核酸，抗体等。

（1）酶是蛋白质　1926年，James Summer 由刀豆制出脲酶结晶确立酶是蛋白质的观念，其具有蛋白质的一切性质。

（2）核酶的发现　1981—1982年，Thomas R. Cech 实验发现有催化活性的天然 RNA—Ribozyme。

L19 RNA 和核糖核酸酶 P 的 RNA 组分具有酶活性是两个最著名的例子。

1955年，发现 DNA 的催化活性。

(3) 抗体酶 1986 年，Richard Lerrur 和 Peter Schaltz 运用单克隆抗体技术制备了具有酶活性的抗体。

二、酶的催化特性

（一）酶与无机催化剂

酶是生物催化剂，除具有一般催化剂的共性，又具有蛋白质的特性。酶作为生物催化剂与无机催化剂相比有其相同和不同之处：

1. 酶与无机催化剂的相同点

（1）酶和无机催化剂在反应前后本身不发生质量和数量上的变化。

（2）能加速反应达到平衡点，但不改变平衡点。

（3）从热力学角度看，只催化热力学上允许发生的化学反应。也就是说，只能催化本身能够发生的化学反应，不能催化本身不能发生的化学反应。

（4）都能降低反应所需要的活化能。

2. 酶与无机催化剂的不同点

（1）因为酶本身是生物大分子，多数为蛋白质，所以易变性，无机催化剂则不受影响。

（2）酶和一般催化剂相比催化效率更高，如脲酶催化脲素分子的分解比非酶催化速度要快 10^{15} 倍。

（3）酶和一般催化剂相比专一性更强。

（二）酶作为活性催化剂的特点

1. 酶的高效性

酶的催化作用可使反应速度提高 $10^6 \sim 10^{12}$ 倍。

例如：过氧化氢分解

$$2H_2O_2 \longrightarrow 2H_2O + O_2$$

用 Fe^+ 催化，效率为 6×10^{-4} mol/（mol·s），而用过氧化氢酶催化，效率为 6×10^6 mol/（mol·s）。

2. 酶的专一性

酶的专一性是指酶在催化生化反应时对底物的选择性，也就是说一种酶只能对一类物质或一种物质作用，如催化蛋白质水解的酶，不能催化脂肪或糖类水解，而催化糖类水解的酶也不能催化脂类或蛋白质水解。由于酶有高度的专一性，使生物体内的代谢途径按一定的方向有条不紊地进行。

酶的专一性分类如下所述。

（1）绝对专一性是酶对底物的要求非常严格，它只能催化某种物质的反应，酶的这种专一性称为绝对专一性。

例如：脲酶只催化尿素的水解，而对尿素的各种衍生物，如尿素分子上一个 NH_2 基的 H 被甲基或氯取代，脲酶就不能水解它。

具有绝对专一性的酶在催化某种物质的一个化学键时，不仅对键的性质有着严格的要求，而且对这个键两端基团（整个分子）也有着严格的要求。

（2）相对专一性指酶对底物的专一性程度相对较低，能作用于和底物结构类似的一系列化合物，即作用的对象不只是一种底物。

相对专一性又分两种情况。

① 基团专一性也称为族专一性：只要求底物的某一化学键和该化学键旁的一个原子基团，至于该化学键旁的另一个原子团是什么基团并不要求，这一类酶与绝对专一性的酶比较起来要求的范围大得多，所以能够作用于一类化合物。

例如：α-D-葡萄糖苷酶，不但要求α-糖苷键，并且要求α-糖苷键的一端必须是葡萄糖残基，而对键的另一端R基团则要求不严。

② 键的专一性：只要求作用于一定的键，而对键两端的基团并无严格要求，这类酶对底物的结构要求最低。

例如：酯酶催化酯键的水解，而对R—R′基团要求不严，既能催化水解甘油酯类，又能催化丙酰、丁酰胆碱或乙酰胆碱等，只是对不同的酯类、水解的速度不同。

（3）立体异构专一性

① 光学专一性：当底物具有旋光异构体时，酶只能作用于其中的一种，这种对于旋光异构体底物的高度专一性是立体异构专一性中的一种，称为旋光异构专一性，如精氨酸酶 只催化L-精氨酸的分解，对D-精氨酸不起作用。

生物体内天然的D-氨基酸很少，它只能被D-氨基酸氧化酶氧化，而不受L-氨基酸氧化酶的作用。又如胰蛋白酶只作用L-氨基酸有关的肽键，而乳酸脱氢酶只催化L-乳酸脱氢，谷氨酸脱氢酶对L-谷氨酸是专一的。

② 几何异构专一性：一种酶只作用于几何异构体中的一种或作用于反式化合物或作用于顺式化合物。例如，延胡索酸酶作用于反丁烯二酸（延胡索酸）水解生成苹果酸，而不作用于顺丁烯二酸。

3. 酶反应条件温和

酶促反应一般在pH 5~8水溶液中进行，反应温度范围为20~40℃。接近于生物体的正常体征。但高温或其他苛刻的物理或化学条件，将引起酶的失活。

4. 酶易变性失活

一般来说酶通常在常温、常压、pH中性、水环境的理想转台中进行催化的效率最高，但温度过高，压力过大，溶液的pH过高或过低都会造成酶的变性失活。

5. 酶活力可调节控制

有机体的生命活动表现了它内部化学反应历程的有序性，这种有序性是受多方面因素调节控制的，一旦破坏了这种有序性，将会导致代谢紊乱，产生疾病，甚至死亡。酶活力受到调节和控制比一般催化剂要灵活多样。如抑制剂调节、共价修饰调节、反馈调节、酶原激活及激素控制等。

【知识链接】

激素通过与细胞膜或细胞内受体相结合而引起一系列生物学效应，以此来调节酶活性。

如乳腺组织合成乳糖。哺乳动物乳腺组织中合成乳糖是由乳糖合成酶催化的，该酶由两个亚基即催化亚基和调节亚基组成。催化亚基单独存在时不能催化合成乳糖，但能催化半乳糖以共价键的方式连接到蛋白质上形成糖蛋白。调节亚基实际上就是乳汁中的 α - 乳清蛋白，其本身无催化活性，但当与催化亚基结合后，就可以改变催化亚基的专一性，催化半乳糖和葡萄糖反应合成乳糖。调节亚基合成是受激素调控的。在怀孕期间，催化亚基和调节亚基在乳腺中合成，但调节亚基合成的很少。当分娩后，由于激素急剧增加，调节亚基大量合成，并和催化亚基结合成乳糖合成酶，大量合成乳糖以适应生理需要。

三、酶的命名和分类

（一）酶的命名

1. 习惯命名

（1）根据作用的底物命名，如脲酶分解尿素、淀粉酶分解淀粉、酯酶分解脂等。

（2）根据催化的反应性质命名，如催化脱氢的酶称脱氢酶，催化转氨基作用的酶称转氨酶。

（3）根据底物及催化的反应性质命名，如琥珀酸脱氢酶催化琥珀酸脱氢。

（4）根据酶的来源命名，如来源于胃的蛋白酶称胃蛋白酶，来源于胰脏的称胰蛋白酶。

惯用命名法比较好命名，但是有其缺点，容易造成一酶多名或一名多酶。

2. 国际系统命名

国际系统命名应明确表明酶的底物及催化特性，包括底物名称、反应性质以及反应名称最后加一个"酶"字。

例如：习惯命名的谷丙转氨酶，而系统命名是 L - 丙氨酸：α - 酮戊二酸氨基移换酶，表明它的底物是 L - 丙氨酸和 α - 酮戊二酸，通过氨基移换作用而生成 L - 谷氨酸和丙酮酸。

根据国际系统命名分类法，所有的酶可分为六大类，再根据底物中被作用的基团或键的特点将每一大类分为若干亚类，每一亚类可分为若干亚亚类，所以每一个酶的分类编号由 4 个数字组成，编号之前都要用 E.C。E.C 指的是国际酶学委员会。

例如：乳酸脱氢酶为 E.C1.1.1.27

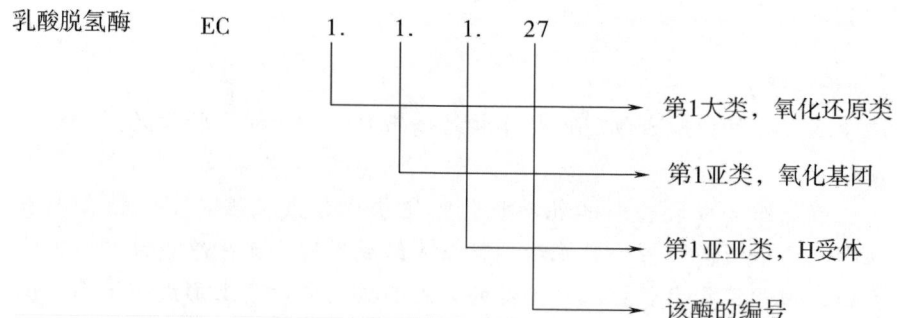

又如谷丙转氨酶的编号为 E.C2.6.1.2 等，$RNaseT_1$ 的编号为 EC3.1.4.8。

（二）酶的分类

根据酶促反应的性质进行分类。

1. 氧化还原酶类

凡是能催化氢原子以及电子转移反应的酶都属于这一类，因此，这类酶催化机体内的氧化还原反应。这类酶主要存在于细胞的线粒体中。

氧化还原酶包括脱氢酶和氧化酶，它们都是催化体内物质的氧化，氧化酶一般都有氧分子直接参与反应，生物体内各种有机物质所含的能量都是通过一系列氧化还原反应而逐步释放出来，这些能量即用于生物机体的生命活动，所以氧化还原酶类是与机体能量代谢紧密相关的。

（1）脱氢酶　它们所催化的反应可以用下列通式表示。

$$A \cdot 2H + B + A + B \cdot 2H$$

例如：乳酸脱氢酶催化乳酸脱氢，乙醇脱氢酶催化乙醇脱氢。

（2）氧化酶类　可以催化底物上的 H 与 O_2 结合生成 H_2O 或生成 H_2O_2。

通式是：$AH_2 + O_2 \rightarrow A + H_2O_2$ 或 $AH_2 + 1/2O_2 \rightarrow A + H_2O$

如多酚氧化酶：

2. 转移酶类

转移酶类催化化合物中某些基团的转移，即一种分子的某一基团转移到另一种分子上的反应。

通式：$A \cdot X + B = A + BX$

被转移的基团有多种，因此有不同的转移酶，如氨基转移酶、甲基转移酶、磷酸转移酶、糖苷基转移酶等。

例如：谷丙转氨酶是催化氨基转移的酶。

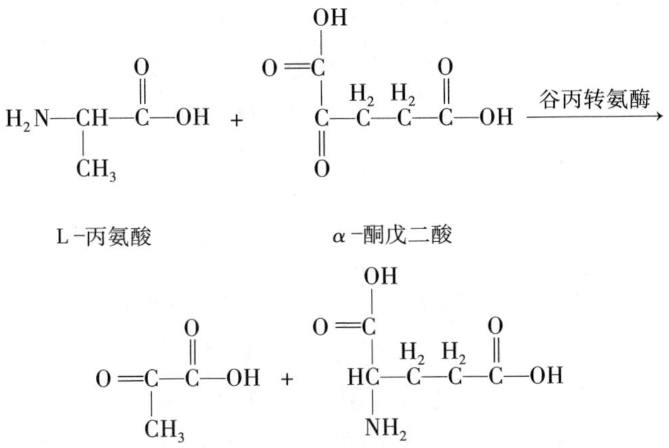

$$H_2N-CH(CH_3)-C(=O)-OH + HOOC-C(=O)-CH_2-CH_2-COOH \xrightarrow{\text{谷丙转氨酶}}$$

L-丙氨酸   α-酮戊二酸

$$O=C(CH_3)-COOH + HOOC-CH(NH_2)-CH_2-CH_2-COOH$$

丙酮酸   L-谷氨酸

3. 水解酶类

水解酶能使底物加水分解，成为简单化合物的反应。

如：$R-R' + H_2O \rightarrow RH + ROH$

水解酶类分四个亚类：①脂酶类分解酯类；②糖苷酶类分解糖类；③水解尿素的叫酰胺酶类；④蛋白酶类，分解肽键。

4. 裂合酶类

裂合酶即裂解酶，能催化一种化合物分裂为几种化合物，或由几种化合物合成一种化合物。裂解反应大多是从底物上移去一个基团而留下含双键的化合物。

通式为：$A-B = A + B$

裂合酶包括醛缩酶、水解酶、脱羧酶及脱氨酶等。如苹果酸裂合酶、丙酮酸脱羧酶等，即凡是催化脱羧、脱氧、脱水的酶都为裂合酶类。

5. 异构酶类

异构酶催化各种同分异构物（即分子式相同，而结构式不同的化合物）之间的相互转变，即促进分子内部基团的重新排列，它包括几种不同类型。

①异构酶：催化醛基和酮基的互变。

②催化不对称碳原子基团易向（易向酶）。

③催化分子内基团的易位（变位酶）。

6. 合成酶类

合成酶催化两种物质（双分子）合成一种物质的反应，这种合成反应一般是吸能过程。因而通常有 ATP 等高能物质参加反应，通式可写成：

$$A + B + ATP = A-B + ADP + Pi$$

如谷氨酰胺合成酶（glutamic synthetase）催化谷氨酰胺的合成。

$$\underset{\text{L-谷氨酸}}{\underset{NH_2}{\overset{OH}{\underset{|}{\overset{|}{O=C}}}}-HC-\overset{H_2}{C}-\overset{H_2}{C}-\overset{O}{\overset{\|}{C}}-OH + NH_3} \xrightarrow[ATP \quad ADP+Pi]{\text{谷氨酰胺合成酶}} \underset{\text{L-谷氨酰胺}}{\underset{NH_2}{\overset{OH}{\underset{|}{\overset{|}{O=C}}}}-CH-\overset{H_2}{C}-\overset{H_2}{C}-\overset{O}{\overset{\|}{C}}-NH_2 + H_2O}$$

（三）酶蛋白的分类

根据酶蛋白复杂程度可将酶蛋白分为三类。

（1）**单体酶** 由一条多肽链组成，分子质量在 35000～43000u，单纯酶大多数属于水解酶类，如蛋白酶、胰蛋白酶、核糖核酸酶、溶菌酶等。

（2）**寡聚酶** 构成全酶的酶蛋白由两条以上的多肽链（或称亚单位）构成的，分子质量在 43000u 以上，具有四级结构，这些亚单位有的相同，有的不相同，亚基之间不是以共价键连接，所以彼此之间很易分开。

（3）**多酶复合体** 是由几种酶彼此嵌合形成的复合体，能催化一系列反应连续进行。如脂代谢中的脂肪酸合成酶，糖代谢中的丙酮酸脱氢酶都是多酶复合体，在这个复合体中，如果缺少一个酶，反应将不能进行。

四、酶的分子组成和结构

（一）酶的分子组成

根据酶的组成成分，可分单纯酶和结合酶两类。

单纯酶的基本组成单位仅为氨基酸。它的催化活性仅仅决定于蛋白质结构。脲酶、消化道蛋白酶、淀粉酶、酯酶、核糖核酸酶等均属此列。

结合酶的催化活性，除蛋白质部分外，还需要非蛋白质的物质，即所谓酶的辅助因子，两者结合成的复合物称作全酶。即：

全酶	=	酶蛋白	+	辅助因子
（结合蛋白酶）		（蛋白质部分）		（非蛋白部分）

【课堂互动】

酶蛋白和蛋白酶的区别是什么？

在全酶的催化反应中，酶蛋白与辅助因子所起的作用不同，酶蛋白本身决定酶反应的专一性和高效性，而辅助因子直接作为电子、原子或者某些化学基团的载体起到传递作用，参与反应并促进整个催化过程。酶的辅助因子可以是金属离子，也可以是小分子有机化合物。常见酶含有的金属离子有 K^+、Na^+、Mg^{2+}、Cu^{2+}（或 Cu^+）、Zn^{2+} 和 Fe^{2+}（或 Fe^{3+}）等。它们或者是酶活性的组成部分，或者是连接底物和酶分子的桥梁，或者在稳定酶蛋白分子构象方面不可或缺。小分子有机化合物是些化学稳定的小分子物质，其主要作用是在反应中传递电子、质子或一些基团。

根据辅助因子与酶蛋白结合的紧密程度不同分成辅酶和辅基两大类。辅酶与酶蛋白结合疏松,可以用透析或超滤方法除去;辅基与酶蛋白结合紧密,不易用透析或超滤方法除去,辅酶和辅基的差别仅仅是它们与酶蛋白结合的牢固程度不同,而无严格的界限。

(二)酶的分子结构

酶分子结构中包括两个中心,一个是活性中心,另外一个是调控中心,它们都是酶分子中的必需基团。

(1)酶的活性中心 酶分子与底物接触的或非常接近底物并和酶催化作用直接有关的区域称为酶的活性中心(active center)。对于不需要辅助的酶来说,活性中心就是酶分子中三维结构上比较靠近的少数几个氨基酸残基或是这些残基上的某些基团。它们在一级结构上可能相距很远,甚至位于不同肽链上。通过肽链的盘绕,折叠而在空间构象上相互靠近;对于需要辅酶的酶来说,辅酶分子或辅酶分子上的某一部分结构往往就是活性中心的必需基团。

酶的活性中心包括催化部位和结合部分。底物键在催化部分被打断或形成新的键,从而发生一定的化学变化。结合部位是底物与酶分子结合的部位。

活性中心的形成要求酶蛋白分子具有一定的空间构象,如图2-1所示,因此,酶分子中心其他部分的作用对于酶的催化来说,可能是次要的,但是为酶活性中心的形成提供了结构基础。所以酶的活性中心与酶蛋白的空间构象的完整性之间是辩证统一的关系,当外界物理、化学因素破坏了酶的结构时,首先就可能影响活性中心的特定结构,结果就必然影响酶活力。

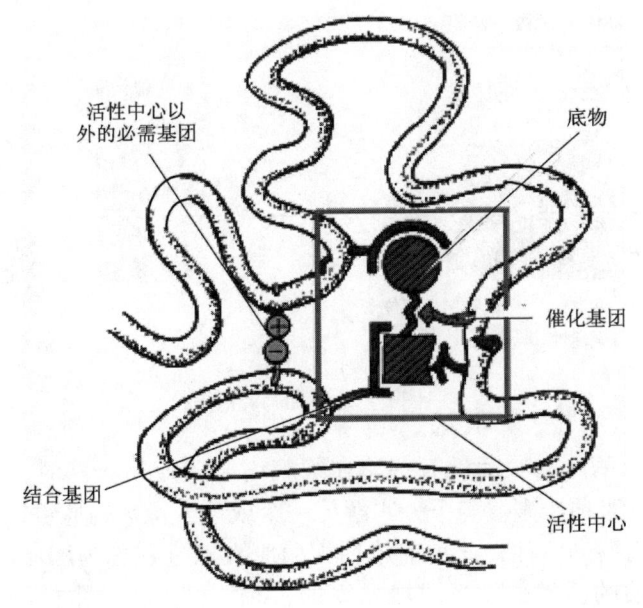

图2-1 酶的活性中心

酶活性中心具有以下特点：

①酶活性部位仅占酶体积的很小一部分，通常只占整个酶分子体积的1%～2%，酶分子是大分子物质，由很多氨基酸构成，而活性部位可能仅由几个氨基酸残基组成。催化部位一般为2～3个氨基酸，结合部位氨基酸残基数目变化较大，可能是一个，也可能是多个。

②酶的活性部位具有三维结构，构成酶活性中心的基团，可位于同一条肽链上，也可位于不同的肽链上，在一级结构上可能相距甚远，但在空间结构上位置必须相互靠近；酶的空间结构受物理或化学因素影响时，酶的活性部位可能会遭破坏，酶会失活。

③活性中心的结合基团与底物专一性结合，这需要活性部位的基团精确排列。

④酶活性部位位于酶分子表面的一个裂缝内，底物分子或底物分子的一部分结合到裂缝中，裂缝内的非极性基团较多，会形成一个疏水环境，能提高与底物的结合能力，其也有极性的氨基酸残基，以便与底物结合并催化底物发生反应。

⑤底物通过较弱的次级键与酶结合。组成酶活性中心的氨基酸残基，常见的有组氨酸、赖氨酸、天冬氨酸、谷氨酸、丝氨酸、半胱氨酸和酪氨酸等。

（2）酶的调控中心　调控中心（Regulatory center）是酶分子中可以与其他分子发生某种程度结合的部位，当酶分子与调控物质结合后，可引起酶分子空间构象的变化，对酶的活性中心起激活或抑制作用，如图2-2所示。

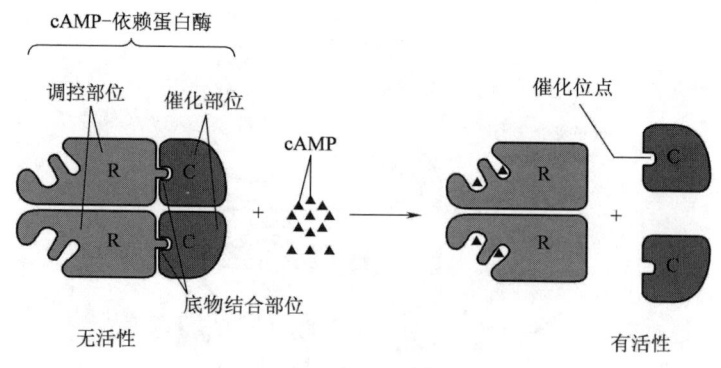

图2-2　酶的调控

（3）酶原及酶原的激活　有些酶在细胞内合成或初分泌时，只是酶的无活性前体，必须在某些因素参与下，水解掉一个或几个特殊的肽键，使酶的构象发生改变，表现出酶的活性，此种前体称为酶原，该过程称为酶原激活。实质上，酶原激活就是酶的活性部位形成或暴露的过程。例如，胃蛋白酶、胰凝乳蛋白酶、胰蛋白酶等，在它们初分泌时都是以无活性的酶原形式存在，在某些因素参与下，转化为相应的酶。

如胰蛋白酶原进入小肠后,在 Ca^{2+} 存在下受肠激酶的激活,第6位赖氨酸与第7位异亮氨酸残基之间的肽键被切断,水解掉一个六肽,分子构象发生改变,形成酶活性部位,从而成为有催化活性的胰蛋白酶,如图2-3所示。

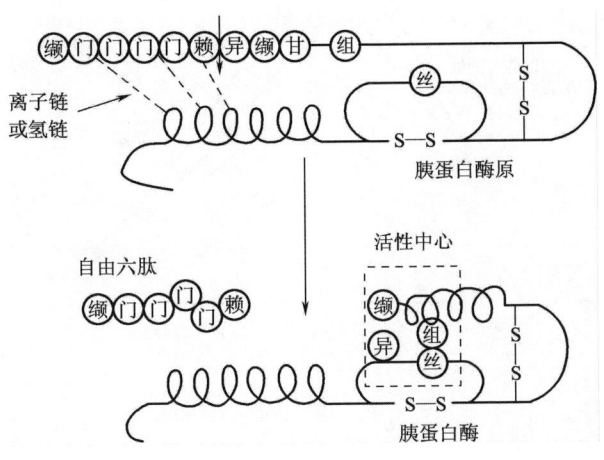

图2-3 胰蛋白酶原激活

酶原激活具有重要生理意义。胰蛋白酶以酶原形式存在,能保护消化道不因酶的水解作用而遭破坏。血液中凝血因子以酶原形式存在,可避免血液在血管内流动时发生凝固。

五、酶的作用机制

(一) 酶的催化本质

1. 中间产物学说

酶催化时,酶活性中心首先与底物结合生成一种酶-底物复合物(E-S),此复合物再分解释放出酶,并生成产物,即为中间复合物学说。

$$S + E \rightleftharpoons E-S \longrightarrow E + P$$

E、S、P 和 E-S 分别表示酶、底物、产物以及酶与底物形成的中间产物。

2. 降低反应中的活化能

在一般的化学反应中,除了提高温度加快反应外,使活化能降低同样可提高反应速度,这正是催化剂的功能。作为生物催化剂的酶比无机催化剂效率更高,能使反应更快地达到平衡点。但酶也和其他催化剂一样,可通过降低活化能提高反应速度,但不会改变反应平衡点,如图2-4所示,表示的是酶促反应过程中的自由能变化,可以看到酶存在下的反应活化能要比无催化剂时反应的活化能低。

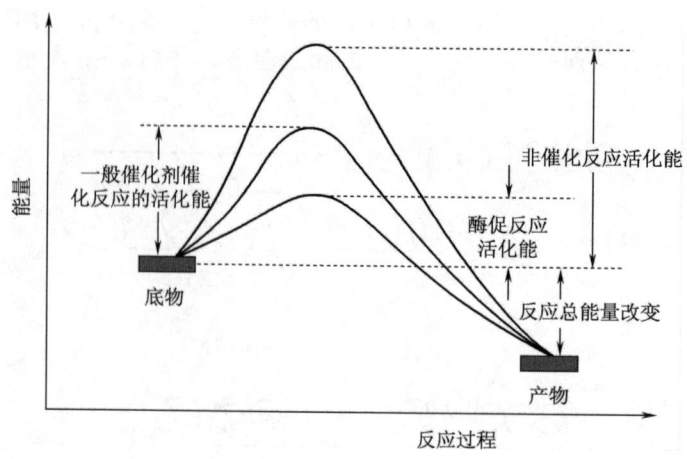

图 2-4 降低反应活化能

【课堂互动】

说一说：汽车可以通过哪些途径穿过一座大山？

翻山越岭，穿越隧道，相对而言后者比前者容易一些。

谈一谈：你对酶促反应降低化学反应活化能的认识？

在酶促反应中降低了反应的活化能使得反应容易发生，无形中提高了反应速度和化学反应发生的可能性。

（二）酶促作用机制

1. 酶作用专一性机制

（1）锁钥学说 将酶的活性中心比喻为锁孔，底物分子像钥匙，底物能专一性地插入到酶的活性中心，如图 2-5 所示。

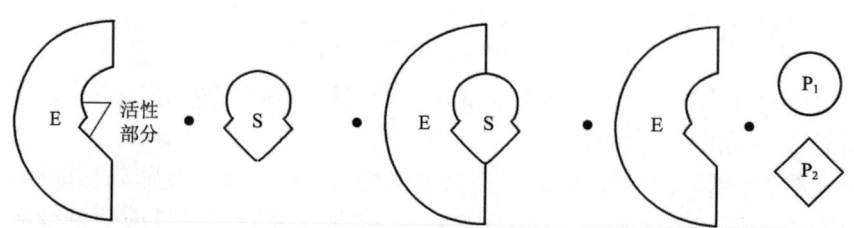

图 2-5 锁钥学说

（2）诱导契合学说 酶的活性中心在结构上具柔性，底物接近活性中心时，可诱导酶蛋白构象发生变化，这样就使酶的活性中心有关基团正确排列和定向，使之与底物成互补形状的有机结合，从而催化反应进行，如图 2-6 所示。

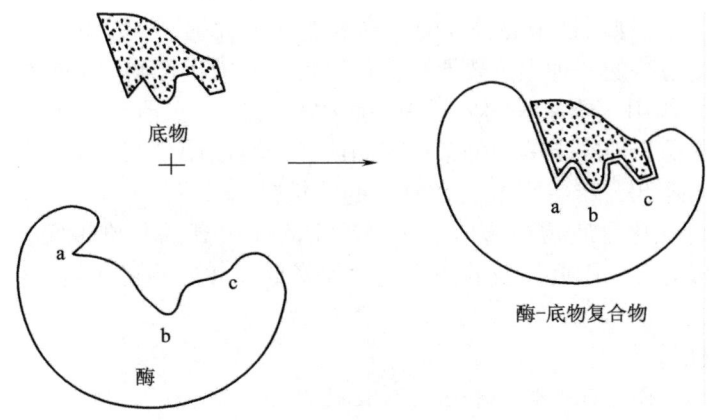

图2-6 诱导契合学说

诱导契合学说的四个要点：①酶有其原来的形状，不一定一开始就是底物的模板；②底物能诱导酶蛋白的形状发生一定的变化（专一性结合）；③当酶的形状发生变化后，就使得其中的催化基团形成了正确的排列；④在酶反应过程中，酶活性中心构象的变化是可逆的，即酶与底物结合时，产生一种诱导构象，反应结束时，产物从酶表面脱落，酶又恢复其原来的构象。

【知识拓展】

诱导契合学说一般指的是底物诱导契合学说，称为狭义诱导契合学说。在别构效应的一类酶当中，诱导契合不是被底物诱导，而是与调控中心结合的调控剂结合发生诱导，这一类诱导契合称为调控剂诱导契合学说。

底物诱导理论认为尽管底物的结构和活性中心的结构不相吻合，但当底物靠近酶的活性中心时，酶的活性中心在底物的诱导作用下发生了改变，从而使得底物的构象和酶的活性中心相吻合，进一步发生催化反应。

调控剂诱导契合学说首先说明酶的构象中共同存在两个中心，一个是活性中心，另外一个是调控中心。当底物向构象完全不吻合的活性中心靠近时，酶的活性中心不会因为底物的靠近而发生变化，进而不会与底物相吻合，不会发生催化反应。此时，加入一种类似于辅助因子的物质，该物质称为调控剂，之所以称其为调控剂是因为其能够与酶的调控中心相结合。当底物靠近活性中心而没有发生诱导作用的时候，调控剂和调控中心的结合却能够使得活性中心的构象与底物相吻合而发生催化反应。

2. 酶作用高效率的机制

酶之所以具有高的催化效率，主要是因为以下几个原因。

（1）酶与底物的"邻近"与"定向"效应　酶有可塑性、可变性，与底物相互靠近，酶蛋白会发生一定的构象变化，使反应所需要的酶中的催化基团与结合基团正确地排列并定位，以便能与底物契合，使底物分子可以"靠近"及"定向"于酶。这样活性中心局部的底物浓度能大大提高，酶构象发生的这种改变是反应速度增高的一种很重要原因。反应后，释放出产物、酶的构象再逆转。

（2）张力作用　酶使底物分子中的敏感键发生"变形"（或张力），从而使底物敏感键更易于破裂，酶中的某些基团或离子可以使第三键中的某些基团的电子密度增高或降低，产生"电子张力"更易断裂。

（3）共价催化　底物与酶形成一个反应活性很高的共价中间物，这个中间物很易变成转变态，因此反应的活化能大大降低，此底物可越过较低的"能阈"而形成产物。

【知识拓展】

共价催化可分为亲电催化和亲核催化两类。

催化剂的亲核基团对底物中亲电子的碳原子攻击，因亲核基团具有多个电子，可以提供电子，亲核基团作为强有力的催化剂可提高反应速度。例如，亲核基团催化酰基的反应：第一步亲核基团（催化剂 Y）攻击含有酰基的分子，形成带有亲核基团的酰基衍生物，这种催化剂的酰基衍生物作为一个共价中间物再起作用；第二步酰基从亲核的催化剂上再转移到最终的酰基受体上，这种受体分子可能是某些醇或水，第一步反应有催化剂参加，反应快。

（4）酸、碱催化理论　狭义的酸碱催化，即 H^+ 及 OH^- 离子，由于酶反应的最适 pH 一般在中性，所以 H^+ 及 OH^- 不太多，这种催化就显得不很重要。广义的酸碱催化，指的是质子供体及质子受体的催化。如质子供体：—COOH、—NH_3^+、His 的咪唑基等，质子受体：—COO^-、—NH_2，见表 2-1。利用这种特点，可加快反应速度。

表 2-1　　　　　　　　　氨基酸种类及催化基团

氨基酸种类	酸催化基团	碱催化基团
Glu，Asp	—COOH	—COO^-
Lys	—NH_3^+	—NH_2
Cys	—SH	—S^-
Tyr	—⟨⟩—OH	—⟨⟩—O^-
His	咪唑基（质子化）	咪唑基

六、影响酶促反应速度的因素

影响酶促反应速率的因素很多，包括酶浓度、底物浓度、环境 pH、温度、抑制剂、激活剂等。

（一）温度的影响

酶是一种蛋白质，蛋白质高温会变性，因此，酶的反应速度与温度高低有很大关系。当温度比较低时，增加酶促反应的温度，反应会逐渐加快。在一定条件下，酶在某一温度下表示出最大活力，反应速度最快，这个温度称为该酶的最适温度。达到最适温度以后，如果再增加反应的温度，则反应速度随着温度的增加而变小，如图2-7所示。

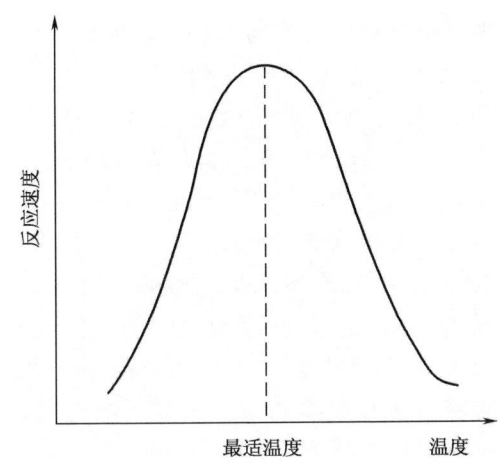

图2-7 温度与酶促反应速度的关系

在最适温度条件下，反应速度最快，在最适温度之前提高温度可以增加反应速度，每提高温度10℃，所增加的反应速度称为反应的温度系数，用Q_{10}表示。对于许多酶来说$Q_{10}=1\sim2$，也就是说，在温度很低时，每增加温度10℃，酶促反应速度可提高1~2倍。

（二）pH对酶活性的影响

大多数酶的活性受pH影响较大，在一定pH条件下，酶表现出最大活力、高于或低于此pH，酶的活性均降低。酶表现最大活力时的pH称为酶的最适pH，pH对不同酶的活性影响不同，典型的最适pH曲线是钟罩形曲线，如图2-8所示。

各种酶在一定条件下都有一定的最适pH，一般来说，大多数酶的最适pH在5~8，植物和微生物的最适pH多在4.5~6.5，动物体

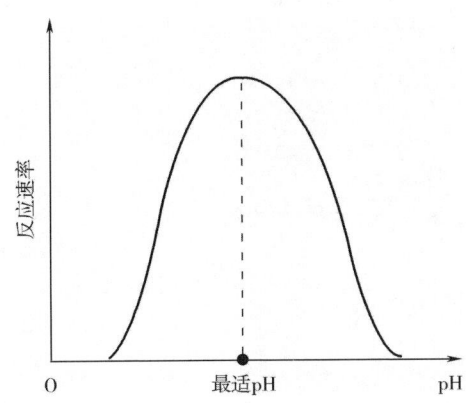

图2-8 pH与酶促反应速度的关系

内的酶其最适pH在6.5~8.0。但也有例外，胃蛋白酶的最适pH为1.5，麦芽中提取的β-淀粉酶在pH3.3时仍具有活性。

这里必须强调的是酶的最适温度，最适pH都不是常数，容易因环境的缓冲液以及不同底物浓度的影响而改变。

【知识拓展】

pH 影响酶促反应速度的原因：①影响酶和底物的解离，有的酶必须处于离解状态才能很好地与底物结合，如胃蛋白酶与带电荷的蛋白质分子相结合最为容易；乙酰胆碱酯酶也有底物（乙酰胆碱）带正电荷时与底物最易结合。相反，有的酶（如蔗糖酶、木瓜蛋白酶）则要求底物处于兼性离子时最易结合。因此，这些酶的最适 pH 在 pI 附近，所以，pH 对不同的酶和底物的影响不同，对其酶促反应速度的影响也就不同。②影响酶分子的构象，过高过低的 pH 会改变酶的活性中心构象，或甚至改变整个酶分子的结构使其失活。

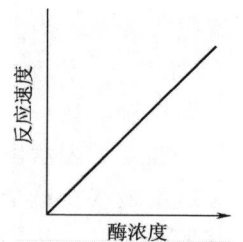

图 2-9　酶浓度对酶促反应速度的影响

（三）酶浓度对酶促反应速度的影响

当酶促反应体系的温度、pH 不变，底物浓度足够大，足以使酶饱和时，反应速度与酶浓度成正比，如图 2-9 所示。

（四）底物浓度对酶促反应的影响

1. 底物浓度与酶促反应速度的关系

在酶浓度、pH、温度等条件不变的情况下研究底物浓度和反应速度的关系。如图 2-10 所示。

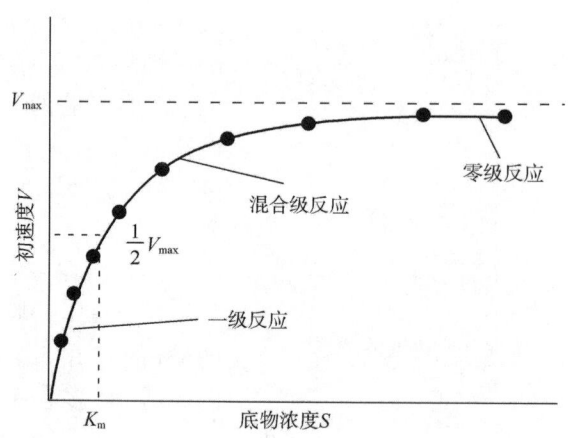

图 2-10　底物浓度与酶促反应速度的关系

当底物浓度低时，酶量很多，底物可以尽量与酶结合发生反应，酶促反应成直线上升，我们把这一段的反应称为一级反应，即底物浓度增加，酶促反应速度增加,成直线关系。随着底物浓度的增加,反应速度也增加,但不是成直线上升,因为有一部分酶被底物结合成了酶-底物复合物,游离的酶少了,所以底物浓度增加,酶促反应速度也增加,但不成直线关系。底物浓度继续增加,到了一定浓度时,如果再增加底物浓度,反应速度不再上升,达到了最大反应速度,反应速度没有变化,这时称为零级反应。这时的反应速度已经达到最大反应速度。

为了说明酶促反应速度与底物浓度间量的关系,Mechaelis 和 Menten 做了大量的定量研究,积累了足够的数据,从而提出了酶促反应动力学的基本原理并归纳了一个公式:

$$v = \frac{v_{max}[S]}{K_m + [S]}$$

米氏方程说明了底物浓度与酶促反应速度间的定量关系,式中 v_{max} 为最大反应速度、$[S]$ 为底物浓度、K_m 为米氏常数、v 酶促反应速度。

2. 米氏常数的意义

由米氏方程可知,当反应速度等于最大反应速度一半时,即 $v = 1/2 v_{max}$,$K_m = [S]$。米氏常数是反应速度为最大值的一半时的底物浓度。因此,米氏常数的单位为 mol/L。与底物浓度单位一致。

(1) K_m 是酶的一个基本的特征常数 其大小与酶的浓度无关,而与具体的底物有关,且随着温度、pH 和离子强度而改变。K_m 值只是在固定的底物,一定的温度和 pH 条件下,一定的缓冲体系中测定的,酶在不同条件下具有不同的 K_m 值。

(2) K_m 值表示酶与底物之间的亲和程度 K_m 值大表示亲和程度小,酶的催化活性低;K_m 值小表示亲和程度大,酶的催化活性高。K_m 最小的底物,通常就是该酶的最适底物,也就是天然底物。

(3) 从 K_m 的大小,可以知道正确测定酶活力时所需的底物浓度。如当反应速度达到最大反应速度的 90%,则

$$90\% v = 100\% v [S] / (K_m + [S])$$

即 $$[S] = 9 K_m$$

(4) K_m 的求法 从前面的双曲线图看出,以 $v - [S]$(反应速度对底物浓度)作图,得到最大反应速度,再从 $1/2 v_{max}$ 可求得相应的 $[S]$,即得到 K_m 值,但是,这种方法求出的 K_m 值并不准确。因为,底物浓度即使加到最大,也只能得到趋近于 v_{max} 的反应速度,而达不到真正的最大反应速度。因此,测不出准确的 K_m 值。为了得到准确的 K_m 值,可以把米氏方程的形式加以改变,使它成为相当于 $Y = ax + b$ 的直线方程,然后用图解法求出 K_m 值。

双倒数作图法:1934 年 Lineweaver - Buek 将米氏方程改成直线方程,这种作图法称为 L - B 作图法,如图 2 - 11 所示。

实验时选用不同的 $[S]$ 测定相对应的 v,求出两者的倒数,以 $1/v$ 对 $1/$

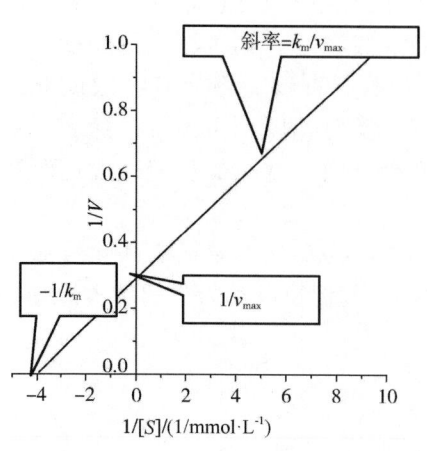

图2-11 双倒数作图法

$[S]$作图,绘出直线,外推至与横轴相交处,横轴截距($-X$)即为$1/K_m$。

(五) 抑制剂的影响

某些物质能够降低酶的活性,使酶促反应速度减慢,但不引起酶变性的作用称为抑制作用。

根据抑制剂与酶作用的方式不同,可把抑制作用分为不可逆抑制作用和可逆抑制作用两类。

1. 不可逆抑制作用

抑制剂(I)与酶结合是不可逆的反应,抑制剂与酶结合后不能用透析法去除抑制剂而恢复活力。如异丙基氟磷酸能够与胰凝乳蛋白酶或乙酰胆碱酯酶的活性中心丝氨酸残基反应,形成稳定的共价键,抑制酶的活性。

【知识链接】

常见的不可逆抑制剂包括:①有机磷化合物:如敌敌畏、敌百虫等;②有机汞、有机砷化合物:对氯汞苯甲酸、路易斯毒气等;③重金属盐:含有Ag^+、Cu^{2+}、Hg^{2+}、Pb^{2+}、Fe^{3+}等的重金属盐;④烷化剂:碘乙酸、碘乙酰胺、2,4-二硝基氟苯等;⑤氰化物、硫化物和CO;⑥青霉素。

2. 可逆抑制作用

抑制剂与酶的结合为可逆反应,用透析方法能除去抑制剂使酶恢复活力,这种抑制作用称作可逆抑制作用。可逆抑制分为竞争性抑制作用、非竞争性抑制作用和反竞争性抑制作用三种。

(1) 竞争性抑制作用 制剂同底物竞争与酶的结合,当抑制剂与酶结合以后,底物、抑制剂与酶结合于相同的部位,妨碍了底物与酶的结合,减少了酶的作用机会,从而降低了酶的活力,这种作用称为竞争性抑制作用。

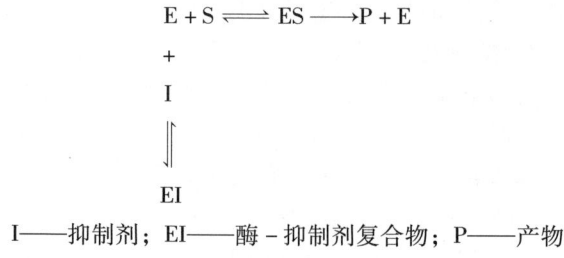

I——抑制剂;EI——酶-抑制剂复合物;P——产物

这类抑制作用可用增加底物浓度来减低或解除抑制剂的影响。竞争性抑制作用的动力学特点:v_{max}不变,K_m增加,如图2-12所示。

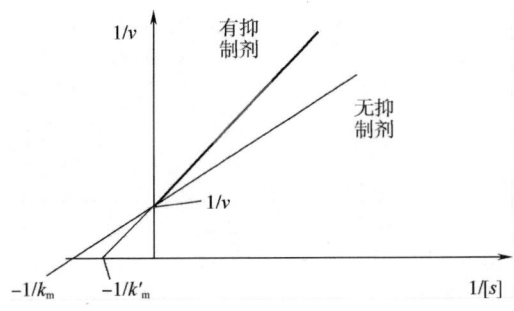

图 2-12 竞争性抑制作用

例如,琥珀酸脱氢酶能催化琥珀酸脱氢生成反丁烯二酸,与酶的底物琥珀酸结构相近似的丙二酸、草酰乙酸或戊二酸,均可作为琥珀酸脱氢酶的竞争性抑制剂。苹果酸、丙二酸、戊二酸、草酰乙酸竞争性地争夺琥珀酶的活性中心,产生竞争性抑制,竞争性抑制可以用加大底物的浓度消除抑制作用。

(2) 非竞争性抑制作用 这类抑制剂同酶结合以后并不妨碍酶与底物的结合,酶可以同时与底物及抑制剂结合,两者没有竞争作用,酶同底物结合以后还可以与抑制剂结合,抑制剂结合于酶活性中心以外的部位,抑制的强度决定于抑制剂浓度。相反,酶与抑制剂结合后,还可与底物结合。

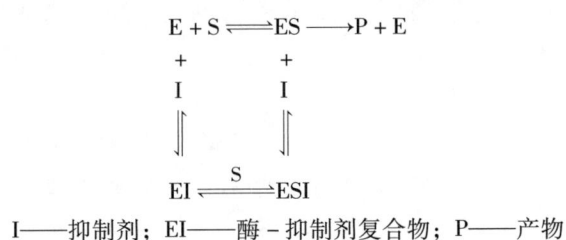

I——抑制剂;EI——酶-抑制剂复合物;P——产物

不管抑制剂与酶先结合还是后结合,只要抑制剂与酶结合,酶与底物复合物就不能再转化为产物。非竞争性抑制剂通常与酶的活性中心结合,这种结合引起酶分子构象变化,致使合性中心的催化作用降低。非竞争性抑制作用的强弱取决于抑制剂的绝对浓度。这类抑制作用可通过增加酶浓度的方法来减低或解除这类抑制的影响。非竞争性抑制作用的动力学特点:v_{max} 减小,K_m 不变,如图 2-13 所示。

(3) 反竞争性抑制作用 这类抑制剂只有在酶和底物形成 ES 二元复合物之后才能结合上去,形成 ESI 三元复合物。这类抑制作用很少见,其动力学特点:v_{max} 减小,K_m 减小,如图 2-14 所示。

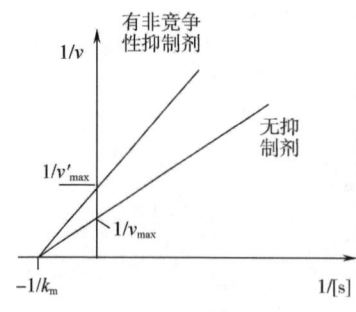
图 2-13 非竞争性抑制

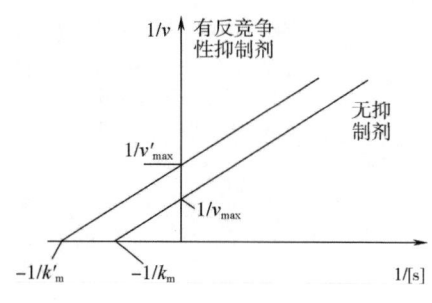
图 2-14 反竞争性抑制

（六）激活剂的影响

凡是能提高酶活性的物质都称为激活剂，其中大部分是离子或简单化合物，激活剂按分子大小分为三类：

1. 无机离子

如 Mg^{2+} 是磷酸激活酶的激活剂。Zn^{2+}、Co^{2+}、Mn^{2+} 是一些肽酶的激活剂，Cu^{2+}、Fe^{2+} 是某些氧化酶的金属成分，Cl^- 是淀粉酶的激活剂。它既能与酶结合，又能与底物结合，加速催化反应。

2. 小分子有机化合物

可分为两种，一种是某些还原剂，如半胱氨酸、还原型谷胱甘肽（G-SH）、维生素 C 等能激活某些酶，使酶分子中二硫键还原成巯基从而提高酶活性。另一种是金属螯合剂，如 EDTA，能除去酶中金属离子（重金属杂质），从而解除重金属对酶的抑制作用。

【知识链接】

EDTA，中文名称为乙二胺四乙酸、四乙酸二氨基乙烯等。EDTA 是化学中一种良好的配合剂，它有六个配位原子，形成的配合物称为螯合物。EDTA 是螯合剂的代表性物质，能和碱金属、稀土元素和过渡金属［如铁（III），镍（II），锰（II）］等形成稳定的水溶性络合物，消除微量重金属导致的酶催化反应中的抑制作用。

EDTA 主要用作络合剂，广泛用于水处理剂、洗涤用添加剂、照明化学品、造纸化学品、油田化学品、锅炉清洗剂及分析试剂。洗护产品中的 EDTA，具有刺激皮肤、黏膜，引起哮喘，皮肤发疹的负面作用，通过丙二醇等透皮吸收剂被摄取后会引起钙缺乏症，血压降低，肾脏障碍，染色体异常和原生变异等一系列有害作用。目前主流的天然和有机护肤洗护品牌已经将"NO EDTA"作为标准之一。

七、别构酶、同工酶、诱导酶、抗体酶

1. 别构酶

当某些化合物与酶分子中的别构部位可逆地结合后，酶分子的构象发生改

变，使酶活性部位对底物的结合与催化作用受到影响，从而调节酶促反应速度及代谢过程，这种效应称为别构效应（图 2-15）。具有别构效应的酶称为别构酶。别构酶常是代谢途径中催化第一步反应或处于代谢途径分支点上的一类调节酶，大多能被代谢最终产物所抑制，对代谢调控起重要作用。

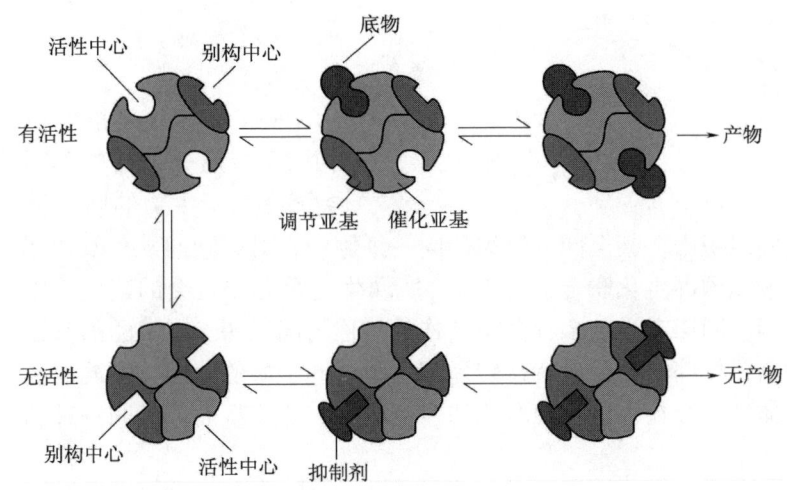

图 2-15 别构效应

别构酶多为寡聚酶，含有两个或多个亚基。其分子中包括两个中心：一个是与底物结合、催化底物反应的活性中心；另一个是与调节物结合、调节反应速度的别构中心。两个中心可能位于同一亚基上，也可能位于不同亚基上。在后一种情况中，存在别构中心的亚基称为调节亚基。别构酶是通过酶分子本身构象变化来改变酶的活性。而改变酶分子本身构象的调节物也称效应物或调节因子。一般是酶作用的底物、底物类似物或代谢的终产物。

【知识链接】

别构酶的动力学特点

别构酶催化反应的反应速度对底物浓度的曲线不是米氏方程所规定的双曲线，而是S形曲线（图 2-16）。这种S形曲线表明，酶结合1分子底物（或效应物）后，酶的构象发生了变化，这种新的构象有益于后续分子与酶的结合，大大地促进酶对后续底物分子（或效应物）的亲和性。这是正协同性（又称协同结合或正协同效应）的一个例子。这种别构酶称为正协同效应的别构酶。

从图可以看出，对于别构酶来说，底物浓度变化引起酶促反应速度迅速变化，而米氏类型酶的酶促反应速度是随底物浓度的变化而慢慢变化的。这种S形的反应体现为当底物浓度发生较小变化时，别构酶可以极大程度地控制反应速度，这也是别构酶调节酶反应速度的原因所在。这种正协同效应，使底物浓度对酶反应速度的影响极大。换言之，就是由于正协同效应，使得酶的反应速度对底

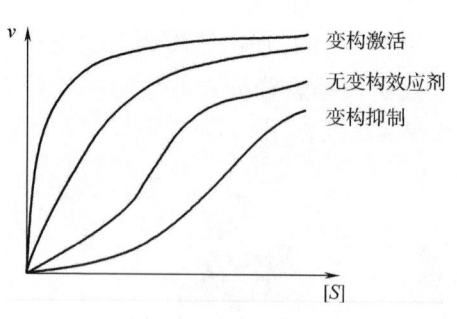

图 2-16 别构效应动力学曲线

物浓度的变化极为敏感。

另一类酶具有负协同效应。这类酶的动力学曲线与双曲线有些类似，也就是说负协同效应可以使酶的反应速度对外界环境中底物浓度的变化不敏感。

2. 同工酶

同工酶广义是指生物体内催化相同反应而分子结构不同的酶。这类酶存在于生物的同一种属或同一个体的不同组织中，甚至同一组织的同一细胞中，对细胞的发育及代谢的调节都很重要。按照国际生化联合会（IUB）所属生化命名委员会的建议，则只把其中因编码基因不同而产生的多种分子结构的酶称为同工酶。同工酶的基因先转录成同工酶的信使核糖核酸，后者再转译产生组成同工酶的肽链，不同的肽链可以不聚合的单体形式存在，也可聚合成纯聚体或杂交体，从而形成同一种酶的不同结构形式。

目前已发现的同工酶有几百种，研究得较多的是乳酸脱氢酶（LDH）。存在于哺乳动物中的有 5 种，它们都催化同样的反应：

$$\begin{array}{c} CH_3 \\ | \\ CHOH \\ | \\ COO^- \end{array} + NAD^+ \xrightleftharpoons{LDH} CH_3-\overset{O}{\underset{\|}{C}}-COO^- + NADH + H^+$$

现在已经知道 LDH 的 4 个亚基分为两类：一类为骨骼肌型的，以 M 表示；另一类为心肌型的，以 H 表示。5 种同工酶的亚基组成分别为 HHHH（在心肌中占优势）、HHHM、HHMM、HMMM 及 MMMM（在骨骼肌中占优势）。

【知识链接】

研究同工酶的理论意义及实践意义

冠心病及冠状动脉血栓引起的心肌受损患者血清中 LDH（H_4）及 LDH_2（MH_3）含量增高，而肝细胞受损患者血清中 LDH5（M_4）增高。当某种组织发生病变时，就有某种特殊的同工酶释放出来。对病人及正常人同工酶电泳图谱进行比较，有助于上述疾病的诊断。

3. 诱导酶

诱导酶是在环境中有诱导物（通常是酶的底物）存在的情况下，由诱导物诱导而生成的酶。例如，大肠杆菌分解乳糖的半乳糖苷酶就属于诱导酶。又如，催化淀粉分解为糊精、麦芽糖等的 α-淀粉酶也是一种诱导酶，多种微生物都能产生这种酶。如果将能合成 α-淀粉酶的菌种培养在不含淀粉的葡萄糖溶液中，它就直接利用葡萄糖而不产生α-淀粉酶；如果将它培养在含淀粉的培养基中，它就会产生活性很高的α-淀粉酶。诱导酶的合成除取决于诱导物以外，还取决于细胞内所含的基因。如果细胞内没有控制某种酶合成的基因，即便有诱导物存在也不能合成这种酶。因此，诱导酶的合成取决于内因和外因两个方面。诱导酶在微生物需要时合成，不需要时就停止合成。这样，既保证了代谢的需要，又避免了不必要的浪费，增强了微生物对环境的适应能力。

4. 抗体酶

1946年，鲍林（Pauling）用过渡态理论阐明了酶催化的实质，酶之所以具有催化活力，是因为它能特异性地结合并稳定化学反应的过渡态（底物激态），从而降低反应能级。1969年杰奈克斯（Jencks）在过渡态理论的基础上猜想：若抗体能结合反应的过渡态，理论上它则能够获得催化性质。

1984年列那（Lerner）进一步推测：以过渡态类似物作为半抗原，则其诱发出的抗体即与该类似物有着互补的构象，这种抗体与底物结合后，即可诱导底物进入过渡态构象，从而引起催化作用。根据这个猜想列那和苏尔滋（P. C. Schultz）分别领导各自的研究小组独立地证明了：针对羧酸酯水解的过渡态类似物产生的抗体，能催化相应的羧酸酯和碳酸酯的水解反应。1986年美国Science杂志同时发表了他们的发现，并

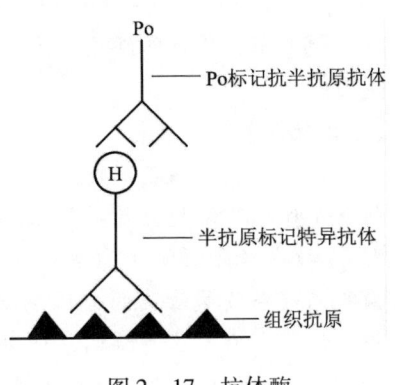

图2-17 抗体酶

将这类具催化能力的免疫球蛋白称为抗体酶或催化抗体（图2-17）。

八、酶的分离纯化与活力测定

（一）酶的分离纯化

酶的分离纯化工作，是酶学研究的基础。酶的纯化过程，就目前而言，还是一门实验科学。一个特定酶的提纯往往需要通过许多次小实验进行摸索，没有通用的规律可循。酶的纯化过程与一般的蛋白质纯化过程相比，又有其本身独有的特点：一是特定的一种酶在细胞中的含量很少，二是酶可以通过测定活力的方法加以跟踪，前者给纯化带来了困难，而后者却能使我们迅速找出纯化过程的关键所在。

1. 酶在细胞中的分布

（1）胞外酶　水解酶类，易收集，不必破碎细胞，缓冲液、水浸泡细胞或发酵液离心所得到的上清液即为含酶液。

（2）胞内酶　除水解酶类外的其他酶类，需破碎细胞，不同的酶分布部位

不同，最好先将酶存在的细胞器分离后再破碎该细胞器，然后将酶用适当的缓冲溶液或水抽提。

2. 原则

（1）对酶纯度要求较高。

（2）酶是生物活性物质，在提纯时必须考虑尽量减少酶活力的损失，因此全部操作需在低温下进行。在增加酶的产率的同时，尽可能避免高温、过酸、过碱、剧烈的震荡及其他可能使酶丧失活力的一切操作过程。

3. 分离提纯方法

（1）酶原料的选择　一般来说，为了使纯化过程容易进行，总是选择目的酶含量最多的生物组织为原料来进行提取纯化。同时也要考虑原料的来源、取材方便、经济等因素。例如，在分离纯化动物 Cu、Zn－SOD（超氧化物歧化酶）时，一般就以含 Cu、Zn－SOD 很高的动物血球为原材料。而 Mn－SOD 主要存在于龙虾、灵芝草、人体组织等，非常昂贵，也很难得到，因而，一般不选用这些材料提取酶。

【知识拓展】

目前，利用动、植物细胞体外大规模培养技术，可以大量获得以前极为珍贵的原材料（如人参细胞、某些昆虫细胞等），用于酶的分离纯化。利用基因工程重组 DNA 技术，能够使某些在细胞中含量极微的酶的纯化成为可能。例如，大肠杆菌胞内芳香族氨基酸的合成需要 EPSP 合成酶（丙酮酰莽草酸磷酸合成酶）的参与。现已分离出这种酶的基因并将此质粒转化大肠杆菌，产生一种比野生型大肠杆菌株高 100 倍 EPSP 合成酶含量的新菌株。从 18g 新菌株的菌体中，可纯化得到 4.8mg EPSP 合成酶。

（2）生物组织的破碎　各种生物组织的细胞有着不同的特点，在考虑破碎方法时，要根据细胞性质、处理量及酶的性质，采用合适的方法。

① 机械（匀浆）法：利用机械力的搅拌、剪切、研碎细胞。常用的有高速组织捣碎机、高压匀浆泵、玻璃或高速球磨机或研钵等。

② 超声波法：超声波是破碎细胞或细胞器的一种有效手段。经过足够时间的超声波处理，细菌和酵母细胞都能得到很好的破碎。超声处理的主要问题是超声空穴局部过热引起酶活性丧失，所以超声振荡处理的时间应尽可能短，容器周围以冰浴冷却处理，尽量减小热效应引起的酶失活。

③ 冻融法：生物组织经冰冻后，细胞胞液结成冰晶，使细胞壁胀破。冻融法所需设备简单，普通家用冰箱的冷冻室即可进行冻融。一般需在冻融液中加入蛋白酶抑制剂，如 PMSF（苯甲基磺酰氟）、络合剂 EDTA、还原剂 DTT（二硫苏糖醇）等以防破坏目的酶。

④ 渗透压法：渗透破碎是破碎细胞最温和的方法之一。细胞在低渗溶液中由于渗透压的作用，溶胀破碎。如红血球在纯水中会发生破壁溶血现象。但这种方

法对具有坚韧的多糖细胞壁的细胞,如植物、细菌和霉菌不太适用。

⑤酶消化法:利用溶菌酶等对细胞壁的酶解作用,使细胞崩解破碎。

⑥化学破碎法:化学破碎法是应用各种化学试剂与细胞膜作用,使细胞膜的结构改变或破坏的方法。常用的化学试剂可分为有机溶剂和表面活性剂两大类。常用的有机溶剂有甲苯、丙酮、丁醇、氯仿等,可使细胞膜结构破坏,从而改变细胞膜的透过性,再经提取可使酶释出胞外。表面活性剂的作用机制基本相同。

(3) 酶的提取　酶的提取是指在一定条件下,用适当的溶剂处理含酶原料,使酶充分溶解到溶剂中的过程,也称作酶的抽提。酶提取时首先应根据酶的结构和溶解性质,选择适当的溶剂。大多数酶能溶解于水,可用水或稀酸、稀碱、稀盐溶液提取;有些酶与脂质结合或含较多的非极性基团,则可用有机溶剂提取。为了提高酶的提取率并防止酶的变性失活,在提取过程中,要注意控制好温度、pH 等各种条件。破碎生物组织一般在适当的缓冲液中进行。

【知识链接】

典型的抽提液由以下几部分组成:

抽提液 = 离子强度调节剂 + pH 缓冲剂 + 温度效应剂

　　(KCl、NaCl、蔗糖)(各种缓冲液)(甘油、二甲基亚砜)

　　+ 蛋白酶抑制剂 + 防氧化剂 + 重金属络合剂 + 增溶剂

　　(PM3F、DIFP) (DTT 巯基乙醇) (EDTA、柠檬酸) (TritonX - 100)

根据酶提取时所采用的溶剂或溶液的不同,酶的提取方法主要有盐溶液提取、酸溶液提取、碱溶液提取和有机溶剂提取等。

① 盐溶液提取:大多数酶溶于水,而且在一定浓度的盐存在条件下,酶的溶解度增加,这种现象称为盐溶现象。然而,酶浓度不能太高,否则溶解度降低,出现盐析现象。所以一般采用稀盐溶液进行酶的提取,盐浓度一般控制在 0.02 ~ 0.5mol/L。

例如,用固体发酵生产的麸曲中的 α - 淀粉酶、糖化酶、蛋白酶等胞外酶,用 0.15mol/L 的氯化钠溶液或 0.02 ~ 0.05mol/L 的磷酸缓冲液提取;酵母醇脱氢酶用 0.5 ~ 0.6mol/L 的磷酸氢二钠溶液提取;6 - 磷酸葡萄糖脱氢酶用 0.1mol/L 的碳酸钠提取;枯草杆菌碱性磷酸酶用 0.1mol/L 的氯化镁提取等。有少数酶,如霉菌产生的脂肪酶,用清水提取比盐溶液提取的效果较好。

② 酸溶液提取:有些酶在酸性条件下溶解度较大且稳定性较好,宜用酸溶液提取。如从胰脏中提取胰蛋白酶和胰凝乳蛋白酶,采用 0.12mol/L 的硫酸溶液进行提取。

③ 碱溶液提取:有些在碱性条件下溶解度较大且稳定性较好的酶,应采用碱溶液提取。例如,细菌 L - 天冬酰胺酶的提取是将含酶菌体悬浮在 pH 11 ~ 12.5 的碱溶液中,振荡 20min,即达到显著的提取效果。

(4) 酶的纯化　抽提的酶液是否需要进一步经过纯化,要视其应用部门的要求。一般工业的酶，如纺织工业应用α-淀粉酶脱胶处理，往往采用液体粗酶便可；皮革工业应用的细菌蛋白酶也是如此。食品工业应用的酶如果粗酶液已达到食品级标准要求，特别是卫生指标，也无需进一步纯化。然而，应用于医药、化学试剂级的酶液必须进一步纯化。

在浓缩液或发酵液中，除含有我们需要的酶以外，还不可避免地存在着其他大分子物质和小分子物质。因此，酶的分离纯化工作主要是将酶从杂蛋白中分离出来或者将杂蛋白从酶溶液中除去。现有酶的分离纯化方法都是依据酶和杂蛋白在性质上的差异而建立的。

【知识链接】

酶和杂蛋白的性质差异与分离方法：

① 根据分子大小：如离心分离法、筛膜分离法、凝胶过滤法等。

② 根据溶解度大小：如盐析法、有机溶剂沉淀法、共沉淀法、选择性沉淀法、等电点沉淀法等。

③ 按分子所带电荷多少：如离子交换分离法、电泳分离法、聚焦层析法等。

④ 按稳定性差异：如选择性热变性法、选择性酸碱变性法、选择性表面变性法等。

⑤ 按亲和作用的差异：如亲和层析法、亲和电泳法等。

（5）酶分离、纯化的评价　酶经分离、纯化后要确定该纯化步骤是否适宜，必须经过对有关参数的测定及计算才能确定。酶的产量是以活力单位表示，因此在整个分离过程中每一步始终贯穿比活力和总活力的检测、比较。判断酶分离纯化方法的优劣，一般采用两个指标：一是总活力的回收；二是比活力的提高倍数。总活力的回收表示分离纯化过程中酶的损失情况；比活力的提高倍数表示分离纯化方法的有效程度。一个好的分离纯化步骤应该是总获利回收较大，比活力提高倍数也较大，但两者实际上往往不能兼得。

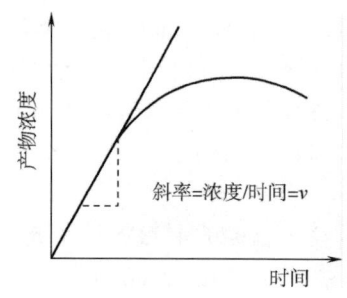

图2-18　酶反应的速度曲线

（二）酶活力的测定

1. 酶活力

酶活力也称为酶活性，是指酶催化一定化学反应的能力。检查酶的含量及存在，不能直接用质量或体积来表示，常用它催化某一特定反应的能力来表示，即用酶的活力来表示。酶活力的高低是研究酶的特性、生产及应用酶制剂的一项不可缺少的指标。如图2-18所示。

【知识拓展】

酶活力与酶反应速度

酶活力的大小可以用在一定条件下，它所催化的某一化学反应的反应速度来表示，即酶催化的反应速度越快，酶的活力就越高；速度越慢，酶活力就越低。所以测定酶活力就是测定酶促反应的速度（用 v 表示）。酶促反应速度可用单位时间内、单位体积中底物的减少量或产物的增加量来表示，所以反应速度的单位是：底物浓度/单位时间。但反应速度只在最初一段时间内保持恒定，随着反应时间的延长，酶反应速度下降。引起下降的原因很多，如底物浓度的降低，酶在一定的 pH 及温度下部分失活；产物对酶的抑制和产物浓度增加加速了逆反应的进行等。因此，研究酶反应速度应以酶促反应的初速度为准，这时上述各种干扰因素尚未起作用，酶反应速度基本保持恒定不变（图 2-18）。

2. 酶活力单位

酶的活力大小也就是酶量的大小，用酶的活力单位来度量。

1961 年国际酶学委员会规定：酶的国际单位（IU）规定为，在最适反应条件（温度 25℃）下，每分钟内催化 1μmoL 底物转化为产物所需的酶量称为 1IU。

1972 年国际酶学委员会又推荐一种新单位，即 kat 单位：在最适反应条件下，每秒钟能催化 1mol 底物转化为产物所需要的酶量定义为 1kat。

$1\text{kat} = 60 \times 10^6 \text{IU}$。

在实际使用中，不同酶有各自的规定，如：

①α-淀粉酶活力单位（U）：每小时分解 1g 可溶性淀粉的酶量为一个酶单位。

②糖化酶活力单位：在规定条件下，每小时转化可溶性淀粉产生 1mg 还原糖（以葡萄糖计）所需的酶量为一个酶单位。

3. 酶的比活力

即每毫克蛋白所具有的酶活力，用单位/毫克蛋白（U/mg 蛋白质）表示：

$$\text{比活力} = \text{酶活力}（\text{U/mL}）/\text{蛋白质浓度}（\text{mg/mL}）$$

对同一种酶来说，比活力越高，酶越纯。

九、酶工程简介

生物工程学也称生物技术或生物工艺学，是 20 世纪 70 年代初在分子生物学和细胞生物学基础上发展起来的一个新兴技术领域。酶工程是生物工程的主要内容之一。随着酶学研究的迅速发展，特别是酶的应用推广使酶学和工程学相互结合形成了一门新的技术。

酶是生物体内进行自我复制、新陈代谢所不可缺少的生物催化剂。因酶能在常温、常压、中性 pH 等温和条件下高度专一有效地催化底物发生反应，所以酶的开发与利用成为当代新技术革命中的一个重要课题。酶工程主要指天然酶制剂在工业上的大规模应用，由 4 个部分组成：①酶的产生；②酶的分离与纯化；③酶的固定化；④生物反应器。由于天然酶制剂稳定性不佳，分离纯化难度高，成本高、价格贵，工业上对天然酶进行修饰或固定化成为当今研究酶应用的热点。

1. 固定化酶

固定化酶就是把水溶性酶经物理或化学方法处理后，使酶受限于一定的区域又保持原有催化活性的酶。

（1）作用特点　稳定性提高，易分离，可反复使用，可提高操作的机械强度。

（2）制备方法

① 吸附法：使酶被吸附于惰性固体的表面或吸附于离子交换剂上。

② 包埋法：使酶包埋在凝胶的格子中或聚合物半透膜小胶囊中。

③ 交联法：使酶分子依靠双功能基团试剂交联聚合成"网状"结构。

④ 共价结合法：通过酶分子的活性基团与在体表面的活泼基团之间发生化学反应而形成共价键的连接法。

2. 其他新型酶

主要包括三个方面的内容：

（1）用基因工程技术大量产生酶（克隆酶）。

（2）对酶基因进行修饰，产生遗传修饰酶（突变酶）。

（3）设计新酶基因，合成自然界中不曾出现的新酶。

总而言之，酶工程就是将酶或微生物细胞、动植物细胞、细胞器等在一定的生物反应装置中，利用酶所具有的生物催化功能，借助工程手段将相应的原料转化成有用物质并应用于社会生活的一门科学技术。它包括酶制剂的制备，酶的固定化，酶的修饰与改造及酶反应器等方面的内容。

学习小结

学习内容

本项目重点介绍了酶的概念、特点、活性影响因素、种类和催化机制。详细介绍了以下几点内容：①酶作为生物催化剂具有作用条件温和，催化效率高，高度专一性和酶活性可以调节的特点；②酶的系统命名和习惯用命分级分类包括还原酶类、转移酶类、水解酶类、裂解酶类、异构酶类和合成酶类；③酶的空间构象以及催化机制中包括了中间产物学说、锁匙学说、诱导契合学说、酸碱催化理论和共价催化理论；④影响酶活性的影响因素；⑤同工酶、变构酶等特殊酶；⑥介绍了酶工程在领域中的应用。

本单元要求重点掌握典型的酶的作用机制和影响因素，知道酶的制备方法和检测手段。通过本单元的学习，正确掌握酶在催化过程中的特点和应用。为发酵工程、生物制药设备、生物制药工艺学等后续课程的学习打下基础。

> 知识框架

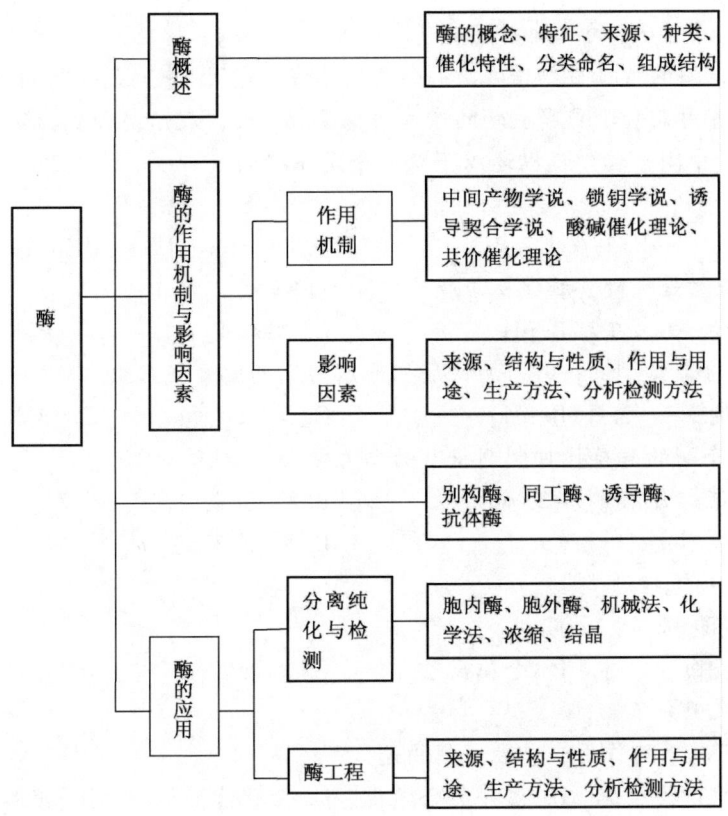

目标检测

一、单项选择题

1. 以下不属于酶的性质的是（　　）
A. 高效性　　　B. 专一性　　　C. 条件温和　　　D. 活性不能调节

2. 全酶中起高效性和专一性的是（　　）
A. 调节剂　　　B. 辅助因子　　　C. 酶蛋白　　　D. 带电离子

3. 下面属于酶的系统命名的是（　　）
A. 淀粉酶　　　　　　　　　　B. 纤维素水解酶
C. L-乳酸：NAD^+氧化还原酶　　D. 异构酶

4. 米氏方程成立的理论基础是（　　）
A. 中间产物学说　　　　　　　B. 锁匙学说
C. 诱导契合学说　　　　　　　D. 酸碱催化理论

5. 能够说明酶的专一性的作用机制是（　　）

A. 中间产物学说 B. 锁匙学说
C. 临近定向效应 D. 过渡态作用

6. 下列有关 K_m 的正确叙述是（　　）
A. K_m 是酶的特征性物理常数　　B. K_m 是 ES 中间复合物的离解常数
C. K_m 可用来表示酶和底物的亲和力　　D. K_m 大，表示酶和底物的亲和力强

7. 关于中间产物学说描述以下哪一个是正确的（　　）
A. S ⟶ P B. E + S ⟶ E + P
C. E + S ⟶ ES ⟶ E + P D. E + S ⟶ ES ⟶ Ep ⟶ E + p

8. 反应初始阶段，酶促反应速度与下列因素成正比（　　）
A. 温度　　B. pH　　C. 酶浓度　　D. 底物浓度

9. 当 [S] ≫ [E] 时，酶促反应速度与下列因素成正比（　　）
A. 温度　　B. pH　　C. 酶浓度　　D. 底物浓度

10. 一个酶的竞争性抑制剂将有的动力学效应是（　　）
A. K_m 值增大，v_{max} 不变　　B. K_m 值减少，v_{max} 不变
C. K_m 值不变，v_{max} 增大　　D. K_m 值不变，v_{max} 减小

二、多项选择题

1. 全酶包括（　　）
A. 酶蛋白　　B. 金属离子　　C. 辅助因子　　D. 活性中心
E. 有机小分子

2. 以下属于酶作用专一性机制的是（　　）
A. 中间产物学说　B. 诱导契合学说　C. 活化能降低　D. 锁匙学说
E. 共价催化理论

3. 以下属于酶作用专一性机制的是（　　）
A. 中间产物学说　B. 诱导契合学说　C. 活化能降低　D. 锁匙学说
E. 共价催化理论

4. 以下属于影响酶促反应速度的因素的是（　　）
A. 温度　　B. pH　　C. 酶浓度　　D. 底物浓度
E. 抑制剂和激活剂

5. 以下属于酶作用特点的是（　　）
A. 高效性　　B. 专一性　　C. 活性可控制　　D. 条件温和
E. 容易失活

6. 根据酶分子结构特点，酶可分为（　　）
A. 单体酶　　B. 寡聚酶　　C. 多酶复合体系　　D. 氧化酶
E. 异构酶

7. 酶的活性中心包括（　　）
A. 结合部位　　B. 催化部位　　C. 调控部位　　D. 折叠部位

E. 吸引部位
8. 酶促反应的抑制作用有（　　）
A. 可逆抑制　　　　　　　　　B. 竞争性抑制
C. 非竞争性抑制　　　　　　　D. 反竞争性抑制
E. 不可逆抑制

三、简答题

1. 什么是酶？它的特点是什么？
2. 什么是全酶？在酶促反应中酶蛋白和辅助因子各起什么作用？
3. 什么是酶的活性中心？包括哪些部位？
4. 何谓米氏方程？其重要性是什么？
5. 影响酶促反应速度的因素有哪些？
6. 简述酶的分离纯化过程。

实训一　影响酶促反应速率的因素

一、实训目的

（1）了解温度、pH、激活剂、抑制剂对酶促反应速度的影响。
（2）学习检定温度、pH、激活剂、抑制剂影响酶促反应速度的方法。

实训备忘

在酶促反应中，酶的催化活性与环境温度、pH 有密切关系，通常各种酶只有在一定的温度、pH 范围内才表现它的活性，一种酶表现其活性最高时的温度、pH 称为该酶的最适温度、最适 pH。

在酶促反应中，酶的激活剂和抑制剂可加速或抑制酶的活性，如氯化钠在低浓度时为唾液淀粉酶的激活剂，而硫酸铜则是它的抑制剂。

本实验利用淀粉水解过程中不同阶段的产物与碘有不同的颜色反应，定性观察唾液淀粉酶在酶促反应中各种因素对其活性的影响。

淀粉（遇碘呈蓝色）→紫色糊精（遇碘呈紫色）→红色糊精（遇碘呈红色）→无色糊精

（遇碘不呈色）→麦芽糖（遇碘不呈色）→葡萄糖（遇碘不呈色）。

所以淀粉被唾液淀粉酶水解的程度，可由水解混合物遇碘呈现的颜色来判断，以此反映淀粉酶的活性，由此检定温度、pH、激活剂、抑制剂对酶促反应的影响。

二、实训材料

1. 试剂

（1）新鲜唾液稀释液（唾液淀粉酶液）　每位同学进实验室自己制备，先用蒸馏水漱口，以清除食物残渣，再含一口蒸馏水，0.5min 后使其流入量筒并稀释至 200 倍（稀释倍数可因人而异）混匀备用。

（2）1% 淀粉溶液 A（含 0.3% NaCl）　将 1 g 可溶性淀粉及 0.3 g 氯化钠混悬于 5mL 蒸馏水中，搅动后，缓慢倒入沸腾的 60mL 蒸馏水中，搅动煮沸 1min，冷却至室温，加水至 100mL，置冰箱中保存。

（3）1% 淀粉溶液 B（不含 NaCl）。

（4）碘液　称取 2 g 碘化钾溶于 5mL 蒸馏水中，再加入 1 g 碘，待碘完全溶解后，加蒸馏水 295mL，混匀贮于棕色瓶中。

（5）1% NaCl 溶液。

（6）1% $CuSO_4$ 溶液。

（7）缓冲溶液系统按表 2-2 混合配制。

表 2-2　　　　　　　　　　缓冲溶液系统混合配制

pH	0.2mol/L 磷酸氢二钠溶液体积/mL	0.1mol/L 柠檬酸溶液体积/mL
5.0	5.15	4.85
5.8	6.05	3.95
6.8	7.72	2.28
8.0	9.72	0.28

2. 器材

试管和试管架、恒温水浴、冰浴、吸量管（1mL 6 支、2mL 4 支、5mL 4 支）、滴管、量筒、玻棒、白瓷板、秒表、烧杯、棕色瓶。

三、实训内容与操作步骤

1. 温度对酶促反应的影响

取 3 支试管编号，按表 2-3 进行操作。

表 2-3　　　　　　　　　　温度对酶促反应的影响

试管号	淀粉酶液体积/mL	酶液处理温度/℃，5min	pH 为 6.8 缓冲溶液体积/mL	1% 淀粉溶液 A 体积/mL	反应温度/℃，10min	观察结果
1	1	0	2	1	0	
2	1	37~40	2	1	37~40	
3	1	70 左右	2	1	70 左右	

上述各管在不同的温度下保温反应 10min 后，立即取出，流水冷却 3min，向各管分别加入碘液 1 滴。仔细观察各试管溶液的颜色并记录，说明温度对酶活性

的影响，确定最适温度。

2. pH 对酶促反应的影响

取 1 支试管，加入 1% 淀粉溶液（A）2mL、pH6.8 缓冲溶液 3mL、淀粉酶液 2mL，摇匀后，向试管内插入一支玻棒，置 37℃ 水浴保温。每隔 1min 用玻棒从试管中取出 1 滴混合液于白瓷板上，随即加入碘液 1 滴，检查淀粉水解程度。待混合液遇碘不变色时，从水浴中取出试管，立即加入碘液 1 滴，摇匀后，观察溶液的颜色，再次确认水解程度。记录从加入酶液到加入碘液的时间，此时间称为保温时间。若保温时间太短（2~3min），说明酶液活力太高，应酌情稀释酶液；若保温时间太长（15min 以上），说明酶液活力太低，应酌情减少稀释倍数，保温时间最好在 8~15min。然后进行如下操作。

取 4 支试管编号，按表 2-4 操作。

表 2-4　　　　　　　　　　pH 对酶促反应的影响

试管号	缓冲溶液体积/mL				1% 淀粉溶液 A 体积/mL	淀粉酶液体积/mL（每隔 1min 逐管加入）	观察结果
	pH 5.0	pH 5.8	pH 6.8	pH 8.0			
1	3	0	0	0	2	2	
2	0	3	0	0	2	2	
3	0	0	3	0	2	2	
4	0	0	0	3	2	2	

将上述各管溶液混匀后，再以 1min 间隔依次将 4 支试管置于 37℃ 水浴中保温。达保温时间后，依次将各管迅速取出，并立即加入碘液 1 滴。观察各试管溶液的颜色并记录。分析 pH 对酶促反应的影响，确定最适 pH。

3. 激活剂、抑制剂对酶促反应的影响

取 3 支试管编号，按表 2-5 加入各试剂。

表 2-5　　　　　　　激活剂、抑制剂对酶促反应的影响　　　　　　体积单位：mL

试管号	1% 淀粉溶液 B	1% NaCl 溶液	1% $CuSO_4$ 溶液	蒸馏水	淀粉酶液
1	2	1	0	0	1
2	2	0	1	0	1
3	2	0	0	1	1

将上述各管溶液混匀后，向 1 号试管内插入一支玻棒，3 支试管同置于 37℃ 水浴保温 1min 左右，用玻棒从 1 号试管中取出 1 滴混合液，检查淀粉的水解程度（方法同 2. pH 对酶促反应的影响中检查淀粉水解程度）。待混合液

遇碘液不变色时，从水浴中迅速取出 3 支试管，各加碘液 1 滴。摇匀观察各试管溶液的颜色并记录，分析酶的激活和抑制情况。

四、注意事项

（1）加入酶液后，要充分摇匀，保证酶液与全部淀粉液接触反应，得到理想的颜色梯度变化。

（2）用玻棒取液前，应将试管内溶液充分混匀，取出试液后，立即放回试管中一起保温。

五、思考题

1. 什么是酶的最适温度、最适 pH？它们是酶的特征物理常数吗？
2. 激活剂分几类？氯化钠属哪种类型？硫酸钠对淀粉酶的活性有无影响？

实训二　胰蛋白酶的制备与检测

一、实训目的

（1）学习胰蛋白酶的纯化及其结晶的基本方法。

（2）了解酶的活性与比活性的概念。

实训备忘

胰蛋白酶是以无活性的酶原形式存在于动物胰脏中，在 Ca^{2+} 的存在下，被肠激酶或有活性的胰蛋白酶自身激活，从肽链 N 端赖氨酸和异亮氨酸残基之间的肽键断开，失去一段六肽，分子构象发生一定改变后转变为有活性的胰蛋白酶。

胰蛋白酶原的分子质量约为 24000u，其等电点约为 pH8.9，胰蛋白酶的分子质量与其酶原接近（23300u），其等电点约为 pH10.8，最适 pH7.6~8.0。在 pH=3 时最稳定，低于此 pH 时，胰蛋白酶易变性，在 pH<5 时易自溶。Ca^{2+} 离子对胰蛋白酶有稳定作用。

重金属离子，有机磷化合物和反应物都能抑制胰蛋白酶的活性，胰脏、卵清和豆类植物的种子中都存在着蛋白酶抑制剂。最近发现在一些植物的块茎（如土豆、白薯、芋头等）中也存在有胰蛋白酶抑制剂。

二、实训材料

1. 试剂

（1）pH2.5 乙酸酸化水。

（2）2.5mol/L H_2SO_4。

（3）5mol/L NaOH。

（4）2mol/L NaOH。

（5）2mol/L HCl。

（6）0.001M HCl。

（7）硫酸铵。

（8）氯化钙。

（9）0.8mol/L pH9.0 硼酸缓冲液　取 20mL 0.8mol/L 硼酸溶液，加 80mL 0.2mol/L 四硼酸钠溶液，混合后，用 pH 计检查校正。

（10）0.4mol/L pH9.0 硼酸缓冲液（用 0.8mol/L 稀释 1 倍即可）。

（11）0.2mol/L pH8.0 硼酸缓冲液　取 70ml 0.2mol/L 硼酸溶液，加 30mL 0.5mol/L 四硼酸钠溶液，混合后，用 pH 计校正。

（12）0.05mol/L pH8.0 Tris – HCl 缓冲液　取 50mL 0.1mol/L Tris 加 29.2mL 2mol/L HCl 加水定容至 100mL。

（13）底物溶液的配制　即每毫升 0.05mol/L pH8.0 Tris – HCl 缓冲液中加 0.34mg BAEE 和 2.22mg 的氯化钙。

2. 器材

新鲜或冰冻猪胰脏；食品加工机和高速分散器；研钵；大玻璃漏斗；布氏漏斗；抽滤瓶；恒温水浴；紫外分光光度计。

三、实训内容与操作步骤

1. 猪胰蛋白酶制备

（1）猪胰蛋白酶原的提取　猪胰脏 1.0kg（新鲜的或杀后立即冷藏的），除去脂肪和结缔组织后，绞碎。加入 2 倍体积预冷的乙酸酸化水（pH2.5）于 10～15℃搅拌提取 24h，四层纱布过滤得乳白色滤液，用 2.5mol/L H_2SO_4 调 pH 至 2.5～3.0，放置 3～4h 后用折叠滤纸过滤得黄色透明滤液（约 1.5L）。加入固体硫酸铵（预先研细），使溶液达 0.75 饱和度（每升滤液加 492g）放置过夜后抽滤（挤压干），得猪胰蛋白酶原粗制品。

（2）胰蛋白酶原激活　向胰蛋白酶原粗制品滤饼分次加入 10 倍体积（按饼重计）冷的蒸馏水，使滤饼溶解，得胰蛋白酶原溶液。将研细的固体无水氯化钙慢慢加入酶原溶液中（滤饼中硫酸铵的含量按饼重的 1/4 计），使 Ca^{2+} 与 SO_4^{2-} 结合后，边加边搅拌均匀，边加边搅拌，使溶液中最终仍含有 0.1mol/L $CaCl_2$。用 5mol/L NaOH 调 pH 至 8.0，加入极少量猪胰蛋白酶（2～5mg）轻轻搅拌，于室温下活化 8～10h（2～3h 取样一次，并用 0.001mol/L HCl 稀释），测定酶活性增加的情况。活化完成（比活为 3500～4000BAEE 单位）后，用 2.5mol/L H_2SO_4 调 pH 至 2.5～3.0，抽滤除去 $CaSO_4$ 沉淀。

（3）胰蛋白酶的分离　将已激活的胰蛋白酶溶液按 242g/L 加入细粉状固体硫酸铵，使溶液达到 0.4 饱和度，放置数小时后，抽滤，弃去滤饼。

滤液按 250g/L 加入研细的硫酸铵，使溶液饱和度达 0.75，放置数小时，抽滤，弃去滤液。

(4) 胰蛋白酶的结晶 将上述胰蛋白酶滤饼（粗胰蛋白酶）溶解后进行结晶：按每克滤饼溶于 1.0mL pH9.0 的 0.4mol/L 硼酸缓冲液的量计加入缓冲液，小心搅拌溶解。用 2mol/L NaOH 调 pH 至 8.0，注意要小心调节，偏酸不易结晶，偏碱易失活，存放于冰箱。放置数小时后，应出现大量絮状物，溶液逐渐变稠呈胶态，再加入总体积 1/5～1/4 的 pH8.0 的 0.2mol/L 硼酸缓冲液，使胶态分散，必要时加入少许胰蛋白酶晶体。放置 2～5d 后可得到大量胰蛋白酶结晶，待结晶析出完全时，抽滤，回收母液。

(5) 胰蛋白酶的重结晶 将第一次结晶的胰蛋白酶产物进行重结晶：用约 1 倍的 0.025mol/L HCl，使上述结晶分散，加入 1.0～1.5 倍体积的 pH9.0 的 0.8mol/L 硼酸缓冲液，至结晶酶全部溶解后，取样，用 2mol/L NaOH 溶液调 pH 至 8.0（准确）（体积过大，很难结晶），冰箱放置 1～2d 后，可将大量结晶抽滤得第二次结晶产物（母液回收），冰冻干燥后得重结晶的猪胰蛋白酶。

2. 胰蛋白酶活性的测定

以苯甲酰 L‑精氨酸乙酯（BAEE）为底物，用紫外吸收法进行测定。苯甲酰 L‑精氨酸乙酯在波长 253nm 下的紫外吸收远远弱于苯甲酰 L‑精氨酸（BA）。在胰蛋白酶的催化下，随着酯键的水解，苯甲酰 L‑精氨酸逐渐增多，反应体系的紫外吸收宜随之相应增加。

取 2 个光程为 1cm 的带盖石英比色杯，分别加入 25℃ 预热过的 2.8mL 底物溶液。向一只比色杯中加入 0.2mL 0.001mol/L HCl，作为空白，校正仪器的 253nm 处光吸收为零。再在另一比色杯中加入 0.2mL 待测酶液（用量一般为 10μg 结晶的胰蛋白酶），立即混匀并计时，每半分钟读数一次，共读 3～4min。控制 A_{253}/min 在 0.05～0.100 为宜。

绘制酶促反应动力学曲线，从曲线上求出反应起始点吸光度随时间的变化率（即初速度）A_{253}/min。

胰蛋白酶活力单位的定义规定为：以 BAEE 为底物反应液在 pH8.0，25℃，反应体积为 3.0mL，光径为 1cm 的条件下，测定 A_{253}，每分钟使 A_{253} 增加 0.001，反应液中所加入的酶量为 1 个 BAEE 单位。

四、注意事项

(1) 胰脏必需是刚屠宰的新鲜组织或立即低温存放的，否则可能因组织自溶而导致实验失败。

(2) 在室温 14～20℃ 条件下 8～12h 可激活完全，激活时间过长，因酶本身自溶而会使比活降低，比活性达到"3000～4000BAEE 单位/mg 蛋白"时即可停止激活。

(3) 要想获得胰蛋白酶结晶，在进行结晶时应十分细心地按规定条件操作，切勿粗心大意，前几步的分离纯化效果越好，则培养结晶越容易，因此每一步操作都要严格。酶蛋白溶液过稀难形成结晶，过浓则易形成无定形的沉淀析出，因此，必须恰到好处，一般来说待结晶的溶液开始时应略呈微浑浊状态。

（4）过酸或过碱都会影响结晶的形成及酶活力变化，必须严格控制 pH。

（5）第一次结晶时，3~5d 后仍然无结晶，应检查 pH，必要时调整 pH 或接种，促使结晶形成。重结晶时间要短些。

五、思考题

1. 在提取胰蛋白酶时为什么保持温度在 10~15℃？
2. 在胰蛋白酶结晶时为什么要加入硼酸盐溶液？

项目三 核酸

学习目标

通过本项目的学习，获得核酸的作用、化学组成、结构、性质等有关知识，掌握生产上核酸的分离纯化、制备及测定技术，知道其在生物体遗传方面所发挥的重要作用。为药品分析与检测技术、生物制药设备、生物制药工艺学等后续课程的学习打下基础。

知识目标

1. 了解核酸的分类及核酸的作用。
2. 理解核酸的化学组成、结构及理化性质。
3. 掌握核酸的分离纯化制备技术及其测定技术。

能力目标

1. 能辨识核酸的类别、功能及结构，能了解核酸对生物遗传的影响和作用。
2. 能掌握核酸的分离纯化、制备及检测技术，从事核酸产品的提取、精制、测定等岗位的操作。

任务描述

某药厂准备研发生产核酸口服液，现需要设计原料核酸分离纯化、核酸口服液的制备及核酸含量测定等一系列的生产工艺和流程，请大家制定生产方案。

核酸是由许多核苷酸聚合成的生物大分子化合物，为生命的最基本物质之一。核酸广泛存在于所有动物、植物、微生物细胞内。生物体内的核酸常与蛋白质结合形成核蛋白。核酸不仅是基本的遗传物质，而且是蛋白质的生物合成的主要物质，因而在生长、遗传、变异等一系列重大生命现象中起决定性作用。不同的核酸，其化学组成、核苷酸排列顺序等不同。核酸大分子可分为两类：脱氧核糖核酸（DNA）和核糖核酸（RNA），在蛋白质的复制和合成中有贮存和传递遗传信息的作用。

DNA 存在于细胞核、线粒体及植物叶绿体中，贮存着细胞所有的遗传信息，是物种保持进化和世代繁衍的物质基础。RNA 在细胞质中的含量较多，根据分子结构和功能的不同，RNA 可分为信使 RNA（mRNA），作为指导蛋白质生物合成的模板；转运 RNA（tRNA），作为运输氨基酸的载体；核糖体 RNA（rRNA），与多种蛋白质结合构成核糖体，作为蛋白质合成的场所。

【知识链接】

核酸的发现

核酸的发现已有100多年的历史，但人们对它真正有所认识不过近60年的事。远在1868年，瑞士化学家米歇尔（Miesher F，1844—1895），首先从脓细胞中分离出细胞核，用碱抽提再加入酸，得到了一种含氮和磷特别丰富的沉淀物质，当时曾称其为核质。1872年，人们又从鲑鱼的精子细胞核中，发现了大量类似的酸性物质，随后有人在多种组织细胞中也发现了这类物质的存在。因为这类物质都是从细胞核中提取出来的，而且都具有酸性，因此将其称为核酸。过了多年以后，才有人从动物组织和酵母细胞分离出含有蛋白质的核酸。

【生化视野】

核酸具有多种营养保健的作用，经研究发现核酸是维持机体正常免疫功能和免疫系统生长代谢的必需营养物质，可延缓衰老，对增殖细胞有促进作用，能改善骨髓造血功能，对糖尿病、高血压、动脉粥样硬化等多种疾病有较好的保健作用。

一、核酸的化学组成

（一）核酸的元素组成

核酸是生物体内的高分子化合物。它包括脱氧核糖核酸和核糖核酸两大类。DNA 和 RNA 都是由一个一个核苷酸（nucleotide）头尾相连而形成的，由碳（C）、氢（H）、氧（O）、氮（N）和磷（P）5 种元素组成。各类核酸分子中的P 含量比较恒定，在核酸总质量中占 9%～10%，故通常可以通过测定生物样本中 P 的含量来推算核酸的含量。

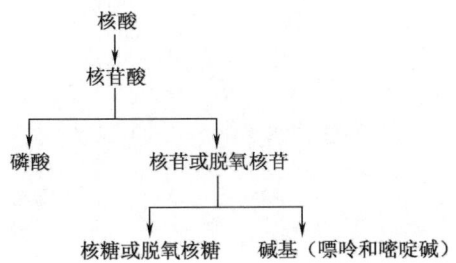

（二）核酸的分子组成

由核苷酸或脱氧核苷酸通过 3′，5′- 磷酸二酯键连接而成的一类生物大分子。采用不同的降解法，可将核酸首先降解成单核苷酸，进一步水解生成核苷或脱氧核苷和磷酸,核苷进一步水解生成戊糖(核糖或脱氧核糖)和含氮碱(嘌呤或嘧啶碱)。

核酸的基本组成单位是核苷酸。单个核苷酸是由含氮碱基、戊糖(即五碳糖)和磷酸三部分构成的。

(1) 戊糖　参与核苷酸组成的戊糖有两种形式:β-D-核糖和β-D-2′-脱氧核糖,两者的区别仅在于C-2′原子所连接的基团。RNA中的戊糖是D-核糖(即在2号位上连接的是一个羟基),DNA中的戊糖是D-2-脱氧核糖(即在2号位上只连一个H)。戊糖环上碳原子以C-1′~C-5′编号。RNA分子含D-核糖,DNA分子含2-D-脱氧核糖。

(2) 碱基　核苷酸分子中的碱基是含氮的杂环化合物,有嘧啶碱和嘌呤碱两类。前者主要指胞嘧啶(C)、胸腺嘧啶(T)和尿嘧啶(U),后者主要指腺嘌呤(A)和鸟嘌呤(G),DNA和RNA中均含有这两种碱基。胞嘧啶存在于DNA和RNA中,胸腺嘧啶只存在于DNA中,尿嘧啶则只存在于RNA中。这五种碱基的结构如下式所示。

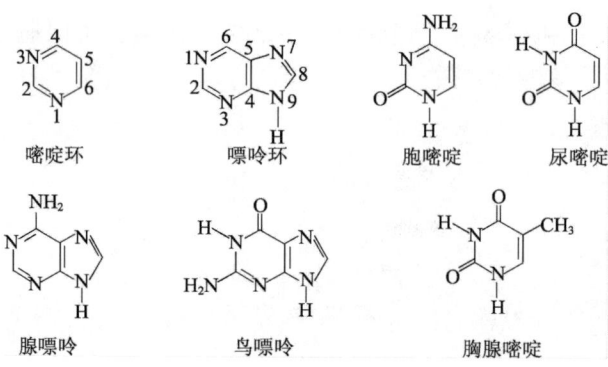

除了上述常见的5种碱基(A、G、C、U和T)外,核酸分子中还有数十种修饰碱基,又称稀有碱基。它是指上述五种碱基环上的某一位置被一些化学基团(如甲基化、甲硫基化等)修饰后的衍生物。一般这些碱基在核酸中的含量稀少,在两种类型核酸中的分布也不均一(表3-1)。

表3-1　　　　　　　　　　　核酸中部分稀有碱基

DNA	RNA
5-甲基胞嘧啶（m^5C）	5,6-二氢尿嘧啶（DHU）
5-羟甲基胞嘧啶（hm^5C）	1-甲基腺嘌呤（m^1A）
N^6-甲基腺嘌呤（m^6A）	1-甲基鸟嘌呤（m^1G）
	N^7-甲基腺嘌呤（m^7A）

（3）磷酸　核苷酸中的磷酸，通常连接在戊糖的C-2′、C-3′或C-5′位；连接在脱氧核糖的C-3′或C-5′位。游离状态的核苷酸常连接在C-5′位较多见，即常见5′-核苷酸。DNA和RNA的组成归纳，见表3-2。

表3-2　　　　　　　　　　　两类核酸的化学组成

类别	DNA	RNA
碱基	腺嘌呤（A）	腺嘌呤（A）
	鸟嘌呤（G）	鸟嘌呤（G）
	胞嘧啶（C）	胞嘧啶（C）
	胸腺嘧啶（T）	尿嘧啶（U）
戊糖	脱氧核糖	核糖
磷酸	磷酸	磷酸

二、DNA 的组成和结构

1. DNA 的一级结构

核苷酸相互连接形成长的多核苷酸链。两个核苷酸之间的连接通常是通过磷酸二酯键，该键将一个核苷酸的磷酸基团与另一个核苷酸的脱氧核糖连接。由四种脱氧核苷酸通过磷酸二酯键连接而成的长链高分子多聚体为DNA分子的一级结构。DNA分子中第一个核苷酸的3′-羟基与第二个核苷酸的5′-磷酸基脱水形成3′,5′-磷酸二酯键，第二个核苷酸的3′-羟基又与第三个核苷酸的磷酸基脱水形成3′,5′-磷酸二酯键，依此类推，形成线性多聚体。DNA分子中第一个核苷酸的5′-磷酸与最末一个核苷酸的3′-羟基都未参与形成3′,5′-磷酸二酯键，故分别称为5′-磷酸端（或5′-端）和3′羟基端（或3′-端）。

DNA的一级结构就是指将脱氧核苷酸按照有序的顺序排列起来而形成的原始脱氧核苷酸链。DNA的一级结构决定了遗传信息的种类和数量。由于核苷酸之间的差异只是碱基不同。因此DNA的一级结构常用碱基的排列顺序表示。DNA分子的大小用碱基的数目或碱基对数目（kbp）表示，通常把长度小于50个核苷酸构成的核苷酸链称为寡核苷酸，更长的则称为多聚核苷酸，通称为核酸，其一级结构如下：

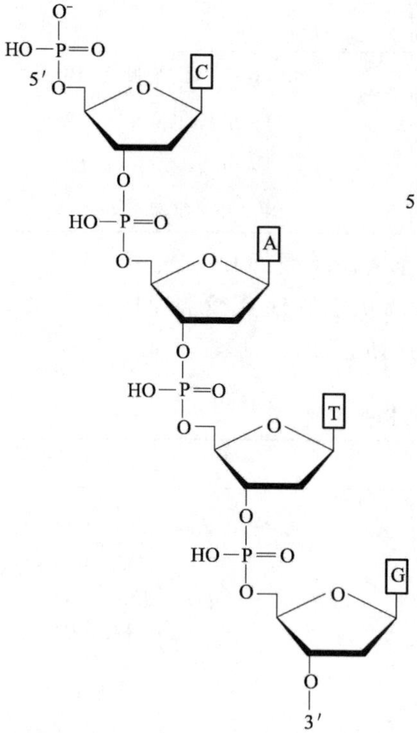

部分DNA链

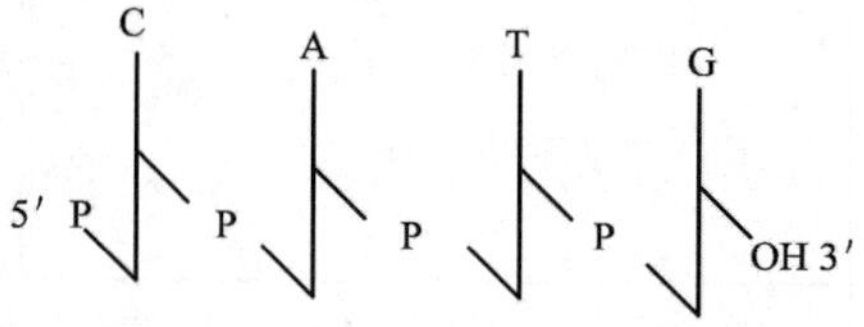

5′ pCpApTpG-OH 3′

5′ CATG 3′

核苷酸链的书写方法

2. DNA 的二级结构

1953 年，Watson 和 Crick 提出了著名的 DNA 分子的双螺旋结构模型，揭示了遗传信息是如何贮存在 DNA 分子中以及遗传性状何以在世代间得以保持的规律。这是生物学发展的重大里程碑。

Watson 和 Crick 以立体化学原理为准则，对 Wilkins 和 Franklin 的 DNA X-射线衍射分析结果加以研究，提出了 DNA 结构的双螺旋模式，其主要内容如图 3-1 所示。

（1）在 DNA 分子中，两股 DNA 链围绕一假想的共同轴心形成右手螺旋结构，双螺旋的螺距为 3.4nm，直径为 2.0nm。

（2）链的骨架（backbone）由交替出现的、亲水的脱氧核糖基和磷酸基构成，位于双螺旋的外侧。

（3）碱基位于双螺旋的内侧，两股链中的嘌呤和嘧啶碱基以其疏水的、近于平面的环形结构彼此密切相近，平面与双螺旋的长轴相垂直。一股链中的嘌呤碱基与另一股链中位于同一平面的嘧啶碱基之间以氢键相连，称为碱基互补配对或碱基配对（base pairing），碱基对层间的距离为 0.34nm。碱基互补配对总是出现于腺嘌呤与胸腺嘧啶之间（A＝T），形成两个氢键；或者出现于鸟嘌呤与胞嘧啶之间（G≡C），形成三个氢键，如图 3-2 所示。

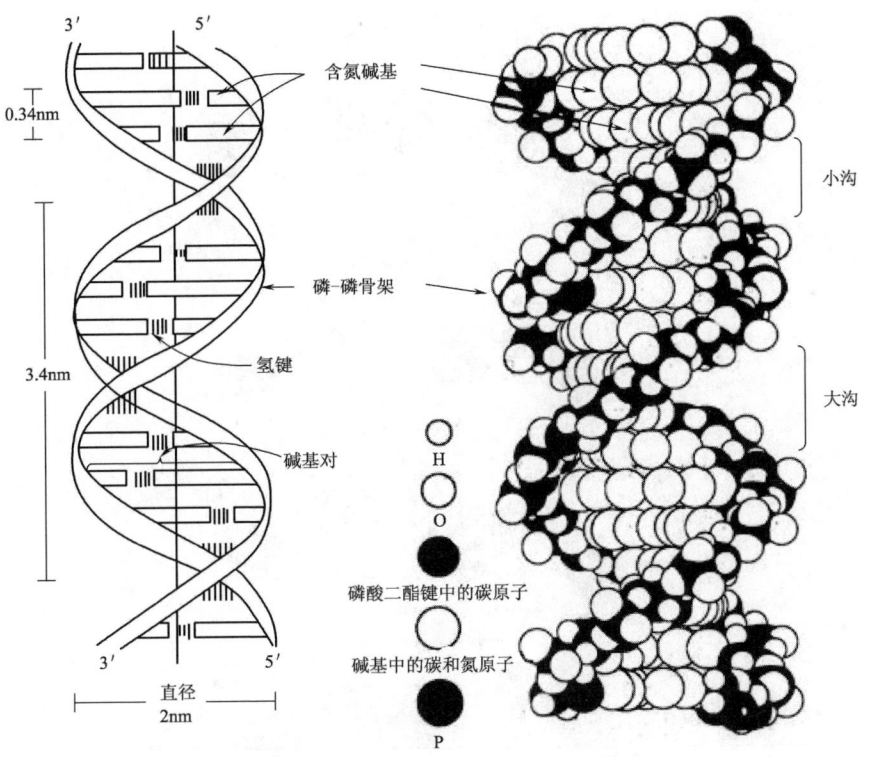

图 3-1 DNA 双螺旋结构

（4）DNA 双螺旋中的两股链走向是反平行的，一股链是 5′→3′走向，另一股链是 3′→5′走向。两股链之间在空间上形成一条大沟和一条小沟，这是蛋白质识别 DNA 的碱基序列，是发生相互作用的基础。

DNA 双螺旋的稳定由互补碱基对之间的氢键和碱基对层间的堆积力维系。

【知识链接】

DNA 双螺旋结构的多样性

上述由 Watson 和 Crick 提出的 DNA 双螺旋结构模型是最典型的 B 型-DNA 构象，在生理 pH 条件下可能最为稳定。但由于 DNA 是柔性分子，在改变溶液的离子强度、相对湿度等条件下，双螺旋结构的沟槽深浅、螺距、旋转角度等均会发生一些改变，从而出现其他几种构象。如 A-DNA、Z-DNA 等构象，甚至在某些条件下出现 DNA 三螺旋（H-DNA）和四螺旋等结构。DNA 分子的可塑性，使其可在某些因素影响下发生局部构象的变化，以与基因表达调控相适应。各种类型的 DNA 双螺旋构象各有其特征：如 A-DNA 构象，为右手双螺旋，碱基对之间螺距缩短，两链间直径变宽，使大沟变深，小沟变浅，结构外形呈粗短型；Z-DNA 构象为左手双螺旋，碱基对之间螺距增长，两链间直径变窄，使其大沟几乎消失，而小沟变深变窄，结构呈细长型。各类 DNA 双螺旋构象均具有以下共性：双链反向互补，A 与 T 配对，G 与 C 配对，都依赖于氢键和碱基堆积力维

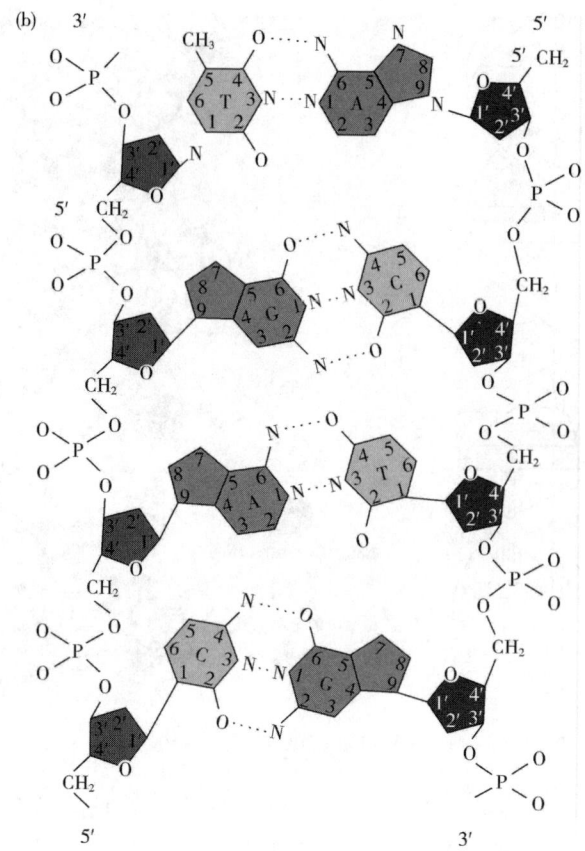

图 3-2 碱基配对及氢键形成

系双螺旋结构的稳定等,如图 3-3 所示。

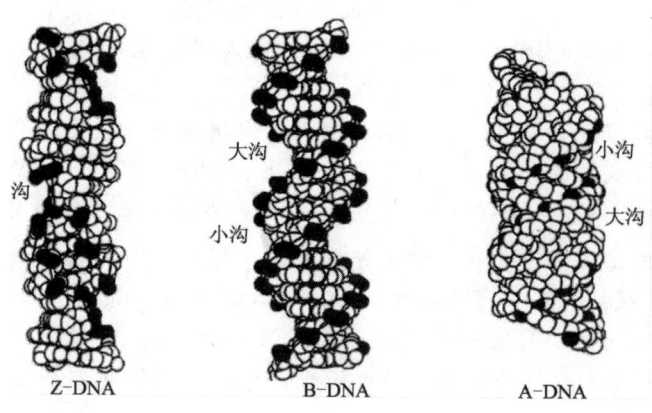

图 3-3 DNA 的不同构象

3. DNA 的三级结构

双螺旋 DNA 进一步扭曲盘绕则形成其三级结构，超螺旋是 DNA 三级结构的主要形式。自从 1965 年 Vinograd 等人发现多瘤病毒的环形 DNA 的超螺旋以来，现已知道绝大多数原核生物都是共价封闭环（CCC）分子，这种双螺旋环状分子再度螺旋化成为超螺旋结构，如图 3-4 所示。

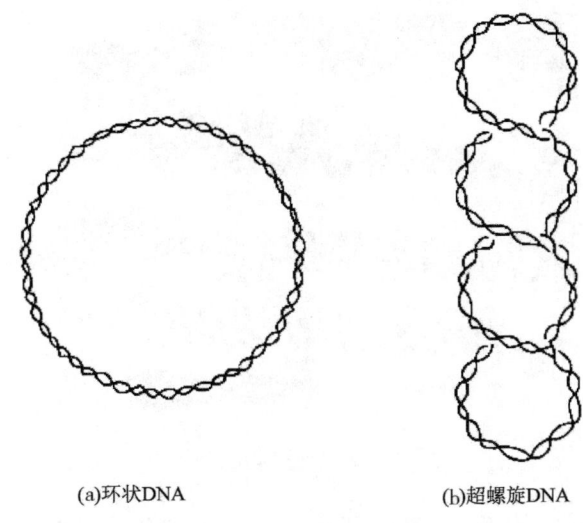

(a)环状DNA　　　(b)超螺旋DNA

图 3-4　环状 DNA 及超螺旋 DNA

真核生物内，DNA 在细胞生活周期的大部分时间内是以染色质的形式存在。在细胞分裂期，光镜下可见染色体。染色质与染色体都是 DNA 的高级结构形式，并且基本上是同一物质，只不过是不同时期（一个是间期，一个是分裂期）的不同形态而已。它们的基本结构单位都是核小体。在真核生物中，双螺旋的 DNA 分子围绕一个蛋白质八聚体进行盘绕，从而形成特殊的串珠状结构，称为核小体。核小体结构属于 DNA 的三级结构，如图 3-5 所示。

三、RNA 的组成和结构

RNA 的一级结构与 DNA 相似，是指一定数量的核糖核苷酸（主要为 AMP、GMP、CMP、UMP）按特定的排列顺序通过 $3'$,$5'$-磷酸二酯键链接而形成的多聚核苷酸长链。RNA 通常以单链形式存在，但局部区域仍可卷曲形成双链螺旋结构，或称发夹结构。双链部位的碱基一般也彼此形成氢键而互相配对，但配对方式为：A—U 之间形成两个氢键配对，G—C 之间形成三个氢键配对。双链区那些不参加配对的碱基往往被排斥在双链外，形成环状突起。虽然也可以在局部形成双螺旋或三级结构，但总体上仍以单链为主。RNA 分子要比 DNA 小得多，一般由几十个或几千个核苷酸组成。其组成中含有较多的微量（稀有）碱基。RNA

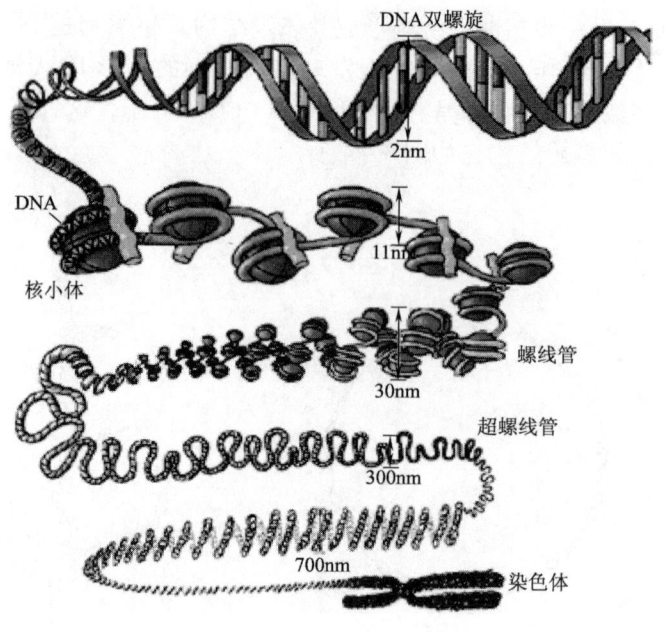

图 3-5 染色体的结构

的种类、大小、结构比 DNA 更具多样性，从而决定了 RNA 的功能也更具多样性。

真核生物 RNA 在核中合成，分布在胞浆中。它与蛋白质共同负责基因的表达和表达过程的调控。RNA 根据其作用与结构的不同，可分为下列三种。

1. 信使 RNA（mRNA）

mRNA 是蛋白质结构基因转录的单链 RNA，作为蛋白质合成的模板，它载有确定各种蛋白质中氨基酸序列的密码信息，在蛋白质生物合成过程中起着传递信息的作用。mRNA 的含量最少，约占 RNA 总量的 2%。mRNA 一般都不稳定，代谢活跃，更新迅速，半衰期短。mRNA 主要存在于原核生物和真核生物的细胞质及真核细胞的某些细胞器（如线粒体和叶绿体）中。

原核与真核生物 mRNA 的结构特点不同。原核生物 mRNA 一般 5′端有一段不翻译区，称前导顺序，3′端有一段不翻译区，中间是蛋白质的编码区，一般编码几种蛋白质。真核生物 mRNA（细胞质中的）一般由 5′端帽子结构、5′端不翻译区、翻译区（编码区）、3′端不翻译区和 3′端聚腺苷酸尾巴构成分子中除 m7G 构成帽子外，常含有其他修饰核苷酸，如 m6A 等。真核生物 mRNA 通常都有相应的前体。从 DNA 转录产生的原始转录产物可称作原始前体（或 mRNA 前体）。一般认为原始前体要经过 hnRNA（核内不均一 RNA）的阶段，最终才被加工为成熟的 mRNA。

2. 转运 RNA（tRNA）

tRNA 的生物学功能是在蛋白质合成过程中，携带特定氨基酸，按照 mRNA 上的遗传密码的顺序将该特定的氨基酸运载到核糖体进行蛋白质的合成。tRNA 是分子质量最小的核酸，占细胞中 RNA 总量的 10%～15%，已知的 100 多种 tRNA 都仅由 74～95 个核苷酸组成。细胞内 tRNA 的种类很多，蛋白质合成需要 20 种基本氨基酸作原料，而每种氨基酸都至少有一种 tRNA 与其相对应。

tRNA 虽为单链，但其不同的片段之间可形成互补的双螺旋结构区，而非互补区则形成环状结构。所以 tRNA 分子的二级结构都有四个螺旋区，三个环及一个附加叉（又称额外环）结构，形同"三叶草"形。其 3′端都具有 3′- CCA - OH 的共同结构，游离羟基（- OH）可以与氨基酸形成酯键而结合，生成氨基酰 - tRNA。因此，3′- CCA - OH 末端又称氨基酸臂（柄），是携带氨基酸的具体部位，如图 3 - 6 所示。

tRNA 的三级结构呈倒"L"型，它是在 tRNA 二级结构基础上，通过氨基酸臂和 TψC 环组成一个双螺旋，DHU 环和反密码环形成另一个近似联系的双螺旋，如图 3 - 7 所示。

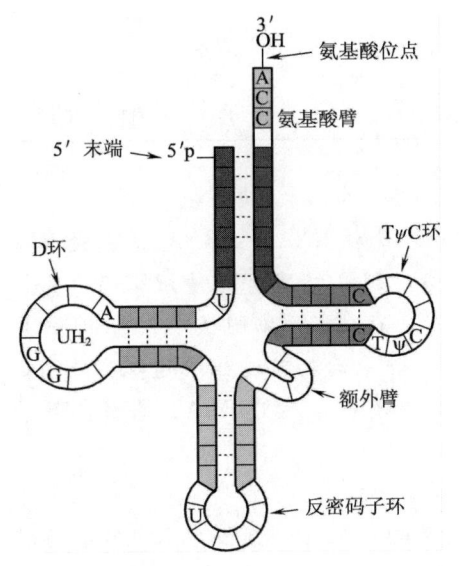 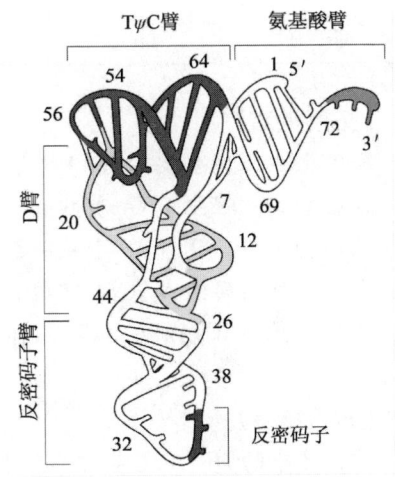

图 3 - 6　tRNA 的二级结构　　　　　图 3 - 7　tRNA 的三级结构

3. 核糖体 RNA（ribosomal RNA，rRNA）

核糖体 RNA，即 rRNA，是最多的一类 RNA，也是 3 类 RNA（tRNA，mRNA，rRNA）中相对分子质量最大的一类 RNA，它与蛋白质结合而形成核糖体，其功能是作为 mRNA 的支架，使 mRNA 分子在其上展开，实现蛋白质的合成。rRNA 占 RNA 总量的 82% 左右。rRNA 单独存在时不执行其功能，与多种蛋白质结合成核糖体,作为蛋白质生物合成的"装配机"。

rRNA 的分子质量较大,结构相当复杂,目前虽已测出不少 rRNA 分子的一级结构,但对其二级、三级结构及其功能的研究还需进一步的深入。原核生物的 rRNA 分三类:5S rRNA、16S rRNA 和 23S rRNA。真核生物的 rRNA 分四类:5S rRNA、5.8S rRNA、18S rRNA 和 28S rRNA。S 为大分子物质在超速离心沉降中的一个物理学单位,可间接反映分子质量的大小。原核生物和真核生物的核糖体均由大、小两种亚基组成(表 3–3)。

表 3–3　　　　　　　　　核糖体的组成成分

亚基种类与成分	原核生物(大肠杆菌)	真核生物(小鼠肝)
小亚基	**30S**	**40S**
rRNA	16S	18S
蛋白质	21 种(占总质量 40%)	33 种(占总质量 50%)
大亚基	**50S**	**60S**
rRNA	23S	28S
	5S	5.8S
		5S
蛋白质	31 种(占总质量 30%)	49 种(占总质量 35%)

【拓展提高】

除了上述三种主要的 RNA 外,细胞内还有小核 RNA(snRNA)。它是真核生物转录后加工过程中 RNA 剪接体的主要成分。现在发现有五种 snRNA,其长度在哺乳动物中为 100~215 个核苷酸。snRNA 一直存在于细胞核中,与 40 种左右的核内蛋白质共同组成 RNA 剪接体,在 RNA 转录后加工过程中起重要作用。另外,还有端体酶 RNA,它与染色体末端的复制有关;反义 RNA,它参与基因表达的调控。

【知识链接】

核糖体中的 rRNA 是多种临床有关抗生素的靶位点,例如,巴龙霉素可特异性地与原核生物核糖体的 30S 小亚基的 A 区(该区存在 16S rRNA)结合,干扰翻译过程的正常进行。其他通过与 rRNA 反应起到杀菌作用的抗生素还有氯霉素、红霉素、微球菌素、蓖麻毒素、大观霉素、链霉素及硫链丝霉素等。

四、核酸的性质

1. 核酸的溶解度与黏度

核酸都是极性化合物,微溶于水,而不溶于乙醇、氯仿等有机溶剂。其钠盐较易溶于水，RNA 钠盐在水中的溶解度可达 4%。

核酸是高分子物质，其溶液黏度大。即使是极稀的 DNA 溶液，黏度也很大。而 RNA 分子比 DNA 分子短得多，呈无定形，不像 DNA 分子那样是纤维状，所以 RNA 的黏度较小。当 DNA 被加热或在其他因素作用下，其螺旋结构转为无规则线团结构时，其黏度大为降低。所以黏度变小，可作为 DNA 变性的指标。

2. 核酸的两性性质及等电点

与蛋白质相似，核酸分子中既含有酸性基团（磷酸基）也含有碱性基团（氨基），因而核酸也具有两性性质。由于核酸分子中的磷酸是一个中等强度的酸，而碱性（氨基）是一个弱碱，所以核酸的等电点比较低。如 DNA 的等电点为 4~4.5，RNA 的等电点为 2~2.5。

RNA 的等电点比 DNA 低的原因，是因为 RNA 分子中核糖基 2′-OH 通过氢键促进了磷酸基上质子的解离，而 DNA 没有这种作用。

3. 核酸的紫外吸收

DNA 和 RNA 都是由单核苷酸组成的，其嘌呤环和嘧啶环中均含有共轭双键，在 260nm 紫外波长下具有强烈的吸收作用。利用这一性质，可以通过测定样品溶液对 260nm 波长的吸收值（A_{260}），用于核苷酸、核酸的定量分析。

4. 核酸的变性、复性与杂交

变性和复性是双链核酸分子的两个重要物理特性。也是核酸研究中经常引用的术语。双链 DNA，RNA 双链区，DNA：RNA 杂种双链以及其他异源双链核酸分子都具有此性质。

（1）核酸的变性 核酸的变性是指核酸双螺旋结构被破坏，氢键断裂，变为单链，并不引起共价键的断裂。引起变性的因素很多，升高温度、过酸、过碱、纯水以及加入变性剂等都能造成核酸变性。DNA 变性后，它的一系列性质也随之发生变化，如紫外吸收（260 nm）值升高、黏度降低等。RNA 本身只有局部的双螺旋区，所以变性行为所引起的性质变化没有 DNA 那样明显。

利用紫外吸收的变化，可以检测核酸变性的情况。例如，天然状态的 DNA 在完全变性后，紫外吸收（260 nm）值增加 25%~40%，而 RNA 变性后，约增加 1.1%。这种现象称为增色效应。

DNA 的变性过程是突变性的，它在很窄的温度区间内完成。因此，通常将引起 DNA 变性的温度称为熔点，用 T_m 表示（图 3-8）。

一般 DNA 的 T_m 值在 70~85℃。DNA 的 T_m 值与分子中的 G 和 C 的含量有关。G 和 C 的含量高，T_m 值高。因而测定 T_m 值，可反映 DNA 分子中 G，C 含量，可通过经验公式计算：

$$(G+C)\% = (T_m - 69.3) \times 2.44$$

（2）核酸的复性 变性 DNA 在适当的条件下，两条彼此分开的单链可以重新缔合成为双螺旋结构，这一过程称为复性。DNA 复性后，核酸的一系列性质

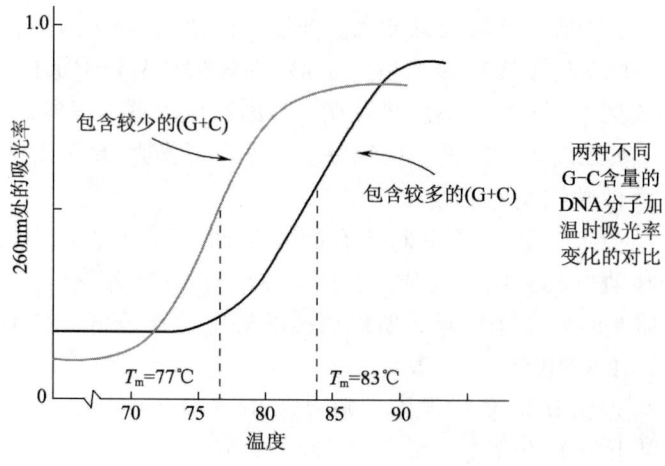

图 3-8 DNA 的熔点

将得到恢复,但是生物活性一般只能得到部分的恢复。

DNA 复性的程度、速率与复性过程的条件有关。将热变性的 DNA 骤然冷却至低温时,DNA 不可能复性。但是将变性的 DNA 缓慢冷却时,可以复性。分子量越大复性越难。浓度越大,复性越容易。此外,DNA 的复性也与它本身的组成和结构有关,如图 3-9 所示。

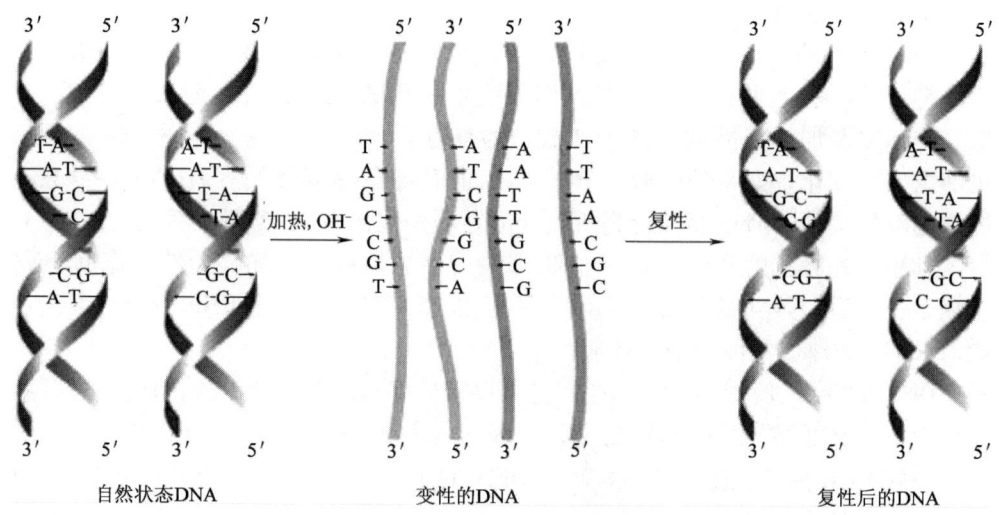

图 3-9 DNA 热变及复性示意图

（3）核酸的杂交 互补的核苷酸序列（DNA 与 DNA、DNA 与 RNA、RNA 与 RNA 等）通过 Watson–Crick 碱基配对形成非共价键,从而形称稳定的同源或异源双链分子的过程，称为核酸分子杂交技术，又称核酸杂交。其原理是核酸变性和复性理论。即双链的核酸分子在某些理化因素作用下双链解开，而在条件恢复后又可依碱基配对规律形成双边结构。杂交通常在一支持膜上进行，因此又称为核酸印迹杂交。根据检测样品的不同又被分为 DNA 印迹杂交和 RNA 印迹杂交。核酸的杂交在分子生物学和遗传学的研究中具有重要意义。

【拓展提高】

探针的制备和应用

探针是指带有某些标记物（如放射性同位素 ^{32}P，荧光物质异硫氰酸荧光素等）的特异性核酸序列片段。若我们设法使一个核酸序列带上 ^{32}P，那么它与靶序列互补形成的杂交双链，就会带有放射性。以适当方法接受来自杂交链的放射信号，即可对靶序列 DNA 的存在及其分子大小加以鉴别。在现代分子生物学实验中，探针的制备和使用是与分子杂交相辅相成的技术手段。核酸分子杂交作为一项基本技术，已应用于核酸结构与功能研究的各个方面。在医学上，目前已用于多种遗传性疾病的基因诊断、恶性肿瘤的基因分析、传染病病原体的检测等领域中，其成果大大促进了现代医学的发展。

五、核酸的分离纯化及含量测定

提取核酸一般步骤是先破碎细胞，提取核蛋白使其与其他细胞成分分离，然后用蛋白质变性剂或蛋白酶除去杂蛋白，获得核酸溶液后，利用核酸的理化性质使之沉淀，然后再进一步纯化。在操作过程中应注意防止核酸酶、理化因素等引起核酸的降解。例如，加入核酸酶抑制剂，避免强酸强碱等。制备 DNA 多采用动植物材料，而 RNA 多取材于微生物。

1. DNA 的提取制备

（1）盐析法　DNA 主要存在于细胞核内，以核蛋白形式存在。DNA 溶于水，在 0.14mol/L NaCl 溶液中溶解度最小，并且溶解度随 NaCl 浓度的增加而增加，而 RNA 溶于 0.14mol/L NaCl 溶液，利用此特性可以将 DNA 蛋白从破碎后的细胞匀浆中分离出来，并和 RNA 蛋白分离，再按氯仿－异醇法除去蛋白。以稀盐酸溶液提取 DNA 时，加入适量去污剂，如十二烷基硫酸钠（SDS）可有助于蛋白质与 DNA 的分离。在提取过程中为抑制组织中的 DNase 对 DNA 的降解作用，在氯化钠溶液中加入柠檬酸钠作为金属离子的络合剂，通常用 15M NaCL，0.015M 柠檬钠，并称 SSC 溶液，提取 DNA。

（2）酚－氯仿法　酚使蛋白质变性，同时抑制了 DNase 的降解作用。用苯酚处理匀浆液时，由于蛋白与 DNA 联结键已断，蛋白分子表面又含有很多极性基团与苯酚相似相溶。蛋白分子溶于酚相，而 DNA 溶于水相。氯仿可加速有机相与液相分层并可于最后抽提时去除核酸溶液中的迹量酚。

（3）阴离子去污剂法　用 SDS 或二甲苯酸钠等去污剂使蛋白质变性，可以直接从生物材料中提取 DNA。细胞中 DNA 与蛋白质之间常借静电引力或配位键结合，因为阴离子去污剂能够破坏这种价键，所以常用阴离子去污剂提取 DNA。

2. RNA 的提取制备

（1）TRIzol 法　TRIzol 是一种新型总 RNA 抽提试剂，可以快速提取人、动物、植物、细菌不同组织的总 RNA。其含有苯酚、异硫氰酸胍等物质，能迅速破碎细胞并抑制细胞释放出的核酸酶。TRIzol 在破碎和溶解细胞时能保持 RNA 的完整性，抽提的总 RNA 能够避免 DNA 和蛋白的污染。TRIZOL 试剂操作上的简单性允许同时处理多个样品，所有的操作可以在 1h 内完成，因此对纯化 DNA 及标准化 RNA 的生产十分有用，如图 3-10 所示。

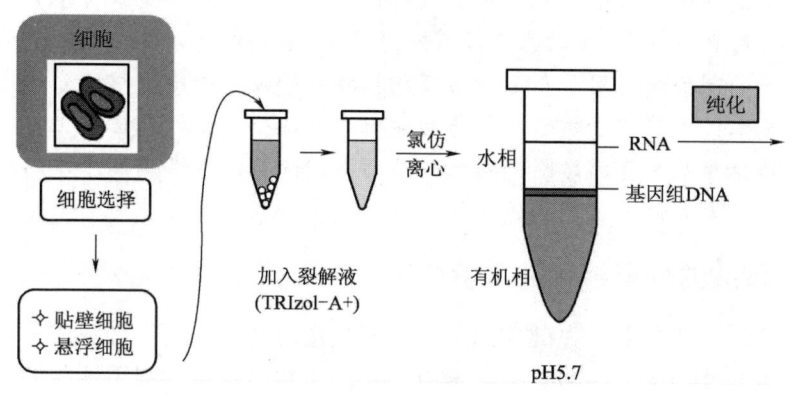

图 3-10　TRIzol 法提取 RNA 流程图

（2）苯酚法　细胞内大部分 RNA 均与蛋白质结合在一起，以核蛋白的形式存在。因此，提取 RNA 时要把 RNA 与蛋白质分离并除去。将细胞置于含有十二烷基磺酸钠（Sodium dodecyl sulfate，SDS）的缓冲液中，加等体积水饱和酚，通过剧烈振荡，然后离心形成上层水相和下层酚相。核酸溶于水相，被苯酚变性的蛋白质或者溶于酚相，或者在两相界面处形成凝胶层。苯酚法的用途较广，还可根据实际情况采用冷酚法、热酚法和皂土酚法等。

3. 核苷酸的提取制备

核酸在一定条件下可水解为寡核苷酸、核苷酸、核苷及碱基等。水解的方法可分为酸水解、碱水解和酶水解。核苷酸及其衍生物在食品、农业和医药工业应用广泛，可作为许多抗病毒和抗肿瘤药物的生产原料。

4. 核酸的分离纯化

纯化的方法包括透析、层析、电泳及超离心分离纯化等。其中电泳法简单、快速、易于操作、分辨率高、灵敏度好、易于观察及便于回收，在核酸的进一步纯化中占有重要的地位。由于聚丙烯酰胺凝胶与琼脂糖凝胶可以制成各种形状、大小和孔径不一的支持体，并可以在多种装置中进行电泳，聚丙烯酰胺凝胶电泳

（PAGE）与琼脂糖凝胶电泳（AGE）广泛用于核酸的分离、纯化与鉴定。oligo(dT) - 纤维素柱层析法则是 mRNA 制备的一个标准方法。

5. 核酸含量的测定方法

（1）紫外分光光度法　紫外分光光度法是基于核酸分子成分中的碱基均具有一定的紫外线吸收特性，最大吸收波长为 250nm～270nm。这些碱基与戊糖、磷酸形成核苷酸后，其最大吸收波长不变。由核苷酸组成核酸后，其最大吸收波长为 260nm，该物理特性为测定溶液中核酸的浓度奠定了基础。在波长 260nm 的紫外线下，1 个 OD 值的光密度大约相当于 50μg/mL 的双链 DNA，38μg/mL 的单链 DNA 或单链 RNA，33μg/mL 的单链寡聚核苷酸。如果要精确定量已知序列的单链寡核苷酸分子的浓度，就必须结合其实际分子量与摩尔吸光系数，根据朗伯 - 比尔定律进行计算。若 DNA 样品中含有盐，则会使 A_{260} 的读数偏高，并需测定 A_{310} 以扣除背景值，并以 A_{260} 与 A_{310} 的差值作为定量计算的依据。紫外分光光度法只用于测定浓度大于 0.25μg/mL 的核酸溶液。

（2）定磷法　核酸是一类含磷化合物，其分子含有一定比例的磷，一般纯的 RNA 及其核苷酸含磷质量分数为 9.0%；DNA 及其核苷酸含磷质量分数为 9.2%，即每 100g 核酸含有 9.0～9.2g 磷，也就是核酸量是含磷量的 11 倍左右，故测得磷的量，即可求得核酸量。

（3）定糖法　通过测定 DNA 或 RNA 分子中戊糖的含量，从而计算出 DNA 或 RNA 含量的方法。

RNA 在强酸环境中加热可水解产生核糖。核糖在浓酸作用下脱水形成糠醛，糠醛能与 3,5 - 二羟基甲苯（地衣酚）缩合成绿色化合物，其最大吸收峰波长为 670nm，Fe^{3+} 或 Cu^{2+} 可作为催化剂催化反应，与同样处理的核糖标准液进行比色即可测定出 RNA 的含量。

DNA 在强酸环境中加热水解生成的脱氧核糖与浓酸共热脱水生成 ω - 羟基 γ - 酮基戊醛，后者与能与二苯胺反应生成蓝色化合物，其最大吸收峰波长为 595nm，与同样处理的脱氧核糖标准液进行比色即可测定出 DNA 的含量。

6. 纯度鉴定

（1）紫外分光光度法　紫外分光光度法主要通过 A_{260} 与 A_{280} 的比值来判定有无蛋白质的污染。在 TE 缓冲液中，纯 DNA 的 A_{260}/A_{280} 值为 1.8，纯 RNA 的 A_{260}/A_{280} 值为 2.0。比值升高与降低均表示不纯。其中蛋白质与在核酸提取中加入的酚均使比值下降。蛋白质的紫外吸收峰在 280nm 与酚在 270nm 的高吸收峰可以鉴别主要是蛋白质污染还是酚的污染。RNA 的污染可致 DNA 制品的比值高于 1.8，故比值为 1.8 的 DNA 溶液不一定为纯的 DNA 溶液，可能兼有蛋白质、酚与 RNA 的污染，需结合其他方法加以鉴定。A_{260}/A_{280} 的值是衡量蛋白质污染程度的一个良好指标，2.0 是高质量 RNA 的标志。但要注意，由于受 RNA 二级结构不同的影响，其读数可能会有一些波动，一般在 1.8～2.1 都是可以接受的。另外，鉴定 RNA 纯度所用溶液的 pH 会影响 A_{260}/A_{280} 的读数。如 RNA 在水溶液中的 A_{260}/A_{280} 值就比其在 Tris 缓冲液（pH 7.5）中的读数低 0.2~0.3。

（2）荧光光度法　用溴化乙锭等荧光染料示踪的核酸电泳结果可用于判定核酸的纯度。由于 DNA 分子较 RNA 大许多，电泳迁移率低；而 RNA 中以 rRNA 最多，占到 80%~85%，tRNA 及核内小分子 RNA 占 15%~20%，mRNA 占 1%~5%。故总 RNA 电泳后可呈现特征性的三条带。在原核生物为明显可见的 23S、16S 的 rRNA 条带及由 5S 的 rRNA 与 tRNA 组成的相对有些扩散的快迁移条带。在真核生物为 28S、18S 的 rRNA 及由 5S、5.8S 的 rRNA 和 tRNA 构成的条带。mRNA 因量少且分子大小不一，一般是看不见的。通过分析以溴化乙锭为示踪染料的核酸凝胶电泳结果，我们可以鉴定 DNA 制品中有无 RNA 的干扰，亦可鉴定在 RNA 制品中有无 DNA 的污染。

六、核酸制品及应用

1. 在医药方面的应用

核酸是新一代的生物药物，具有遗传、催化，能量贮存，能量供给及增强免疫力等多种功能。利用核酸能进行新药的设计，在制造抗癌、抗病毒、治疗心肌梗死及干扰素诱导剂方面具有广阔的前途。研究表明：核酸制品能延缓机体衰老过程并协调机体内部营养平衡，对冠心病、脑血管病、糖尿病和肿瘤等疾病均有积极疗效。此外，核酸还可添加于营养保健品中，对促进儿童的生长发育，增强智力，提高成年人抗病抗衰老能力及手术病人的身体康复均有显著作用，特别对老年人的健康长寿效果更为明显。核酸在老年人营养保健品方面的市场将十分巨大。

2. 在食品方面的应用

将 DNA 或 RNA 产品，配合其他营养素，添加到食品中去，可制成核酸系列食品。如核酸经酶转化可得到 5-肌苷酸二钠（5-TMP）和 5-鸟苷酸二钠（5-GMP），两者均为无色至白色结晶或白色结晶性粉末，可分别用于午餐肉、火腿、咸肉等腌制肉类的生产中，将两者用于混合味精，其鲜味比一般味精高出 40~100 倍，而且风味更好。胞苷酸二钠和尿苷酸二钠也是核酸经酶转化得到的两种衍生物，其作用主要是补充牛乳中的核酸，以生产出接近人乳的母乳化牛乳，能增强婴儿的免疫力。

3. 在农业方面的应用

核酸水解物腺苷酸可被用作植物的生物激素，是制造天然细胞分裂素、激素、玉米素等腺嘌呤衍生物的原料，通过对水稻、苹果、小麦、大豆、油菜、苜蓿、柑橘等多种作物进行对比实验，已取得不同的增产和早熟效果。此外核酸的衍生物也可作为防止植物病虫害的药物，并有望发展成为新一代无毒高效农药。

4. 在化妆品方面的应用

由于核酸具有促进蛋白质合成的作用，核酸制品在化妆品行业的应用也很广泛，可添加于洗涤剂、乳化剂、雪花膏、乳液、戏剧化妆品中，能够促进皮肤的新陈代谢，具有防皱、生肌的作用，使皮肤变得光滑，对各种皮肤病均能起到较佳的治疗效果。

学习小结

学习内容

本项目重点介绍了核酸的作用、化学组成和结构。核酸是由多核苷酸聚合而成的高分子化合物，是所有生物遗传信息的携带者。根据核苷酸分子中戊糖的类型，将核酸分为脱氧核糖核酸（DNA）和核糖核酸（RNA）两大类。核苷酸由磷酸基、戊糖和含氮碱基组成，碱基包括嘌呤和嘧啶两大类。DNA 一般含 A、C、G、T 四种碱基，RNA 含 A、C、G、U 四种碱基。四种核苷酸按照一定的排列顺序，通过 3′，5′磷酸二酯键相连形成的线形多核苷酸即 DNA 的一级结构。双螺旋结构是 DNA 的二级结构，双螺旋 DNA 进一步扭曲而成的超螺旋称为 DNA 的三级结构。

RNA 可分为 mRNA、rRNA、tRNA，tRNA 具有选择性转运氨基酸和识别 mRNA 密码子的作用，每一种氨基酸都有相应的一种或几种 tRNA，tRNA 二级结构都呈三叶草形，tRNA 的三级结构呈双螺旋的"倒 L 形"结构；mRNA 在蛋白质合成中起模板的作用；rRNA 与蛋白质构成核糖体，是蛋白质合成的场所。

本项目介绍了核酸的性质，核酸都是极性化合物，微溶于水，而不溶于乙醇、氯仿等有机溶剂。核酸是两性化合物，具有等电点。DNA 在热或其他变性剂的作用下，双螺旋结构遭到破坏，双链发生分离，即变性。变性 DNA 的某些理化性质和生物学性质随之改变，如增色效应。核酸加热变性过程中紫外光吸收值达到最大值的 50% 时的温度称为核酸的解链温度（T_m），T_m 值的大小与核酸分子大小和 G＋C 所占总碱基数的百分比成正相关。变性的 DNA 单链在适当条件下又能恢复双螺旋结构，即复性作用。不同来源的变性核酸一起复性，则可能发生杂交。

核酸提取的主要步骤是破碎细胞，除去蛋白、糖等大分子，获得完整性和纯度两方面质量均高的核酸分子；核酸的分离纯化的方法一般都包括了细胞裂解、酶处理、核酸与其他生物大分子物质分离、核酸纯化等几个主要步骤，包括盐析法、酚-氯仿法、TRIzol 法、苯酚法、层析法、密度梯度离心法等；在核酸的定量研究过程中，可采用紫外分光光度法、定磷法和定糖法。

知识框架

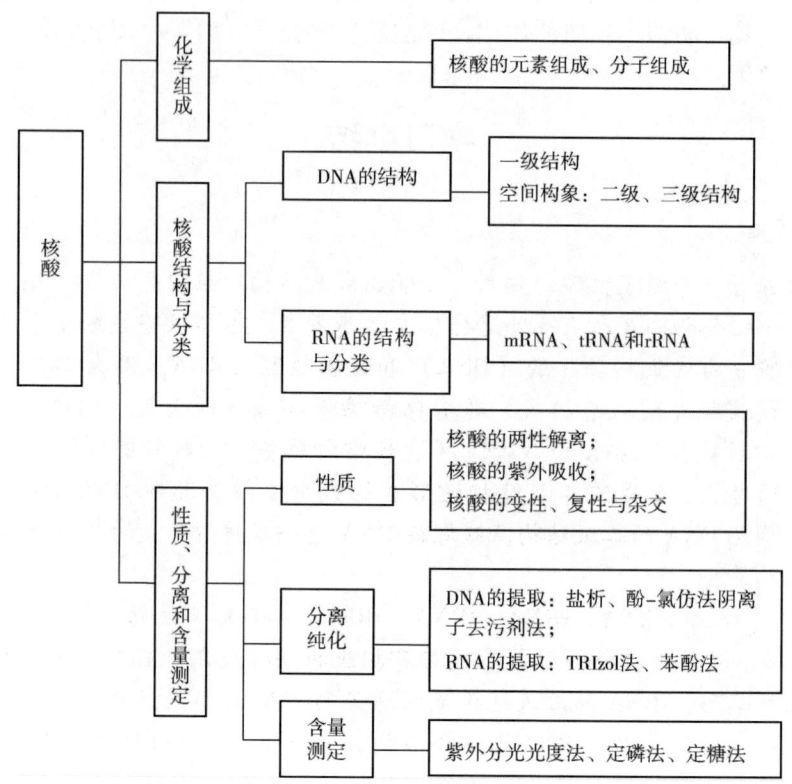

目标检测

一、单项选择题

1. tRNA 的二级结构是（   ）

A. 三叶草型结构   B. 倒 L 型结构   C. 双螺旋结构   D. 超螺旋结构

2. 构成核酸的基本元素是（   ）

A. C、H、N、P、S   B. C、H、O、N
C. C、H、O、N、P、S   D. C、H、O、N、P

3. 下列有关 DNA 双螺旋结构模型的叙述错误的是（   ）

A. 1953 年，由 Watson 和 Crick 提出   B. 走向相反的双螺旋
C. 是 DNA 分子的三级结构   D. 两条链为互补链

4. tRNA 的作用是（   ）

A. 将核苷酸连接到氨基酸上   B. 把氨基酸运到 mRNA 的特定位置上
C. 将 mRNA 连到 rRNA 上   D. 把一个核苷酸连到另一个核苷酸上

5. DNA 的二级结构形式是（　　）
A. α-螺旋　　　　B. β-螺旋　　　　C. 超螺旋结构　　　D. 双螺旋结构
6. DNA 碱基对间的作用力是（　　）
A. 氢键　　　　　B. 疏水力　　　　C. 共价键　　　　　D. 盐键
7. 核酸具有强烈的紫外吸收，其最大吸收值在（　　）
A. 280nm　　　　B. 380nm　　　　C. 260nm　　　　　D. 360nm

二、多项选择题
1. 下列哪个是 DNA 的基本单位（　　）
A. dAMP　　　　B. UTP　　　　　C. dTTP　　　　　　D. dGMP
E. AMP
2. 下面关于 Watson-Crick DNA 双螺旋结构模型的叙述中正确的是（　　）
A. 两条单链的走向是反平行的　　　B. 碱基 A 和 T 配对
C. DNA 分子是三级结构　　　　　　D. 磷酸戊糖主链位于双螺旋外侧
E. 碱基 G 和 U 配对
3. DNA 含量测定可以用（　　）
A. 紫外分光光度法　　B. 定磷法　　C. 地衣酚显色法　　D. 二苯胺法
E. 定氮法
4. 引起 DNA 变性的因素有（　　）
A. 高温　　　　　　　　　　　　　B. 强酸
C. 强碱　　　　　　　　　　　　　D. 高浓度的中性盐溶液
E. 尿素

三、简答题
1. RNA 分哪几类？各类 RNA 的结构特点和生物功能是什么？
2. 简述常用核酸含量测定方法的原理。
3. 简述核酸变性的定义及核酸变性后理化性质有哪些改变？
4. DNA 和 RNA 的组成有何区别？
5. 简述 DNA 的增色效应。

实训一　DNA 的提取与检测

一、实训目的
（1）学习并掌握动物组织总 DNA 的提取方法及其原理。
（2）从肝脏组织中提取到一定量的纯净的 DNA 样品并判断其纯度。

实训备忘

　　细胞内的核酸多以核蛋白的形式存在，其中脱氧核糖核蛋白主要存在于细胞核中，核糖核蛋白主要存在于细胞质中。这两类核蛋白在 0.14mol/L 氯化钠溶液中的溶解度相差很大，核糖核蛋白在此溶液中具有很高的溶解度，脱氧核糖核蛋白的溶解度却相当低。制成肝匀浆后，用 0.14mol/L 氯化钠溶液抽提，可将两种核蛋白分离。分离过程中加入少量柠檬酸钠，可抑制脱氧核糖核酸酶对 DNA 的水解作用。

　　十二烷基硫酸钠（SDS）能使脱氧核糖核蛋白产生解聚作用，在含有脱氧核糖核蛋白的溶液中加入 SDS，DNA 即与蛋白质分离开，用氯仿将蛋白质沉淀除去，而 DNA 溶解于水相，最后用冷乙醇将 DNA 析出，而获得纯化的 DNA。在氯仿中加入少量异戊醇能减少操作过程泡沫的产生，并有助于分相，使离心后的上层水相、中层变性蛋白、下层有机溶剂相维持稳定。

　　DNA 和 RNA 在波长 260nm 处有很高的吸收峰值，蛋白质则在 280nm 处有很高的吸收峰值。利用这个原理，我们测定纯化样品在 260nm 和 280nm 处的吸光度，可以推算出样品中 DNA 的浓度，并判断其纯度。用标准样品测得在波长 260nm 处，1μg/mL 双链 DNA 钠盐吸光度为 0.02，单链 DNA 钠盐为 0.025（光程为 1cm），即 $A_{260}=1$ 时，样品中双链 DNA 浓度为 50μg/mL，单链 DNA 浓度为 40μg/mL。纯净的 DNA 样品 A_{260}/A_{280} 的值约为 1.8，样品中含有蛋白质或其他杂质，会使 A_{260}/A_{280} 的值下降。A_{260}/A_{280} 的值大于 1.6 基本能达到各种后继实验的要求。

二、实训材料

1. 材料

新鲜兔肝。

2. 仪器

离心机，UV9100 紫外可见分光光度计。

3. 器材

玻璃匀浆器，试管，刻度吸管。

三、实训准备

（1）0.9% 氯化钠溶液。

（2）10% 氯化钠溶液。

（3）0.14mol/L 氯化钠溶液（含 0.01mol/L 柠檬酸钠）　称取氯化钠 8.182g 和二水柠檬酸钠 2.941g，用蒸馏水溶解并稀释至 1000mL。

（4）95% 乙醇溶液（冷藏）。

（5）5%十二烷基磺酸钠（SDS）溶液 称取25g SDS溶于500mL 45%乙醇。
（6）氯仿-异戊醇混合液 氯仿：异戊醇=24：1。
（7）0.1mol/L NaOH。

四、实训内容与操作步骤

（1）肝匀浆制备 新鲜兔肝，用0.9% NaCl洗去血液，除去结缔组织，剪碎，称取4g肝组织，加4mL 0.14mol/L NaCl溶液，匀浆器中研磨，制成肝匀浆。

（2）分离核蛋白 肝匀浆倒入试管中，4000rpm离心5min，弃去上清液。沉淀加2mL 0.14mol/L NaCl搅匀后再置匀浆器中研磨，4000rpm离心5min，弃去上清液，沉淀重复上述操作，弃去上清液，沉淀为DNA-蛋白质复合物。

（3）沉淀中加0.14mol/L NaCl 2.0mL，搅匀，滴加5% SDS 2.0mL，边加边搅，60℃水浴10min（不停搅拌），冷至室温，均匀分成两管为B_1、B_2。

（4）B_1、B_2管中各滴加氯仿-异戊醇液4.0mL（边加边搅），搅至溶液颜色均匀，3000rpm离心15min。溶液分三层，上层液为水相（含DNA），中层为蛋白质沉淀，下层为有机相，吸取B_1、B_2上层液合倒于另一试管中。

（5）上清液加95%冷乙醇4.0mL，混匀（颠倒混匀法），3000rpm离心15min，去上清液，沉淀为纯化DNA。

（6）DNA的溶解 沉淀中加入0.1mol/L NaOH 4.0mL，搅拌溶解，2000rpm离心10min，上清液则为DNA水解液。

（7）DNA的测定 用0.1mol/L NaOH将样品稀释到一定浓度，以0.1mol/L NaOH调零，测定样品的A_{260}和A_{280}，计算出每克肝组织中的DNA含量，并判断纯化DNA的纯度。

五、结果处理

每克肝组织中DNA的含量（μg/g）=（DNA水解液的吸光度A_{260}/0.020）× DNA水解液的体积/肝组织的质量

纯度=A_{260}/A_{280} 纯DNA：$A_{260}/A_{280} \approx 1.8$

纯度>1.9，表明有RNA污染；纯度<1.6，表明有蛋白质、酚等污染。

六、思考题

1. DNA在氯化钠溶液中的溶解度有什么特点？对此有什么应用？
2. 简述DNA纯度鉴定的原理。

实训二 脱氧核苷酸注射液的制备

一、实训目的

（1）学习并掌握脱氧核苷酸提取及分离纯化的方法。
（2）学习脱氧核苷酸注射液的制备方法。

> **实训备忘**
>
> 核酸类药物是指具有药用价值的核酸、核苷酸、核苷以及碱基。除天然存在的核酸类药物外，它们的类似物、衍生物或它们之间聚合产生的物质也都属于核酸类药物。其生产方法主要有酶解法、半合成法、直接发酵法。
>
> 脱氧核苷酸钠是由鱼精蛋白或小牛胸腺中提取的脱氧核糖核酸经酶解制成。其组分为脱氧核糖胞嘧啶核苷酸、脱氧核糖腺嘌呤核苷酸、脱氧核糖胸腺嘧啶核苷酸及脱氧核糖鸟嘌呤核苷酸钠盐。有促进细胞成长，增强细胞活力的功能以及改变机体代谢的作用，可用于急、慢性肝炎，白细胞减少症，血小板减少症及再生障碍性贫血等的辅助治疗。

二、实训材料

1. 材料

鱼精蛋白

2. 仪器

离心机，匀浆机，电热型恒温水槽，电脑恒流泵，电脑全自动部分收集器，pH 计，真空干燥器，密封灌装仪等。

3. 器材

离心管、层析柱、抽滤装置、安瓿瓶等。

三、实训准备

(1) 5% SDS 溶液。

(2) 9.5%~10.5% HCl 溶液。

(3) 桔青酶发酵液。

(4) 强碱性 I 型阴离子交换树脂。

(5) 0.2mol/L HCl。

(6) 10mol/L 氢氧化钠。

(7) 769 型活性炭。

(8) 10% 氢氧化钠。

(9) 0.3% 硫代硫酸钠。

四、实训内容与操作步骤

1. 分离核蛋白、提取、沉淀

取冷冻的鱼精蛋白 10kg，搅碎，加水 100L，加氯化钠至 6%，聚氨酸钠 1%，搅拌 1~2min，加 4 倍量水，搅拌 1~2min，将片状的脱氧核蛋白捞出，加 132L 水，5% SDS 溶液 518kg，搅拌溶液 10~20min，离心，取上清液，加等量预冷的 95% 乙醇，过滤，用乙醇、丙酮洗涤，干燥，得 DNA。

2. 酶解、吸附、洗脱

500g DNA 加 10L 蒸馏水搅拌溶解，冷库过夜，将 DNA 黏稠液稀释至 50L，90℃加热 10min，使其变性，用盐酸调 pH 至 5.4，加 5mL 桔青酶发酵液，于 72℃保温 1.5h 进行酶解，用氨水调 pH 为 7，升温至 90℃，加热 10min，破坏 5 - 磷酸二酯酶，并使蛋白变性，沉淀，冷库过夜，离心，除去蛋白，稀释 1 倍，调 pH 为 8.5，上强碱性 I 型阴离子交换树脂柱吸附，用蒸馏水洗涤至流出液 pH 为 7，用 0.2mol/L 的盐酸液洗脱，pH 为 2.5 时开始收集，至 pH 为 0.5 为止。洗脱液用 10mol/L 氢氧化钠调 pH 为 7，冷库过夜。

3. 吸附、洗脱、浓缩、干燥

过滤除蛋白，滤液用盐酸调 pH 至 3.5，上 769 型活性炭柱，用柱体积 2 倍量的蒸馏水洗脱，再用乙醇、氨水洗脱（氨水：95% 乙醇：蒸馏水 = 3：95：47），洗脱液真空浓缩至糖浆状，在无水乙醇中脱水，研成粉末，真空干燥得混合脱氧核苷酸成品。

4. 制剂

按每毫升 25mg 溶于蒸馏水中，以 10% 氢氧化钠调 pH 为 6.5 ~ 7.5，加 0.3% 活性炭，放置 15min，经硅藻土层抽滤，滤液纸浆过滤 2 次，加 0.3% 硫代硫酸钠，溶解后过滤，灌 2mL 安瓿中，封口，100℃灭菌 15min，得混合脱氧核苷酸注射液。如图 3 - 11 所示。

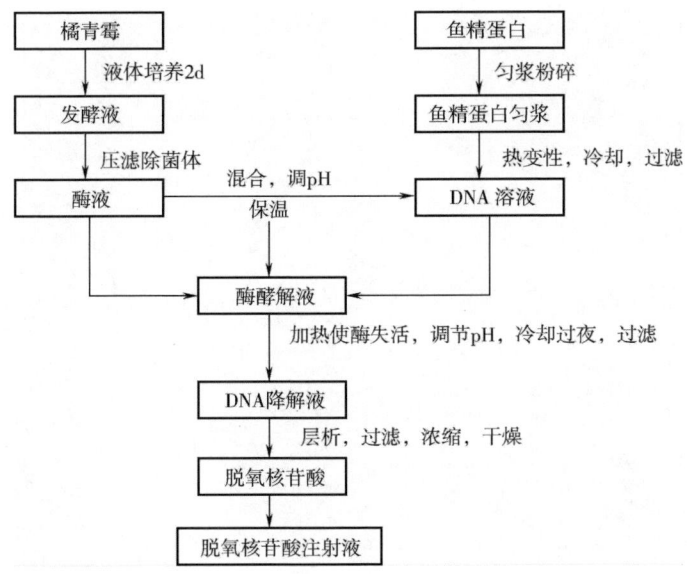

图 3 - 11 脱氧核苷酸注射液生产工艺流程图

五、思考题

1. 简述脱氧核苷酸注射液制备的注意事项。
2. 脱氧核苷酸注射液主要用于哪些疾病的治疗？

项目四　糖与生物能

学习目标

通过本项目的学习，了解糖的概念、种类、结构和功能以及各种糖的合成代谢；理解新陈代谢的概念和特点、糖的消化吸收和分解代谢的关系；掌握糖的分解代谢的途径；了解生物氧化的概念和特点；掌握电子传递链概念、组成和作用；掌握氧化磷酸化的概念、磷氧比和抑制剂、解偶联作用。为后续课程的学习和将来参加实际生产工作打下良好的基础。

知识目标

1. 了解糖的概念、种类、结构和功能；理解新陈代谢的概念和特点。
2. 理解糖的消化吸收和分解代谢的关系。
3. 掌握糖的分解代谢的途径：糖酵解途径、三羧酸循环途径和磷酸戊糖途径。
4. 了解各种糖的合成代谢。
5. 掌握电子传递链概念、组成和作用。
6. 掌握氧化磷酸化的概念、磷氧比和抑制剂、解偶联作用。

能力目标

1. 能使用适当方法进行糖的制备。
2. 能检测还原糖和总糖的含量。
3. 能使用适当的方法分析多糖的水解程度。

任务描述

某啤酒厂要利用大麦芽汁进行啤酒酵母发酵生产啤酒，现需要利用淀粉制备能够被酵母利用的单糖，并检测水解糖的程度，并撰写过程报告，分析啤酒酵母发酵生产啤酒的原理。

一、糖类物质

（一）糖的概念、分布及生物学功能

【课堂互动】

日常生活中有哪些物质属于糖？这些糖来源于何处？糖都是甜的吗？有没有

不甜的糖，糖被人体消化吸收之后有什么作用？

【生化视野】

多种食物皆含有丰富的糖类，包括水果、汽水、面包、意式面食、豆类、马铃薯、米糠、稻米及麦类。在食品科学和其他非正式的场合中，碳水化合物通常指富有淀粉（如谷物、面包或面食）或简单的糖类的食物（如食糖）。

1. 糖的概念、分布

糖类物质是多羟基（2个或以上）的醛类或酮类化合物，以及它们的衍生物或聚合物。可分为醛糖和酮糖。还可根据碳层子数分为丙糖、丁糖、戊糖、己糖等。最简单的糖类就是丙糖（甘油醛和二羟丙酮）。

日常食用的蔗糖、粮食中的淀粉、植物体中的纤维素、人体血液中的葡萄糖等均属糖类。糖在生物界分布极广，几乎存在于所有的动物、植物和微生物体内，其中以植物界最多，约占其干重的80%。生物细胞内、血液里也有葡萄糖或由葡萄糖等单糖物质组成的多糖（如肝糖原、肌糖原）存在。人和动物的器官组织中含糖量不超过组织干重的2%。微生物体内含糖量占菌体干重的10%~30%，它们以糖，或以与蛋白质、脂类结合成复合糖存在。其分布情况见表4-1。

表4-1 糖的分布情况

分布	含量（干重）/%
植物	80
人和动物	≤2
微生物	10~30

【知识链接】

糖的别称

糖类的另一个名称"碳水化合物"，是由于在一些糖分子中氢原子和氧原子间的比例是2:1，刚好与水分子中氢、氧的比例相同，它们的分子式可写成$C_n(H_2O)_m$，故以为糖类是碳和水的化合物，称为碳水化合物。但是后来的发现证明了许多糖类并不合乎其上述分子式，如：鼠李糖（$C_6H_{12}O_5$）。而有些物质符合上述分子式但不是糖类，如甲醛（CH_2O）等。但是，现在人们有时还是习惯称其为碳水化合物。

2. 糖的生物学功能

（1）糖是人体与动物的主要能源物质 糖类物质的主要生理功能是通过氧化而放出大量能量以满足生命活动的需要。如淀粉，到了体内水解成葡萄糖，在组织细胞中氧化产生能量，为机体活动所用。1g葡萄糖在体内完全氧化可产生

17.154kJ 热能。

(2) 糖是生物体的重要组成成分之一 很多糖类物质是构成细胞结构的主要成分,如核糖和脱氧核糖是核酸的主要成分,纤维素是植物组织的主要成分,黏多糖是细胞间质和结缔组织中的重要成分,由糖代谢中间产物产生的氨基酸是构成蛋白质的成分。

(3) 糖具有多方面的复杂的生物活性与功能 某些糖类物质具有多样的生物学功能,如1,6-二磷酸果糖用于治疗急性心肌缺血性休克,多糖广泛用于免疫系统、血液系统和消化系统等疾病的治疗。

【知识拓展】

糖类为人体重要的营养素,在生活上扮演着很重要的角色,像多糖可以被拿来当作贮存养分的物质(如淀粉和糖原)或当作动物外骨骼和植物细胞的细胞壁(如甲壳素和纤维素);另外像核糖是构成各种辅因子不可或缺的物质(如ATP、FAD和NAD)也是一些遗传物质分子的骨干(如RNA)。糖类的众多衍生物同时也与免疫系统、预防疾病、血液凝固和生长等有极大的关联。

(二) 糖的分类

根据糖的结构单元数目多少将糖进行分类。

(1) 单糖 不能被水解成更小分子的糖,如葡萄糖、果糖和核糖等。

(2) 寡糖 由2~6个单糖分子脱水缩合而成,包括双糖,如麦芽糖、蔗糖等;三糖,如棉子糖;以及四糖、五糖和六糖等。

(3) 多糖 多糖是水解时产生20个以上单糖分子的糖类。包括杂多糖,水解时产生一种以上单糖或(和)单糖衍生物,如透明质酸、半纤维素等;同多糖,水解时只产生一种单糖或单糖衍生物,如淀粉、糖原、壳多糖等。

1. 单糖

(1) 单糖的链状结构 实验证实,葡萄糖和果糖的分子式都是 $C_6H_{12}O_6$,但是两者的结构却不相同,葡萄糖是2,3,4,5,6-五羟基己醛,属于己醛糖;果糖是1,3,4,5,6-五羟基-2-己酮,属于己酮糖,它们的非立体链状结构如下:

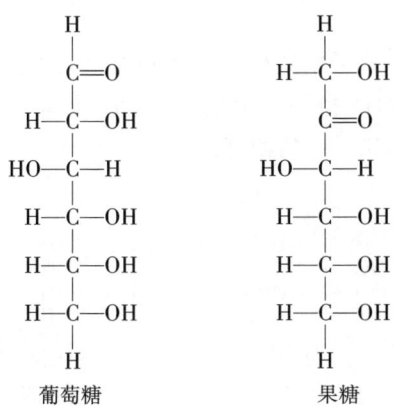

葡萄糖　　　　　果糖

葡萄糖含有4个手性碳原子（分别是C_2，C_3，C_4，C_5），果糖含有3个手性碳原子（分别是C_3，C_4，C_5），分别存在8对和4对对映体。

【知识链接】

手性碳原子

手性碳原子是指与四个不同的原子或原子基团共价连接并因而失去对称性的四面体碳，也成为不对称碳原子，不对称中心或手性中心，常用*表示。

旋光性

一束光波照射到尼科尔棱镜时，通过的只能是沿某一平面振动的光波，这种光称为平面偏振光，与平面偏振光振动的平面相垂直的面称为偏振面。某些物质能使平面偏振光的偏振面发生旋转，这种性质称为旋光性。使偏振光的平面向右旋转的，称为右旋光物质，使偏振光的平面向左旋转的，称为左旋光物质。

对映体

一个不对称碳原子的取代基在空间的取向可以形成且只能形成两种构型，由于不存在对称元素，因此这两种构型是物体与镜像的关系，不能重叠，像这种至少存在一组不可叠合的镜像体的立体异构体，称为旋光异构体，也称为对映体，一般都有旋光性。如含有一个不对称碳原子（C_2）的甘油醛，其不对称碳原子上的羟基要么在右边，要么在左边，形成两种构型，两者是镜像的关系，不能重叠。因为甘油醛只存在一个手性碳原子，因此甘油醛存在1对对映体，若分子中存在n个手性碳原子，则含有2^n个旋光异构体，组成$2^n/2$对对映体。

为了便于研究，人们规定能使偏振光右旋的甘油醛具有羟基在手性碳原子右边的构型，规定为D-型；左旋甘油醛为羟基在左边构型，规定为L型。

甘油醛的两种构型：

```
       CHO                    CHO
   H———OH               HO———H
       CH₂OH                  CH₂OH
   D-甘油醛               L-甘油醛
```

通常单糖的构型是指分子中离羰基最远的那个手性碳原子的构型。如果此碳原子上的羟基具有与D-甘油醛C_2上的羟基相同的取向，则称D型糖；反之则为L型糖。如D-葡萄糖和L-葡萄糖。

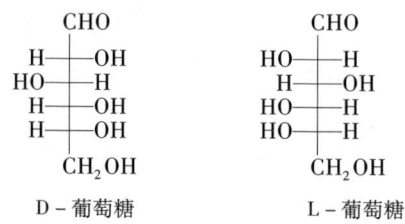

D-葡萄糖　　　　　　L-葡萄糖

(2) 单糖的环状结构　许多单糖新配制的溶液会发生旋光度的改变，即变旋现象。同时，它们是多羟基醛或酮，能够发生醛和酮的加成反应，如果这种加成反应在同一分子内展开，即参与反应的羰基和羟基都来自糖分子，则形成环状半缩醛。因此，提出了单糖的环状结构。

单糖由直链结构变成环状结构后，羰基碳原子成为新的手性中心，导致 C_1 差向异构化，形成差向异构体，称为异头物，C_1 碳原子称为异头碳原子或异头中心，异头碳原子上的羟基与分子中距离最远的手性碳原子的羟基取向相同时，称该异头物为 α - 异头物，反之称为 β - 异头物。

α - D - 葡萄糖　　　　D - 葡萄糖　　　　β - D - 葡萄糖

由于单糖为多羟基醛或酮，理论上 C_1 位上的醛基可以和多个羟基分别发生半缩醛反应。实验证明仅有两种可能：吡喃糖和呋喃糖，形成五元环和六元环的结构。例如，D - 葡萄糖的 C_5 上的羟基与 C_1 上的醛基加成生成六元环的吡喃葡萄糖，D - 葡萄糖的 C_4 上的羟基与 C_1 上的醛基加成生成五元环的呋喃葡萄糖，D - 果糖也以两种形式存在。环状结构 Haworth 式：

吡喃　　　α-D-吡喃葡萄糖　　　α-D-呋喃葡萄糖　　　呋喃

α-D-吡喃果糖　　　α-D-呋喃果糖

【知识拓展】

Fischer 投影式表示单糖的环状结构，不能准确地反映环中氧桥的长度，和成环时绕 C_4，C_5 之间的键发生旋转的事实，于是，用一种透视式 Haworth 式来表示单糖的环状结构。

(3) 重要的单糖及其衍生物　自然界已发现的单糖主要是戊糖和己糖。常见的戊糖有核糖、脱氧核糖、木糖等；常见的己糖有葡萄糖、甘露糖、半乳糖和果糖等。

【知识链接】

重要的单糖及其衍生物

核糖和脱氧核糖

核糖与腺苷联合使用可以最大程度地保护心脏功能。在临床上，D-核糖可用于治疗心脏局部缺血、心肌梗塞、运动引起的肌肉酸痛、细胞内缺乏磷酸化酶造成的肌肉疼痛以及糖尿病等。核糖是通过影响代谢而起作用的，是一种天然物质，所以可以考虑将其用于人体的保健。目前，有些发达国家已利用D-核糖开发了一系列的保健品。D-核糖作为天然食品甜味剂，应用于肉制品、焙烤食品、休闲食品等各种食品中。

葡萄糖

葡萄糖在自然界中分布极广，尤以葡萄中含量较多，因此称葡萄糖。葡萄糖存在于很多药品食品中，如葡萄糖酸锌口服液，葡萄糖酸钙口服液，含葡萄糖的饼干、糕点和饮料等，能够快速地为使用者提供能量。例如，长跑运动员一般在比赛前或比赛期间饮用一些葡萄糖饮料来补充体能。

果糖

D-果糖以游离状态存在于水果和蜂蜜中。目前，发达国家已经将果糖广泛应用于食品、医药、保健品生产中。实践证明，在果酒、药酒、汽酒、药用糖浆、果汁饮料、果酱、水果罐头、蜜饯、硬糖果、硬烘焙制品中，果糖可100%取代蔗糖。在雪糕，冰淇淋，软糖果，软烘焙制品中，可部分取代，取代量在10%~50%。在医药领域，各种果糖制品也在不断的研究和使用，如已经开发并应用的果糖注射液、果糖维生素C片剂、解酒制品等。

氨基糖

自然界的氨基糖是己醛糖分子中C-2上的羟基被氨基取代的衍生，D-氨基葡萄糖盐酸盐有较强的抑菌作用，D-氨基葡萄糖衍生物对情绪性高血压具有一定的缓解作用，氨基葡萄糖盐酸盐和硫酸盐有抗风湿作用；2-乙酰氨基-2-脱氧-D-葡萄糖有较强的免疫增强作用。

2. 寡糖

（1）双糖　常见的双糖有麦芽糖、蔗糖和乳糖，三者的性质和结构见表4-2。

表4-2　　　　　　　　　　三种双糖的比较

类别	性质	糖苷键	构成物质	来源
麦芽糖	有变旋现象 有还原性	α-1,4-苷键	α-D-葡萄糖和α-D-葡萄糖	麦芽
蔗糖	无变旋现象 无还原性	α-1,2-苷键（β-2,1-苷键）	α-D-葡萄糖和β-D-果糖	甘蔗、甜菜

续表

类别	性质	糖苷键	构成物质	来源
乳糖	有变旋现象，有还原性	β-1,4-苷键	β-D-葡萄糖和α-D-葡萄糖	乳汁

（2）寡糖　寡糖是由3~10个单糖构成的小分子多糖。较重要的有棉籽糖，由葡萄糖、果糖和半乳糖构成。该类糖主存在于豆类食品中，因在肠道中不被消化吸收，产生气体产物，可造成肠胀气；而有些寡糖可被肠道有益细菌利用，促进这些菌群的增加从而起到保健作用。

3. 多糖

由多分子单糖或其衍生物所组成，水解后产生原来的单糖或其衍生物。

【知识拓展】

淀粉和糖原

淀粉是植物和真菌中贮存最多的葡萄糖同多糖。在植物细胞中，淀粉以直链淀粉和支链淀粉的混合物形式贮存于直径为3~100μm的颗粒中的。直链淀粉没有分支，由100~1000个葡萄糖通过α-1,4糖苷键连接形成。支链淀粉是直链淀粉上又带有分支的淀粉。支链淀粉中除含有α-1,4糖苷键外，还含有分支点处的α-1,6糖苷键。平均每隔25个葡萄糖残基就出现一个分支，分支也称为侧链，含有15~25个葡萄糖残基，某些侧链本身还含有分支。

糖原是体内糖的贮存形式，糖原是以葡萄糖为单位聚合而成的大分子多糖，分子中的葡萄糖通过α-1,4糖苷键相连，α-1,4糖苷键约占总量的93%，在链的分支处以α-1,6糖苷键相连构成分支，α-1,6糖苷键约占总量的7%，人体内多数组织都有糖原，其中以肝脏和肌肉含量最多，肝糖原总量约70g，肌糖原总量约250g，脑组织中糖原最少，只有0.1%。淀粉和糖原的结构如下式所示。

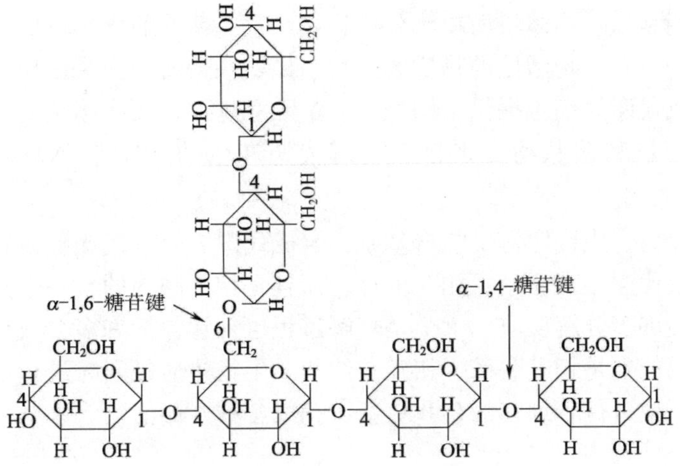

【生化视野】

透明质酸

目前，很多高档化妆品都注重保湿、抗衰老、防晒等效果，也受到了广大用户的喜爱，哪种成分在这些化妆品中起到了这样的作用？透明质酸就是其中不可缺少的天然保湿成分。

除了用于化妆品中起到重要作用之外，透明质酸还可用作眼科人工晶体植入手术的黏弹剂、骨性关节炎和类风湿性关节炎等关节手术的填充剂，作为媒介在滴眼液中被广泛应用，还用于预防术后粘连和促进皮肤伤口的愈合。透明质酸是减缓关节炎疼痛的良药。因此，透明质酸经常用于运动员的关节损伤等疾病的治疗。另外，新的研究发现，透明质酸在胚胎发育、肿瘤发生、组织愈合等方面扮演着重要角色。

【课堂互动】

在无知觉的情况下，我们人体不停歇地在进行着下列的活动：心脏的跳动、大脑的活动、呼吸、持续的体温等，这些活动就是我们所说的新陈代谢吗？新陈代谢指的是什么？有什么特点？

二、新陈代谢

新陈代谢是生物最基本的特征，是生命存在的前提。新陈代谢是生物与外界环境进行物质交换与能量交换的全过程，即物质代谢和能量代谢，生物体内的物质，如蛋白质、糖类和脂类等的代谢变化（过程）统称为物质代谢，物质代谢包括分解代谢和合成代谢。在物质代谢过程中伴随着能量变化，称为能量代谢，包括贮能代谢和放能代谢。

分解代谢是指生物体将原有的复杂的大分子物质，如蛋白质、糖类和脂类分解为简单的小分子物质二氧化碳和水，并产生能量的过程，分解代谢过程中产生的能量主要以高能磷酸键的形式存在于 ATP 中。

合成代谢是指生物体将简单小分子物质经过一系列的化学反应转变为复杂的生物大分子和具有生物活性的物质的过程，如氨基酸转变为蛋白质，单糖转变为糖原等。合成代谢为细胞提供结构物、能量贮存物。合成代谢是一个耗能反应过程，需要的能量和还原动力来自于分解代谢产生的 ATP 和 $NADH_2$、$NADH^+$、H^+ 提供。

分解代谢为合成代谢提供能量基础；合成代谢为分解代谢提供物质基础。分解代谢和合成代谢相互联系、相互依存，而且是相互制约的，一个是合成代谢过程，常常包括许多分解反应，一个是分解过程也常常包括许多合成反应。能量代谢的产能与耗能也是相互联系、相互制约的。生物体通过同时进行的物质和能量的代谢，不断地进行着细胞的自我更新，完成各种生命活动。

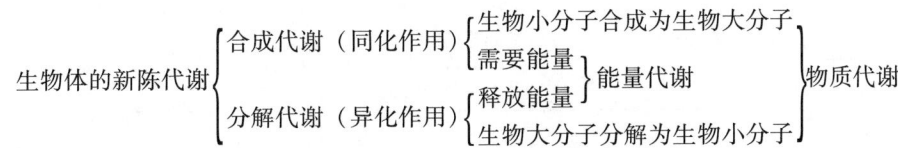

【课堂互动】

联系生活实际，同学们想一想人体的新陈代谢受到哪些因素的影响？年龄、性别、运动和身体表面积会影响新陈代谢的速度吗？如何影响？

三、糖的消化吸收与酶促降解

【课堂互动】

我们每天都在摄入个各种各样的食物，这些食物中最主要的成分是什么？它们进入人体后发生了什么变化？

（一）糖的消化吸收

糖代谢主要指葡萄糖在生物体内的分解代谢与合成代谢。其他糖的代谢一般转变为葡萄糖代谢。

人类从食物中摄取的糖类主要是淀粉、动物糖原、蔗糖、乳糖、麦芽糖、葡萄糖、果糖及纤维等。除葡萄糖、果糖等单糖外，其他糖类都必须经过消化道中的水解酶分解为单糖后，才能在小肠中透过肠黏膜细胞而被机体吸收，食物中的糖类物质转化途径、所需酶类及消化吸收部位，如图4-1所示。

（二）糖的酶促降解

糖类中的二糖、低聚糖及多糖在被生物体利用之前必须先降解成单糖。下面介绍几种重要糖的水解。

1. 淀粉的酶促降解

直链淀粉的分子结构较为简单，水解较容易，支链淀粉分子结构则较为复杂，需要比水解直链淀粉更多的酶参与，才能将其彻底水解为葡萄糖。参与淀粉水解的酶有 α-淀粉酶、β-淀粉酶、脱枝酶和麦芽糖酶。其作用情况见表4-3。

表4-3　　　　　　　　　　淀粉水解酶

酶	水解部位	水解键位	水解产物
α-淀粉酶	内切酶	α-1,4-糖苷键	麦芽糖、异麦芽糖、葡萄糖、α-极限糊精
β-淀粉酶	外切酶	α-1,4糖苷键	β-麦芽糖、β-极限糊精
脱枝酶（R酶）		1,6糖苷键	麦芽糖和葡萄糖
麦芽糖酶（α-葡萄糖苷酶）		α-1,4糖苷键	葡萄糖

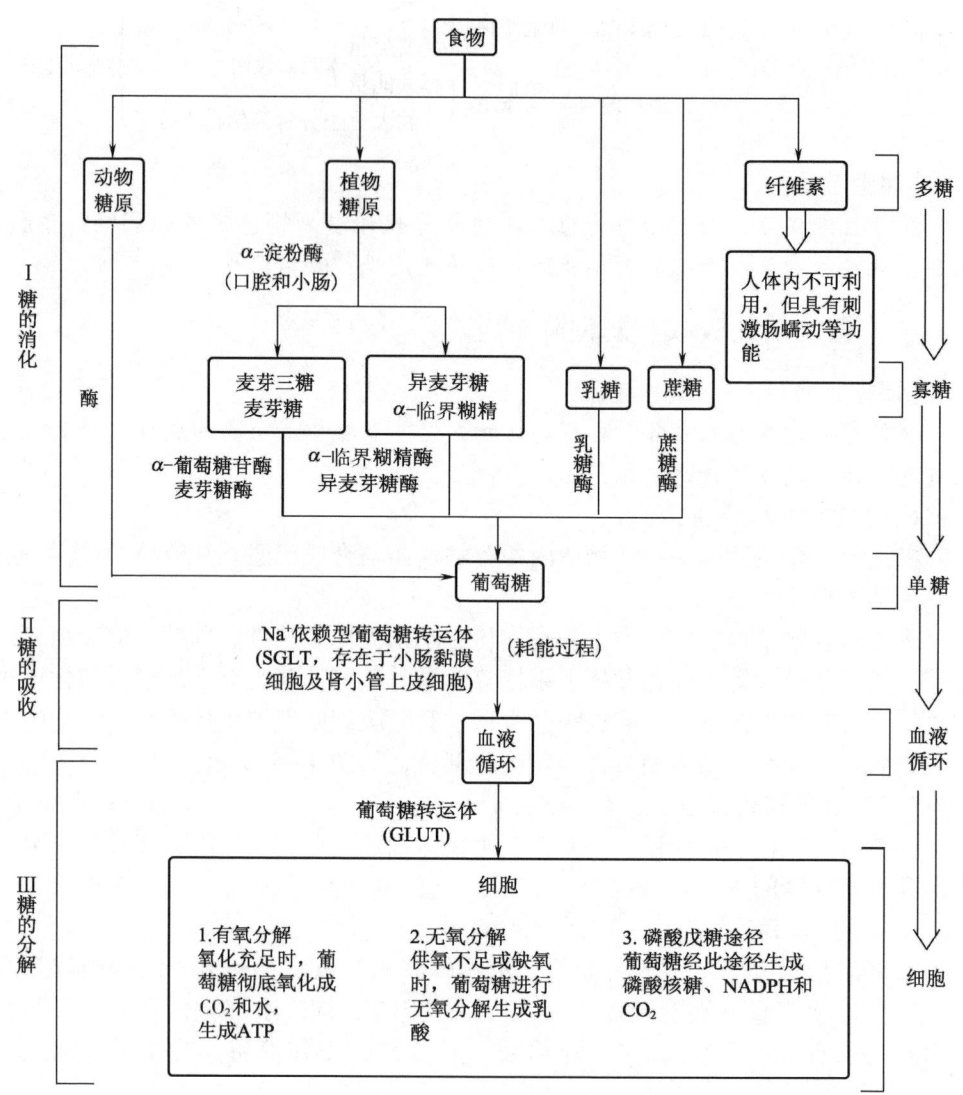

图4-1 糖的消化吸收和分解代谢总图

2. 糖原的酶促降解

糖原分解为葡萄糖的过程称为糖原分解代谢。总的反应式为：

糖原→1-磷酸葡萄糖→6-磷酸葡萄糖→$CO_2 + H_2O$ + 31 ATP

需要三种酶协同作用来完成。糖原磷酸化酶，催化1,4-糖苷键断裂；糖原脱枝酶，催化寡聚葡萄糖片段转移和1,6-糖苷键水解断裂；磷酸葡糖变位酶，催化葡萄糖磷酸基团变位。

糖原的降解为脑和肌肉紧张活动时提供了能量；而且可以不间断地供给葡萄糖调节血糖水平衡定。

【课堂互动】

牛、羊等以草作为主要的食物，草的主要成分是什么？这些物质进入牛、羊体内后发生什么变化，如何被机体利用？

3. 纤维素的酶促降解

纤维素不能被人体利用作为营养，但食草动物、微生物可利用纤维素酶将纤维素降解为葡萄糖加以利用。

4. 双糖的酶促降解

二糖酶中最重要的为蔗糖酶、麦芽糖酶和乳糖酶。它们都属于糖苷酶类。这三种酶广泛分布于微生物、人体及动物小肠液中。其催化反应如下：

$$蔗糖 + H_2O \xrightarrow{蔗糖酶} 葡萄糖 + 果糖$$

$$麦芽糖 + H_2O \xrightarrow{麦芽糖酶} 2\ 葡萄糖$$

$$乳糖 + H_2O \xrightarrow{\beta-半乳糖苷酶} 葡萄糖 + 半乳糖$$

四、糖的分解代谢

糖的分解代谢主要是指葡萄糖在生物细胞内氧化分解并释放出分子中蕴藏着的化学能的过程，是生物获得维持生命所必须的代谢能的方式。糖的分解代谢包括在无氧条件下的分解代谢和有氧条件下的分解代谢，主要有 3 条途径：糖酵解途径、TCA 循环和磷酸戊糖途径。

在不需氧情况下，经过糖酵解途径，葡萄糖（糖原）转变为丙酮酸，释放少量的能量；在有氧情况下，经过 TCA 循环，葡萄糖彻底氧化转变为二氧化碳和水，释放出大量的能量；在有氧情况下，经过磷酸戊糖途径，葡糖糖转变为磷酸核糖、二氧化碳和水。

（一）糖的无氧分解代谢

【课堂互动】

在我们进行剧烈运动后，总是感觉全身酸酸的，你知道是什么原因引起的吗？

1. 概念

在不需氧（无氧或缺氧）的条件下，以糖原或葡萄糖为底物，经一系列酶的催化作用后，葡萄糖分解为丙酮酸并释放出少量能量的过程，称为糖的无氧分解代谢。糖的无氧分解与酵母生醇发酵中生成丙酮酸的过程类似，因此，又把糖的无氧分解代谢称为糖酵解，无氧分解过程称为糖酵解途径。糖的无氧分解代谢在细胞液中进行。

【知识链接】

由酵母发酵葡萄糖生成酒精的过程，称为糖酵解过程，此过程也是葡萄糖的裂解过程。1940 年人们把此过程研究清楚，并称之为糖酵解途径或 EMP 途径。EMP 途径葡萄糖的裂解过程发生在所有原核细胞和真核细胞的细胞液中。

糖的无氧分解又称为无氧呼吸。对于高等动物，在无氧或缺氧的条件下，葡萄糖经过无氧分解代谢后产生乳酸，又称为乳酸发酵；对于酵母菌，在厌氧条件下，葡萄糖经过无氧分解代谢后产生乙醇和二氧化碳，又称为乙醇发酵；对于乳酸菌，经过无氧分解代谢将葡萄糖转化为乳酸和二氧化碳的过程又称为乳酸发酵。

2.过程

高等动物体内糖酵解途径是一个连续的过程，为了研究的方便，人为地将糖酵解代谢反应过程分为 3 个阶段，共 10 步反应。

第一阶段：葡萄糖的磷酸化（包括 3 步反应）

在这一阶段的反应中，葡萄糖或相当于一分子葡萄糖的糖原经磷酸化作用后转变为 1，6 – 二磷酸果糖。在这一阶段中，需消耗能量用于糖的磷酸化作用。而且这一阶段没有氧化作用的进行，也没有能量的生成。

（1）6 – 磷酸葡萄糖（G – 6 – P）的生成　如反应起始物为葡萄糖（G），则可在 ATP 提供能量及磷酸基团的情况下，由己糖激酶催化、葡萄糖磷酸化为 6 – 磷酸葡萄糖。己糖激酶为糖酵解中的第一个限速酶，该反应是糖酵解途径中的第一个不可逆反应。在肝脏中，此反应由葡萄糖激酶催化。当葡萄糖浓度高时，此时酶活性高，催化生成 6 – 磷酸葡萄糖，再合成糖原贮存；当葡萄糖浓度低时，此酶活性较低，葡萄糖由血液运输到各组织细胞氧化供应能量。

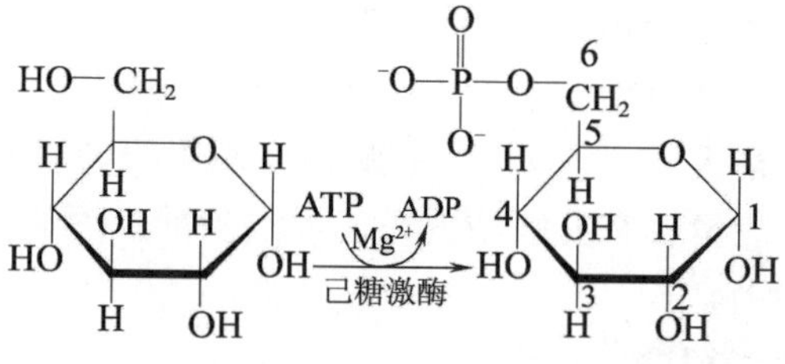

葡萄糖　　6-磷酸葡萄糖

如反应起始物为糖原（Gn），则在磷酸化酶的催化作用下将一个葡萄糖残基水解，并磷酸化为 1 – 磷酸葡萄糖，而糖原本身则比原来少了一个葡萄糖基。1 – 磷酸葡萄糖在磷酸葡萄糖变位酶的作用下，转变为 6 – 磷酸葡萄糖。

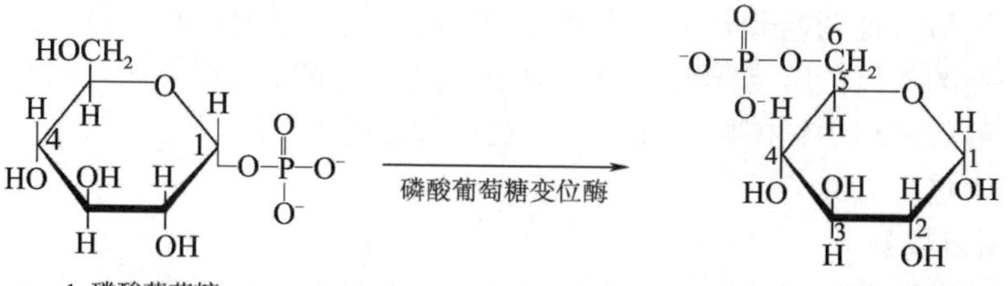

1-磷酸葡萄糖　　6-磷酸葡萄糖

（2）6-磷酸果糖（F-6-P）的生成　6-磷酸葡萄糖在葡萄糖异构酶的作用下，异构化为6-磷酸果糖。果糖在 ATP 参与下，由己糖激酶催化也能生成6-磷酸果糖。

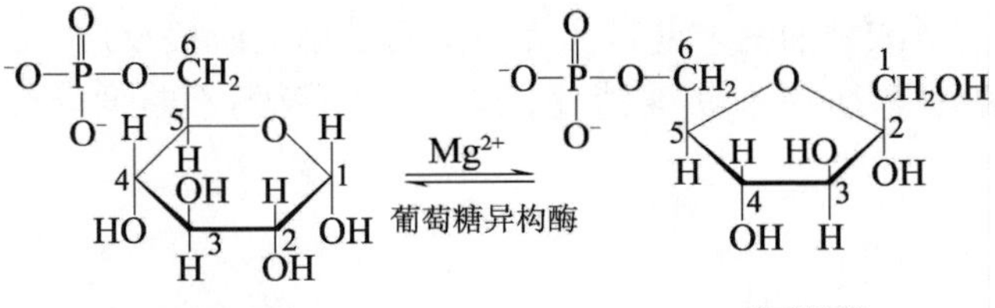

6-磷酸葡萄糖 ⇌(Mg²⁺, 葡萄糖异构酶) 6-磷酸果糖

（3）1,6-二磷酸果糖（F-1,6-2P）的生成　6-磷酸果糖在6-磷酸果糖激酶的作用下，由 ATP 提供能量和磷酸基团，磷酸化为1,6-二磷酸果糖。6-磷酸果糖激酶为糖酵解中的第二个限速酶，该反应是糖酵解途径中的第二个不可逆反应。

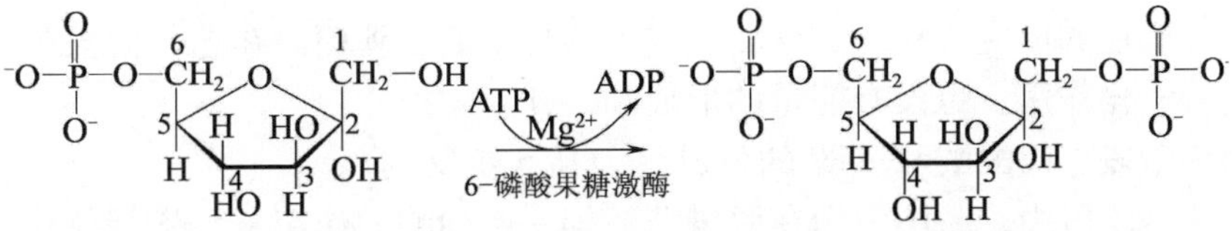

6-磷酸果糖 —(ATP→ADP, Mg²⁺, 6-磷酸果糖激酶)→ 1,6-二磷酸果糖

在第一阶段的反应中，通过磷酸化作用使1分子葡萄糖转变为1,6-二磷酸果糖，同时消耗了2分子 ATP。1分子糖原的葡萄糖单位转变为1,6-二磷酸果糖消耗1分子 ATP。1,6-二磷酸果糖是葡萄糖进入分解代谢所必需的活化形式。

第二阶段：磷酸己糖的裂解（包括2步反应）

在这一阶段中，己糖裂解为三碳糖。

（4）1,6-二磷酸果糖的裂解　1,6-二磷酸果糖在醛缩酶催化下，从 C_3 和 C_4 之间裂解，生成1分子磷酸二羟丙酮和1分子3-磷酸甘油醛。醛缩酶也可催化1分子磷酸二羟丙酮和1分子3-磷酸甘油醛生成1分子1,6-二磷酸果糖。此反应是可逆反应。

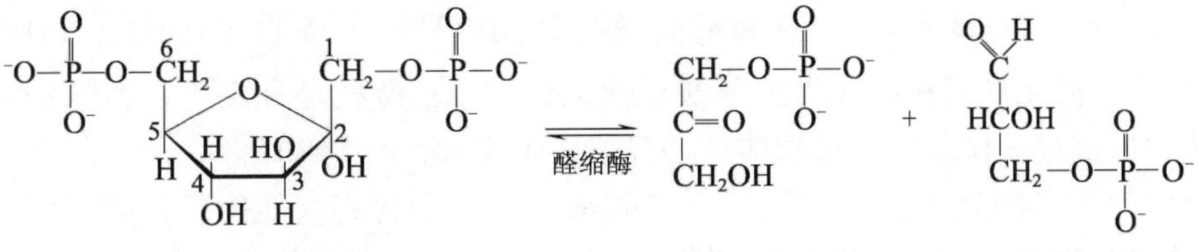

1,6-二磷酸果糖 ⇌(醛缩酶) 磷酸二羟丙酮 + 3-磷酸甘油醛

（5）磷酸丙糖的互变　从上面的反应式中不难发现，3－磷酸甘油醛与磷酸二羟酮为同分异构体，因而两者在磷酸丙酮异构酶的作用下是可以相互转换的。磷酸二羟丙酮和 3－磷酸甘油醛在磷酸丙糖异构酶的催化下可以互变。磷酸丙糖异构酶催化可逆反应，达到平衡时磷酸二羟丙酮占 96%，3－磷酸甘油醛仅占 4%。但只有 3－磷酸甘油醛才能进入无氧酵解的第三阶段反应。因此随着 3－磷酸甘油醛进入糖酵解途径不断被消耗，磷酸二羟丙酮不断的转化为 3－磷酸甘油醛。

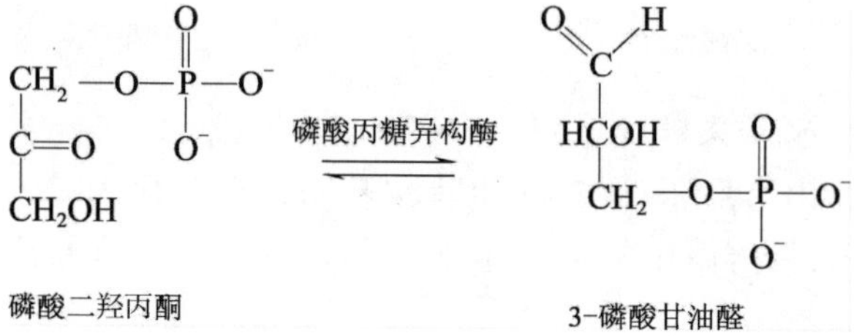

通过上述的反应，将六碳糖转变成了两分子的三碳糖。在这一阶段中，糖并没有进行氧化作用，也没有能量的形成和消耗。

第三阶段：丙酮酸和 ATP 的生成（包括 5 步反应）。

在这一阶段中，磷酸丙糖在脱氢酶系等一系列酶的作用下，进行氧化分解释放出一定的能量形成 ATP，并生成丙酮酸。

（6）3－磷酸甘油醛的氧化　3－磷酸甘油醛在 3－磷酸甘油醛脱氢酶系的作用下，进行氧化脱氢，同时由无机磷酸提供磷酸基团对产物进行磷酸化，生成 1，3－二磷酸甘油酸。在氧化脱氢的同时底物进行了分子内部能量的重新排布，使 1，3－二磷酸甘油酸成为含有高能磷酸基团的高能磷酸化合物。

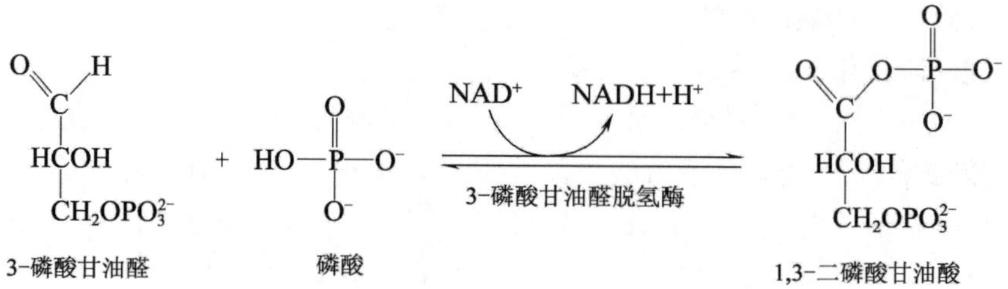

反应中以 NAD（NAD^+）为辅酶接受氢和电子，生成的 $NADH_2$（$NADH + H^+$）在糖的无氧氧化中作为丙酮酸还原为乳酸或乙醇的还原动力，在糖的有氧氧化中通过穿梭作用进入线粒体的呼吸链，生成水，产生 ATP。

（7）ATP 的生成　由于 1，3－二磷酸甘油酸中含有高能磷酸基团，因而可以在磷酸甘油酸激酶的作用下，将高能磷酸基团所贮存的能量转移到 ADP 中形成 ATP，同时自身转化为 3 - 磷酸甘油酸。这是糖酵解途径中第一个产生 ATP 的反应，是第一次底物水平磷酸化。

$$\underset{1,3-二磷酸甘油酸}{\begin{array}{c} \text{C(=O)O-P} \\ | \\ \text{CHOH} \\ | \\ \text{CH}_2\text{O-P} \end{array}} \xrightarrow[\text{磷酸甘油酸激酶}]{\text{ADP} \quad \text{ATP}} \underset{3-磷酸甘油酸}{\begin{array}{c} \text{COOH} \\ | \\ \text{CHOH} \\ | \\ \text{CH}_2\text{O-P} \end{array}}$$

（8）2 - 磷酸甘油酸的生成　3 - 磷酸甘油酸在磷酸甘油酸变位酶的作用下，将磷酸基团从 3 位碳原子移到 2 位碳原子，生成 2 - 磷酸甘油酸。

$$\underset{3-磷酸甘油酸}{\begin{array}{c} \text{COO}^- \\ | \\ \text{HC-OH} \\ | \\ \text{CH}_2\text{-O-PO}_3^{2-} \end{array}} \xrightleftharpoons[\text{磷酸甘油酸变位酶}]{\text{Mg}^{2+}} \underset{2-磷酸甘油酸}{\begin{array}{c} \text{COO}^- \\ | \\ \text{HC-O-PO}_3^{2-} \\ | \\ \text{CH}_2\text{-OH} \end{array}}$$

（9）磷酸烯醇式丙酮酸的生成　2 - 磷酸甘油酸在烯醇化酶的作用下，进行脱水反应，生成磷酸烯醇式丙酮酸。在脱水的同时，底物分子中的能量进行了重新的排布，使在磷酸烯醇式丙酮酸分子中的磷酸基团成为高能磷酸基团。

$$\underset{2-磷酸甘油酸}{\begin{array}{c} \text{COO}^- \\ | \\ \text{H-C-O-PO}_3^{2-} \\ | \\ \text{HO-CH}_2 \end{array}} \xrightarrow[\text{烯醇化酶}]{\text{H}_2\text{O}} \underset{磷酸烯醇式丙酮酸}{\begin{array}{c} \text{COO}^- \\ | \\ \text{C-O-PO}_3^{2-} \\ \| \\ \text{CH}_2 \end{array}}$$

（10）ATP 的再生成　磷酸烯醇式丙酮酸中在丙酮酸激酶的作用下，将高能磷酸基团转移到 ADP 生成 ATP，并同时转化烯醇式丙酮酸，这是糖酵解途径的第二次底物水平磷酸化。丙酮酸激酶是糖酵解途径的第三个限速酶，该反应是第三个不可逆反应。由于烯醇式丙酮酸的结构不稳定，因而不必经酶的作用可自动转化为丙酮酸。

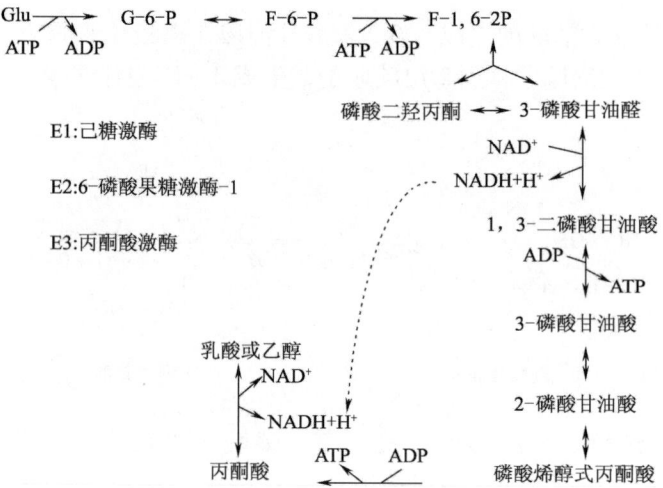

糖酵解途径的全部反应如下式所示。除葡萄糖外，其他己糖也可转变为磷酸己糖而进入糖酵解途径，如下页反应式所示。

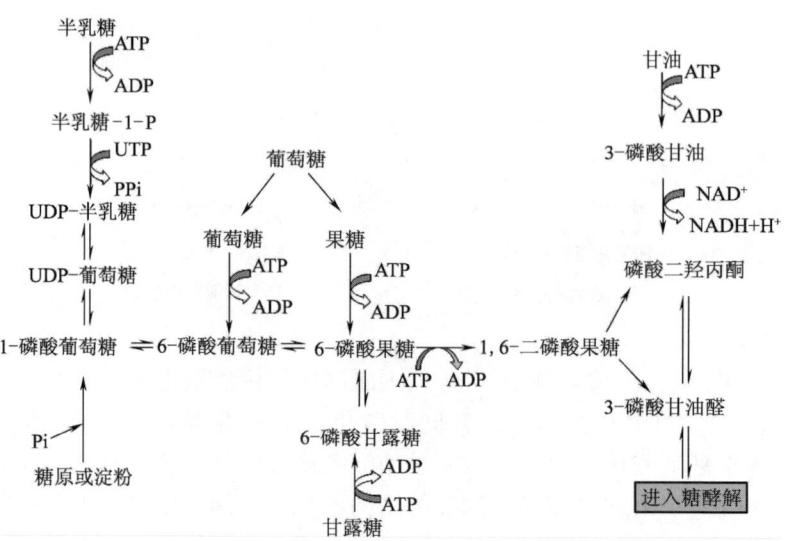

【知识链接】

糖酵解的调节

糖酵解的主要调节酶及相应调节剂，见表4-3。

表4-3　　　　　　　　　糖酵解的主要调节酶及相应调节剂

调节位点	抑制剂	激活剂
（1）6-磷酸果糖激酶-1（FPK1，被认为是最重要的调节位点）	柠檬酸和ATP	AMP、ADP、1,6-二磷酸果糖、2,6-二磷酸果糖
（2）丙酮酸激酶	ATP、丙氨酸（肝中）、受共价修饰方式调节	1,6-二磷酸果糖
（3）葡萄糖激酶或己糖激酶	6-磷酸葡萄糖、长链酯酰CoA	胰岛素

3. 丙酮酸的去向

从葡萄糖到丙酮酸的生成，在所有生物体中和所有各种细胞内都是非常相似的，但是在有氧和无氧条件下，丙酮酸的去向或代谢途径是不同的。

（1）丙酮酸还原生成乳酸　在无氧的条件下，丙酮酸不能再进行氧化。在乳酸脱氢酶的作用下，来自3-磷酸甘油醛分子的氢（由NADH提供）将丙酮酸还原，生成乳酸，这是肌肉中糖酵解的最终产物。而NADH重新转变为NAD^+，继续进行糖酵解途径。某些厌氧乳酸菌或肌肉由于剧烈运动而缺氧时，丙酮酸被还原转变为乳酸。

（2）丙酮酸转变为乙醇　在酵母菌或其他微生物中，在丙酮酸脱羧酶的催化下，丙酮酸脱羧变成乙醛，丙酮酸脱羧酶的辅酶是焦磷酸硫胺素，第二步在乙醇脱氢酶的作用下，由$NADH+H^+$（NADH来源于EMP途径中磷酸甘油醛脱氢）使乙醛还原成乙醇，该过程称为酒精发酵。

通过丙酮酸还原为乳酸或酒精，将糖酵解中的还原型的NADH转变为成氧化型的NAD^+，使糖酵解能够继续进行。

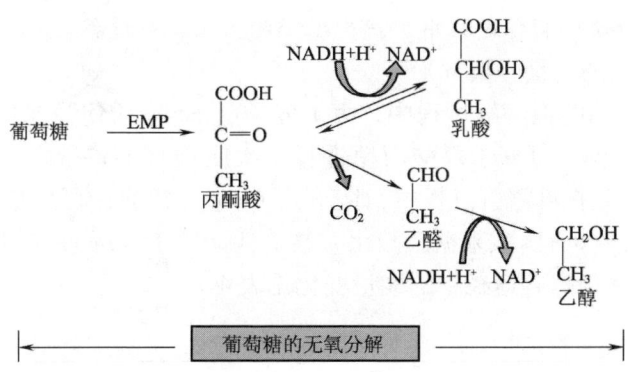

葡萄糖的无氧分解

(3) 丙酮酸转变为乙酰辅酶 A　在有氧条件下，丙酮酸在用丙酮酸氧化脱羧酶的作用下转变为乙酰辅酶 A，或进入三羧酸循环，被彻底氧化成 CO_2 和 H_2O，并释放能量；或参与脂肪酸、胆固醇等物质的合成；或参与乙酰化反应。

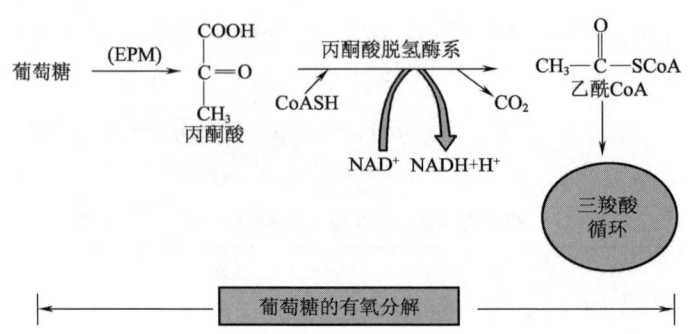

【知识拓展】

简单自制乳饮料

A. 将脱脂乳和水以 1∶7～10（质量比）的比例，同时加入 5%～6% 蔗糖，充分混合，于 80～85℃灭菌 10～5min，然后冷却至 35～40℃，作为制作饮料的培养基质。

B. 将市售鲜酸乳以 2%～5% 的接种量接入以上培养基质中，摇匀，分装到已灭菌的酸乳瓶中，每一个接种量的发酵液重复分装 3～5 瓶，随后将瓶盖拧紧密封。

C. 把接种后的酸乳瓶置于 40～42℃恒温箱中培养 3～4h。培养时注意观察，在出现凝乳后停止培养。然后转入 4～5℃的低温下冷藏 24h 以上。经此后熟阶段，达到酸乳酸度适中（pH 为 4～4.5），凝块均匀致密，无乳清析出，无气泡，获得较好的口感和特有风味。

分析上述乳饮料制作过程中，发生了哪些生化反应过程？

4. 糖酵解中的能量转换

由葡萄糖开始的糖酵解过程中，由 1 分子（mol）的葡萄糖分解生成 2 分子（mol）的磷酸丙糖，每分子磷酸丙糖进行 2 次底物水平磷酸化，可生成 2 分子（mol）ATP。因此在糖酵解过程中，1 分子（mol）葡萄糖可生成 4 分子（mol）ATP，在葡萄糖和 6 - 磷酸果糖磷酸化时共消耗 2 分子（mol）ATP，故净得 2 分子（mol）ATP。糖酵解途径中的能量变化见表 4 - 4。

表 4-4　　　　　　　　　　糖解途径中的能量变化

反应	ATP 数的变化
葡萄糖→6-磷酸葡萄糖	-1
6-磷酸果糖→1,6-二磷酸果糖	-1
2×1,3-二磷酸甘油酸→2×3-磷酸甘油酸	2×1
2×磷酸烯醇式丙酮酸→2×丙酮酸	2×1
总计	2

5. 糖酵解的生理意义

（1）迅速提供能量　糖酵解最重要的生理意义在于能快速提供能量。肌肉中的 ATP 含量很低，收缩几秒钟即可耗尽，但葡萄糖进行有氧氧化的反应过程比糖酵解长，来不及满足肌体需要，通过糖酵解可迅速得到 ATP。尽管糖酵解释放的能量不多，但在某些情况下如激烈运动或机体缺氧时，主要通过糖酵解获得能量。因此在激烈运动后，血液中乳酸的浓度成倍升高。

（2）成熟的红细胞没有线粒体，完全依赖糖酵解提供能量。

（3）神经、白细胞、骨髓等代谢极为活跃，即使不缺氧也常由糖酵解提供部分能量。

糖酵解途径中生成的丙酮酸是糖无氧分解代谢和有氧分解代谢的交叉点。在缺氧或无氧的情况下，丙酮酸被还原为乳酸，在有氧的情况下，进入线粒体彻底氧化为二氧化碳和水，并生产 ATP。

（二）糖的有氧分解作用

在有氧情况下，葡萄糖彻底氧化成二氧化碳和水，并释放大量能量的反应过程，称为糖的有氧分解代谢或糖的有氧氧化。

1. 糖的有氧分解过程

糖的有氧分解代谢是糖分解代谢的主要方式，绝大多数细胞都通过这种方式获得能量。整个反应过程是在细胞液和线粒体中进行的。

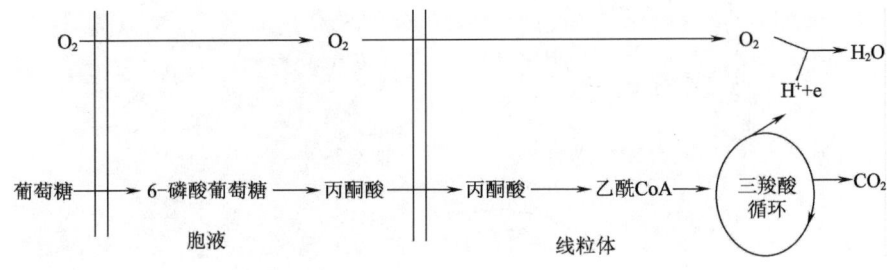

有氧氧化可分为三个阶段。

第一阶段：葡萄糖分解成丙酮酸

这一过程是在细胞液中进行的。这一反应过程与糖的无氧分解是相同的，只是在有氧的情况下，丙酮酸不再被3-磷酸甘油醛脱下的氢还原为乳酸，而是进入线粒体后通过一系列酶的催化作用进一步氧化分解，并放出大量的能量。

第二阶段：丙酮酸进入线粒体，氧化脱羧生成乙酰CoA

这是一个丙酮酸氧化脱羧的作用过程，这一过程在线粒体内进行。

无论是在原核生物，还是在真核生物中，丙酮酸转化为乙酰CoA和CO_2，都是由一些酶和辅酶构成的一个丙酮酸脱氢酶复合物催化的，总反应为：

丙酮酸 + NAD^+ + CoA→乙酰CoA + NADH + H^+ + CO_2

丙酮酸脱氢酶复合物（pyruvate dehydrogenase complex）是个多酶集合体，复合物中的酶分子通过非共价键联系在一起，催化一个连续反应，即酶复合物中一个酶反应中形成的产物立刻被复合物中下一个酶作用。丙酮酸脱氢酶复合物位于线粒体膜上，是由丙酮酸脱氢酶（pyruvate dehydrogenase）（E_1）、二氢硫辛酰胺乙酰转移酶（dihydrolipoamide transferase）（E_2）和二氢硫辛酰胺脱氢酶（dihydrolipoamide dehydrogenase）（E_3）三种酶，以及TPP（焦磷酸硫胺素）、CoA、硫辛酸、FAD、NAD^+和Mg^{2+} 6种辅助因子组成的。丙酮酸在脱氢酶复合体的催化下进行的反应。

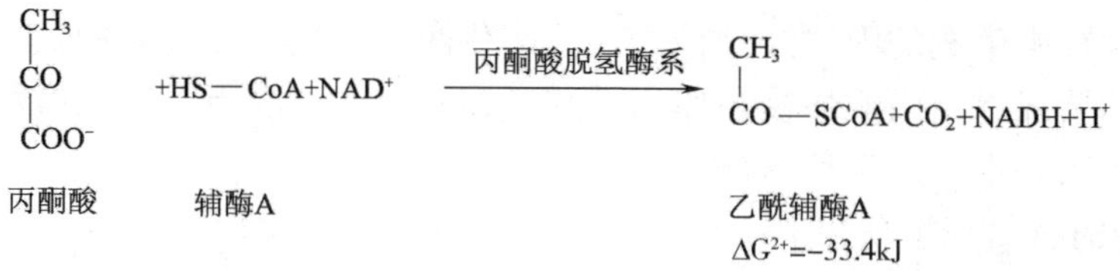

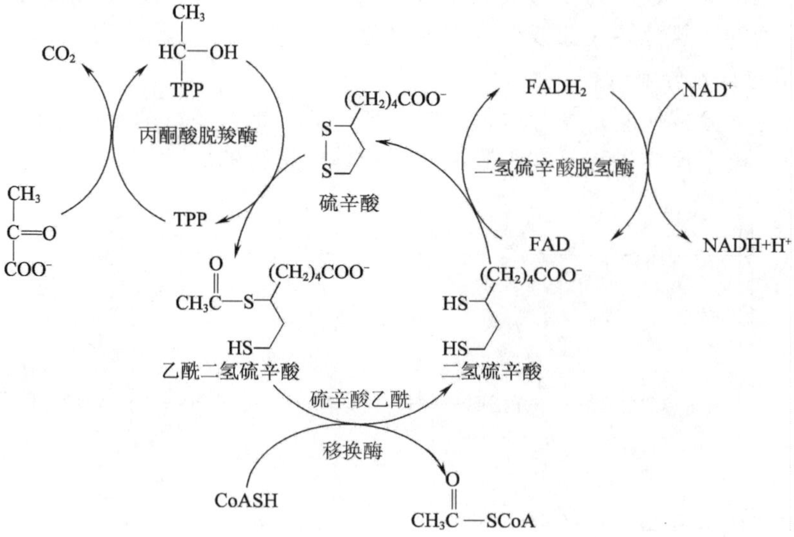

丙酮酸脱下的氢由 NAD^+ 接收，经呼吸链传递给氧生成水的同时可生成 3 分子 ATP。乙酰 CoA 为高能化合物，由丙酮酸脱羧、脱氢过程中的分子内能量重排形成。此后，糖的有氧分解就进入第三个阶段。

第三阶段：三羧酸循环

这一反应过程也是在线粒体内进行的，是糖最终氧化为 CO_2 和 H_2O 的过程，也是脂肪、蛋白质等彻底氧化的唯一途径，并伴有大量的能量产生。

三羧酸循环以乙酰 CoA 与草酰乙酸合成为柠檬酸开始，经一系列反应后，乙酰 CoA 中的乙酰基团被消耗，草酰乙酸又重新生成，从而形成一个循环，在这个循环中含有 3 个羧基的酸（如柠檬酸）占有重要的地位，故名"三羧酸循环"；而柠檬酸又是此循环中的第一个生成物，故也称为"柠檬酸循环"。又因为该循环是由 H. A. Krebs 首先提出的，所以又称为 Krebs 循环（1953 年获诺贝尔奖）。

三羧酸循环是有氧代谢的枢纽，糖、脂肪和氨基酸的有氧分解代谢都汇集在三羧酸循环的反应，同时三羧酸循环的中间代谢物又是许多生物合成途径的起点。因此三羧酸循环既是分解代谢途径，又是合成代谢途径，可以说是分解、合成两用途径。

三羧酸循环中的酶分布在原核生物的细胞质和真核生物的线粒体中。细胞质中通过糖酵解生成的丙酮酸可以进入三羧酸循环，但必须首先转换成乙酰 CoA。在真核生物中，丙酮酸首先要转运到线粒体内，然后才能进行转换成乙酰 CoA 的反应。

在有氧条件下，乙酰辅酶 A 的乙酰基通过三羧酸循环被氧化成 CO_2 和 H_2O。三羧酸循环不仅是糖有氧代谢的途径，也是机体内一切有机物碳素骨架氧化成 CO_2 的必经之路。

反应过程，如下式所示。

（1）辅酶 A 与草酰乙酸缩合成柠檬酸　乙酰辅酶 A 在柠檬酸合成酶催化下与草酰乙酸进行缩合，然后水解成 1 分子柠檬酸。这是 TCA 循环中第一个限速反应，柠檬酸合成酶为第一个限速酶。

$$\underset{\text{乙酰辅酶 A}}{\overset{CH_3}{\underset{|}{CO \sim SCoA}}} + \underset{\text{草酰乙酸}}{\overset{CH_2COOH}{\underset{COOH}{\overset{|}{C=O}}}} + H_2O \xrightarrow{\text{柠檬酸合成酶}} \underset{\text{柠檬酸}}{\overset{CH_2COOH}{\underset{CH_2COOH}{\overset{|}{HOC-COOH}}}} + CoASH$$

（2）柠檬酸脱水生成顺乌头酸，然后加水生成异柠檬酸。

$$\underset{\text{柠檬酸}}{\overset{CH_2COOH}{\underset{CH_2COOH}{\overset{|}{HOC-COOH}}}} \xrightleftharpoons{\text{顺乌头酸酶}} \underset{\text{顺乌头酸}}{\overset{CH-COOH}{\underset{CH_2COOH}{\overset{\|}{C-COOH}}}} + H_2O$$

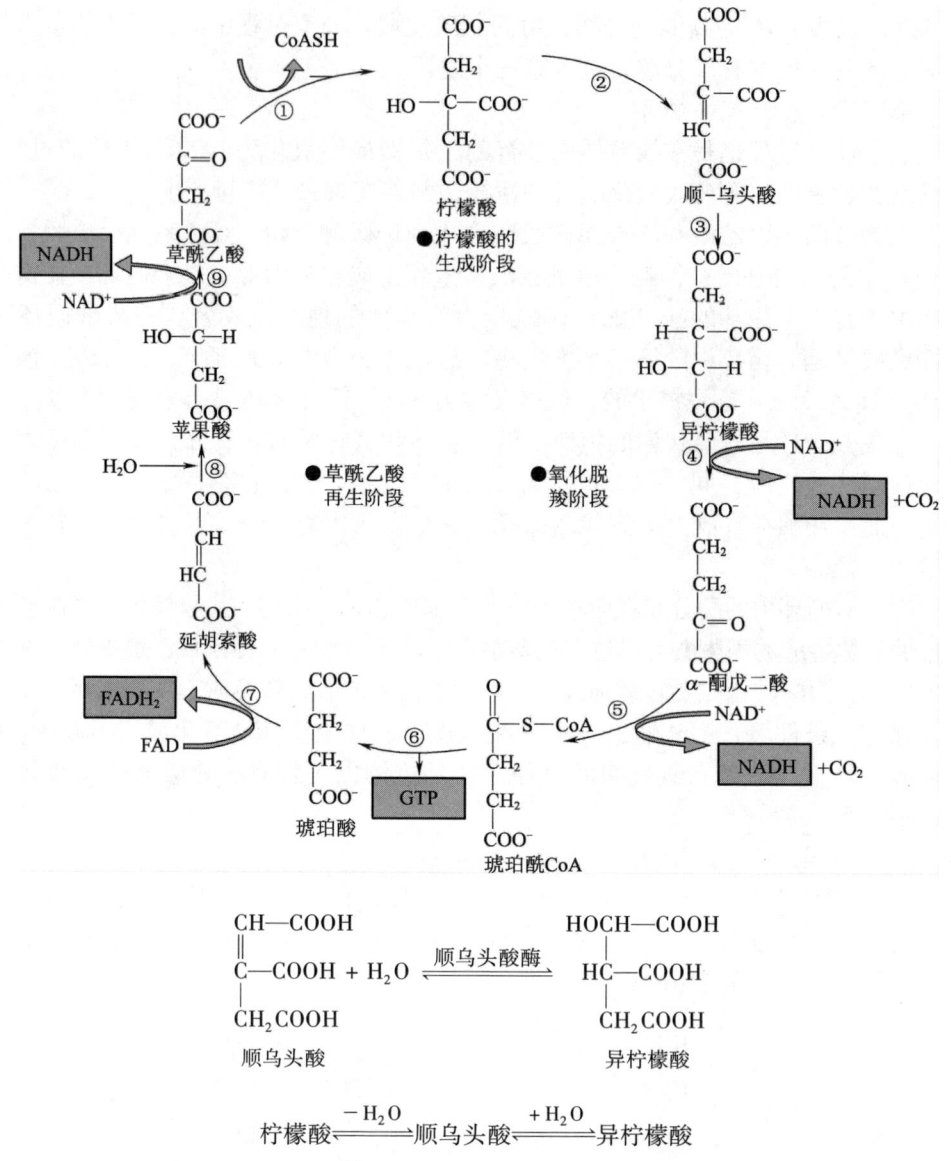

$$\text{顺乌头酸} \xrightleftharpoons[]{\text{顺乌头酸酶}} \text{异柠檬酸}$$

$$\text{柠檬酸} \xrightleftharpoons[-H_2O]{+H_2O} \text{顺乌头酸} \xrightleftharpoons{+H_2O} \text{异柠檬酸}$$

(3) 异柠檬酸氧化与脱羧生成 α-酮戊二酸　在异柠檬酸脱氢酶的催化下，异柠檬酸脱去 2H，其中间产物草酰琥珀酸迅速脱羧生成 α-酮戊二酸。这是 TCA 循环中第二个限速反应也是 TCA 循环中第一次氧化还原反应。

$$\text{异柠檬酸} + \text{NAD}^+ (\text{NADP}^+) \xrightarrow{\text{异柠檬酸脱氢酶}} \text{草酰琥珀酸} + \text{NADH} + \text{H}^+ (\text{NADPH} + \text{H}^+)$$

两步反应均为异柠檬酸脱氢酶所催化。现在认为这种酶具有脱氢和脱羧两种催化能力。脱羧反应需要 Mn^{2+}。

$$\begin{matrix} CO-COOH \\ | \\ HC-COOH \\ | \\ CH_2COOH \end{matrix} \xrightarrow{\text{异柠檬酸脱氢酶}} \begin{matrix} CO-COOH \\ | \\ CH_2 \\ | \\ CH_2COOH \end{matrix} + CO_2$$

草酰琥珀酸 　　　　　　　　　　α-酮戊二酸

此步反应是一分界点,在此之前都是三羧酸的转化,在此之后则是二羧酸的转化。

(4) α-酮戊二酸氧化脱羧反应。α-酮戊二酸在 α-酮戊二酸脱羧酶系作用下脱羧形成琥珀酰辅酶A,此反应与丙酮酸脱羧相似。总反应如下:

$$\begin{matrix} CO-COOH \\ | \\ CH_2 \\ | \\ CH_2COOH \end{matrix} + NAD^+ + CoASH \xrightleftharpoons[FAD, Mg^{2+}]{S\diagup L, TPP \diagdown S} \begin{matrix} O \\ \| \\ CH_2-C \sim SCoA \\ | \\ CH_2COOH \end{matrix} + CO_2 + NADH + H^+$$

α-酮戊二酸 　　　　　　　　　　　　　琥珀酰辅酶A

此反应不可逆,大量释放能量,是三羧酸循环中的第二次氧化脱羧,又产生 NADH 及 CO_2 各1分子。

(5) 琥珀酰辅酶A在琥珀酰-CoA合成酶催化下,转移其高能硫酯键至二磷酸鸟苷(GDP)上生成三磷酸鸟苷(GTP),同时生成琥珀酸。然后GTP再将高能键能转给ADP,生成1个ATP。

$$\begin{matrix} O \\ \| \\ CH_2-C \sim SCoA \\ | \\ CH_2COOH \end{matrix} + H_3PO_4 + GDP \xrightleftharpoons[Mg^{2+}]{\text{琥珀酰-CoA合成酶}} \begin{matrix} CH_2COOH \\ | \\ CH_2COOH \end{matrix} + GTP + CoASH$$

琥珀酰辅酶A 　　　　　　　　　　　　　　　　　　琥珀酸

$$GTP + ADP \rightleftharpoons ATP + GDP$$

此反应为此循环中唯一直接产生ATP的反应(底物磷酸化)。

(6) 琥珀酸被氧化成延胡索酸　琥珀酸脱氢酶催化此反应,其辅酶为黄素腺嘌呤二核苷酸(FAD)。TCA循环中第三次氧化还原反应。

$$\begin{matrix} CH_2COOH \\ | \\ CH_2COOH \end{matrix} + FAD \xrightleftharpoons{\text{琥珀酸脱氢酶}} \begin{matrix} CHCOOH \\ \| \\ CHCOOH \end{matrix} + FADH_2$$

琥珀酸 　　　　　　　　　　　延胡索酸

(7) 延胡索酸加水生成苹果酸。

$$\underset{\text{延胡索酸}}{\overset{\text{CHCOOH}}{\underset{\text{CHCOOH}}{\|}}} + H_2O \xrightleftharpoons{\text{延胡索酸酶}} \underset{\text{苹果酸}}{\overset{CH_2COOH}{\underset{COOH}{|\ CHOH\ |}}}$$

(8) 苹果酸被氧化成草酰乙酸　TCA循环中第四次氧化还原反应。

$$\underset{\text{苹果酸}}{\overset{CH_2COOH}{\underset{COOH}{|\ CHOH\ |}}} + NAD^+ \xrightleftharpoons{\text{苹果酸脱氢酶}} \underset{\text{草酰乙酸}}{\overset{CH_2COOH}{\underset{COOH}{|\ C=O\ |}}} + NADH + H^+$$

至此草酰乙酸又重新形成，又可和另1分子乙酰辅酶A缩合成柠檬酸进入三羧酸循环。三羧酸循环一周，消耗1分子乙酰辅酶A（二碳化合物）。循环中的三羧酸、二羧酸并不因参加此循环而有所增减。因此，在理论上，这些羧酸只需微量，就可不停地循环，促使乙酰辅酶A氧化。

三羧酸循环总反应：

乙酰CoA + 3NADH$^+$ + FAD + GDP + Pi + 2H$_2$O→2CO$_2$ + 3NADH + FADH$_2$ + GTP + 3H$^+$ + CoA

【知识链接】

三羧酸循环的中间产物去路与回补

三羧酸循环的中间产物，从理论上讲，可以循环不消耗，但是由于循环中的某些组成成分还可参与合成其他物质，而其他物质也可不断通过多种途径而生成中间产物，所以说三羧酸循环组成成分处于不断更新之中。

1. 三羧酸循环的中间产物去路

三羧酸循环中间产物不是孤立的存在于该循环中，他们还是蛋白质、脂肪酸代谢的重要中间产物。例如，乙酰辅酶A是合成脂肪酸的碳源，α-酮戊二酸及草酰乙酸接受氨基转变为多种氨基酸，琥珀酰CoA为叶绿素与血红素分子中卟啉环提供碳原子。

2. 中间产物的回补反应

三羧酸循环不仅产生ATP，其中间产物也是许多物质生物合成的原料。三羧酸循环中的任何一种中间产物被抽走，都会影响三羧酸循环的正常运转，如果缺少草酰乙酸，乙酰CoA就不能形成柠檬酸而进入三羧酸循环，所以草酰乙酸必须不断地得以补充。这种补充反应就称为回补反应。生物体内的回补反应如下：

(1) 丙酮酸的羧化　此反应在线粒体中进行，由丙酮酸羧化酶催化，是动物体内最重要的回补反应。

(2) 磷酸烯醇式丙酮酸的羧化　在烯醇式磷酸丙酮酸羧化酶的作用下，烯醇式磷酸丙酮酸羧化形成草酰乙酸。

（3）天冬氨酸和谷氨酸的转氨基作用可以形成草酰乙酸和 α-酮戊二酸。

磷酸烯醇式丙酮酸羧化酶存在于高等植物、酵母和细菌中，动物体内不存在。此酶的作用与丙酮酸羧化酶相同，即保证供给三羧酸循环以适量的草酰乙酸。

在有氧分解过程中，发生了脱氢、失电子等的氧化反应，最终产生二氧化碳和水，并释放出大量的 ATP，这个过程称为生物氧化。

三羧酸循环的特点：一次三羧酸循环，经历 1 次底物水平磷酸化，2 次脱羧反应，3 个关键酶催化的不可逆反应和 4 次氧化脱氢反应。

循环中有两次脱羧基反应（反应 3 和反应 4）两次都同时有脱氢作用，但作用的机理不同，由异柠檬酸脱氢酶所催化的 β 氧化脱羧，辅酶是 NAD^+，它们先使底物脱氢生成草酰琥珀酸，然后在 Mn^{2+} 或 Mg^{2+} 的协同下，脱去羧基，生成 α-酮戊二酸。

α-酮戊二酸脱氢酶系所催化的 α-氧化脱羧反应和前述丙酮酸脱氢酶系所催经的反应基本相同。

应当指出，通过脱羧作用生成 CO_2，是机体内产生 CO_2 的普遍规律。

三羧酸循环的多个反应是可逆的，有三个关键酶（柠檬酸合成酶，异柠檬酸脱氢酶和 α-酮戊二酸脱羧酶）催化的反应是不可逆的，故此循环是单向进行的。

三羧酸循环中 4 次脱氢，其中 3 对氢原子以 NAD^+ 为受氢体，1 对以 FAD 为受氢体，分别还原生成 $NADH + H^+$ 和 $FADH_2$。

【知识拓展】

三羧酸循环的调节

丙酮酸脱氢酶复合体受别位调控，也受化学修饰调控，该酶复合体受它的催化产物 ATP、乙酰 CoA 和 NADH 有力的抑制，这种别位抑制可被长链脂肪酸所增强，当进入三羧酸循环的乙酰 CoA 减少，而 AMP、辅酶 A 和 NAD^+ 堆积，酶复合体就被别位激活，除上述别位调节，在脊椎动物还有第二层次的调节，即酶蛋白（PDH）的化学修饰，PDH 含有两个亚基，其中一个亚基上特定的一个丝氨酸残基经磷酸化后，酶活性就受抑制，脱磷酸化活性就恢复，磷酸化-脱磷酸化作用是由特异的磷酸激酶和磷酸蛋白磷酸酶分别催化的，它们实际上也是丙酸酶复合体的组成，即前已述及的调节蛋白，激酶受 ATP 别位激活，当 ATP 高时，PDH 就磷酸化而被激活，当 ATP 浓度下降，激酶活性也降低，而磷酸酶除去 PDH 上磷酸，PDH 又被激活了。

对三羧酸循环中柠檬酸合成酶、异柠檬酸脱氢酶和 α-酮戊二酸脱氢酶的调节，主要通过产物的反馈抑制来实现的，而三羧酸循环是机体产能的主要方式。因此 ATP/ADP 与 $NADH/NAD^+$ 两者的值是其主要调节物。ATP/ADP 值升高，抑制柠檬酸合成酶和异柠檬酶脱氢酶活性，反之 ATP/ADP 值下降可激活上述两个酶。NADH/NAD$^+$ 值升高抑制柠檬酸合成酶和 α-酮戊二酸脱氢酶活性，除上述 ATP/ADP 与 NADH/NAD$^+$ 之外其他一些代谢产物对酶的活性也有影响，如柠檬酸抑制柠檬酸合成酶活性，而琥珀酰 CoA 抑制 α-酮戊二酸脱氢酶活性。

2. 糖的有氧分解代谢的能量变化

1 分子乙酰辅酶 A 经三羧酸循环可生成 1 分子 GTP（可转变成 ATP），共有 4 次脱氢，生成 3 分子 NADH 和 1 分子 FADH$_2$。当 NADH 和 FADH$_2$ 中的氢经呼吸链传递给氧生成 H$_2$O 时，1 分子 NADH 可生成 3 分子 ATP，3 分子 NADH 共生成 9 分子 ATP；1 分子 FADH$_2$ 则生成 2 分子 ATP。因此，1 分子乙酰辅酶 A 经三羧酸循环共产生 12 分子 ATP。若从丙酮酸开始计算，则 1 分子丙酮酸可产生 15 分子 ATP。1 分子葡萄糖可以产生 2 分子丙酮酸，因此，1 分子葡萄糖经糖酵解、三羧酸循环及氧化磷酸化三个阶段共产生 6 或 8+2×15=36 或 38 个 ATP 分子。见表 4-5。

表 4-5　　1 分子葡萄糖在有氧分解时所放出的 ATP 分子数

反应阶段	反应	辅酶	消耗	合成 底物磷酸化	合成 氧化磷酸化
糖酵解	葡萄糖→6-磷酸葡萄糖		1		
	6-磷酸果糖→1,6-二磷酸果糖		1		
	2×3-磷酸甘油醛→2×1,3-二磷酸甘油酸	NAD$^+$			2×3 或 2×2
	2×1,3-二磷酸甘油酸→2×3-磷酸甘油酸			2×1	
	2×磷酸烯醇式丙酮酸→2×丙酮酸			2×1	
丙酮酸氧化脱羧	2×丙酮酸→2×乙酰 CoA	NAD$^+$			2×3
三羧酸循环	2×异柠檬酸→2×草酰琥珀酸	NAD$^+$			2×3
	2×α-酮戊二酸→2×琥珀酰 CoA	NAD$^+$			2×3
	2×琥珀酰 CoA→2×琥珀酸			2×1	
	2×琥珀酸→2×延胡索酸	FAD$^+$			2×2
	2×苹果酸→2×草酰乙酸	NAD$^+$			2×3
总计					36 或 38

1mol 乙酰辅酶 A 燃烧释放的热量为 874.04kJ，12 分子 ATP 水解释放 353.63kJ 的能量，能量的利用效率为 40.5%。糖、脂肪及部分氨基酸分解的中间产物为乙酰 CoA，可通过三羧酸循环彻底氧化，因此三羧酸循环是生物体内产生 ATP 的最主要途径。

【知识链接】

在无氧情况下，1 分子葡萄糖经糖酵解途径共产生 2 分子 ATP；在有氧情况下，糖酵解途径中由 3-磷酸甘油醛脱下的氢（NADH）可通过两种方式（3-磷酸甘油穿梭和苹果酸-天冬氨酸穿梭）穿梭进入线粒体，通过呼吸链的传递，交给氧生成水，释放出的能量经过耦合磷酸化产生 ATP。若以 3-磷酸甘油的方式穿梭进入，则最终可生成 2 分子 ATP；若以苹果酸-天冬氨酸穿梭进入，则最终生成 3 分子 ATP。穿梭机制如下。

1. 3-磷酸甘油穿梭机制

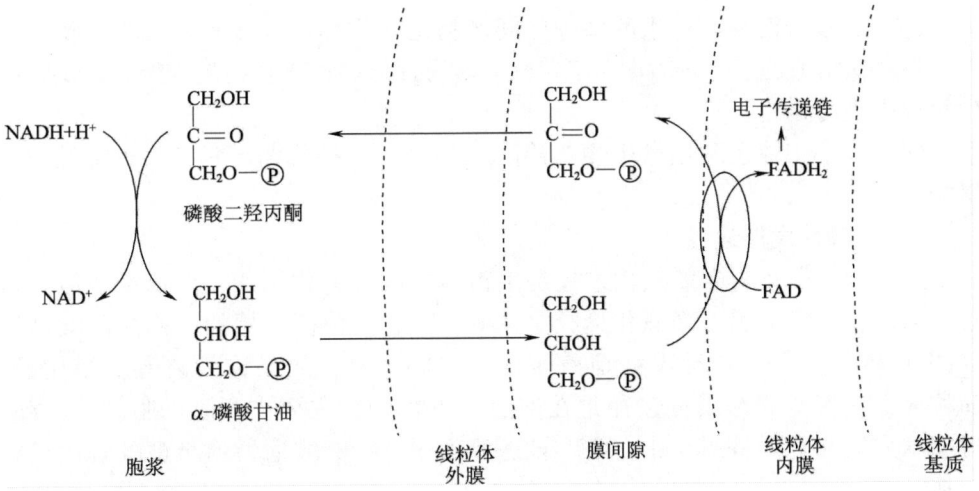

磷酸甘油穿梭系统：NADH 通过此穿梭系统带一对氢原子进入线粒体，只产生 2 分子 ATP。

2. 苹果酸-天冬氨酸穿梭机制

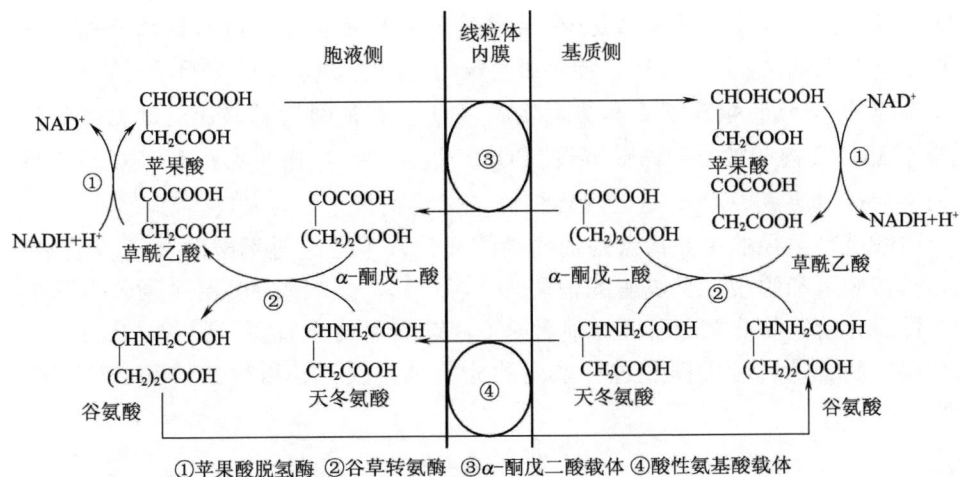

①苹果酸脱氢酶　②谷草转氨酶　③α-酮戊二酸载体　④酸性氨基酸载体

苹果酸穿梭系统：$NADH+H^+$的一对氢原子经此穿梭系统带入一对氢原子可生成3分子ATP。

3. 三羧酸循环的生理意义

在生物界中，动物、植物与微生物都普遍存在着三羧酸循环途径，因此三羧酸循环具有普遍的生物学意义。分述如下：

（1）糖的有氧分解代谢产生的能量最多，是机体利用糖或其他物质氧化而获得能量的最有效方式。

（2）三羧酸循环之所以重要在于它不仅为生命活动提供能量，而且还是联系糖、脂、蛋白质三大物质代谢的纽带。

（3）三羧酸循环所产生的多种中间产物是生物体内许多重要物质生物合成的原料。在细胞迅速生长时期，三羧酸循环可提供多种化合物的碳架，以供细胞生物合成使用。

（4）发酵工业上利用微生物三羧酸循环生产各种代谢产物，如柠檬酸、谷氨酸等。

（三）磷酸戊糖途径

糖的无氧酵解与有氧氧化过程是生物体内糖分解代谢的主要途径，但不是唯一的途径。糖的另一条氧化途径是从6-磷酸葡萄糖开始的，称为磷酸己糖支路（HMS），因为磷酸戊糖是该途径的中间产物，故又称为磷酸戊糖途径，简称PPP途径。磷酸戊糖途径是在胞液中进行的，主要在肝脏、脂肪、乳腺、肾上腺皮质和脊髓等组织中存在。该途径通过6-磷酸葡萄糖与糖酵解途径相衔接。

【生化视野】

磷酸戊糖途径的发现

磷酸戊糖途径的存在可以由以下事实来证明：一些糖酵解的典型的抑制剂（如碘乙酸及氟化物）不能影响某些组织中葡萄糖的利用。此外，Warburg发现$NADP^+$和6-磷酸葡萄糖氧化成6-磷酸葡萄糖酸时会导致葡萄糖分子进入一个当时未知的代谢途径，当用^{14}C标记葡萄糖的C_1处或C_6处的碳原子时，则C_1处的碳原子比C_6处的碳原子更容易氧化成$^{14}CO_2$。如果葡萄糖只能通过糖酵解转化成两个3-^{14}C丙酮酸，继而裂解成$^{14}CO_2$，这些6-^{14}C葡萄糖和1-^{14}C葡萄糖会以同样的速度生成$^{14}CO_2$。这些观察促进了磷酸戊糖途径的发现。

磷酸戊糖途径的主要特点是葡萄糖的氧化，不是经过糖酵解和三羧酸循环，而是直接脱氢和脱羧，脱氢酶的辅酶为$NADP^+$。整个磷酸戊糖途径分为两个阶段，即氧化阶段与非氧化阶段。前者是6-磷酸葡萄糖脱氢、脱羧，形成5-磷酸核糖，后者是磷酸戊糖经过一系列的分子重排反应，再生成磷酸己糖和磷酸丙糖。

1. 磷酸戊糖途径的反应历程
(1) 氧化阶段

① 6-磷酸葡萄糖脱氢酶以 $NADP^+$ 为辅酶，催化 6-磷酸葡萄糖脱氢生成 6-磷酸葡萄糖酸内酯。

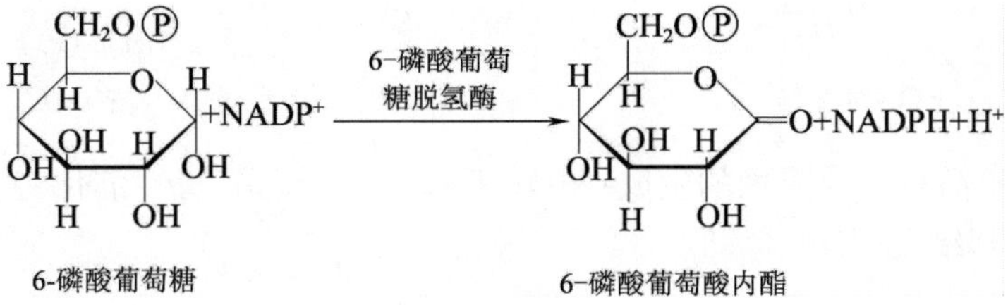

$$\text{6-磷酸葡萄糖} + NADP^+ \xrightarrow{\text{6-磷酸葡萄糖脱氢酶}} \text{6-磷酸葡萄糖酸内酯} + NADPH + H^+$$

② 6-磷酸葡萄糖酸内酯在内酯酶的催化下，内酯与 H_2O 起反应，水解为 6-磷酸葡萄糖酸。

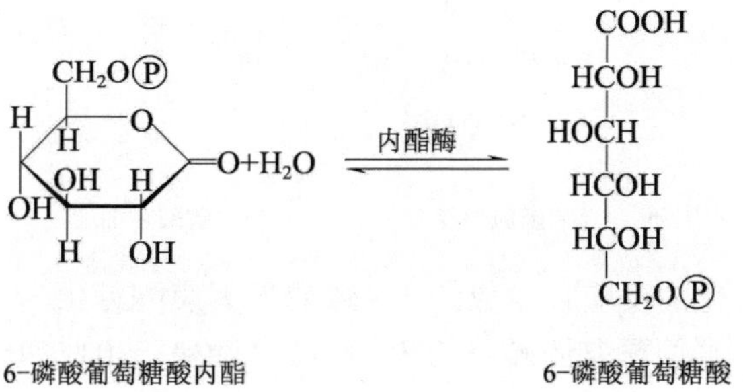

$$\text{6-磷酸葡萄糖酸内酯} + H_2O \xrightleftharpoons{\text{内酯酶}} \text{6-磷酸葡萄糖酸}$$

③ 6-磷酸葡萄糖酸脱氢酶以 $NADP^+$ 为辅酶，催化 6-磷酸葡萄糖酸脱羧生成五碳糖。

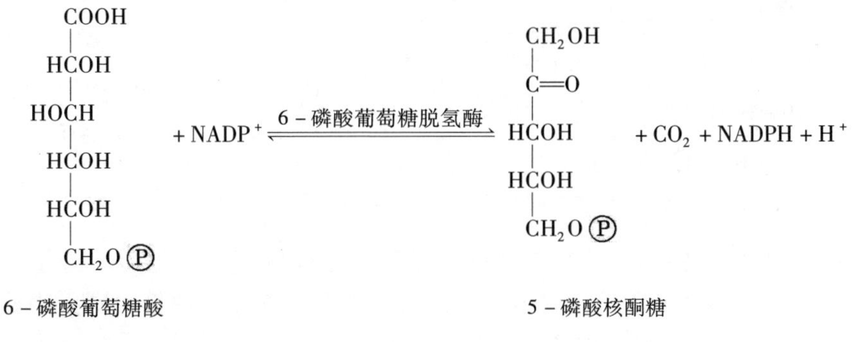

$$\text{6-磷酸葡萄糖酸} + NADP^+ \xrightleftharpoons{\text{6-磷酸葡萄糖脱氢酶}} \text{5-磷酸核酮糖} + CO_2 + NADPH + H^+$$

(2) 非氧化阶段
① 磷酸戊糖的相互转化。

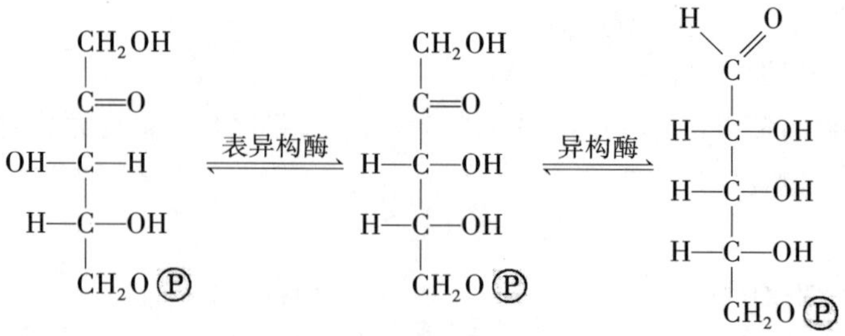

5-磷酸木酮糖 ⇌(表异构酶) 5-磷酸核酮糖 ⇌(异构酶) 5-磷酸核糖

② 7-磷酸景天庚酮糖的生成：由转酮酶（转羟乙醛酶）催化将生成的木酮糖的酮醇转移给 5-磷酸核糖。

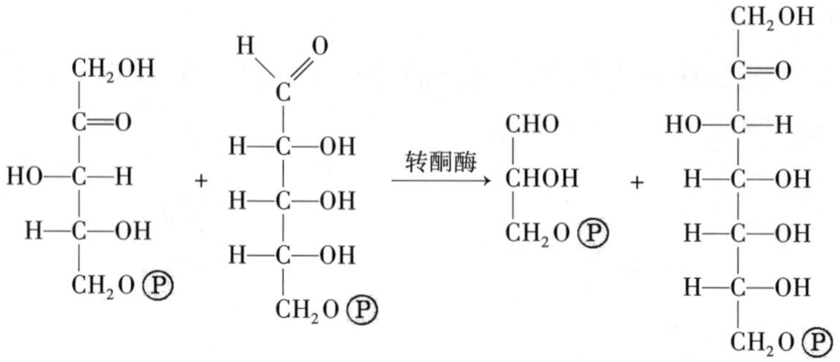

5-磷酸木酮糖 + 5-磷酸核糖 —转酮酶→ 3-磷酸甘油醛 + 7-磷酸景天庚酮糖

③ 转醛酶所催化的反应：生成的 7-磷酸景天庚酮糖由转醛酶（转二羟丙酮基酶）催化，把二羟丙酮基团转移给 3-磷酸甘油醛，生成四碳糖和六碳糖。

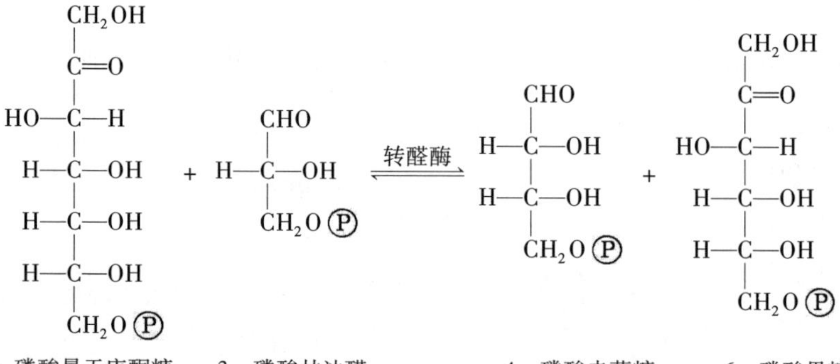

7-磷酸景天庚酮糖 + 3-磷酸甘油醛 ⇌转醛酶 4-磷酸赤藓糖 + 6-磷酸果糖

④ 四碳糖的转变：4-磷酸赤藓糖并不积存在体内，而是与另 1 分子的木酮糖进行作用，由转酮醇酶催化将木酮糖的羟乙醛基团交给赤藓糖，则又生成 1 分子的 6-磷酸果糖和 1 分子的 3-磷酸甘油醛。

$$\text{5-磷酸木酮糖} + \text{4-磷酸赤藓糖} \underset{}{\overset{\text{转酮酶}}{\rightleftharpoons}} \text{3-磷酸甘油醛} + \text{6-磷酸果糖}$$

磷酸戊糖途径总的反应历程如下：

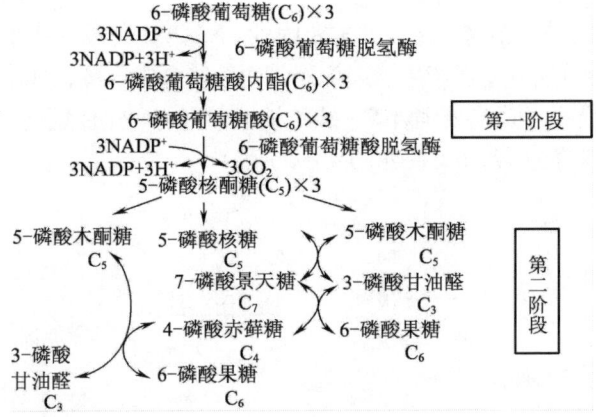

2. 磷酸戊糖途径的化学计量与生物学意义

（1）磷酸戊糖途径的化学计量　上述反应中生成的 6-磷酸果糖可转变为 6-磷酸葡萄糖，表明这个代谢途径具有循环的性质，即 1 分子葡萄糖每循环一次，只进行一次脱羧（放出 1 分子 CO_2）和两次脱氢，形成 2 分子 NADPH，即 1 分子葡萄糖彻底氧化生成 6 分子 CO_2，需要 6 分子葡萄糖同时参加反应，经过一次循环而生成 5 分子 6-磷酸葡萄糖，其反应可概括如下：

$$6（6-磷酸葡萄糖）+ 12NADP^+ + 7H_2O \longrightarrow$$
$$5（6-磷酸葡萄糖）+ 12NADPH + 12H^+ + Pi + 6CO_2$$

（2）磷酸戊糖途径的生物学意义

①磷酸戊糖途径的酶类已在许多动植物材料中发现，说明磷酸戊糖途径也是普遍存在的糖代谢的一种方式。该途径在不同的器官或组织中所占的比重不同，在动物、微生物中约占 30%，在植物中可占 50% 以上。动物肌肉中糖的氧化几乎完全通过磷酸戊糖途径，肝中 90% 糖的氧化通过此途径。

②磷酸戊糖途径产生的还原型辅酶Ⅱ（NADPH），可以供组织合成代谢需要。

③该途径的反应起始物为 6-磷酸葡萄糖，不需要 ATP 参与起始反应，因此磷酸戊糖循环可在低 ATP 浓度下进行。

④此途径中产生的 5-磷酸核酮糖是辅酶及核苷酸生物合成的必需原料。

⑤磷酸戊糖循环与植物的关系更为密切，因为循环中的某些酶及一些中间产物（如丙糖、丁糖、戊糖、己糖和庚糖）也是光合碳循环中的酶和中间产物，从而把光合作用与呼吸作用联系起来。

⑥磷酸戊糖途径与植物的抗性有关：在植物干旱、受伤或染病的组织中，磷酸戊糖途径更加活跃。

⑦磷酸戊糖途径是由 6-磷酸葡萄糖开始的、完整的、可单独进行的途径，因而可以和糖酵解途径相互补充，以增加机体的适应能力，通过 3-磷酸甘油醛及磷酸己糖可与糖酵解沟通，相互配合。

3. 磷酸戊糖途径的调控

NADPH 的浓度是控制这一途径的主要因素。NADPH 是反应中形成的产物，当其积累过多时，就会对这一途径产生反馈抑制。而某些合成反应，如脂肪酸合成等需要消耗 NADPH，核苷酸合成需要消耗 5-磷酸核糖，则能间接促进这一反应的进行。

糖分解代谢各条途径的联系如图 4-2 所示。

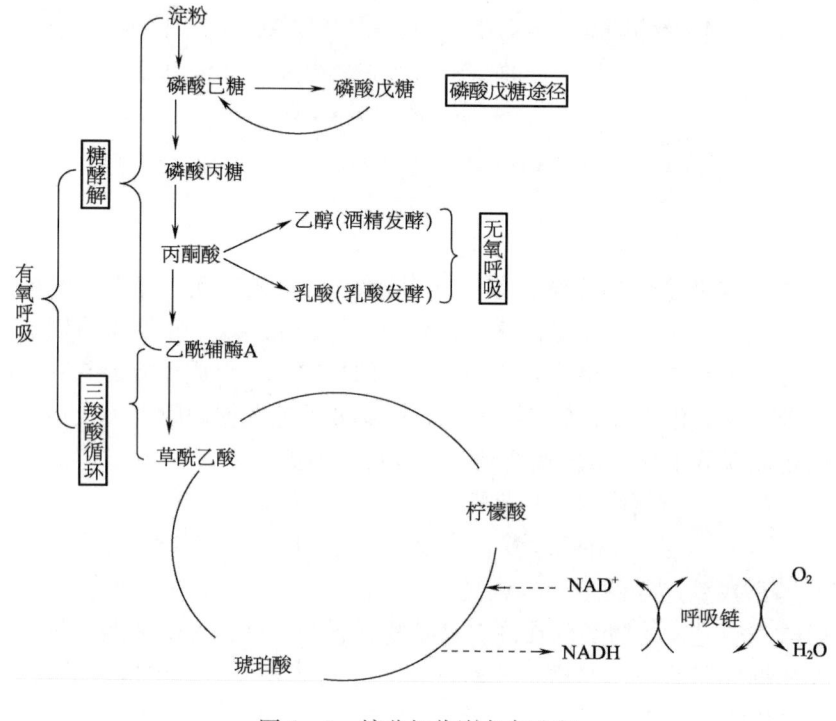

图 4-2 糖分解代谢各条途径

五、糖异生

糖异生作用是指从非糖物质前体如丙酮酸或草酰乙酸合成葡萄糖的过程，是体内单糖生物合成的唯一途径。凡能生成丙酮酸的物质都可以异生成葡萄糖，如三羧酸循环的中间产物柠檬酸、异柠檬酸、α-酮戊二酸、琥珀酸、延胡索酸和苹果酸都可转变成草酰乙酸而进入糖异生途径。

大多数氨基酸是生糖氨基酸，它们转变成丙酮酸、α-酮戊二酸、草酰乙酸等三羧酸循环的中间产物进入糖异生途径。

脂肪酸先经β-氧化作用生成乙酰辅酶A，2分子乙酰辅酶A经乙醛酸循环，生成1分子琥珀酸，琥珀酸经三羧酸循环转变成草酰乙酸，再转变成烯醇式磷酸丙酮酸，而后经糖异生途径生成糖。

在正常生理条件下，肝脏是糖异生作用的主要器官，而肾脏糖异生作用的能力只有肝脏的1/10。但是，在饥饿和酸中毒时，肾脏也可以成为糖异生作用的重要器官。

（一）糖异生作用的反应过程

糖异生的反应过程基本上是糖酵解的逆过程，但由丙酮酸异生成糖，并非糖酵解的可逆过程。糖酵解过程中的大多数反应是可逆的，但是由己糖激酶（葡萄糖激酶）、磷酸果糖激酶和丙酮酸激酶催化的三个反应是不可逆的，因此要完成其逆行的反应，实现糖异生作用，就要绕过这三个不可逆反应，其他的反应都是糖酵解途径的可逆反应。糖异生途径与糖酵解途径之间的关系，如图4-3所示。

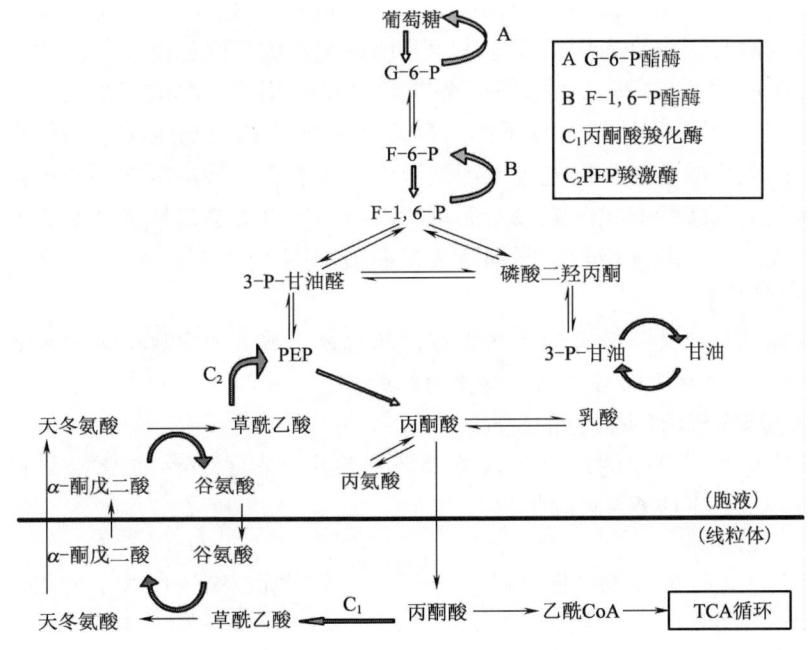

图4-3　糖酵解途径与糖异生途径的关系

糖酵解途径中三个不可逆反应在糖异生途径中通过以下三个反应来完成。

1. 丙酮酸羧化支路

在糖酵解途径中，磷酸烯醇式丙酮酸转化为丙酮酸是不可逆反应，在糖异生途径中，丙酮酸通过丙酮酸羧化支路生成磷酸烯醇式丙酮酸。丙酮酸羧化支路如图4-4所示。

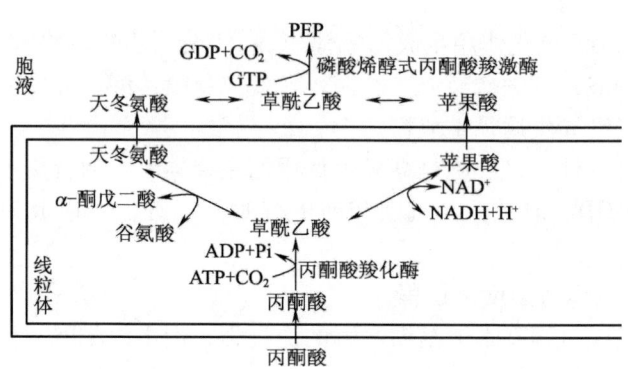

图4-4 丙酮酸羧化支路

丙酮酸羧化支路主要发生以下两个反应。

在线粒体中，在丙酮酸羧化酶的作用下丙酮酸转变为草酰乙酸，消耗1分子的ATP。丙酮酸羧化酶仅存在于线粒体中，在胞浆中由乳酸或磷酸烯醇式丙酮酸形成的丙酮酸必须先进入到线粒体中，才能羧化形成草酰乙酸，如图4-4所示。

在细胞液中，在磷酸烯醇式丙酮酸羧激酶的作用下，草酰乙酸转变为磷酸烯醇式丙酮酸（PEP），消耗1分子的GTP。磷酸烯醇式丙酮酸羧激酶仅存在于细胞液中，因此草酰乙酸必须先进入细胞液中，才能在磷酸烯醇式丙酮酸羧激酶的作用下转变为磷酸烯醇式丙酮酸。而草酰乙酸不能直接透过线粒体膜，需要转化成苹果酸或天冬氨酸才能转运回细胞液，如图4-4所示。

【知识链接】

丙酮酸羧化酶是一种大的变构蛋白，相对分子质量为660000，是四聚体，需要乙酰辅酶A作为活化剂，以生物素为辅酶。

2. 磷酸果糖激酶所催化的反应

该反应也是不可逆的，由二磷酸果糖酶催化，将1,6-二磷酸果糖水解脱去一个磷酸基，生成6-磷酸果糖。

$$1,6\text{-二磷酸果糖} + H_2O \xrightarrow{\text{磷酸酯酶}} 6\text{-磷酸果糖} + H_3PO_4$$

3. 己糖激酶所催化的反应

该反应也是不可逆的，由6-磷酸葡萄糖酶催化，把6-磷酸葡萄糖转变为葡萄糖。

$$6-\text{磷酸葡萄糖} + H_2O \xrightarrow{\text{磷酸酯酶}} \text{葡萄糖} + H_3PO_4$$

(二) 糖异生的重要意义

糖异生作用是生物合成葡萄糖的一个重要途径。生物通过此过程可将酵解产生的乳酸、脂肪分解产生的甘油与脂肪酸及生糖氨基酸等中间产物重新转化成糖。在种子萌发时，贮藏性的脂肪与蛋白质可以经过糖异生作用转变成碳水化合物，一般以蔗糖为主，因为蔗糖可以运输，也可供种子萌发及幼苗生长的需要。葡萄糖异生作用虽不是植物的普遍特征，但在很多幼苗的代谢中却占优势。油料作物种子萌发时，由脂肪异生成糖的反应尤其强烈。

(三) 糖异生的调控

在细胞生理浓度下，糖异生和糖酵解两条途径的各种酶并非同时具有高活性，它们之间的作用是相互配合的，有许多别构酶的效应物，在保持相反途径的协调作用中起着重要的作用。

(1) 高浓度的6-磷酸葡萄糖活化6-磷酸葡萄糖磷酸酯酶，抑制己糖激酶，促进了糖的异生。

(2) 糖异生和糖酵解的调控点是6-磷酸果糖与1,6-二磷酸果糖的转化。糖异生的关键调控酶是1,6-二磷酸酯酶，而糖酵解的关键酶是磷酸果糖激酶。ATP刺激酶的活性，抑制酯酶；柠檬酸则相反，提高酯酶的活性。所以当柠檬酸积累时，促进糖异生过程。

(3) 丙酮酸到磷酸烯醇式丙酮酸的转化在糖异生途径中由丙酮酸羧化酶调节，在酵解中被丙酮酸激酶催化。乙酰辅酶A促进丙酮酸羧化酶的活性，抑制丙酮酸脱羧酶的活性。因此当线粒体中乙酰辅酶A的浓度超过燃料要求时，促进糖的异生，合成葡萄糖。丙酮酸是糖异生合成葡萄糖的原料，但对丙酮酸激酶有抑制作用，所以也促进糖异生过程的发生。

非糖物质进入糖异生作用主要是先转化为糖代谢的中间产物，中间产物再进入异生途径生成葡萄糖或糖原。如乳酸在乳酸脱氢酶催化下生成丙酮酸，经丙酮酸羧化支路，再沿糖酵解途径逆行生成糖；甘油在甘油激酶的催化下，形成磷酸甘油，后者经脱氢氧化成磷酸二羟丙酮，经糖酵解途径逆行合成糖；生糖氨基酸可经过多种形式转变为糖酵解的中间产物再生成糖。

六、血糖与血糖浓度调节

(一) 血糖的来源和去路

血糖主要是指血液中的葡萄糖。糖是通过血液进行运输的，血糖是糖在体内的一种运输形式。在正常情况下，糖的分解代谢和合成代谢是处于运动平衡状态中的，血糖浓度也相对恒定，正常人在空腹时血糖的含量一般为3.9~6.0mmol/L（葡萄糖氧化酶电极速率法确定），若血糖浓度低于3.9mmol/L，则为低血糖；

若血糖浓度超过 6.0mmol/L，则为高血糖。如果血糖浓度较高，超过肾脏所能重吸收的限度（肾糖阈）时，糖将会从尿中排出，成为尿糖。糖浓度之所以能维持相对稳定，是因为血液中葡萄糖的来源和去路这一矛盾在神经系统和激素调节下处于相对平衡的状态。

【知识链接】

正常人肾小管可将肾小球滤液中的葡萄糖绝大部分重吸收回血液中，尿中只有极微量葡萄糖，一般方法检查不出，所以正常人尿糖检测是阴性的。但是近端小管对葡萄糖的重吸收有一定的限度，当血中的葡萄糖浓度超过 8.96～10.08mmol/L（1.6～1.8g/L 也可表示为 160～180mg/dL）时，部分近端小管上皮细胞对葡萄糖的吸收已达极限，葡萄糖就不能被全部重吸收，会随尿液排出而出现糖尿，尿中开始出现葡萄糖时的最低血糖浓度，称为肾糖阈正常人血浆肾糖阈值为 8.96～10.08mmol/L。

1. 血糖的来源

血糖的来源有三重要途径。

（1）经食物中糖类物质的消化、吸收　人类日常食物中含量最多的是糖类物质中的淀粉。淀粉经一系列的消化作用后降解为葡萄糖，经小肠吸收作用后成为进食后血糖的主要来源。

（2）肝糖原的分解　在空腹时，肝脏所贮存的肝糖原成为血糖的主要来源。肝糖原可以在酶的作用下进行分解代谢，产生葡萄糖。葡萄糖进入血液成为血糖的一部分。

（3）非糖物质经糖异生作用转化　在饥饿时，除可从肝糖原中分解获得葡萄糖外，还可以通过将乳酸、氨基酸、甘油等非糖物质转化为葡萄糖，进入血液成为血糖的主要成分，这一点在饥饿同时肝糖原的贮存量又相对减少的时候，作用更为明显。

2. 血糖的去路

血糖在正常的生理状态下也有三条去路。此外，当血糖浓度高于正常值一定水平的时候还有一条不正常的去路。

（1）氧化分解为 CO_2 和 H_2O，为生物体提供能量　这是血糖的主要去路。在正常的生理状态下，血液中的葡萄糖主要用于各器官的氧化分解，并从中获取能量。

（2）用于合成糖原　当进食后，由于血糖浓度的相对较高，此时有一部分的血糖可以通过糖原合成作用而合成糖原，并在肝脏、肌肉等组织贮存起来。贮存于肝脏的称为肝糖原，贮存于肌肉的则称为肌糖元。

（3）转变为非糖物质或其他单糖　血糖中的部分葡萄糖也可在某些组织器官中转化为非糖物质或其他单糖。如在脂肪组织中可转变为脂肪、经磷酸戊糖途径可转变为核糖等。

上述三条是血糖在生理状态正常的去路。

(4) 随尿排出　在血糖浓度过高（>8.33mmol/L），超出了肾脏的重吸收能力时，血液中的糖会随尿排出体外。

血糖的来源和去路可概括如图4-5所示。

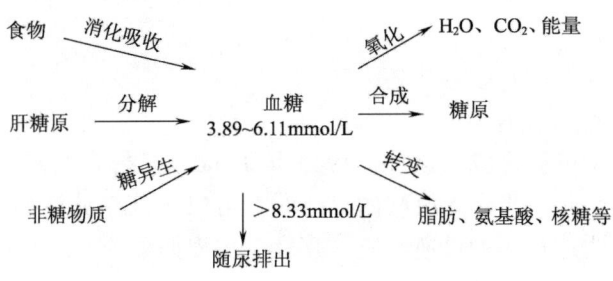

图4-5　血糖的来源和去路

(二) 激素对血糖的调节

血糖浓度的相对恒定有赖于多种因素的协调作用，其中激素的调节作用是十分明显的。参与血糖浓度调节的激素主要有胰岛素、胰高血糖素、肾上腺素、去甲肾上腺素、糖皮质激素和生长素6种。

1. 胰岛素

胰岛素能抑制肝脏糖原的分解，促进肝糖原和肌糖原的合成，并提高组织摄取葡萄糖的能力，从而使血糖浓度降低，是人体内唯一能降低血糖的激素。分泌不足时，组织中的糖利用发生障碍，肝糖原分解加速，血糖升高，糖由尿排出，形成尿糖。此外，胰岛素还有抑制脂肪、蛋白质和核酸合成等多种作用。

2. 胰高血糖素

胰高血糖素作用与胰岛素相反，能促进肝糖原的分解及糖异生作用，抑制糖酵解等以升高血糖，并促进脂肪的分解及组织蛋白含量的降低。

3. 肾上腺素与去甲肾上腺素

肾上腺素和去甲肾上腺素均能促进分解代谢，尤其是促进肝糖原的分解，可使血糖浓度迅速提高。

4. 糖皮质激素

糖皮质激素主要抑制糖氧化、加强蛋白质分解为氨基酸并转化为糖、促进脂肪利用等，其作用结果与胰高血糖素相似，可使血糖浓度提高。

5. 生长素

生长素具有促进所有组织的蛋白质合成和RNA合成、促进脂肪酸氧化分解、促进肝脏糖异生及肝糖原分解、抑制肌肉和脂肪组织的葡萄糖氧化供能、使血糖浓度升高的作用，还具有抗胰岛素的作用。

七、多糖代谢

(一) 蔗糖的合成

蔗糖在植物界分布很广，尤其在甘蔗、甜菜和菠萝的汁液中含量极其丰富。蔗糖不仅是植物光合作用的主要产物之一，而且也是糖类在植物体中运输的主要形式。

目前，蔗糖的合成有以下几条途径。

1. 蔗糖磷酸化酶途径

这是微生物中蔗糖合成的途径。1943年Doudoroff等在假单胞菌的细胞中提取得到蔗糖磷酸化酶，当有无机酸的存在时，可以将蔗糖分解为1-磷酸葡萄糖和果糖，并且证明这是一种可逆反应，其反应过程如下：

$$1-磷酸葡萄糖 + 果糖 \xrightleftharpoons{蔗糖磷酸化酶} 蔗糖 + Pi$$

但是，在高等植物中至今未能发现这种合成蔗糖的途径。在高等植物中蔗糖的合成主要有以下两条途径。

2. 蔗糖合成酶途径

蔗糖合成酶又名UDP-D-葡萄糖∶D-果糖 α-葡萄糖基转移酶，它能利用尿苷二磷酸葡萄糖作为葡萄糖的供体，与果糖合成蔗糖。反应如下：

$$UDPG + 果糖 \xrightleftharpoons{蔗糖合成酶} UDP + 蔗糖$$

在许多高等植物中发现有这种酶的存在，并且证明这种酶对UDPG并不是专一性的，也可利用其他的核苷二磷酸葡萄糖（如ADPG、TDPG、CDPG和GDPG）作为葡萄糖的供体。

3. 磷酸蔗糖合成酶途径

磷酸蔗糖合成酶也利用UDPG作为葡萄糖供体，但是葡萄糖的受体不是游离的果糖，而是6-磷酸果糖，生成的直接产物为磷酸蔗糖。植物体内还存在磷酸酯酶，能将磷酸蔗糖水解成蔗糖。

$$UDPG + 6-磷酸果糖 \xrightleftharpoons{蔗糖磷酸合成酶} 磷酸蔗糖 + UDP$$

$$磷酸蔗糖 + H_2O \xrightleftharpoons{蔗糖磷酸酯酶} 蔗糖 + H_3PO_4$$

磷酸蔗糖合成酶在植物光合组织中的活性远远大于蔗糖合成酶，磷酸蔗糖合成酶催化的反应虽是可逆的，但由于生成的磷酸蔗糖发生水解，故其总反应是不可逆的，即反应朝着合成蔗糖的方向进行。所以一般认为磷酸蔗糖合成酶途径是在光合组织中蔗糖合成的主要途径。

(二) 淀粉的合成

1. 直链淀粉的生物合成

(1) 淀粉磷酸化酶　淀粉磷酸化酶广泛存在于生物界，在动物、植物、酵母和某些细菌中都有存在，它催化以下可逆反应。

$$1-磷酸葡萄糖 + "引子" \xrightleftharpoons{淀粉磷酸化酶} 淀粉 + H_3PO_4$$

以上反应表明：当只有 1-磷酸葡萄糖存在时，磷酸化酶不能催化其形成淀粉，需要加入少量的淀粉或葡萄多糖，即所谓"引子"。"引子"主要是 α-葡萄糖等 1,4 键的化合物，以葡萄多糖促进反应快速进行，麦芽四糖慢一些，引起反应最小的分子是麦芽三糖。"引子"的功能是作为 α-葡萄糖的受体，将转移来的葡萄糖分子结合在"引子"的 C_4 非还原性末端的羟基上。因为淀粉磷酸化酶在离体的条件下是可逆的，所以过去认为这是植物体内合成淀粉的反应。但是植物细胞内无机磷酸浓度较高，不适宜反应朝向合成方向进行。所以有人提出在细胞内淀粉磷酸化酶的作用主要是催化淀粉的分解，淀粉合成主要由其他酶来进行。

(2) D 酶（D-enzyme）　D 酶是一种糖苷转移酶，作用于 α-1,4 键上，它能将一个麦芽多糖的残余键段转移到葡萄糖、麦芽糖或其他 α-1,4 键的多糖上，起加成作用，故又称为加成酶。例如，D-酶作用在两个麦芽三糖分子上，就能形成麦芽五糖及葡萄糖的混合物，即一个麦芽糖残基从一个麦芽三糖分子中脱离出来作为供体，而加到另一个麦芽三糖分子上（受体）。其反应如下。

$$●—●—○ + ○—○—○ \rightleftharpoons ●—●—○—○—○ + ○$$

在淀粉生物合成过程中，"引子"的产生与 D 酶的作用有密切的关系。在马铃薯和大豆中发现有这种酶存在。

(3) 淀粉合成酶　现在普遍认为生物体内淀粉的合成是由淀粉合成酶催化的，淀粉合成的第一步是由 1-磷酸葡萄糖先合成尿苷二磷酸葡萄糖（UDPG），催化此反应的酶为 1-磷酸葡萄糖尿苷酰转移酶。

$$1-磷酸葡萄糖 + UTP \rightleftharpoons UDPG + PPi$$

淀粉合成的第二步是由淀粉合成酶催化的。它是一种葡萄糖基转移酶，催化 UDPG 中的葡萄糖转移到 α-1,4 连结的葡聚糖（即"引子"）上，使链加长了一个葡萄糖单位。

$$UDPG + (葡萄糖)_n \underset{"引子"}{\xrightarrow{淀粉合成酶}} UDP + (葡萄糖)_{n+1}$$

这个反应重复下去，便可使淀粉链不断地延长。最近研究表明，在植物和微生物中 ADPG 比 UDPG 更为有效，用 ADPG 合成淀粉的反应要比用 UDPG 快 10 倍。反应如下：

$$1-\text{磷酸葡萄糖} + ATP \rightleftharpoons ADPG + PPi$$

$$ADPG + (\text{葡萄糖})_n \xrightarrow{\text{淀粉合成酶}} ADP + (\text{葡萄糖})_{n+1}$$
"引子"

2. 支链淀粉的生物合成

由于淀粉合成酶只能合成 $\alpha-1,4$ 糖苷键连结的直链淀粉，但是支链淀粉除了 $\alpha-1,4$ 糖苷键外，尚有分支点处的 $\alpha-1,6$ 糖苷键。这种 $\alpha-1,6$ 糖苷键连结是在另一种称为 Q 酶的作用下形成的。Q 酶能够从直链淀粉的非还原性末端切断一个 6 或 7 个糖残基的寡聚糖碎片，然后催化转移到同一直链淀粉链或另一直链淀粉链的一个葡萄糖残基的 6-羟基处，这样就形成了一个 $\alpha-1,6$ 糖苷键，即形成一个分支。在淀粉合成酶和 Q 酶的共同作用下便合成了支链淀粉。

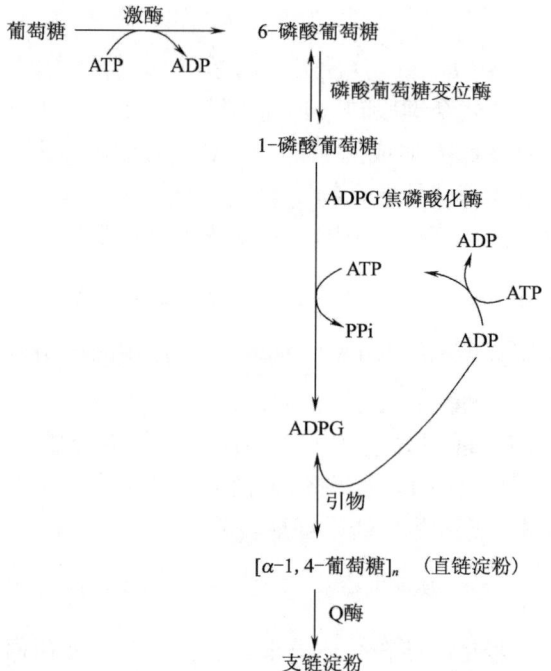

（三）糖原的合成

糖原是动物体内糖的贮存形式之一，是机体能迅速动用的能量贮备。糖原是由葡萄糖残基构成的含许多分支的大分子高聚物。

以葡萄糖或其他单糖（如果糖、半乳糖等）为原料合成糖原的过程称为糖原合成代谢。当人或动物体内的游离葡萄糖较多时，可通过糖原合成作用，将葡萄糖转化为糖原贮存于肌肉或肝脏中。贮存于肌肉的称为肌糖原，贮存于肝脏的称为肝糖原。肌糖原一般用作糖的无氧分解原料，而肝糖原通过氧化分解供能外，还可用于维持血液中葡萄糖的浓度。

糖原的合成过程如下式，糖原的合成代谢主要是在肝和肌肉组织中进行。

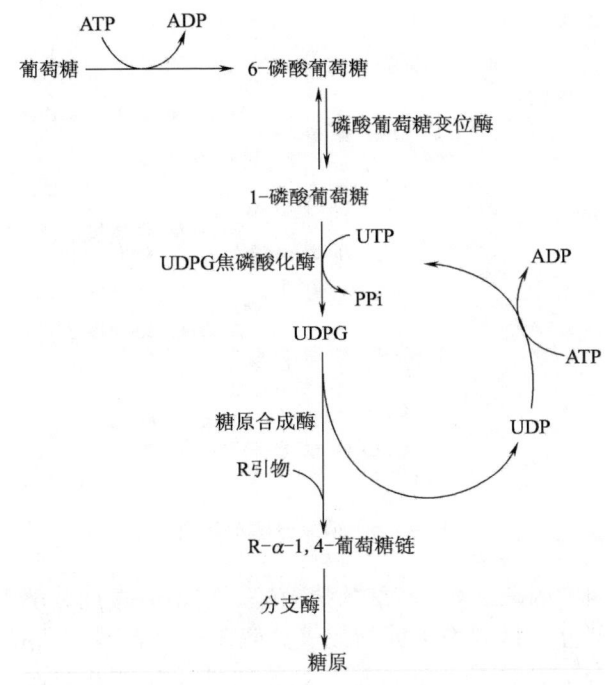

尿苷二磷酸葡萄糖（UDPG）是葡萄糖用于糖原合成的活化形式。葡萄糖首先经过磷酸化作用产生1-磷酸葡萄糖；然后在尿苷二磷酸葡萄糖焦磷酸化酶的作用下，将葡萄糖基转移到尿苷三磷酸中，形成尿苷二磷酸葡萄糖；最后，在糖原合成酶的作用下，将尿苷二磷酸葡萄糖上的葡萄糖基转移到糖原引物上，使糖原分子得以加大。但在糖原合成酶的作用下，葡萄糖基只能以 α-1,4 糖苷键连接于原有糖原的非还原端，并可同时在糖原引物的几个分支上增加葡萄糖基。要合成糖原分子中新的支链，必须在分支酶的作用下使 α-1,4-糖苷键转化为 α-1,6-糖苷键。

UTP 可由 UDP 通过与 ATP 进行高能磷酸基团的移换作用生成。所以说，糖原的合成作用是一个耗能反应，每增加一个葡萄糖残基，就需要消耗 2ATP。

（四）糖原的分解

糖原分解为葡萄糖的过程称为糖原分解作用，在细胞浆中进行。

糖原分解从糖原分子非还原端开始。磷酸化酶作用于 α-1,4 糖苷键，使糖原磷酸解成 1-磷酸葡萄糖（G-1-P）。磷酸化酶不能催化 α-1,6 糖苷键，所以磷酸键反映到距分支点约 4 个葡萄糖残基时，磷酸化酶的催化作用停止，剩下

4个葡萄糖残基由转移酶催化，将其中3个葡萄糖残基转移到临近的糖链上，并以 α-1,4 糖苷键相连，剩下一个由 α-1,6 糖苷键相连的葡萄糖则由脱支酶催化、水解生成游离的葡萄糖。这样，糖原分子便水解成 1-磷酸葡萄糖和少量的游离葡萄糖。1-磷酸葡萄糖在磷酸葡萄糖变位酶的作用下转变为 6-磷酸葡萄糖，再转变为葡萄糖。反应过程如图 4-6。

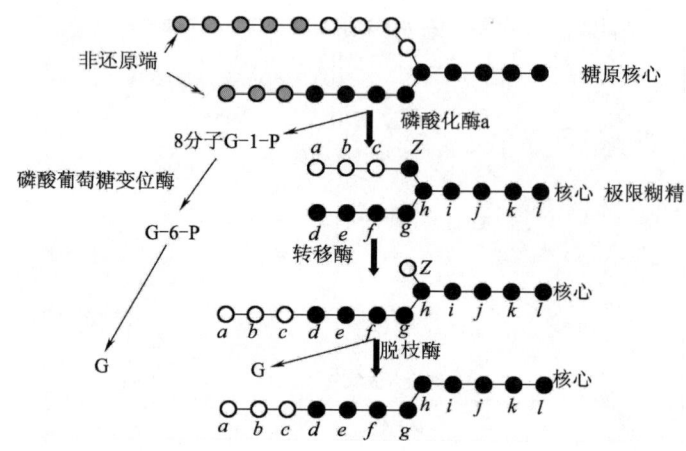

图 4-6　糖原分解示意图

肌糖原在肌肉中因缺乏 6-磷酸葡萄糖酶，故不能直接分解为葡萄糖进入血液成为血糖的一部分，只能用于糖的无氧分解，产生乳酸。乳酸经血液到肝脏，再经糖异生作用合成葡萄糖或肝糖原，这是肌糖原间接补充血糖的途径。如图 4-7 所示。

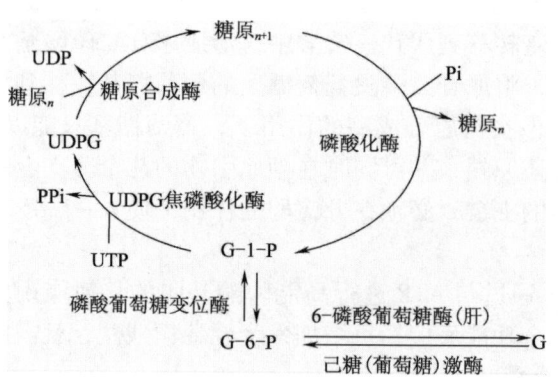

图 4-7　糖原合成和分解总图

糖原的合成和分解途径是互相平行又互相对应的化学反应过程，但是不可逆，其反应性质及催化的酶类各异，糖原合成和分解反应，如图 4-7 所示。

【知识链接】

生物氧化

1. 生物氧化概述

（1）生物氧化的概念和特点

①生物氧化的概念：糖类、脂肪、蛋白质等有机物质在细胞中进行氧化分解生成 CO_2 和 H_2O 并释放出能量的过程称为生物氧化（biological oxidation），其实质是需氧细胞在呼吸代谢过程中所进行的一系列氧化还原反应过程。

生物氧化分为三个阶段：

第一阶段：大分子降解成基本结构单位。

第二阶段：小分子化合物分解成共同的中间产物（如丙酮酸、乙酰 CoA 等）。

第三阶段：共同中间物进入三羧酸循环，氧化脱下的氢由电子传递链传递生成 H_2O，释放出大量能量，其中一部分通过磷酸化贮存在 ATP 中。

②生物氧化的特点

a. 生物氧化是在生物细胞内进行的酶促氧化的过程，反应条件温和（水溶液，中性 pH 和常温）。

b. 氧化进行过程中，必然伴随生物还原反应的发生。

c. 水是许多生物氧化反应的氧供体。通过加水脱氢作用直接参与了氧化反应。

d. 在生物氧化中，碳的氧化和氢的氧化是非同步进行的。氧化过程中脱下来的氢质子和电子，通常由各种载体，如 NADH 等传递到氧并生成水。

e. 生物氧化是一个分步进行的过程。每一步都由特殊的酶催化，每一步反应的产物都可以分离出来。这种逐步进行的反应模式有利于在温和的条件下释放能量，并提高能量的利用率。

f. 生物氧化释放的能量，通过与 ATP 合成相偶联，转换成生物体能够直接利用的生物能 ATP。

（2）生物氧化的本质与方式 在生物体内，生物氧化的方式有三种：失电子、脱氢和加氧。其中脱氢是最主要的生物氧化方式。

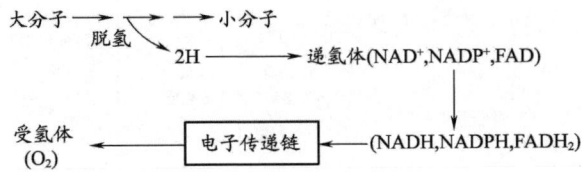

2. ATP 的生成

代谢物在脱氢酶催化下脱下的氢由相应的氢载体（NAD^+、$NADP^+$、FAD、FMN 等）所接受，再通过一系列递氢体或递电子体传递给氧而生成 H_2O。

（1）呼吸链的概念 呼吸链又称为电子传递体系或电子传递链，它是代谢物上的氢原子被脱氢酶激活脱落后，经过一系列的传递体，最后传递给被激活的氧原子，而生成水的全部体系。在真核生物细胞内，它位于线粒体内膜上，在原核生物中，它位于细胞膜上。

（2）呼吸链的组成　目前已发现，构成呼吸链的成分有20多种，一般可分为五类。

①以 NAD 或 NADP 为辅酶的脱氢酶：这类酶催化代谢物脱氢，脱下的氢由酶的辅酶 NAD^+（CoⅠ）或 $NADP^+$（CoⅡ）接受。

②黄素酶：是一类以黄素单核苷酸（FMN）或黄素腺嘌呤二核苷酸（FAD）为辅基的不需氧脱氢的酶。此类酶催化代谢物脱下两个氢并使氧化态的 FMN 或 FAD 变成还原态的 $FMNH_2$ 或 $FADH_2$。

③铁硫蛋白：铁硫蛋白（简写为 Fe-S）又称为铁硫中心，是存在于线粒体内膜上的一类金属蛋白质，与电子传递有关。

④辅酶-Q（CoQ）：是一种脂溶性醌类化合物，CoQ 的醌型可以结合两个氢而被还原为氢醌。CoQ 在呼吸链中起传递氢作用，它是电子传递链中唯一的非蛋白电子载体。

⑤细胞色素（简写为 cyt.）：是含铁的电子传递体，辅基为铁卟啉的衍生物，铁原子处于卟啉环的中心，构成血红素。各种细胞色素的辅基结构略有不同。线粒体呼吸链中主要含有细胞色素 a, b, c 和 c_1 等，组成它们的辅基分别为血红素 A、B 和 C。细胞色素主要是通过 $Fe^{3+} \leftrightarrow Fe^{2+}$ 的互变起传递电子的作用的。

电子传递链分为 NADH-Q、琥珀酸-Q 还原酶、细胞色素还原酶和细胞色 C 还原酶4个部分。电子传递链图解，如图4-8所示。

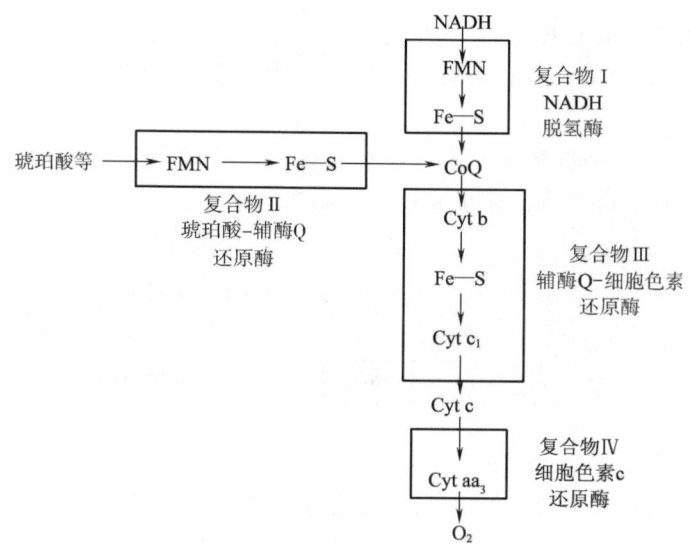

图4-8　电子传递链图解

(3) 传递体排列顺序的依据 电子的传递仅发生在相邻的电子载体之间，它的传递方向与每个电子载体所具有的电化学势能的大小相关。氧化还原电位越低，给出电子的倾向越大，其位置越靠近代谢物一端；氧化还原电位越高，接受电子的倾向越大，位置越接近氧分子一端，氧的电位最高，因此作为最终的受体。电子总是从低电位向高电位流动的，同时伴随着自由能的降低，电子传递过程是一个放能的过程。如下式所示。

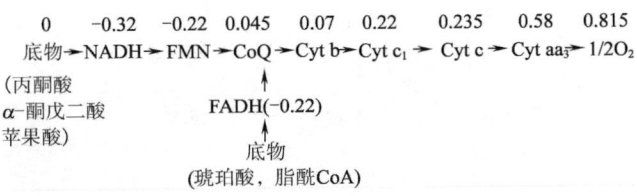

(4) 机体内两条主要的呼吸链

①NADH 呼吸链——以 NAD 为辅酶的脱氢酶催化的物质氧化：NADH 氧化呼吸链是细胞中最重要的呼吸链。体内大多数代谢中间物（如乳酸、丙酮酸、苹果酸等）的生物氧化都是以 NAD^+ 为辅酶的脱氢酶催化而脱氢生成 NADH 的，NADH 再通过电子经呼吸链传递，将氢传给氧生成水。

以 $NADPH^+$ 为辅酶的脱氢酶催化代谢物脱氢生成的 NADPH，大多数存在于线粒体外，主要作为还原能用于物质的合成代谢。线粒体内生成的少量 NADPH，可在转氢酶催化下生成 NADH，再进入呼吸链被氧化。

②FADH2 呼吸链——以 FAD 为辅基的脱氢酶催化的物质氧化：少部分脱氢酶（琥珀酸，脂酰 CoA 脱氢酶）的辅基是 FAD，FADH 将氢传给 CoQ，呼吸链较短，释放能量也较少。

琥珀酸脱氢酶催化底物产生的 $FADH_2$，不需经过 NAD^+，而直接将氢传给 CoQ。各种代谢物被氧化后脱下的氢进入呼吸链的途径略有不同。

线粒体中 NADH 呼吸链和 $FADH_2$ 呼吸链的相关性以及某些重要代谢物被氧化时进入呼吸链的途径，如图 4-9 所示。

(5) ATP 的合成途径-氧化磷酸化 磷酸化作用是将生物氧化过程中释放出的自由能以高能磷酸键的形式转移给 ADP 形成 ATP 的过程。

在生物氧化过程中，氧化放能反应常常有吸能的磷酸化反应偶联发生。偶联反应将氧化释放的一部分自由能用于无机磷参加的高能磷酸键生成反应中。这种氧化放能反应与磷酸化吸能反应的偶联，称为氧化磷酸化作用。根据生物氧化方式，可将氧化磷酸化分为呼吸链磷酸化及底物水平磷酸化。

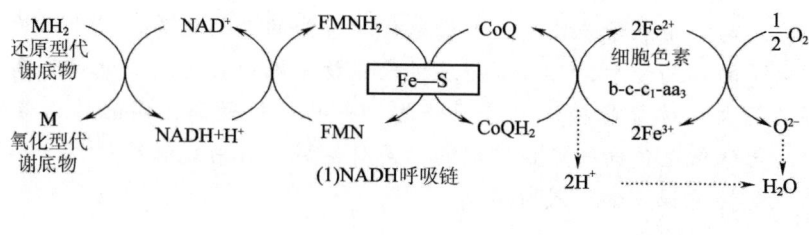

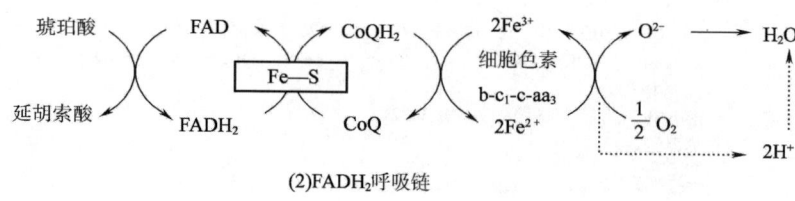

图4-9 电子在NADH呼吸链和FADH₂呼吸链中的传递

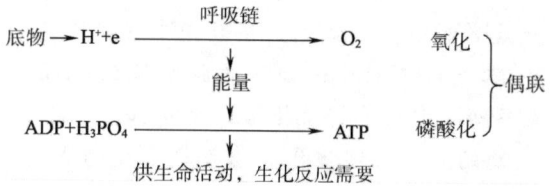

①底物水平磷酸化：当底物代谢时，因脱氢、脱水等作用使分子内部发生能量重新分布而形成高能磷酸化合物，然后将高能磷酸基团转给ADP形成ATP的方式，称为底物水平磷酸化。如磷酸烯醇式丙酮酸中的高能磷酸基团在丙酮酸激酶的作用下，转移到ADP生成ATP，并同时转化烯醇式丙酮酸。

②呼吸链磷酸化：呼吸链磷酸化是指当电子从NADH或FADH₂经过电子传递体系（呼吸链）传递给氧形成水时，同时伴有ADP磷酸化为ATP的全过程。通常所说的氧化磷酸化是指呼吸链磷酸化。

NADH和FADH₂呼吸链发生的氧化磷酸化反应见式4-1和ATP的合成偶联部位见式4-2。

$$\overbrace{NADH+H^+ + 1/2 O_2}^{\text{氧化}} + \overbrace{3ADP+3Pi}^{\text{磷酸化}} \longrightarrow NAD^+ + H_2O + 3ATP \quad \text{（式4-1）}$$

$$FADH_2 + 1/2 O_2 + 2ADP + 2Pi \longrightarrow NAD + H_2O + 2ATP$$

$$NADH \longrightarrow FMN \xrightarrow{\quad FADH_2 \quad} CoQ \longrightarrow Cyt\ b \longrightarrow Cyt\ c_1 \longrightarrow Cyt\ c \longrightarrow Cyt\ aa_3 \longrightarrow O_2 \quad \text{（式4-2）}$$

$$\sim \text{\textcircled{P}} \qquad \sim \text{\textcircled{P}} \qquad \sim \text{\textcircled{P}}$$
$$ADP \longrightarrow ATP \qquad ADP \longrightarrow ATP \qquad ADP \longrightarrow ATP$$

③P/O（磷氧比）：在生物氧化过程中，伴随 ADP 磷酸化所消耗的无机磷酸的磷原子数与消耗的分子氧的氧原子数之比。由于在氧化磷酸化过程中，每传递一对电子消耗一个氧原子，而每生成一分子 ATP 消耗一分子 Pi，因此 P/O 的数值相当于一对电子经呼吸链传递至分子氧所产生的 ATP 分子数，即每消耗 1 个氧原子所产生的 ATP 的分子数。根据所消耗的无机磷酸摩尔数，可间接测出 ATP 生成量。实验证明 NADH 呼吸链的 P/O 值是 3，即每消耗一摩尔氧原子就可形成 3 摩尔 ATP，$FADH_2$ 呼吸链的 P/O 值是 2，即消耗一摩尔氧原子可形成 2 摩尔 ATP。

④影响氧化磷酸化的因素

抑制剂：对电子传递和 ADP 磷酸化均有抑制作用的药物和毒物称为氧化磷酸化的抑制剂，如寡霉素。能够抑制呼吸链递氢或递电子过程的药物或毒物称为电子传递的抑制剂。主要物质和抑制部位如下式所示。

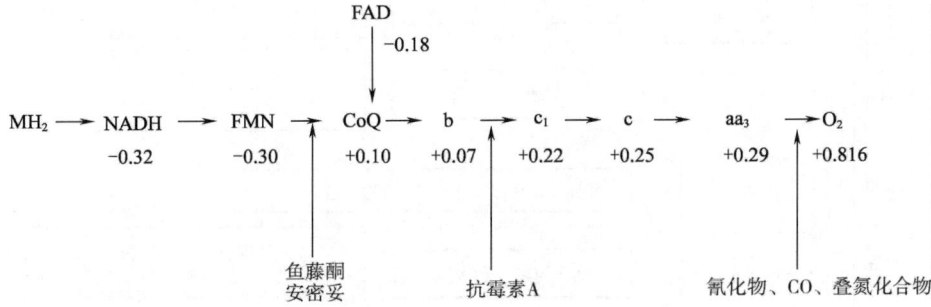

解偶联剂：不抑制呼吸链的递氢或递电子过程，但能使氧化产生的能量不能用于 ADP 磷酸化的药物或毒物称为解偶联剂。主要的解偶联剂有 2,4 - 二硝基酚。

离子载体抑制剂：能与某些除质子以外的 1 价阳离子结合并作为它们的载体来增加线粒体内膜对 1 价阳离子的通透性而破坏氧化磷酸化过程的物质，如颉氨霉素。

学习小结

〖学习内容〗

糖是多羟基的醛或酮化合物以及它们的衍生物，糖类是重要的能源物质。根据糖单位的个数可以分为单糖、寡糖和多糖。

寡糖和多糖只有在各种糖酶的作用下降解成各种单糖才能通过消化道进入小肠被吸收。主要包括蔗糖、麦芽糖和乳糖等双糖的水解和淀粉、纤维素和糖原的水解。糖在体内的代谢主要是指葡萄糖的代谢，包括分解代谢和合成代谢。

葡萄糖的分解代谢途径主要有三条：糖酵解途径、糖的有氧氧化途径和磷酸戊糖途径，糖的合成代谢包括糖异生作用和蔗糖、淀粉和糖原的合成。

知识框架

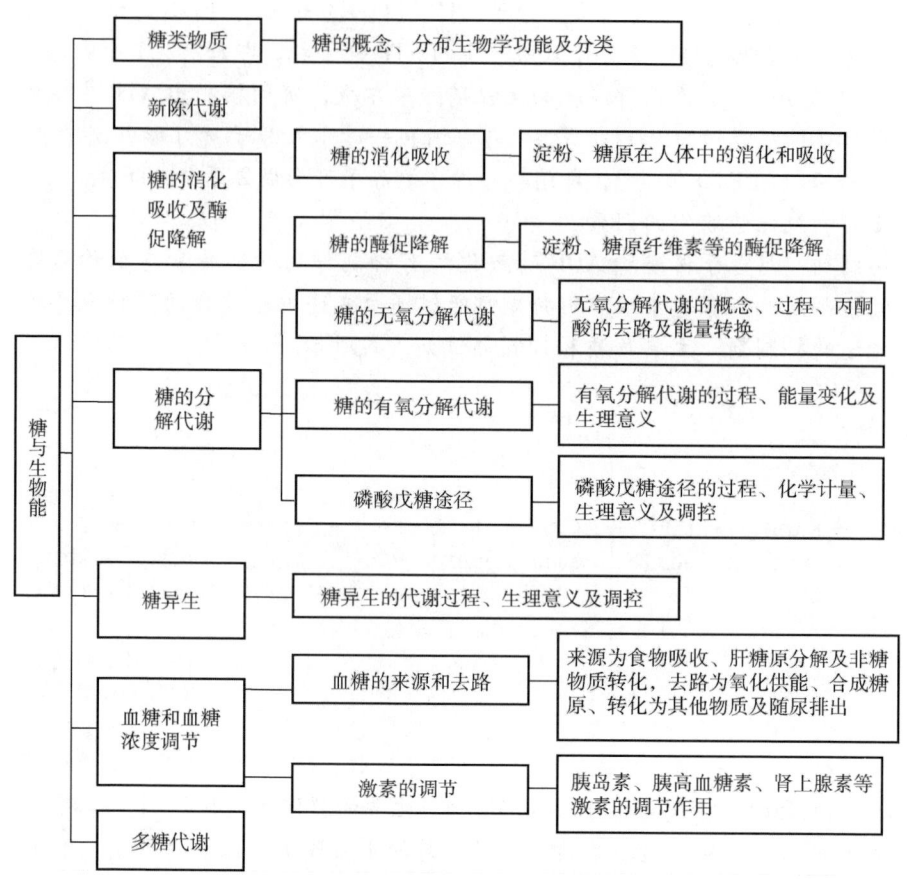

目标检测

一、名词解释

糖酵解途径，三羧酸循环，糖异生作用，糖原合成，磷酸戊糖途径，糖的有氧氧化，生物氧化，氧化磷酸化，底物水平磷酸化，磷氧比，呼吸链

二、填空题

1. α-淀粉酶和β-淀粉酶只能水解淀粉的_____键，所以不能够使支链淀粉完全水解。

2. 1分子葡萄糖转化为2分子乳酸净生成_____分子ATP。

3. 糖酵解过程中有3个不可逆的酶促反应，这些酶是_____、_____和_____。

4. 糖类除了作为能源之外，它还与生物大分子间_____有关，也是合成_____、_____、_____等的碳骨架的共体。

5. 调节三羧酸循环最主要的酶是_____、_____、_____。

6. 2分子乳酸异生为葡萄糖要消耗_____ATP。

7. 丙酮酸还原为乳酸，反应中的NADH来自于_____的氧化。

8. 将淀粉磷酸解为G-1-P，需_____、_____、_____三种酶协同作用。

9. 磷酸戊糖途径可分为_____阶段，分别称为_____和_____，其中两种脱氢酶是_____和_____，它们的辅酶是_____。

10. _____是碳水化合物在植物体内运输的主要方式。

11. 植物体内的蔗糖合成酶催化蔗糖生物合成过程中，葡萄糖的供体是_____，葡萄糖基的受体是_____。

12. 糖酵解在细胞的_____中进行，该途径是将_____转变为_____，同时生成_____和_____的一系列酶促反应。

13. 淀粉的磷酸解过程通过_____酶降解 $\alpha-1,4$ 糖苷键，靠_____和_____酶降解 $\alpha-1,6$ 糖苷键。

14. TCA循环中有两次脱羧反应，分别是由_____和_____催化。

15. 植物中淀粉彻底水解为葡萄糖需要多种酶协同作用，它们是_____、_____、_____、_____。

16. 乳酸脱氢酶在体内有5种同工酶，其中肌肉中的乳酸脱氢酶对_____亲和力特别高，主要催化_____反应。

17. 在糖酵解中提供高能磷酸基团，使ADP磷酸化成ATP的高能化合物是_____和_____。

18. 糖异生的主要原料为_____、_____和_____。

19. 合成糖原的前体分子是_____，糖原分解的产物是_____。

20. 在磷酸戊糖途径中催化由酮糖向醛糖转移二碳单位的酶为_____，其辅酶为_____；催化由酮糖向醛糖转移三碳单位的酶为_____。

三、选择题

1. 关于电子传递链的下列叙述中哪个是不正确的？（　　）

A. 线粒体内有 $NADH+H^+$ 呼吸链和 $FADH_2$ 呼吸链

B. 电子从NADH传递到氧的过程中有3个ATP生成

C. 呼吸链上的递氢体和递电子体完全按其标准氧化还原电位从低到高排列

D. 线粒体呼吸链是生物体唯一的电子传递体系

2. 下列化合物中除（　　）外都是呼吸链的组成成分

A. CoQ　　　　　B. Cytb　　　　　C. CoA　　　　　D. NAD^+

3. 一氧化碳中毒是由于抑制了哪种细胞色素造成的（　　）

A. Cytc　　　　　B. Cytb　　　　　C. Cytc$_1$　　　　　D. Cyt aa$_3$

4. 各种细胞色素在呼吸链中的排列顺序是（　　）

A. C→b_1→C_1→aa_3→O_2　　　　B. C→C_1→b→aa_3→O_2

C. C_1→C→b→aa_3→O_2　　　　D. b→C_1→C→aa_3→O_2

5. 线粒体外 NADH 经 α-磷酸甘油穿梭作用，进入线粒体内实现氧化磷酸化，其 P/O 值为（　　）

A. 0　　　　B. 2　　　　C. 1.5　　　　D. 2

E. 2.5　　　　F. 3

6. 由己糖激酶催化的反应的逆反应所需要的酶是（　　）

A. 二磷酸果糖酶　　　　B. 6-磷酸葡萄糖酶

C. 磷酸果糖激酶　　　　D. 磷酸化酶

7. 正常情况下，肝获得能量的主要途径（　　）

A. 葡萄糖进行糖酵解氧化　　　　B. 脂肪酸氧化

C. 葡萄糖的有氧氧化　　　　D. 磷酸戊糖途径

E. 以上都是

8. 糖的有氧氧化的最终产物是（　　）

A. CO_2 + H_2O + ATP　　　　B. 乳酸

C. 丙酮酸　　　　D. 乙酰 CoA

9. 需要引物分子参与生物合成反应的有（　　）

A. 酮体生成　　　　B. 脂肪合成

C. 糖异生合成葡萄糖　　　　D. 糖原合成

E. 以上都是

10. 在原核生物中，1mol 葡萄糖经糖的有氧氧化可产生（　　）mol ATP

A. 12　　　　B. 24　　　　C. 36　　　　D. 38

11. 植物合成蔗糖的主要酶是（　　）

A. 蔗糖合酶　　　　B. 蔗糖磷酸化酶

C. 蔗糖磷酸合酶　　　　D. 转化酶

12. 不能经糖异生合成葡萄糖的物质是（　　）

A. α-磷酸甘油　　B. 丙酮酸　　C. 乳酸　　D. 乙酰 CoA

E. 生糖氨基酸

13. 丙酮酸激酶是何途径的关键酶（　　）

A. 磷酸戊糖途径　　　　B. 糖异生

C. 糖的有氧氧化　　　　D. 糖原合成与分解

E. 糖酵解

14. 丙酮酸羧化酶是哪一个途径的关键酶（　　）

A. 糖异生　　　　B. 磷酸戊糖途径

C. 胆固醇合成　　　　D. 血红素合成

E. 脂肪酸合成

15. 动物饥饿后摄食，其肝细胞的主要糖代谢途径为（　　）
   A. 糖异生　　　　　B. 糖有氧氧化　　　C. 糖酵解　　　　　D. 糖原分解
   E. 磷酸戊糖途径

16. 下列各中间产物中，是磷酸戊糖途径所特有的是（　　）
   A. 丙酮酸　　　　　　　　　　　　　B. 3-磷酸甘油醛
   C. 6-磷酸果糖　　　　　　　　　　　D. 1,3-二磷酸甘油酸
   E. 6-磷酸葡萄糖酸

17. 三碳糖、六碳糖与七碳糖之间相互转变的糖代谢径是（　　）
   A. 糖异生　　　　　　　　　　　　　B. 糖酵解
   C. 三羧酸循环　　　　　　　　　　　D. 磷酸戊糖途径
   E. 糖的有氧氧化

18. 关于三羧酸循环的叙述哪个是错误的（　　）
   A. 是糖、脂肪及蛋白质分解的最终途径
   B. 受 ATP/ADP 比值的调节
   C. NADH 可抑制柠檬酸合酶
   D. NADH 氧化需要线粒体穿梭系统

19. 三羧酸循环中哪一个化合物前后各放出一个分子 CO_2（　　）
   A. 柠檬酸　　　　　　　　　　　　　B. 乙酰 CoA
   C. 琥珀酸　　　　　　　　　　　　　D. α-酮戊二酸

20. 磷酸果糖激酶所催化的反应产物是（　　）
   A. F-1-P　　　　B. F-6-P　　　　C. F-D-P　　　　D. G-6-P

21. TCA 循环中发生底物水平磷酸化的化合物是（　　）
   A. α-酮戊二酸　　B. 琥珀酰　　　C. 琥珀酸 CoA　　D. 苹果酸

22. 丙酮酸脱氢酶系催化的反应不涉及下述哪种物质（　　）
   A. 乙酰 CoA　　　B. 硫辛酸　　　C. TPP　　　　　D. 生物素
   E. NAD^+

23. 三羧酸循环的限速酶是（　　）
   A. 丙酮酸脱氢酶　　　　　　　　　　B. 顺乌头酸酶
   C. 琥珀酸脱氢酶　　　　　　　　　　D. 延胡索酸酶
   E. 异柠檬酸脱氢酶

24. 生物素是哪个酶的辅酶（　　）
   A. 丙酮酸脱氢酶　　　　　　　　　　B. 丙酮酸羧化酶
   C. 烯醇化酶　　　　　　　　　　　　D. 醛缩酶
   E. 磷酸烯醇式丙酮酸羧激酶

25. 三羧酸循环中催化琥珀酸形成延胡索酸的酶是琥珀酸脱氢酶，此酶的辅因子是（　　）

A. NAD$^+$ B. CoASH   C. FAD   D. TPP
E. NADP$^+$

26. 下面哪种酶在糖酵解和糖异生中都起作用（　　）
A. 丙酮酸激酶   B. 丙酮酸羧化酶
C. 3-磷酸甘油醛脱氢酶   D. 己糖激酶
E. 1,6-二磷酸果糖酯酶

27. 糖酵解时，哪一对代谢物提供P使ADP生成ATP（　　）
A. 3-磷酸甘油醛及磷酸烯醇式丙酮酸
B. 1,3-二磷酸甘油酸及磷酸烯醇式丙酮酸
C. 1-磷酸葡萄糖及1,6-二磷酸果糖
D. 6-磷酸葡萄糖及2-磷酸甘油酸

28. 在有氧条件下，线粒体内下述反应中能产生FADH$_2$步骤是（　　）
A. 琥珀酸→延胡索酸   B. 异柠檬酸→α-酮戊二酸
C. α-戊二酸→琥珀酰CoA   D. 苹果酸→草酰乙酸

29. 丙二酸能阻断糖的有氧氧化，因为它（　　）
A. 抑制柠檬酸合成酶   B. 抑制琥珀酸脱氢酶
C. 阻断电子传递   D. 抑制丙酮酸脱氢酶

30. 由葡萄糖合成糖原时，每增加一个葡萄糖单位消耗高能磷酸键数为（　　）
A. 1   B. 2   C. 3   D. 4
E. 5

四、判断题

1. 细胞色素是指含有FAD辅基的电子传递蛋白。（　　）
2. 糖酵解过程在有氧无氧条件下都能进行。（　　）
3. 呼吸链中的递氢体本质上都是递电子体。（　　）
4. 胞液中的NADH通过苹果酸穿梭作用进入线粒体，其P/O比值约为2。（　　）
5. TCA中底物水平磷酸化直接生成的是ATP。（　　）
6. ATP在高能化合物中占有特殊的地位，它起着共同的中间体的作用。（　　）
7. 所有生物体呼吸作用的电子受体一定是氧。（　　）
8. 麦芽糖是由葡萄糖与果糖构成的双糖。（　　）
9. 沿糖酵解途径简单逆行，可从丙酮酸等小分子前体物质合成葡萄糖。（　　）
10. 所有来自磷酸戊糖途径的还原能都是在该循环的前三步反应中产生的。（　　）
11. 发酵可以在活细胞外进行。（　　）

12. 柠檬酸循环是分解与合成的两用途径。（　　）
13. 淀粉、糖原、纤维素的生物合成均需要"引物"存在。（　　）

五、简答题

1. 何谓三羧酸循环？它有何特点和生物学意义？
2. 磷酸戊糖途径有何特点？其生物学意义何在？
3. 何谓糖酵解？糖酵解与糖异生的途径有哪些差异？糖酵解与糖的有氧氧化有何关系？
4. 为什么说6-磷酸葡萄糖是各条糖代谢途径的交叉点？
5. 什么是生物氧化？有何特点？
6. 氰化物为什么能引起细胞窒息死亡？
7. 简述体内新陈代谢的过程。

实训一　双酶法制备淀粉水解糖

一、实训目的

（1）理解双酶法制备淀粉水解糖的原理。
（2）掌握淀粉水解糖的制备工艺。
（3）熟练进行淀粉水解糖的制备操作。

实训备忘

工业生产中将淀粉水解为葡萄糖的过程成为"糖化"，得到的液体为淀粉水解糖液或糖化醪液。淀粉水解糖的制备方法有三种：酸解法，酶解法和酸酶结合法。

淀粉水解的过程和水解反应式如下：

淀粉 → 蓝糊精 → 红糊精 → 无色糊精 → 麦芽糖 → 葡萄糖

$$(C_6H_{10}O_5)_n + nH_2O \xrightarrow{\text{酸或酶}} nC_6H_{12}O_6$$

本实训采用双酶水解法制备糖化醪液，以专一性很强的淀粉酶和糖化酶为催化剂，将淀粉水解为葡萄糖。酶解法可分为两步：第一步，利用 α-淀粉酶将淀粉液化；第二步，利用糖化酶将糊精或低聚糖进一步水解转化生成葡萄糖。生产上这两步分别称为液化和糖化。由于在该过程中淀粉的液化和糖化都是在酶的作用下进行的。因此酶解法又称为双酶法或多酶法。糖化醪液中主要的糖类是葡萄糖。

液化：α-淀粉酶（工业上成为液化酶）作用于淀粉时，可以从分子内部切开 α-1,4-糖苷键，产生糊精，低聚糖和少量还原糖。

糖化：利用糖化酶将糊精及低聚糖水解为葡萄糖的过程。

二、实训材料

大米粉，α-淀粉酶（2000U/g），糖化酶（50000U/g），碘液（11g 碘，加 22g 碘化钾，用蒸馏水定容至 500mL），恒温水浴槽，真空泵，抽滤瓶及布氏漏斗，比色板。

三、实训内容与操作步骤

1. 液化

称取 30g 大米粉于三角瓶中，加水至 100mL，用纯碱调节 pH 到 6.2~6.4，再加入适量的氯化钙。使钙离子浓度达到 0.01mol/L，并加入一定量的液化酶（控制 5~8U/g 淀粉），搅拌均匀后加热至 85~90℃，保温 10min 左右，用碘液检验，达到所需的液化程度后升温到 100℃，灭酶 5~10min。

2. 碘液检验方法

在洁净的比色板上滴入 1~2 滴碘液，再滴加 1~2 滴待检的液化液，若反应液呈橙黄色或棕红色即液化完全。

3. 糖化

将上述液化液冷却至 60℃，用 10% 柠檬酸调节 pH 至 4.0~4.5 按 100U/g 淀粉的量加入糖化酶，并于 55~60℃ 保温糖化至糖化完全。糖化结束后升温至 100℃，灭酶 5min。

4. 糖化终点的判断

在 150mm×15mm 试管中加入 10~15mL 无水乙醇，加糖化液 1~2 滴，摇匀后若无白色沉淀形成表明已达到糖化终点。

5. 过滤

将糖化液趁热用布氏漏斗进行抽滤，所得滤液即为水解糖液。

四、实训结果

1. 观察水解糖液的颜色和澄清度，检测 pH，讨论水解糖液质量的高低。
2. 试述液化时添加 $CaCl_2$ 的作用。

五、思考题

1. 实验中有哪些注意事项？
2. 水解糖液中的主要成分是什么？还有哪些杂质？这些杂质中，哪些微生物能够利用，哪些不能利用？

实训二　斐林试剂热滴定法测定还原糖和总糖含量

一、实训目的

（1）掌握斐林试剂配制、快速热滴定测定糖的原理和操作。

（2）掌握滴定操作和热滴定终点判断的方法。

实训备忘

还原糖在碱性溶液中能将 Ag^+，Hg^+，Cu^{2+}，$Fe(CN)_6^{3-}$ 等金属离子还原，而糖本身则氧化成各种羟酸，利用这一特性可以对还原糖进行定量测定。本实验采用斐林试剂热滴定法，氧化剂是斐林试剂，它是由甲、乙两种溶液组成的，甲液中含有硫酸铜、次甲基蓝；乙液中含有氢氧化钠、酒石酸钾钠和亚铁氰化钾（黄血盐）。当甲乙两液混合时，硫酸铜和氢氧化钠作用形成氢氧化铜沉淀。由于溶液中存在酒石酸钾钠，它和氢氧化铜形成可溶性络合物酒石酸钾钠铜。

$$2NaOH + CuSO_4 \longrightarrow Cu(OH)_2 + Na_2SO_4$$

$$\begin{array}{c} COONa \\ H-C-OH \\ H-C-OH \\ COOK \end{array} + Cu(OH)_2 \longrightarrow \begin{array}{c} COONa \\ H-C-O \\ H-C-O \\ COOK \end{array}\!\!\!Cu + 2H_2O$$

酒石酸钾钠　　　　　　　　　　酒石酸钾钠铜

酒石酸钾钠铜在与还原糖共热时，二价铜离子即被还原成一价的氧化亚铜红色沉淀。

$$2\begin{array}{c} COONa \\ H-C-O \\ H-C-O \\ COOK \end{array}\!\!\!Cu + CH_2OH(CHOH)_4CHO + 2H_2O \longrightarrow 2\begin{array}{c} COONa \\ H-C-OH \\ H-C-OH \\ COONa \end{array} +$$

葡萄糖

$$CH_2OH(CHOH)_4COOH \quad + \quad Cu_2O\downarrow$$

葡萄糖酸　　　　　　　　　氧化亚铜

斐林试剂中二价铜的还原力比次甲基蓝强，因此所滴入的标准葡萄糖溶液首先使二价铜还原，只有当二价铜被还原完毕后，才能使次甲基蓝（甲烯蓝）还原为无色，测定中以此作为滴定终点。

在测定时先做一对照管（不加样品），用标准葡萄糖滴定求一定体积斐林试剂中二价铜和次甲基蓝的量，即测定对照管消耗的标准葡萄糖量（A）。再做样品管，样品中还原糖消耗斐林试剂中一部分二价铜，剩余的量再用标准葡萄糖来滴定，即样品消耗的标准葡萄糖量（B）。将（A）减去（B）就可求得样品中的还原糖量。

二、实训材料

1. 试剂

（1）斐林试剂

甲液：称取 15g 硫酸铜（$CuSO_4 \cdot 5H_2O$）及 0.05g 亚甲基蓝，溶于蒸馏水中并稀释到 1000mL。

乙液：称取 50g 酒石酸钾钠及 75g NaOH，溶于蒸馏水中，再加入 4g 亚铁氰化钾 [$K_4Fe(CN)_6$]，完全溶解后，用蒸馏水稀释到 1000mL，贮存于具橡皮塞玻璃瓶中。

（2）0.1% 葡萄糖标准溶液 准确称取 1.000g 经 98~100℃ 干燥至恒重的无水葡萄糖，加蒸馏水溶解后移入 1000mL 容量瓶中，加入 5mL 浓 HCl，用蒸馏水稀释到 1000mL。

（3）6mol/L HCl 取 250mL 浓 HCl（35%~38%）用蒸馏水稀释到 500mL。

（4）6mol/L NaOH 称取 120g NaOH 溶于 500mL 蒸馏水中。

（5）0.1% 酚酞指示剂。

2. 主要器材

试管；吸量管 5mL 和 10mL；烧杯 100mL；250mL 锥形瓶；调温电炉；酸式滴定管 25mL。

三、实训内容与操作步骤

1. 样液的制备

还原糖样液的制备：将淀粉水解糖液充分摇匀，取 1mL 水解糖液于小烧杯中，加入 100mL 蒸馏水充分溶解摇匀，然后转移至 500mL 容量瓶中定容。

总糖样液的制备：将淀粉水解糖液充分摇匀，取 1mL 水解糖液于小烧杯中，先加入 6mol/L HCl 10mL，水 15mL，搅匀后放入沸水浴加热水解 30min，冷却后用 6mol/L NaOH 调 pH 到中性（1 滴酚酞试剂检测呈微红）然后转移至 500mL 容量瓶中定容。

2. 空白滴定

准确吸取斐林试剂甲液和乙液各 5.00mL，置于 250mL 锥形瓶中，加蒸馏水 10mL。为了保证处于沸腾状态下快速滴定（整个滴定时间在 2min 内完成），在滴定前先从滴定管滴加约 9mL 葡萄糖标准溶液，再加热使其在 3min 内沸腾，准确沸腾 30s，趁热以每 2s 1 滴的速度继续滴加葡萄糖标准溶液，直至溶液蓝色刚好褪去为终点。记录消耗葡萄糖标准溶液的总体积 A。平行操作 3 次，取其平均值，即为测定空白时消耗的标准葡萄糖液的体积。

3. 总糖的测定

准确吸取样品液 5mL，置于 250mL 锥形瓶中，准确加入斐林试剂甲液和乙液各 5.00mL，然后按照空白实验的操作进行。记录消耗标准葡萄糖液的总体积 B，平行操作 3 次，取其平均值。

由于还原型的次甲基蓝遇到空气后又能转为氧化型，而恢复蓝色，因此当滴定到蓝色刚消失、出现黄色时应立即停止滴定，如果再现蓝色切勿继续滴定。

四、结果处理

用下式分别计算样品中还原糖和总糖的含量：

$$还原糖含量 = \frac{(V_A - V_B) \times 标准葡萄糖浓度 \times 样品稀释倍数}{吸取测定毫升数 \times 样品量} \times 100 （\%）$$

$$总糖含量 = \frac{(V_A - V_B) \times 标准葡萄糖浓度 \times 样品稀释倍数}{吸取测定毫升数 \times 样品量} \times 100 （\%）$$

式中　V_A——空白滴定时消耗的标准葡萄糖液的体积，mL

　　　V_B——样品滴定时消耗的标准葡萄糖液的体积，mL

五、注意事项

（1）配制葡萄糖标准溶液时加入盐酸，是为了防止微生物生长。

（2）将斐林试剂甲液和乙液应分别贮存，用时才混合，否则酒石酸钾钠铜络合物长期在碱性条件下会慢慢分解析出氧化亚铜沉淀，使试剂有效浓度降低。

（3）滴定必须在沸腾条件下进行，其原因一是加快还原糖与 Cu^{2+} 的反应速度；二是亚甲基蓝的变色反应是可逆的，还原型的亚甲基蓝遇空气中的氧再被氧化为氧化型。此外，氧化亚铜也极不稳定，易被空气中的氧所氧化。保持反应液沸腾可防止空气进入，避免亚甲基蓝和氧化亚铜被氧化而增加消耗量。

（4）滴定时不能随意摇动锥形瓶，更不能把锥形瓶从热源上取下来滴定，以防止空气进入反应溶液中。

实训三　3，5-二硝基水杨酸法测定还原糖和总糖含量

一、实训目的

（1）理解3，5-二硝基水杨酸法测定还原糖和总糖的原理。

（2）掌握3，5-二硝基水杨酸法测定还原糖和总糖的操作。

实训备忘

还原糖是指含有自由基醛基或酮基、具有还原性的糖类。3，5-二硝基水杨酸与还原糖共热后可生成棕红色氨基化合物，在540nm波长处有最大吸收。在一定范围内，该棕红色化合物颜色的深浅与还原糖的量呈正比关系，可用分光光度计进行比色测定。因此3，5-二硝基水杨酸法可用于还原糖的测定，且具有快速、杂质干扰小的优点。

不具还原性的部分双糖或多糖经酸水解后可彻底分解为具有还原性的单糖。通过对样品中的总糖进行酸水解，测定水解后还原糖含量，可计算出样品的总糖含量。

二、实训材料

（1）仪器　电热恒温水浴锅，分光光度计，试管及试管架，玻璃漏斗，容量瓶（100mL），量筒（10mL，100mL）。

（2）原料　淀粉水解糖液。

（3）试剂

①3,5-二硝基水杨酸试剂（DNS）：6.3g DNS 和 262mL 2mol/L NaOH 加入到 500mL 含有 182g 酒石酸钾钠的热水溶液中，再加入 5g 亚硫酸钠和 5g 结晶酚，搅拌溶解，冷却后加水定容至 1000mL，贮存于棕色瓶中，7~10d 后使用。

②葡萄糖标准溶液（1000μg/mL）：准确称取干燥恒重的葡萄糖1g，加入少量水溶解后再加入 8mL 12mol/L 的浓盐酸，以蒸馏水定容至 1000mL。

③6mol/L HCl。

④10% NaOH。

⑤6mol/L NaOH。

⑥碘试剂（称取 5g 碘和 10g 碘化钾，溶于 100mL 蒸馏水中）。

⑦酚酞试剂（称取 0.1g 酚酞，溶于 250mL 70% 乙醇中）。

三、实训内容与操作步骤

1. 标准曲线的制作

（1）标准葡萄糖梯度溶液的配制　取 5 支大试管，分别按表 4-6 加入试剂。

（2）绘制标准曲线　另取 6 支试管，前 5 支分别加入上述不同梯度葡萄糖溶液 1mL，第 6 管加入蒸馏水 1mL。然后各管再加入 DNS 试剂 1mL。沸水浴加热 5min，取出冷却后再加入蒸馏水 8mL。摇匀，以第 6 管作为空白，分光光度计 540nm 处测定吸光值。以吸光值为纵坐标，葡萄糖含量为横坐标，绘制标准曲线。见表 4-6。

表 4-6　　　　　　　　　　绘制标准曲线

试剂	1	2	3	4	5
葡萄糖标准溶液浓度/（1000μg/mL）	1	2	4	6	8
蒸馏水加入量/mL	9	8	6	4	2
葡萄糖最终浓度/（μg/mL）	100	200	400	600	800

2. 样液的制备

（1）还原糖样液的制备　将淀粉水解糖液充分摇匀，取 1mL 水解糖液于小烧杯中，加入 100mL 蒸馏水充分溶解摇匀，然后转移至 500mL 容量瓶中定容。

（2）总糖样液的制备　将淀粉水解糖液充分摇匀，取 1mL 水解糖液于小烧杯中，先加入 6mol/L HCl 10mL，水 15mL，搅匀后放入沸水浴加热水解 30min，冷却后用 6mol/L NaOH 调 pH 到中性（1 滴酚酞试剂检测呈微红）然后转移至

500mL 容量瓶中定容。

3. 样品中还原糖和总糖的测定

分别吸取上述还原糖溶液和总糖溶液水解液 1mL 于试管中,以制作标准曲线相同的方法加入 DNS 试剂 1mL,沸水浴加热 5min,取出冷却后再加入蒸馏水 8mL,摇匀,分光光度计 540nm 处测定吸光值。还原糖和总糖各做 3 个平行实验。

根据测定的吸光值,在标准曲线上查出相应的还原糖含量,并折算成样品中还原糖和总糖含量。

四、结果处理

含糖量 = 测得的糖量(mg)×样品稀释倍数×100/样品量(mg)(%)

五、思考题

1. 糖包括哪些化合物?
2. 为保证实验中糖测定的准确性,应注意哪些操作事项?

实训四 酒精发酵

一、实训目的

(1) 理解糖的无氧酵解途径。
(2) 了解厌氧发酵的工艺过程。
(3) 了解酒精度的测定方法和操作过程。

实训备忘

酒精发酵是典型的糖无氧酵解途径。在无氧的培养条件下,酵母菌利用糖发酵出酒精和二氧化碳的过程即为酒精发酵,反应式为:

$$C_6H_{12}O_6 \longrightarrow 2C_2H_5OH + 2CO_2$$

通过对发酵醪液酒精含量的测定,可以判断酒精发酵的进程。

二、实训材料

10L 机械搅拌发酵罐;酒精蒸馏装置;比重瓶;淀粉水解糖液;活性干酵母;BF-7658 淀粉酶;糖化酶。

三、实训内容与操作步骤

(一) 具体操作

(1) 活性干酵母活化 按糖液量 0.5% 称取活性干酵母,用 1:40 的 2% 蔗糖溶液,38~40℃ 保温活化 30min。

(2) 接种发酵 将活化好的酵母接入到发酵罐中,35~38℃ 培养发酵 68~72h。

（3）酒精含量测定　观察并记录酒精发酵工艺过程。发酵醪温度 1h 测 1 次，2h 记录 1 次；发酵醪液酒精含量每间隔 12h 测定 1 次并记录。

（二）酒精度的测定

1. 原理

试样以蒸馏法除去不挥发物质，用密度瓶或酒精计测定蒸馏液的相对密度。根据蒸馏液的相对密度查相对密度－酒精度对照表或直接从酒精计读数求得酒精含量（％，体积分数或％，质量分数）。

2. 仪器

（1）蒸馏仪器　蒸馏烧瓶容积，500mL。冷凝器，套管长度不短于 400mm；内管直径 9mm。

（2）比重瓶　主体容积 25mL；温度计分度值为 0.2℃。

（3）恒温水浴　准确度 0.1℃。

3. 操作

取一清洁的 100mL 容量瓶，用被测试样荡洗 2～3 次。然后注满至近刻度，将容量瓶置于 20℃ 水浴中 20～30min，用 20℃ 试样补足至刻度。将试样移入 500mL 蒸馏瓶中，用 50mL 冷水分 3 次冲洗容量瓶，并将洗液一并移入蒸馏烧瓶。将烧瓶接入蒸馏装置中。用装试样的原容量瓶作为接受器进行蒸馏。为防止酒精挥发，勿在气温较高时蒸馏，应将容量瓶浸入冰水浴中，并使应接管出口伸入容量瓶的球部。

当蒸馏液体积达到容量的 95％～98％ 时，停止蒸馏。用少许水洗涤应接管的头端，将洗液并入容量瓶。塞好容量瓶，摇匀。如在刻度以上瓶颈沾有液滴，小心用少许水将其洗下。置容量瓶于 20℃ 水浴中 30min，并用清洁的毛细滴管或洗瓶加同样温度的水至刻度，再次摇匀。用比重瓶测定蒸馏液 20℃ 的比重。由附录查得试样以体积百分比表示的酒精含量。

当对分析结果仅要求达到一位小数得准确度的时候，可将蒸馏液用酒精计直接测定。

称取 100.00g 试样于 500mL 蒸馏瓶中，加入 50mL 水，按操作进行蒸馏。蒸馏液用一已称重的 100mL 容量瓶作为接受器，瓶内预先加入 5mL 水，并将冷凝器的应接管出口插入水中。当蒸馏液达到 96mL 左右时停止蒸馏，用清洁得毛细滴管或洗瓶加水至蒸馏重量为 100.0g，摇匀。用密度瓶测定蒸馏液的相对密度。由表查试样以质量分数表示的酒精含量。

项目五 脂

学习目标

通过本项目的学习，了解脂肪及反式脂肪酸等基础知识，了解脂肪消化、吸收及降解方式，掌握 β-氧化过程，了解人体内重要类脂。具备脂类检测及提取的能力，能够掌握相关生产岗位的工作原理。

> **知识目标**

1. 了解脂肪的组成、结构，脂肪的分类。掌握常用脂类。
2. 了解人体内的消化、吸收方式及转运方式。
3. 了解脂肪的降解方式，掌握 β-氧化过程。
4. 了解脂肪的生物合成方式及存贮方式。
5. 了解人体内重要类脂的代谢。

> **能力目标**

1. 具备脂类检测的能力，熟悉检测技术，能胜任脂类检测岗位的工作。
2. 熟悉重要脂类的提取鉴定技能，能掌握相应生产岗位的工作原理。

任务描述

食品中各种脂类对身体有很大影响。某食品厂要对其产品进行脂类的种类分析与含量测定，并撰写分析报告，分析脂类对人类的影响。

一、脂类物质及功能

（一）脂类的定义

脂质（lipid，也译为脂类或类脂），是一类低溶于水而高溶于非极性溶剂的生物有机分子。对大多数脂质而言，其化学本质是脂肪酸和醇所形成的酯类及其衍生物。参与脂质组成的脂肪酸多是4碳以上的长链一元羧酸，醇成分包括甘油（丙三醇）、鞘氨醇、高级一元醇和固醇。

脂质的主要元素组成为碳、氢、氧，有些尚含有氮、磷和硫。

（二）脂类的分类与生物学功能

脂类分为两大类，即脂肪和类脂。

脂肪即甘油三酯，R_1、R_2 及 R_3 分别代表三分子脂肪酸的羟基，根据它们是否相同将脂肪分成单纯甘油酯和混合甘油酯两类。如果其中三分子脂肪酸是相同的，构成的脂肪称为单纯甘油酯，如三油酸甘油酯；如果是不同的，则称为混合甘油酯，如 α - 软脂酸 - β - 油酸 - α' - 硬脂酸甘油酯。人体的脂肪一般为混合甘油酯，所含的脂肪酸主要是软脂酸和油酸。由于人体内脂肪酸种类很多，生成甘油三酯时会有不同的排列组合，因此，甘油三酯具有多种结构形式。

类脂包括磷脂、糖脂、固醇脂三大类。

磷脂是含有磷酸的脂类，它们在自然界的分布很广，种类繁多。按其化学组成大体分两大类：一类是分子中含有甘油的，称为甘油磷脂；另一类是分子中含神经氨基醇的，称为神经磷脂。甘油磷脂又按性质的不同再分为中性甘油磷脂和酸性甘油磷脂两类。前者如磷脂酰胆碱（卵磷脂）、磷脂酰乙醇胺（脑磷脂、缩醛磷脂）、溶血磷脂酰胆碱等；后者如磷脂酸、磷脂酰丝氨酸、二磷脂酰甘油（心磷脂）等。磷脂中的神经磷脂以酰胺即脑酰胺形式存在，如脑酰胺磷脂胆碱（神经磷脂、鞘磷脂）、脑酰胺磷酸甘油等。

胆固醇是人和动物体内重要的固醇类之一，其结构中含有一个环戊烷多氢菲环，大部分胆固醇以胆固醇酯（与脂肪酸结合）的形式存在。胆固醇在 C_7、C_8 位上脱氢后的化合物是 7 - 脱氢胆固醇，它存在于皮肤和毛发，经阳光或紫外线照射后能转变为维生素 D_3。

生物体内的脂类种类较多，功能各异，按照脂类的生物学功能可把脂类分成三大类。

1. 贮存脂质

这一类脂类是三酰甘油和蜡。在大多数真核细胞中，三酰甘油以微小的油滴形式存在于含水的胞质溶胶中。脊椎动物的专门化细胞，称脂肪细胞，贮存大量的三酰甘油，几乎充满了整个细胞。许多植物的种子中，存在三酰甘油，为种子发芽提供能量和合成前体。很多生物中，油脂是能量的主要贮存形式，它们是高度还原的化合物。1g 油脂在体内完全氧化将产生 37kJ 能量，而 1g 糖或蛋白质只产生 17kJ 能量。以油脂作为贮存燃料还有一个好处是，有机体不必携带如贮存多糖那样的结合水，因为三酰甘油是疏水的。肥胖人的脂肪组织（皮下、腹腔和乳腺）积累的三酰甘油可达 15~20kg，足以供给机体一个月所需的能量。然而，人体以糖原形式贮存的能量不够一天的需要。葡萄糖和糖原的优点是易溶于水，能快速提供代谢所需的能量。某些动物贮存在皮下的三酰甘油不仅可作为能储，而且还可作为抗低温的绝缘层。

2. 结构脂类

细胞的外周膜（质膜），核膜和各种细胞器的膜总称为生物膜。各种生物膜的骨架是一样的，主要是由磷脂类构成的双分子层或脂双层。参与脂双层构成的膜脂还有固醇和糖脂。脂双层有屏障作用，使膜两侧的亲水性物质不能自由通过，这对维持细胞正常的结构和功能是很重要的。

3. 活性脂质

贮存脂类和结构脂质是较大量的细胞成分，活性脂质是小量的细胞成分，但具有专一的重要生物活性。它们包括数百种类固醇和萜。类固醇中很重要的一类是类固醇激素，包括雄性激素、雌性激素和肾上腺皮质激素。萜类化合物包括对人体和动物的正常生长所必须的脂溶性维生素和多种光合色素（如类胡萝卜素）。还有一些其他活性脂质，如某些酶的辅助因子或激活剂等。

【知识链接】

脂肪酸是长链的单羧酸，游离的脂肪酸较少，它一般都是以甘油三酯（脂肪和油）的复合脂形式贮存的。

自然界存在的主要游离脂肪酸其碳原子数多为偶数，碳原子数多为12~20，其中 C_{16} 和 C_{18} 为多。通式为R-COOH，R中的碳原子数多为奇数表5-1。

如果碳氢链（R）是烷烃链，则这类脂肪酸是饱和脂肪酸，油脂中常见的饱和脂肪酸有十六烷酸（棕榈酸、软脂酸）、十八烷酸（硬脂酸）及花生酸（二十烷酸）等。在碳氢链（R）中含有一个（或多个）双链的脂肪酸为单（不）饱和脂肪酸。几乎所有的不饱和脂肪酸都是顺式结构。含有三个双键以上的脂肪酸，为多不饱和脂肪酸。

多不饱和脂肪酸不饱和脂肪酸是构成体内脂肪的一种脂肪酸，人体必需的脂肪酸。不饱和脂肪酸根据双键个数的不同，分为单不饱和脂肪酸和多不饱和脂肪酸两种。在食物脂肪中，单不饱和脂肪酸有油酸，多不饱和脂肪酸有亚油酸、亚麻酸和花生四烯酸等。人体不能合成亚油酸和亚麻酸，必须从膳食中补充。根据双键的位置及功能又将多不饱和脂肪酸分为 $\omega-6$ 系列和 $\omega-3$ 系列。亚油酸和花生四烯酸属 $\omega-6$ 系列，亚麻酸、DHA、EPA属 $\omega-3$ 系列。

表5-1　　　　　　　　　　常见重要的脂肪酸的名称

类别	系统名称	俗名	英文缩写	简写法
饱和脂肪酸	十二烷酸	月桂酸	Lau	12∶0
	十四烷酸	豆蔻酸	Myr	14∶0
	十六烷酸	棕榈酸、软脂酸	Pam	16∶0
	十八烷酸	硬脂酸	Ste	18∶0
	二十烷酸	花生酸	Ach	20∶0
不饱和脂肪酸	9-十六碳烯酸	棕榈硬脂酸	ΔPam	16∶1
	9-十八碳烯酸	油酸	Ole	18∶1 (9)
	9,12-十八碳二烯酸	亚油酸	Lin	18∶2 (9,12)
	9,12,15-十八碳三烯酸	亚麻酸	αLnn	18∶3 (9,12,15)
	5,8,11,14-二十碳四烯酸	花生四烯酸	Δ4Ach	20∶4 (5,8,11,14)
	5,8,11,14,17-二十碳五烯酸	二十碳五烯酸	EPA	20∶5 (5,8,11,14,17)
	13-二十二碳烯酸	芥酸	E	22∶1 (13)
	4,7,10,3,16,19-二十二碳六烯酸	二十二碳六烯酸	DHA	22∶6 (4,7,10,13,16,19)

多不饱和脂肪酸具有以下作用：调节血脂、清理血栓、免疫调节、维护视网膜提高视力、补脑健脑等。

人体中能够合成多数的脂肪酸。只有亚油酸、亚麻酸和花生四烯酸等多双键的不饱和脂肪酸不能在人体内合成，必须由食物供给，称为人体必须脂肪酸。

目前，市场上经常提到的脂肪酸有以下几种。

①反式脂肪酸：天然的脂肪酸几乎都是顺式脂肪酸，所谓的反式脂肪酸主要来自经过部分氢化的植物油。氢化植物油与普通植物油相比更加稳定，呈固体状态，可以使食品外观更好看，口感更松软；与动物油相比价格更低廉，现在广泛应用于食品行业中。比如薄脆饼干、焙烤食品、谷类食品、面包、快餐如炸薯条、炸鱼、洋葱圈、人造黄油等均含有反式脂肪酸。联合国粮农组织和世界卫生组织都建议每人每天摄取的反式脂肪酸不超过摄取的总热量的1%，大约相当于2g。而一份炸薯条的反式脂肪酸含量大约5g。

营养专家认为，反式脂肪酸在自然食物中的含量几乎为零，很难被人体接受、消化，容易导致人体的生理功能出现多重障碍，是一种完全由人类制造出来的食品添加剂。实际上，它也是人类健康的"杀手"。摄入过多的危害主要表现在降低记忆力、容易发胖、易引发冠心病、易形成血栓、影响生长发育等。

②DHA：DHA学名为二十二碳六烯酸，俗称脑黄金，是一种对人体非常重要的多不饱和脂肪酸，属于Ω-3不饱和脂肪酸家族中的重要成员。DHA是神经系统细胞生长及维持的一种主要元素，是大脑和视网膜的重要构成成分，在人体大脑皮层中所占比例高达20%，在眼睛视网膜中所占比例最大，约占50%，因此，对胎婴儿智力和视力发育至关重要。母乳、鱼类、藻类中含有丰富的DHA。

③ARA：ARA（AA）学名二十碳四烯酸，又名花生四烯酸，属Ω-6族长链多元不饱和脂肪酸。在幼儿时期ARA属于必需脂肪酸，ARA的缺乏对于人体组织器官的发育，尤其是大脑和神经系统发育可产生严重不良影响。成人体内的ARA能由必需脂肪酸亚油酸、亚麻酸转化而成，因此属于半必需脂肪酸。

④可可脂与代可可脂：可可脂是在制作巧克力和可可粉过程中自可可豆抽取的天然食用油。它具有淡淡的巧克力味道和香气，是制作真正巧克力的材料之一。一般称为白巧克力的糖果便单是由它制成的。可可脂具有可可特有的香味，具有很短的塑性范围。在27℃以下，几乎全部是固体（27.7℃开始熔化），随温度的升高会迅速熔化，到35℃就完全熔化。因此它是一种既有硬度，溶解又快的油脂。可可脂是已知最稳定的食用油，含有能防止变质的天然抗氧化剂，能贮存2～5年，使它可以用于食品以外的用途。

通常，将可可脂作为衡量纯巧克力的指标，因为其含有有益人体健康的物质。据美国研究人员报告，可可脂含有丰富的多酚，具有抗氧化功能，可以帮助人体对抗一系列疾病，减轻老化影响。

天然可可脂价格昂贵，目前在生产上，可用代可可脂代替可可脂。代可可脂是通过一系列人工的方法，采用不同类型的原料油脂（月桂酸型硬脂和非月桂酸型硬脂）生产出来的，由代可可脂制成的巧克力产品表面光泽良好，保持性长，入口无油腻感。不会因温度差异产生表面霜化。但口感与天然可可脂相去甚远。2004年7月1日，国家强制性标准《巧克力与巧克力制品》开始执行。该标准规定，巧克力中非可可脂的脂肪含量不得超过5%，并规定了巧克力中可可脂含量的下限，要求白巧克力中可可脂含量不低于20%，黑巧克力中可可脂含量不低于18%。不过牛乳巧克力中可可脂含量并无具体下限规定。

购买巧克力产品时一定要看清产品成分，不要被包装上的"巧克力"字样所迷惑。

二、脂类物质消化、吸收与代谢

正常人一般每日每人从食物中消化 50~60g 脂类，其中甘油三酯占到90%以上，除此以外还有少量的磷脂、胆固醇及其酯和一些游离脂肪酸。食物中的脂类在成人口腔和胃中不能被消化，这是由于口腔中没有消化脂类的酶，胃中虽有少量脂肪酶，但此酶只有在中性 pH 时才有活性，因此在胃液中此酶几乎没有活性（但是在婴儿期，胃酸浓度低，胃中 pH 接近中性，脂肪尤其是乳脂可被部分消化）。

脂类的消化主要在小肠中进行，首先在小肠上段，通过小肠蠕动，由胆汁中的胆汁酸盐使食物脂类乳化，使不溶于水的脂类分散成水包油的小胶体颗粒，提高溶解度，增加了酶与脂类的接触面积，有利于脂类的消化及吸收。在形成的水油界面上，分泌入胰液中包含的酶类，开始对食物中的脂类进行消化，这些酶包括胰脂肪酶、胆固醇酯酶和磷脂酶等。

脂类的吸收主要在十二指肠下段和盲肠。食物中脂类的吸收可通过淋巴直接进入体循环，而不通过肝脏。

三、脂肪的降解

脂类中含量最丰富的一类即脂肪。在此，重点介绍脂肪的降解。脂肪是甘油的3个羟基和3个脂肪酸分子缩合、失水后形成的酯。脂肪降解的第一步是水解生成的甘油和脂肪酸。

$$\underset{\text{二酰甘油}}{\begin{array}{c}O\\\parallel\\R_2-C-O-CH\\|\;\;\;\;\;\;\;\;\;\;\;\;\;\;\;\;CH_2-O-C-R_1\\\;\parallel\\\;O\\H_2COH\end{array}} + H_2O \xrightarrow{\text{二酰甘油脂肪酶}} \underset{\text{一酰甘油}}{\begin{array}{c}O\;\;\;\;H_2COH\\\parallel\\R_2-C-O-CH\\|\\H_2COH\end{array}} + R_1COOH\;\text{脂肪酸}$$

$$\underset{\text{一酰甘油}}{\begin{array}{c}O\;\;\;\;H_2COH\\\parallel\\R_2-C-O-CH\\|\\H_2COH\end{array}} + H_2O \xrightarrow{\text{一酰甘油脂肪酶}} \underset{\text{甘油}}{\begin{array}{c}H_2COH\\HCOH\\H_2COH\end{array}} + R_2COOH\;\text{脂肪酸}$$

(一) 甘油的代谢

甘油经下列途径和相应的酶催化,形成糖酵解的中间产物——磷酸二羟丙酮。反应如下:

$$\underset{\text{甘油}}{\begin{array}{c}CH_2OH\\|\\CHOH\\|\\CH_3OH\end{array}} + ATP \xrightleftharpoons{\text{甘油激酶}} \underset{\text{3-磷酸甘油}}{\begin{array}{c}CH_2OH\\|\\CHOH\;\;\;\;O\\|\;\;\;\;\;\;\;\;\parallel\\CH_3-O-P-O^-\\|\\O^-\end{array}} + ADP$$

$$\begin{array}{c}CH_2OH\\|\\CHOH\;\;\;\;O\\|\;\;\;\;\;\;\;\;\parallel\\CH_3-O-P-O^-\\|\\O^-\end{array} + NAD^+ \xrightarrow{\text{磷酸甘油脱氢酶}} \underset{\text{磷酸二羟丙酮}}{\begin{array}{c}CH_2OH\\|\\C=O\;\;\;\;O\\|\;\;\;\;\;\;\;\;\parallel\\CH_3-O-P-O^-\\|\\O^-\end{array}} + NADH + H^+$$

生成的磷酸二羟丙酮可经糖酵解途径继续分解氧化生成丙酮酸,进入三羧酸循环途径彻底氧化,也可经糖异生途径最后生成葡萄糖,可重新转变为3-磷酸甘油,作为体内脂肪和磷脂等的合成原料。

(二) 脂肪酸的代谢

细胞中的脂肪酸除了一少部分重新合成脂肪作为贮脂外,大部分氧化供能以满足体内的能量之需。

脂肪酸氧化的步骤如下。

1. 脂肪酸的活化

脂肪酸在细胞质中首先被活化,然后再进入线粒体内被氧化。活化过程实际上就是把脂肪酸转变为脂酰 CoA。在细胞内有两类活化脂肪酸的酶:(1) 内质网脂酰 CoA 合成酶也称硫激酶,可活化 12 个碳原子以上的长链脂肪酸;(2) 线粒体脂酰 CoA 合成酶，可活化具有 4～10 个碳原子的中链或短链脂肪酸。催化的反应需 ATP 参加，总反应式是：

$$R-COO^- + ATP + HS-CoA \xrightleftharpoons[Mg^{2+}]{} R-CO-SCoA + PPi + AMP$$

该反应实际分两步进行：首先脂肪酸的羧基与腺苷酸的磷酸基连在一起形成脂酰腺苷酸和焦磷酸，然后脂酰腺苷酸再与 CoA 化合生成脂酰 CoA 和 AMP。

$$RCOOH + ATP \rightleftharpoons R-CO-AMP + PPi$$

$$R-C(OH)-AMP + HS-CoA \rightleftharpoons R-CO \sim SCoA + AMP$$

形成一个高能硫酯键需消耗两个高能磷酸键。但由于机体内有焦磷酸酶可迅速水解反应生成的焦磷酸，成为水和无机磷，保证反应自左向右几乎不可逆地进行。

2. 脂酰 CoA 向线粒体基质转移

脂肪酸的 β - 氧化酶系都存在于线粒体中。在线粒体外合成的脂酰 CoA，中、短碳链的可以直接穿过线粒体膜进入线粒体基质中，而长碳链的则不能穿过线粒体膜。最近发现的肉碱（肉毒碱）是一种载体，可将脂肪酸以脂酰基的形式从线粒体膜外转运到膜内。

肉碱即 L - β - 羟基 - γ 三甲基铵基丁酸，是一个由赖氨酸衍生而成的兼性化合物。它在线粒体膜外侧与脂酰 CoA 结合生成脂酰肉碱，催化该反应的酶为肉碱脂酰转移酶 I。

脂酰肉碱通过线粒体内膜的移位酶穿过内膜，脂酰基与线粒体基质中的 CoA 结合，重新产生脂酰 CoA，释放肉碱。线粒体内膜内侧的肉碱转移酶 II 催化此反应。最后肉碱经移位酶的协助又回到细胞质中，如图 5 - 1 所示。

3. 脂肪酸 β - 氧化作用的步骤

饱和偶碳脂肪酸进行 β - 氧化作用，位置在线粒体基质中。β - 氧化作用是脂肪酸在一系列酶的作用下，在 α - 碳原子和 β - 碳原子之间断裂，β - 碳原子氧化成羧基，生成含 2 个碳原子的乙酰 CoA 和较原来少 2 个碳原子的脂肪酸。β - 氧化作用包括四个循环的步骤：

（1）脂酰 CoA 的 α - β 脱氢　脂酰 CoA 在脂酰 CoA 脱氢酶的催化下，在 α 与 β 碳位之间脱氢，形成反式双键的脂酰 CoA，即 α，β - 反式烯脂酰 CoA（Δ^2 反式烯脂酰 CoA）。

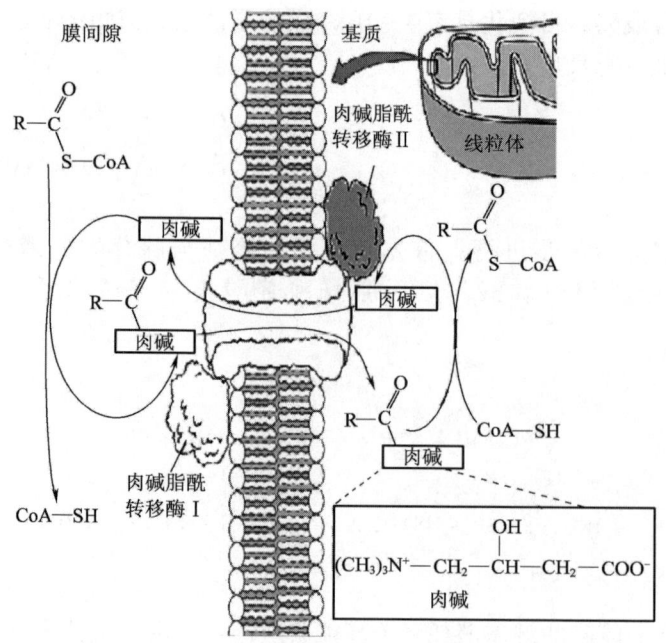

图 5-1 脂酰 CoA 的转运

$$R-CH_2-CH_2-CH_2-\overset{O}{\underset{}{C}}-SCoA \xrightarrow{FAD \quad FADH_2} R-CH_2-\underset{H}{\overset{H}{C}}=\underset{}{\overset{}{C}}-\overset{O}{\underset{}{C}}-SCoA$$

脂酰CoA　　　　　　　　　　　　　　　　α,β-反式烯脂酰CoA

在线粒体中已找到三种脂酰 CoA 脱氢酶，它们都是以 FAD 为辅基的，作为氢的载体，只是分别特异性催化链长为 $C_4 \sim C_6$，$C_6 \sim C_{14}$，$C_6 \sim C_{18}$ 的脂酰 CoA。

(2) Δ^2 反式烯脂酰 CoA 的水化　在烯脂酰 CoA 水化酶的催化下，反式烯脂酰 CoA 的双键上加 1 分子水形成 L（+）β-羟脂酰 CoA。

$$R-\underset{H}{\overset{H}{C}}=\underset{}{\overset{}{C}}-\overset{O}{\underset{}{C}}-SCoA \underset{-H_2O}{\overset{+H_2O}{\rightleftharpoons}} R-\underset{H}{\overset{OH}{C}}-\underset{H}{\overset{H}{C}}-\overset{O}{\underset{}{C}}-SCoA$$

Δ² 反式烯脂酰 CoA　　　　　　　L（+）β-羟脂酰 CoA

(3) L（+）β-羟脂酰 CoA 的脱氢　经 L（+）β-羟脂酰 CoA 脱氢酶催化，在 L（+）β-羟脂酰 CoA 的 C_3 的羟基上脱氢，氧化成 β-酮脂酰 CoA。此酶以 NAD+ 为辅酶。该酶虽然对底物链长短无专一性，但有明显的立体特异性，只对 L-型异构体的底物有活性。不能作用于 D-型底物。

$$\text{L}(+)\beta\text{-羟脂酰-SCoA} \xrightleftharpoons[]{NAD^+ \quad NADH+H^+} \beta\text{-酮脂酰-CoA}$$

(4) β-酮脂酰 CoA 的硫解　在硫解酶即酮脂酰硫解酶催化下，β-酮脂酰 CoA 被第二个 CoA 分子硫解，产生乙酰 CoA 和比原来少两个碳原子的脂酰 CoA。

$$\beta\text{-酮脂酰 CoA} + HS-CoA \rightleftharpoons RH_2C-C-SCoA + H_3C-C-SCoA \quad \text{乙酰 CoA}$$

虽然 β-氧化作用中四个步骤都是可逆反应，但由于硫解酶催化的硫解反应是高度放能反应。整个反应平衡点偏向于裂解方向，难以进行逆向反应。所以，脂肪酸氧化得以继续进行。

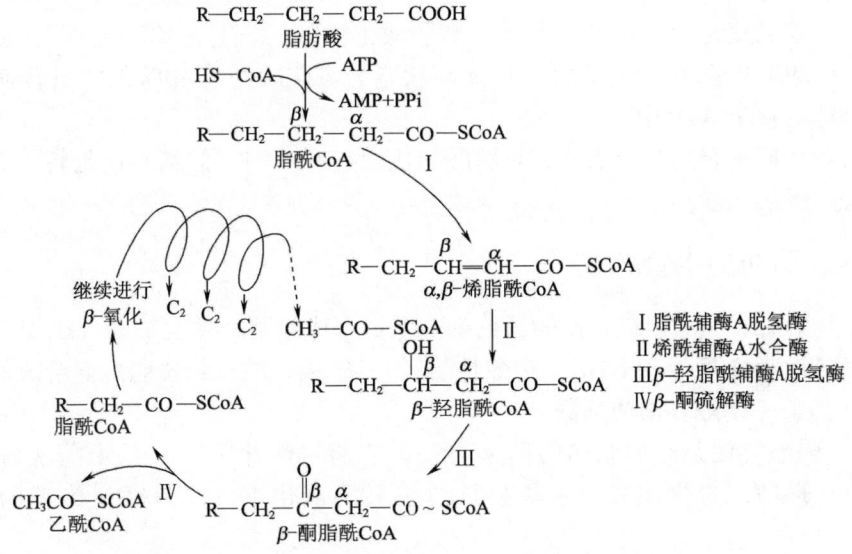

综上所述，脂肪酸 β-氧化作用有四个要点：① 脂肪酸仅需一次活化，其代价是消耗 1 个 ATP 分子的两个高能键，其活化酶在线粒体外；② 在线粒体外活化的长链脂酰 CoA 需经肉碱携带进入线粒体；③ 所有脂肪酸 β-氧化的酶都是线粒体酶；④ β-氧化过程包括脱氢、水化、再脱氢、硫解四个重复步骤。最终 1 分子脂肪酸变成许多分子乙酰 CoA。生成的乙酰 CoA 可以进入三羧酸循环，氧化生成 CO_2 及 H_2O，也可以参加其他合成代谢。

4. 脂肪酸 β-氧化过程中的能量转变

脂肪酸在 β-氧化过程中,每形成 1 分子乙酰 CoA,就使 1 分子 FAD 还原为 $FADH_2$,并使 1 分子 NAD^+ 还原为 $NADH + H^+$。$FADH_2$ 进入呼吸链生成 2 分子 ATP;$NADH + H^+$ 进入呼吸链生成 3 分子 ATP。现以软脂酰 CoA 为例,说明其产生 ATP 的过程:

$$软脂酰\ CoA + HSCoA + FAD + NAD^+ + H_2O \longrightarrow$$
$$豆蔻脂酰\ CoA + 乙酰\ CoA + FADH_2 + NADH + H^+$$

经过 7 次上述的 β-氧化循环,即可将软脂酰 CoA 转变为 8 个分子的乙酰 CoA。

$$软脂酰\ CoA + 7HS-CoA + 7FAD + 7NAD^+ + 7H_2O \longrightarrow$$
$$8\ 乙酰\ CoA + 7FADH_2 + 7NADH + 7H^+$$

每分子乙酰 CoA 进入三羧酸循环彻底氧化共形成 12 分子 ATP,因此 8 分子乙酰 CoA 彻底氧化共形成 $8 \times 12 = 96$ 分子 ATP。而 7 分子 $FADH_2$ 和 7 分子 NADH 进入呼吸链共产生 $2 \times 7 + 3 \times 7 = 35$ 分子 ATP。所以软脂酸彻底氧化为 CO_2 和 H_2O 生成 $96 + 35 = 131$ 分子 ATP,由于软脂酸活化为软脂酰 CoA 消耗 1 分子 ATP 中的 2 个高能磷酸键的能量,因此净生成 $131 - 2 = 129$ 个 ATP 高能磷酸键。

当软脂酸氧化时,自由能的变化是 $-9790.56 kJ/mol$。ATP 水解为 ADP 和 Pi 时,自由能的变化为 $-30.54 kJ/mol$。软脂酸生物氧化净生成 129 个 ATP,可产生 $30.54 \times 129 = 3939.66 kJ$ 的能量。因此在软脂酸氧化时约有 40% 的能量转换成了磷酸键能贮存于 ATP 中。

奇数碳原子脂肪酸和不饱和脂肪酸的代谢稍有不同,但基本也是转入 β-氧化过程,提供能量。

四、脂肪的生物合成

动物肝脏、脂肪组织及高等植物都能大量合成脂肪,微生物则合成较少。合成途径是由脂酰 CoA 和 L-α-磷酸甘油(3-磷酸甘油)经磷脂酸而合成的。

(一) 3-磷酸甘油的来源

3-磷酸甘油是合成脂肪的前体之一,它有两个来源:一是由糖酵解中间产物——磷酸二羟丙酮在 α-磷酸甘油脱氢酶催化下,以 NADH 为辅酶还原形成:

$$\begin{array}{c} CH_2OH \\ | \\ C=O \\ | \\ CH_2OPO_3 \end{array} \xrightleftharpoons[NAD^+]{NADH + H^+} \begin{array}{c} CH_2OH \\ | \\ CHOH \\ | \\ CH_2OPO_3 \end{array}$$

磷酸二羟丙酮　　　　　　3-磷酸甘油

二是由脂肪水解产生的甘油,在 ATP 参与下经甘油激酶催化而形成。

$$\begin{array}{c}CH_2OH\\|\\CHOH\\|\\CH_2OH\end{array} + ATP \xrightleftharpoons{Mg^{2+}} \begin{array}{c}CH_2OH\\|\\CHOH\\|\\CH_2OPO_3\end{array} + ADP$$

甘油　　　　　　　　　　3-磷酸甘油

由于脂肪组织缺乏有活性的甘油激酶，因此这种组织中甘油三酯合成所需的 α-磷酸甘油来自糖代谢。

（二）脂肪酸的生物合成

生物机体脂类合成是十分活跃的，特别在高等动物的肝脏、脂肪组织和乳腺中占优势。脂肪酸的生物合成并不是其氧化降解的逆过程。首先脂肪酸合成是在胞液中进行的，需要 CO_2 和柠檬酸参加，而脂肪酸氧化是在线粒体中进行的；其次脂肪酸合成酶系、酰基载体、供氢体等与脂肪酸氧化各不相同。在此以软脂酸为例，介绍脂肪的合成。

1. 乙酰 CoA 的转运

脂肪酸合成所需的碳源是来自乙酰 CoA，但无论是丙酮酸脱羧、氨基酸氧化，还是从脂肪酸 β-氧化产生的乙酰 CoA 都是在线粒体基质中，它们不能任意穿过线粒体内膜到胞液中去。但可以通过以下途径透过膜，乙酰 CoA 与草酰乙酸结合形成柠檬酸，然后通过三羧酸载体透过膜，再由膜外柠檬酸裂解酶裂解成草酰乙酸和乙酰 CoA。草酰乙酸又被 NADH 还原成苹果酸再经氧化脱羧产生 CO_2、NADPH 和丙酮酸。丙酮酸进入线粒体，在羧化酶催化下形成草酰乙酸，又可参加乙酰 CoA 转运循环。

乙酰 CoA 从线粒体内至胞液的转运，如图 5-2 所示。

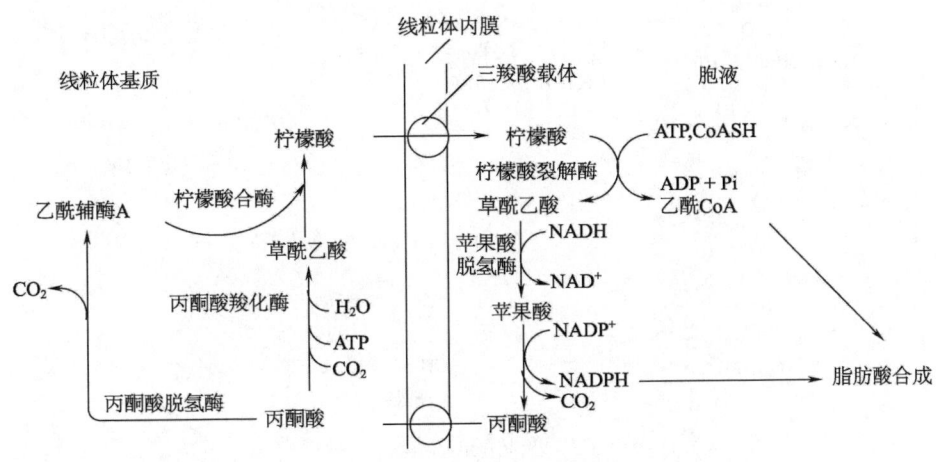

图 5-2　乙酰 CoA 从线粒体内至胞液的运转

2. 丙二酰 CoA 的形成

所需的 8 个乙酰 CoA 单位中，只有一个以乙酰 CoA 的形式参与合成，其余

7个都以丙二酰 CoA 的形式参与合成,脂肪酸合成中,每次延长都需要丙二酰 CoA 参加。丙二酰 CoA 是由乙酰 CoA 和 HCO_3^- 羧化形成的。

$$CH_3-\overset{O}{\underset{}{C}}-S-CoA + ATP + HCO^- \longrightarrow O^--\overset{O}{\underset{}{C}}-CH_2-\overset{O}{\underset{}{C}}-S-CoA + ADP + Pi + H^+$$
乙酰 CoA　　　　　　　　　　　　　　　　丙二酸单酰 CoA

丙二酰 CoA 和乙酰 CoA 形成软脂酸。生成过程如图 5-3 所示。以大肠杆菌为例,软脂酸合成分为六步。

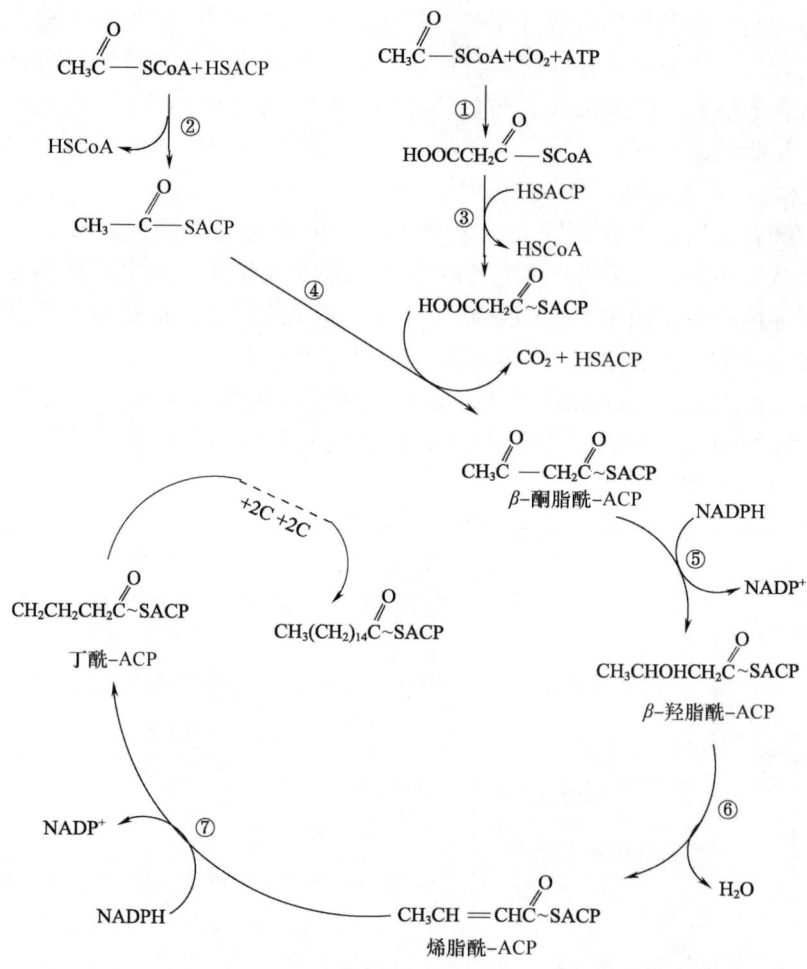

图 5-3　脂肪酸的生物合成过程
①乙酰 CoA 羧化酶　②乙酰 CoA - ACP 转酰酶　③丙二酸单酰 CoA - ACP 转移酶　④β-酮脂酰 - ACP 合成酶　⑤β-酮脂酰 - ACP 还原酶　⑥β-羟脂酰 - ACP 脱水酶　⑦烯脂酰 - ACP 还原酶

(1) 原初反应　由多酶复合物中的一个酶单体 ACP - 酰基转移酶催化乙酰

CoA 与 ACP 的 –SH 作用，反应如下：

$$CH_3\overset{O}{\underset{\|}{C}}—S—CoA + ACP—SH \rightleftharpoons CH_3\overset{O}{\underset{\|}{C}}—S—ACP + CoA—SH$$
　　　　乙酰 – CoA　　　　　　　　　　　　乙酰 – ACP

乙酰基并不留在 ACP 上，而是转移到 β – 酮脂酰 – ACP 合成酶（合成酶—SH 或缩合酶表示）单体的半胱氨酸的—SH 上，反应如下：

$$CH_3\overset{O}{\underset{\|}{C}}—S—ACP + 合成酶—SH \rightleftharpoons CH_3\overset{O}{\underset{\|}{C}}—S—合成酶 + ACP—SH$$

（2）丙二酸酰基的转移反应　在 ACP 丙二酸单酰转移酶催化下，丙二酸单酰 CoA 与 ACP – SH 作用，脱掉 CoA 形成丙二酸单酰 – ACP。

$$^-OOC—CH_2\overset{O}{\underset{\|}{C}}—SCoA + ACP—SH \rightleftharpoons {}^-OOC—CH_2\overset{O}{\underset{\|}{C}}—SACP + CoASH$$
　　　　丙二酸单酰 – CoA　　　　　　　　　　　丙二酸单酰 – ACP

（3）缩合反应　这一步由 β – 酮脂酰 – ACP 合成酶催化。与酶分子中半胱氨酸 – SH 结合的乙酰基又转移到丙二酸单酰 – ACP 的丙二酸单酰基的第二个碳原子上，形成乙酰乙酰 – ACP，同时使丙二酸单酰基上的自由羧基脱羧产生 CO_2，反应如下：

$$合成酶—S\boxed{\underset{C=O}{\overset{CH_3}{|}}} + HOOCCH_2\overset{O}{\underset{\|}{C}}—SACP \xrightarrow{CO_2,\ SH-合成酶} CH_3\overset{O}{\underset{\|}{C}}CH_2\overset{O}{\underset{\|}{C}}—SACP$$
　　　　　　　　　　　　　　　　　　　　　　　　　　　　　　乙酰乙酰 – ACP

（4）第一次还原反应　乙酰乙酰 – ACP 由 $NADPH + H^+$ 还原，形成 β – 羟丁酰 – ACP。催化该反应的酶为 β – 酮脂酰 – ACP 还原酶。反应如下：

$$CH_3\overset{O}{\underset{\|}{C}}CH_2\overset{O}{\underset{\|}{C}}—SACP + NADPH + H^+ \longrightarrow CH_3\overset{OH}{\underset{|}{C}}HCH_2\overset{O}{\underset{\|}{C}}—SACP + NADP^+$$
　　　　乙酰乙酰 – ACP　　　　　　　　　　　　　　D – β – 羟丁酰 – ACP

注意，这反应加氢后的产物为 D 型异构体，而脂肪酸氧化分解时形成的是 L 型异构体。

（5）脱水反应　D – β – 羟丁酰 – ACP 脱水，形成相应的 α，β 或 Δ^2 反式丁烯酰 – ACP，即巴豆酰 – ACP，催化该反应的酶是羟脂酰 – ACP 脱水酶。反应如下：

$$\text{CH}_3\text{CHCH}_2\overset{\text{O}}{\underset{}{\text{C}}}\text{—SACP} \longrightarrow \underset{\text{CH}_3\ \text{H}}{\overset{\text{H}}{\text{C}}=\text{C}}\overset{\text{O}}{\underset{}{\text{C}}}\text{—SACP} + \text{H}_2\text{O}$$

D-β-羟丁酰-ACP   巴豆酰-ACP

（6）**第二次还原反应** 巴豆酰-ACP被还原为丁酰-ACP，催化该反应的酶为烯脂酰-ACP还原酶，电子供体是NADPH+H$^+$。在大肠杆菌和动物组织中反应如下：

$$\underset{\text{CH}_3\ \text{H}}{\overset{\text{H}}{\text{C}}=\text{C}}\overset{\text{O}}{\underset{}{\text{C}}}\text{—SACP} + \text{NADPH} + \text{H}^+ \rightleftharpoons \text{CH}_3\text{CH}_2\text{CH}_2\overset{\text{O}}{\underset{}{\text{C}}}\text{—SACP} + \text{NADP}^+$$

丁酰-ACP

丁酰-ACP的形成完成了合成软脂酰-ACP七次循环反应的第一次循环。第二次循环是丁酰基由ACP转移到β-酮脂酰-ACP合成酶分子的—SH上，ACP又可再接受丙二酸单酰基，第二次循环即可进行。经过七次循环后，合成的最终产物软脂酰基-ACP经硫酯酶经硫酯酶催化，形成游离的软脂酸，或由ACP转移到CoA上，或直接形成磷脂酸。

多数生物脂肪酸从头合成只能形成软脂酸，而不能形成比它多两个碳原子的硬脂酸。原因是β-酮脂酰-ACP合成酶对链长有专一性，它接受14碳酰基的能力很强，但不能接受16碳酰基。可能酶与饱和脂酰基的结合位点只适合于一定的链长范围。

由乙酰-CoA合成软脂酸的总反应如下式：

$$8\text{乙酰-CoA} + 14\text{NADPH} + 14\text{H}^+ + 7\text{ATP} \longrightarrow$$
$$\text{软脂酸} + 8\text{HSCoA} + 14\text{NADP}^+ + 7\text{ADP} + 7\text{Pi} + 7\text{H}_2\text{O}$$

（三）脂肪酸合成和分解的比较

脂肪酸合成和分解的比较见表5-2。

表5-2　　　　　　　　脂肪酸的合成和分解比较

项目	合成	分解
反应最活跃时期	高糖膳食后	饥饿
刺激激素	胰岛素/胰高血糖素高比值	胰岛素/胰高血糖素低比值
主要组织定位	肝脏为主	肌肉、肝脏
亚细胞定位	胞浆	线粒体为主
酰基载体	柠檬酸（线粒体到胞浆）	肉毒碱（胞浆到线粒体）

续表

项目	合成	分解
含磷酸泛酰疏基乙胺的活性	酰基载体蛋白，CoA	CoA
氧化还原辅因子	NADPH	NAD^+，FAD
二碳供体/产物	酰基供体；丙二酰 CoA	产物：乙酰 CoA
激活剂	柠檬酸	—
抑制剂	脂酰 CoA（抑制乙酰 CoA 羧化酶）	丙二酰 CoA（抑制肉毒碱酰基转移酶）
反应产物	软脂酸	乙酰 CoA

【知识拓展】

高血脂是指血液中胆固醇或甘油三酯过高，尤其是低密度脂蛋白胆固醇过高，或高密度脂蛋白胆固醇过低，现代医学称为血脂异常。它是导致动脉粥样硬化的主要原因，是心脑血管疾病发生发展的危险因素。它发病隐匿，大多没有临床症状，故称为"隐形杀手"。

高血脂症的病因，基本上可分为两大类，即原发性高血脂症和继发性高血脂症。

（1）原发性高血脂症

①遗传因素：遗传可通过多种机制引起高脂血症，主要表现为细胞表面脂蛋白受体缺陷以及细胞内某些酶的缺陷（如脂蛋白脂酶的缺陷或缺乏），也可发生在脂蛋白或载脂蛋白的分子上，多由基因缺陷引起。

②饮食因素：有相当大比例的高血脂症患者发病是与饮食因素密切相关的。

（2）继发性高血脂症 可引起继发高血脂症的其他中间原发疾病包括糖尿病、肝病、甲状腺疾病、肾脏疾病、胰腺、肥胖症、糖原累积病、痛风、阿狄森病、柯兴综合征、异常球蛋白血症等。

高血脂多数是由于饮食因素引起的。所以要预防血脂异常要注意对食物的选择：

①节制主食。体重超重或肥胖者尤其注意要节制，忌食甜食。

②多食用鱼类（尤其是海产鱼类）、大豆及豆制品、禽肉、瘦肉等，这类食品能够提供优质蛋白，而饱和脂肪酸、胆固醇较低。

③控制动物肝脏及其他内脏的摄入量，对动物脑、蟹黄、鱼子的摄入要严格控制。

④用植物油烹调，尽量减少动物油脂的摄入。

⑤多食用蔬菜、水果、粗粮等，保证适量食物纤维、维生素、无机盐的摄入。

⑥大蒜、茄子、香菇、木耳、洋葱、海带、山楂等食品具有不同程度的降低血脂作用。

学习小结

学习内容

脂类称为脂质或类脂，是一类不易溶于水而易溶于非极性溶剂的生物有机分子。其化学本质是脂肪酸和醇所形成的脂类及其衍生物。属于脂类的物质化学结构可能有很大差异，生理功能各异。但有其共有的理化性质。脂肪是体内含量最多的一种脂类。脂肪的代谢过程是：首先水解为脂肪酸和甘油，甘油回归糖代谢途径，而脂肪酸多通过 β-氧化方式生成乙酰 CoA 后回归糖代谢，而脂肪酸氧化产生的乙酰 CoA 的量超过三羧酸循环氧化的能力时，多余的乙酰 CoA 则用来形成酮体。磷脂、胆固醇是体内必须的类脂，在人体内发挥着重要的作用。

本项目要求掌握脂类物质的组成、结构、分类、性质和生物学功能。掌握饱和偶数碳原子脂肪酸 β-氧化的分解代谢途径及其生理意义。熟悉脂肪酸合成途径，脂肪的提取和分析方法。了解脂类物质的消化、吸收与转运。通过本项目的学习，能够对脂类物质的代谢进行过程分析，计算能量生成情况。能够利用生物样品进行脂类物质的抽提，并进行分析操作。能够将脂代谢与糖代谢等进行联系，对脂类与糖类等物质的代谢转化进行分析，并提出调控思路。

知识框架

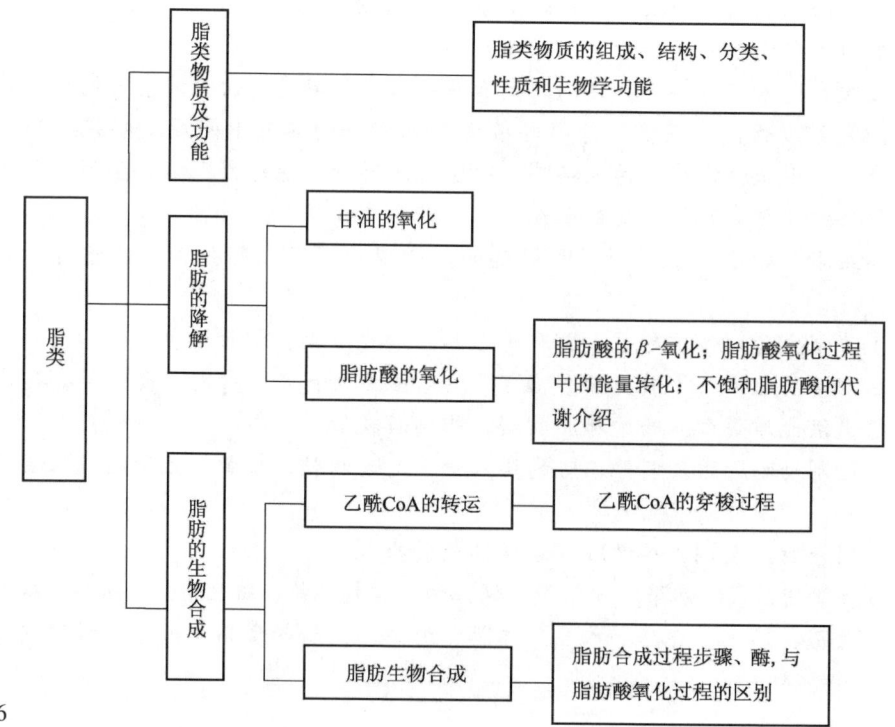

目标检测

一、单项选择题

1. 在脂肪酸的合成中，每次碳链的延长都需要哪种物质直接参加（　　）
   A. 乙酰 CoA　　　　　　　　　B. 草酰乙酸
   C. 丙二酸单酰 CoA　　　　　　D. 甲硫氨酸
2. 脂肪酸活化后，β-氧化反复进行，不需要下列哪一种酶参与（　　）
   A. 脂酰 CoA 脱氢酶　　　　　　B. β-羟脂酰 CoA 脱氢酶
   C. 烯脂酰 CoA 水合酶　　　　　D. 硫激酶
3. β-氧化的酶促反应顺序为（　　）
   A. 脱氢、再脱氢、加水、硫解　　B. 脱氢、加水、再脱氢、硫解
   C. 脱氢、脱水、再脱氢、硫解　　D. 加水、脱氢、硫解、再脱氢
4. 脂肪酸合成需要的 $NADPH+H^+$ 主要来源于（　　）
   A. TCA　　　　　　　　　　　B. EMP
   C. 磷酸戊糖途径　　　　　　　D. 以上都不是
5. 下列哪些是人类膳食中的必需脂肪酸（　　）
   A. 油酸　　　　　　　　　　　B. 亚油酸
   C. 亚麻酸　　　　　　　　　　D. 花生四烯酸

二、判断题

1. 脂肪酸的彻底氧化产物为乙酰 CoA。（　　）
2. CoA 和 ACP 都是酰基的载体。（　　）
3. 只有偶数碳原子的脂肪才能经 β-氧化降解成乙酰 CoA。（　　）
4. 脂肪酸 β-氧化酶系存在于胞浆中。（　　）
5. 脂肪酸从头合成中，将糖代谢生成的乙酰 CoA 从线粒体内转移到胞液中的化合物是苹果酸。（　　）

三、简答题

1. 试比较饱和脂肪酸的 β-氧化与从头合成的异同。
2. 为什么人摄入过多的糖容易长胖？

实训一　血液中胆固醇的快速测定

一、实训目的

（1）了解动物性食品中胆固醇含量测定的方法种类。
（2）掌握分光光度法测定动物性食品中胆固醇的含量。

实训备忘

　　胆固醇又称胆甾醇，是一种环戊烷多氢菲的衍生物。胆固醇广泛存在于动

物体内，胆固醇又分为高密度胆固醇和低密度胆固醇两种，前者对心血管有保护作用，通常称为"好胆固醇"，后者偏高，冠心病的危险性就会增加，通常称为"坏胆固醇"。血液中胆固醇含量处在 3.62～5.15mol/L，是比较正常的胆固醇水平。

胆固醇在体内有着广泛的生理作用，但当其含量过量时便会导致机体出现高胆固醇血症。自然界中的胆固醇主要存在于动物性食物之中，植物中没有胆固醇。掌握动物性食品中胆固醇含量的测定，有助于正确对待胆固醇，避免不利于机体的情况出现。

当固醇类化合物与酸作用时，可脱水并发生聚合反应，产生颜色物质。因此可先对食品样品进行提取和皂化，用硫酸铁铵试剂作为显色剂，测定食品胆固醇的含量。

二、实训材料

1. 材料

新鲜猪肝或鸡蛋黄。

2. 仪器和设备

721 型分光光度计，电热恒温水浴，电动振荡器，具玻塞试管：体积 100mL、25mL。

3. 试剂

石油醚，无水乙醇，浓硫酸，冰乙酸（优级纯），磷酸，钢瓶氮气：纯度为 99.99%，胆固醇标准物质。全部试剂除注明外均为分析纯，实验用水为蒸馏水。

三、实训准备

1. 胆固醇标准液

（1）胆固醇标准贮备液（1mg/mL）　精确称取胆固醇 100mg，溶于冰乙酸中，并定容至 100mL。此液至少在 2 个月内保持稳定。

（2）胆固醇标准常备液（100g/mL）　吸取胆固醇标准贮备液 10mL，用冰乙酸定容至 100mL。此液用时临时配制。

2. 铁钒显色剂。

（1）铁钒贮备液　将 4.463g 硫酸铁铵 [$FeNH_4(SO_4)_2 \cdot H_2O$] 溶液溶于 100mL 85% 磷酸中，贮于干燥器内，此液在室温中稳定。

（2）铁钒显色液　吸取铁钒贮备液 10mL，用浓硫酸定容至 100mL。贮于干燥器内，以防吸水。

3. 50% 氢氧化钾溶液

称取 50g 氢氧化钾，用蒸馏水溶解，并稀释至 100mL。

4. 5%氯化钠溶液

称取 5g 氯化钠,用蒸馏水溶解,并稀释至 100mL。

四、实训内容与操作步骤

1. 胆固醇标准线

吸取胆固醇标准常备液 0.0、0.5mL、1.0mL、1.5mL、2.0mL 分别置于 10mL 试管内,在各管内加入冰乙酸,使总体积皆达 4mL。沿管壁加入 2mL 铁钒显色液,混匀,在 15~90min 内,在 560~575nm 波长下比色。以胆固醇标准浓度为横坐标,吸光度为纵坐标做标准曲线。

2. 样品测定

(1) 食品脂肪的提取与测定

根据研磨浸提法提取脂肪。并计算出每 100g 食品中的脂肪含量。

(2) 食品胆固醇的测定

将提取的油脂 3~4 滴(含胆固醇 300~500mg),置于 25mL 试管内,准确记录其重量。加入 4mL 无水乙醇,0.5mL 50% 氢氧化钾溶液,在 65℃ 恒温水浴中皂化 1h。皂化时每隔 20~30min 振荡一次使皂化完全。皂化完毕,取出试管,冷却。加入 3mL 的 5% 氯化钠溶液、10mL 石油醚,盖紧瓶塞,在电动振荡器上振摇 2min,静置分层(一般约需 1h 以上)。

取上层石油醚液 2mL,置于 10mL 的玻塞试管内,在 65℃ 水浴中用氮气吹干,加入 4mL 冰乙酸、2mL 铁钒显色液,混匀,放置 15min 后在 560~575nm 波长下比色,测得吸光度,在标准曲线上查出相应的胆固醇含量。

五、结果处理

$$X = \frac{m \times V \times w}{V_1 \times m_1} \times \frac{1}{1000}$$

式中 X——样品中胆固醇含量,mg/100g

　　　m——测得的吸光度值在胆固醇标准线上显示的胆固醇含量,mg

　　　V——石油醚总体积,mL

　　　V_1——取出的石油醚体积,mL

　　　m_1——称取食品油脂样品量,g

　　　w——食品样品油脂含量,g/100g

1/1000——折算成每 100g 食品中胆固醇质量(mg)

六、思考题

1. 为了测得准确的胆固醇含量,实验过程中都应注意哪些操作步骤?为什么?
2. 如何正确评价胆固醇?

实训二 卵磷脂的提取与鉴定

一、实训目的
（1）加深了解磷脂类物质的结构和性质。
（2）掌握卵磷脂提取鉴定的原理和方法。

> **实训备忘**
>
> 磷脂是生物体组织细胞的重要成分，主要存在于大豆等植物组织以及动物的肝、脑、脾、心等组织中，尤其在蛋黄中含量较多（10%左右）。卵磷脂和脑磷脂均溶于乙醚而不溶于丙酮，利用此性质可将其与中性脂肪分离开；此外，卵磷脂能溶于乙醇而脑磷脂不能，利用此性质又可将卵磷脂和脑磷脂分离。
>
> 新提取的卵磷脂为白色，当与空气接触后，其所含的不饱和脂肪酸会被氧化而使卵磷脂呈黄褐色。卵磷脂被碱水解后可分解为脂肪酸盐、甘油、胆碱和磷酸盐。甘油与硫酸氢钾共热，可生成具有特殊臭味的丙烯醛；磷酸盐在酸性条件下与钼酸铵作用，生成黄色的磷钼酸沉淀；胆碱在碱的进一步作用下生成无色且具有氨和鱼腥气味的三甲胺。这样通过对分解产物的检验可以对卵磷脂进行鉴定。

二、实训材料

1. 材料

鸡蛋黄。

2. 仪器

小烧杯，试管。

3. 试剂

红色石蕊试纸，95%乙醇，10%氢氧化钠溶液，钼酸铵试剂，丙酮，乙醚，3%溴的四氯化碳溶液，硫酸氢钾。

三、实训准备

将6g钼酸铵溶于15mL蒸馏水中，加入5mL浓氨水，另外将24mL浓硝酸溶于46mL的蒸馏水中，两者混合静置1d后再用。

四、实训内容与操作步骤

1. 卵磷脂的提取

称取约10g蛋黄于小烧杯中，加入温热的95%乙醇30mL，边加边搅拌均匀，冷却后过滤。如滤液仍然混浊，可重新过滤直至完全透明。将滤液置于蒸发皿内，在水浴锅中蒸干，所得干物即为卵磷脂。

2. 卵磷脂的溶解性

取干燥试管,加入少许卵磷脂,再加入 5mL 乙醚,用玻棒搅动使卵磷脂溶解,逐滴加入丙酮 3~5mL,观察实验现象。

3. 卵磷脂的鉴定

(1) 三甲胺的检验 取干燥试管 1 支,加入少量提取的卵磷脂以及 2~5mL 氢氧化钠溶液,放入水浴中加热 15min,在管口放一片红色石蕊试纸,观察颜色有无变化,并嗅其气味。将加热过的溶液过滤,滤液供下面检验。

(2) 不饱和性检验 取干净试管 1 支,加入 10 滴上述滤液,再加入 1~2 滴 3% 溴的四氯化碳溶液,振摇试管,观察有何现象产生。

(3) 磷酸的检验 取干净试管 1 支,加入 10 滴上述滤液和 5~10 滴 95% 乙醇溶液,然后再加入 5~10 滴钼酸铵试剂,观察现象;最后将试管放入热水浴中加热 5~10min,观察有何变化。

(4) 甘油的检验 取干净试管 1 支,加入少许卵磷脂和 0.2g 硫酸氢钾,用试管夹夹住并先在小火上略微加热,使卵磷脂和硫酸氢钾混熔,然后再集中加热,待有水蒸气放出时,嗅有何气味产生。

五、思考题

在提取卵磷脂过程中需注意什么?

实训三 肥皂的制作

一、实训目的

(1) 掌握脂类的主要理化性质

(2) 掌握肥皂的制备技术

实训备忘

肥皂是脂肪酸金属盐的总称。通式为 RCOOM,式中 RCOO 为脂肪酸根,M 为金属离子。日用肥皂中的脂肪酸碳数一般为 10~18,金属主要是钠或钾等碱金属,也有用氨及某些有机碱如乙醇胺、三乙醇胺等制成的特殊用途肥皂。广义上,油脂、蜡、松香或脂肪酸等和碱类起皂化或中和反应所得的脂肪酸盐,皆可称为肥皂。肥皂能溶于水,有洗涤去污作用。

在实训室中,可将油脂和氢氧化钠共煮,进一步水解后成为高级脂肪酸钠和甘油,前者经加工成型后就是肥皂。

二、实训材料

1. 材料

猪油(或其他动植物脂或油)。

2. 器材

150mL 及 300mL 烧杯各一个，玻棒，酒精灯，石棉网，三脚架。

3. 试剂

NaOH，95% 酒精，饱和 NaCl。

三、实训内容与操作步骤

（1）在 150mL 烧杯里，盛 6g 猪油和 5mL 95% 的酒精，然后加 10mL 40% 的 NaOH 溶液。用玻棒搅拌，使其溶解（必要时可用微火加热）。

（2）把烧杯放在石棉网上（或水浴中），用小火加热，并不断用玻璃棒搅拌。在加热过程中，倘若酒精和水被蒸发而减少应随时补充，以保持原有体积。为此可预先配制酒精和水的混合液（1∶1）20mL，以备添加。

（3）加热约 20min 后，皂化反应基本完全。若须检验，可用玻棒取出几滴试样放入试管，在试管中加入蒸馏水 5~6mL，加热振荡。静置时，有油脂分出，说明皂化不完全，可滴加碱液继续皂化。

（4）将 20mL 热的蒸馏水慢慢加到皂化完全的黏稠液中，搅拌使它们互溶。然后将该黏稠液慢慢倒入盛有 150mL 热的饱和食盐溶液中，边加边搅拌。静置后，肥皂便盐析上浮，待肥皂全部析出、凝固后可用玻棒取出，肥皂即制成。

四、注意事项

（1）油脂不易溶于碱水，加入酒精是为增加油脂在碱液中的溶解度，加快皂化反应速度。

（2）加热若不用水浴，则须用小火。

（3）皂化反应时，要保持混合液的原有体积，不能让烧杯里的混合液煮干或溅溢到烧杯外面。皂化反应是指油脂在碱性条件下的水解反应。

项目六　维生素

学习目标

通过本项目的学习，可了解维生素类制品的特征、来源和分类等有关知识，掌握生产上应用的维生素及辅酶类产品，知道其在生物体内的代谢及在健康方面所发挥的重要作用。为药品分析与检测技术、生物制药设备、生物制药工艺学等后续课程的学习打下基础。

知识目标

1. 了解维生素的分类及各种维生素的来源。
2. 理解维生素的化学结构、理化性质及作用特点。
3. 掌握维生素的辅酶形式及其在生物体内的作用。

能力目标

1. 能辨识维生素 B_1、维生素 C 及叶酸等典型维生素的类别及结构，能初步判断由维生素缺乏导致的生物体机能变化并提出解决方法。
2. 能对维生素常用产品进行正确识别，从事维生素典型产品的提取、精制、贮存等岗位的操作。
3. 能应用维生素的理化性质进行样品的快速检测分析，熟悉维生素企业 Q_A、Q_C 等岗位的操作。

任务描述

某维生素生产厂家在维生素药物的市场化方面卓有建树，拥有多种维生素药品及营养品，但均为单一维生素产品，为迎合大众对健康日益高涨的需求，该厂家继续开发一种由多种维生素组成的复合营养产品，现我单位接受该厂家委托进行产品的试制及质量检测工作，请大家制定生产方案。

一、维生素概述

维生素是维持生物正常生命活动所必需的一类微量小分子有机物。它们不是构成机体组织的基础物质，也不能为机体提供能量，绝大多数维生素以辅酶或辅基的形式参与各种酶促反应。目前已经发现的维生素有 60 多种，通常人们根据发现的先后顺序，将其命名为维生素 A、维生素 B、维生素 C、维生素 D、维生素 E、维生素 K 等,后来发现有些维生素实际上是几种成分的混合物。如维生素 B 可以分出维生素 B_1、维生素 B_2 等。

维生素结构上基本没有相似性,来源也各异,按溶解性分为脂溶性和水溶性两类。常用的脂溶性维生素包括维生素 A、维生素 D、维生素 E、维生素 K 等。水溶性维生素包括维生素 B 族(维生素 B_1、维生素 B_2、维生素 B_6、维生素 B_{12} 等)、维生素 C、烟酸、烟酰胺、肌醇、叶酸及生物素等。

【生化视野】

机体中的维生素不能缺少,否则会引发疾病。在正常饮食的情况下,人们一般不会缺乏维生素。但人们在不均衡的饮食中,或机体处于某些疾病或在怀孕等特殊生理情况下,则需补充维生素或用维生素做治疗。维生素已成为一类常用的药物制品。

【知识链接】

维生素的发现

很早以前,人们发现,有意识地摄取一些食物可治好一些疾病,如为远航的水手补充柠檬汁,可避免坏血病;多吃动物的肝脏,可治好夜盲症、"雀目症"。在 19 世纪末,科学家从一些食物中分离提取到一些有机物质,确定了其化学结构,并证明了这些物质对维持机体正常代谢的功能是不可缺少的。1897 年,Eijkman 在米糠中分离出抗脚气病的成分。1932—1933 年,King 和 Wangh 分离和确认了抗坏血酸。20 世纪初,生物化学家 Funk 认为,这些只能从食物中获得的物质为生命的必需物质,称为 Vitamine,以后又被改名为 Vitamin,现译成维生素。维生素是人类食物中必需的六大类营养素(碳水化合物、蛋白质、脂肪、水、矿物质、维生素)之一。

【拓展提高】

辨别:药用维生素和保健品维生素。

药用维生素和保健品维生素都是维生素,但是两者的区别是什么?使用后对生物体的作用有何不同?

药用维生素是化学合成的,成本低,其活性跟服用效果不如天然维生素,尤其是这类药物里通常会含有一些除了维生素之外的其他化学成分。这些成分一般是要通过肝肾进行解毒并排出,所以一般会有"是药三分毒"的说法,此类维生素是以预防、治疗为目的。

保健品维生素一般是天然的,通常不会含有人体无法接受的化学品。某些产品还将多种维生素复合起来,如"21 金维他""施尔康"等。

药品的质量必须达到国家标准,所以质量较有保障。而保健品市场尚不完善,保健品的平均质量标准相对于药品而言显得宽泛。总之,药品维生素是以治疗为主,而保健品维生素则以补充、维持、保健为主。

二、脂溶性维生素

脂溶性维生素易溶于大多数有机溶剂而不溶于水,它们在食物中是与脂类共存,并随脂类物质一同被吸收,可贮存于脂肪组织和肝脏中。当脂类吸收不良时(如肠道梗阻或长期腹泻),脂溶性维生素的吸收也随之减少,甚至会引起维生素缺乏。由于脂溶性维生素排泄比较慢,易在体内积蓄,故摄取过多会引起中毒。

(一) 维生素 A 类

1. 来源

维生素 A 是 1913 年美国化学家台维斯从鳕鱼肝中提取得到,是一类维生素的总称,主要包括有维生素 A_1、维生素 A_2 等。维生素 A 存在于动物来源的食物如肝、乳、蛋黄中,尤以海洋鱼类肝油中含量最丰富,植物中仅含有维生素 A 原如 β - 胡萝卜素、玉米黄色素等,它们进入体内能转化成维生素 A。见表 6 - 1。

表 6 - 1　　　　　　　　　维生素 A 的来源

天然材料中维生素 A 的含量 (1kg)	
胡萝卜	100mg
鸡蛋黄	70mg
动物肝脏	90mg
番茄	50mg
橘子	60mg

2. 结构与性质

维生素 A 的结构见下式:

$$\text{(维生素 A 结构式)}$$

维生素 A 为淡黄色油状液体。不溶于水,易溶于乙醇、氯仿和乙醚,可溶于植物油。维生素 A 稳定性较好,在体内可被脱氢酶氧化,生成与维生素 A 活性相同的第一步代谢产物视黄醛。

3. 生理作用

(1) 维持视觉　维生素 A 可促进视觉细胞内感光色素的形成,调试眼睛适应外界光线的强弱的能力,维持正常的视觉反应。

(2) 促进生长发育　具有相当于类固醇激素的作用,可促进糖蛋白的合成。促进生长、发育,强壮骨骼,维护头发、牙齿和牙床的健康。

(3) 维持上皮结构的完整与健全　维生素 A 可以调节上皮组织细胞的生长,保持皮肤湿润,维持表层健康。

(4) 加强免疫能力　维生素 A 有助于维持免疫系统功能正常,加强对传染病的身体抵抗力。

综上所述，维生素 A 是眼睛中视紫质的原料，也是皮肤组织必需的材料，人缺少它会得干眼病、夜盲症等，故维生素 A 常用于防治维生素 A 缺乏症，如角膜软化症、眼干症、夜盲症、皮肤干燥及皮肤硬化症等。

【知识拓展】

正常成人每天的维生素 A 最低需要量约为 3500U（$0.3\mu g$ 维生素 A 或 $0.332\mu g$ 乙酰维生素 A 相当于 1U），即相当于 65g 鸡肝，75g 胡萝卜，125g 甘蓝或 200g 金枪鱼。儿童为 2000~2500U，不能摄入过多。

（二）维生素 D 类

维生素 D 又称钙化醇、抗佝偻病维生素，1926 年由卡尔首先从鱼肝油中提取，是唯一一种人体可以少量合成的维生素。维生素 D 种类很多，目前约有 10 余种，均系类固醇衍生物，其中以维生素 D_2（麦角钙化醇）和维生素 D_3（胆钙化醇）较为重要。

1. 来源

维生素 D 主要来源于鱼肝油，并常与维生素 A 共存，在牛乳、奶油、蛋黄中含量也较高。

2. 典型代表

维生素 D_2 结构见下式：

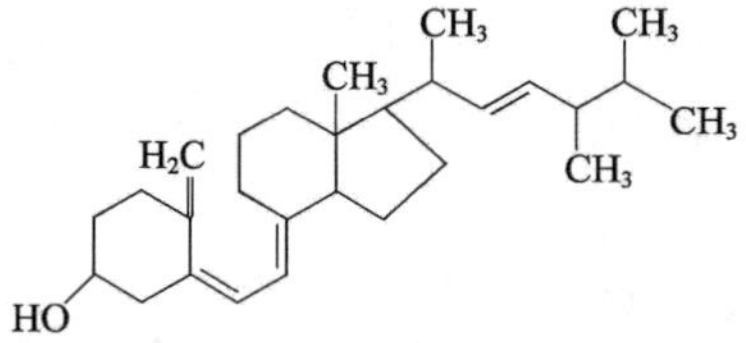

维生素 D_2 又名骨化醇、麦角骨化醇，纯品为白色结晶性粉末，不溶于水，可溶于植物油。因其分子中含有较多的双键，遇光或空气均易氧化变质，需避光、密闭于阴冷处保存。

维生素 D_3 的结构见下式：

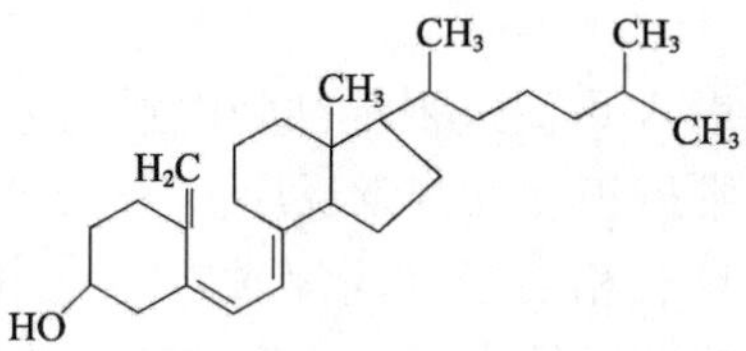

维生素 D_3 又名胆骨化醇，本品性状、稳定性与维生素 D_2 相似，本身不具有生物活性，进入体内先后被肝、肾代谢形成活性维生素 D，才能发挥作用。

3. 维生素 D 的功能及需要

维生素 D 有调节钙的作用，所以是骨及牙齿正常发育的必需维生素。特别是孕妇、婴儿及青少年需要量大。如果此时维生素D量不足，则血中钙与磷低于正常值，会出现骨骼变软及畸形现象：发生在儿童身上称为佝偻病；在孕妇身上为骨质软化症。

婴儿、青少年、孕妇及喂乳者每日需要维生素D的量为400~800U（1g维生素D为40000000U），即需0.0005~0.01mg，相当于50g鳗鱼或2个鸡蛋加150g蘑菇。只有休息少的人，才需要额外吃些含维生素D的食品或制剂。

【课堂互动】
1. 晒太阳可以补钙，对吗？有何道理？
2. 老年人和儿童能否通过只服用钙片来补充体内钙的缺失？如不能，该如何才能保证机体对钙的充分吸收？

【知识链接】
机体钙、磷代谢与维生素D的应用。

维生素D能促进小肠黏膜合成钙结合蛋白，使小肠增加对钙、磷的吸收和转运，也能促进肾小管对钙、磷的重吸收，帮助新骨骼钙化，又能促进钙由老骨髓质中游离出来，从而使骨质不断更新。从而维持血浆中钙、磷的正常水平。当维生素D缺乏时，儿童可出现佝偻病，老年人可出现骨质疏松。

维生素D常与维生素A共存于鱼肝油中，维生素D有许多种，其中临床最常用最有效的是维生素D_2和维生素D_3。人体皮下含有维生素D原，经紫外线照射后，分别转换成维生素D_2和维生素D_3，因此，在夏秋季节尤其是夏季，阳光充足、紫外线丰富的环境里，人们一般不会缺乏维生素D。

（三）维生素E类

1. 来源与种类

（1）来源　维生素E又称生育酚。1922年，人们发现有一类脂溶性物质具有抗不孕作用，命名为维生素E，是一类与动物生殖功能有关的维生素的总称。生育酚广泛存在于绿色蔬菜和植物油中，尤以小麦的胚芽中含量最丰富，药用品主要从小麦胚芽和大豆油中提取。

（2）种类　维生素E被分为α、β、γ、δ等8种，其中α-生育酚的活性最强，天然的维生素E均为右旋体。

2. 典型药物

维生素E醋酸酯结构见下式：

维生素E为微黄色或黄色黏稠透明液体，几乎无臭。易溶于无水乙醇、丙酮、乙醚或石油醚，不溶于水。游离体α-生育酚遇光或空气均易变质，需避光、密闭保存。

维生素E主要用于习惯性流产、不育症、进行性肌营养不良以及动脉粥样硬化的防治等，可抗衰老。长期过量使用可产生眩晕、视力模糊等毒副作用。

【拓展提高】

自由基清除剂——维生素E

维生素E在体内外均有很强的抗氧化作用，能够清除氧自由基，保护免疫细胞免受自由基损伤；能阻滞不饱和脂肪酸的过氧化反应，减少过氧化脂质的生成；也有保护生物膜的作用。还能保护细胞内过氧化氢酶和过氧化物酶的活性，减少脑组织等细胞中脂褐素的形成，从而有助于延缓衰老过程，在大量化妆品中均有添加。此外，研究结果还显示，维生素E可能还有预防白内障形成的作用。

【知识链接】

维生素E的不良反应

维生素E为脂溶性维生素，广泛地存在于绿叶蔬菜和植物油中，如玉米油、大豆油、红花油等。正常人每天维生素E需要量为5~30mg。尽管其毒性很低、副作用少，但把它当成营养药大量服用，仍会产生许多不良反应。如增加尿中雄性激素的排泄、影响凝血因子的血浓度产生出血倾向、妨碍铁的吸收等。

（四）维生素K类

维生素K结构，见下式：

1. 来源与种类

维生素K又称凝血维生素，具有促进凝血的功能，常见的有维生素K_1和K_2。K_1是由植物合成的，如苜蓿、菠菜等绿叶植物；K_2则由微生物合成，人体肠道细菌也可合成维生素K_2，因此一般人不会缺乏。现代维生素K已能人工合成，如维生素K_3，为临床所常用。

2. 性质

维生素K_1是黄色油状物，K_2是淡黄色结晶，均有耐热性，但易受紫外线照射的破坏，故要避光保存。人工合成的K_3和K_4是水溶性的，可口服或注射。

3. 功能

维生素K和肝脏合成四种凝血因子（凝血酶原、凝血因子Ⅶ，Ⅸ及Ⅹ）密切相关，如果缺乏维生素K_1，则肝脏合成的上述四种凝血因子为异常蛋白质分子，它们催化凝血作用的能力下降，凝血时间延长，严重者流血不止，甚至死亡。

此外，维生素 K 溶于线粒体膜的类脂中，起着电子转移作用；维生素 K 可增加肠道蠕动和分泌功能，缺乏维生素 K 时，平滑肌张力及收缩减弱。

三、水溶性维生素

水溶性维生素包括维生素 B 类及维生素 C 等。水溶性维生素在体内代谢快、易排泄，过量摄取不易在体内积蓄导致中毒，如营养不良则极易缺乏，产生多种疾病，故应给予相应的补充。

【知识链接】

早在 1867 年人们用硝酸氧化尼古丁得到烟酸，也可由体内的色氨酸转化而成，其有扩血管、降血脂和防血栓的作用。1935 年从马的血红细胞中分离得到烟酰胺。烟酰胺为辅酶的组成部分，在生物氧化中起传递氢的作用，可促进组织呼吸，治疗糙皮病。生物素（维生素 H）是在 1936 年自蛋黄中以甲酯形式分离得到的，临床用于治疗婴儿皮脂性皮炎。

维生素 B 类至少包括 10 余种维生素。其共同特点是：在自然界中常共同存在，最丰富的来源是酵母和肝脏；从低等的微生物到高等的动物包括人类都需要它们作为营养要素；从化学结构看，除个别例外，大多含氮。

（一）维生素 B

1. 维生素 B_1

维生素 B_1 结构，见下式：

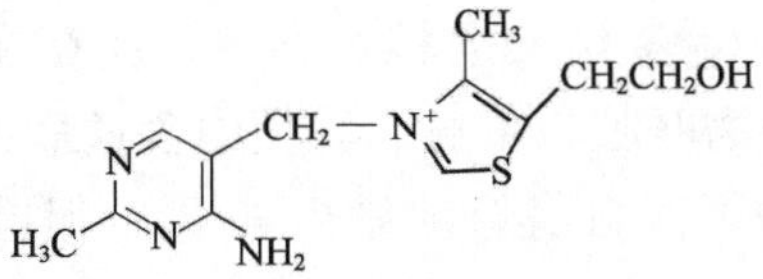

（1）来源与性质　维生素 B_1 又名硫胺素。于 1910 年，由波兰化学家丰克从米糠中提取和提纯出来。维生素 B_1 广泛存在于各种食物中，在种子的外皮和胚芽中含量丰富，如米糠和麸皮中，在酵母菌中含量也较高。目前，所用的维生素 B_1 都是化学合成的产品。

维生素 B_1 为白色细小结晶或结晶性粉末，有微弱的特异臭，味苦，易溶于水，略溶于乙醇。本品遇光易变色，其固体状态稳定，其水溶液在碱性条件下能被很快分解，与空气长时间接触或遇氧化剂后，可被氧化成具荧光的硫色素而失效。

（2）主要功能

①以辅酶方式参加糖的分解代谢：TPP 是脱羧酶、脱氢酶的辅酶。

②促进年幼动物的发育：维生素 B_1 促进肠胃蠕动，增加消化液的分泌，因

而能促进食欲。

③保护神经系统：促进糖代谢，为神经活动提供能量，又能抑制胆碱酯酶的活性。

另外，维生素 B_1 还可以用于减轻晕机、晕船，缓解有关牙科手术后的痛苦。

(3) 缺乏症

①脚气病：因维生素 B_1 严重缺乏而引起的多发性神经炎。

【知识拓展】

18~19 世纪脚气病在中国、日本，尤其在东南亚一带广为流行，当时每年有几十万人死于脚气病。中国古代医书中早有治疗脚气病的记载，中国名医孙思邈已知用谷皮治疗脚气病。在现代医学中，用维生素 B_1 制剂治疗脚气病和多种神经炎症有显著疗效。

②中枢神经和肠胃中糖代谢失常：缺乏维生素 B_1 不仅可使周围神经的结构和功能受损，中枢神经系统也同样会受损。因为神经系统（特别是大脑）所需的能量，基本由血糖氧化供给，当糖代谢受阻时，神经组织也就发生反常现象。

2. 维生素 B_2

维生素 B_2 结构，见下式：

$$\begin{array}{c}\text{H}_2\text{C}-(\text{CHOH})_3-\text{CH}_2\text{OH}\end{array}$$

(1) 来源与性质　维生素 B_2 又名核黄素，广泛存在于动植物中，其中以酵母、绿色植物、谷物、动物肝脏、蛋黄、乳类中含量最为丰富，不过药用维生素 B_2 多为人工合成品。动物不能自身合成维生素 B_2，但昆虫体内以及哺乳动物肠道内寄生的微生物能合成维生素 B_2，并被动物所吸收。

【知识拓展】

1879 年，英国著名化学家布鲁斯发现牛乳的上层乳清中存在一种黄绿色的荧光色素，他用各种方法提取，试图发现其化学本质，都没有成功。几十年中，尽管世界许多科学家从不同来源的动植物都发现这种黄色物质，但都无法识别。1933 年，美国科学家哥尔倍格等从 1000 多 kg 牛乳中得到 18mg 这种物质，后来人们因为其分子式上有一个核糖醇，命名为核黄素。

本品为橙黄色结晶粉末；微臭，味微苦。极易溶于稀氢氧化钠溶液，不溶于水、乙醇、氯仿或乙醚。本品的水溶液呈黄绿色荧光，干燥固体性质稳定，但对光极不稳定，因此维生素 B_2 宜避光保存。

(2) 主要功能

①在机体中有递氢的作用，并是机体中一些重要的氧化还原酶的辅酶。

②促使皮肤、指甲、毛发的正常生长。

③帮助预防和消除口腔内、唇、舌及皮肤的炎反应。

本品用于治疗维生素 B_2 缺乏所引起的各种黏膜及皮肤炎症，如口角炎、唇炎、舌炎、眼结膜炎和阴囊炎等。

维生素 B_2 在体内经磷酸化形成黄素单核苷酸和黄素腺嘌呤二核苷酸才具有生物活性，其作为氧化还原酶的辅基，可维持机体的正常代谢。两者与维生素 B_2 一样以氧化型和还原型两种形式存在，具有传递氢的作用。

$$维生素\ B_2 + ATP \rightarrow FMN + ADP$$
$$FMN + ATP \rightarrow FAD + PPi$$

黄素单核苷酸及黄素腺嘌呤二核苷酸的结构见下式：

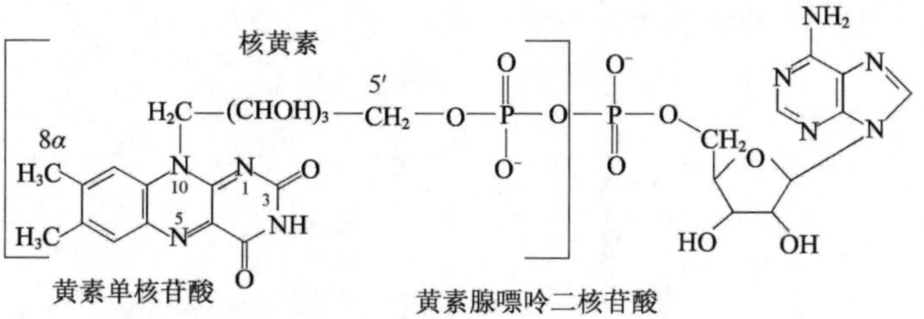

核黄素的氧化型与还原型转化见下式：

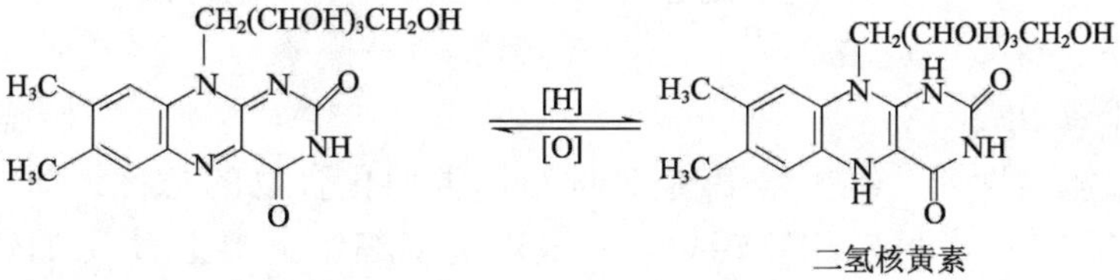

3. 维生素 PP

（1）来源与性质：又称抗癞皮病维生素，包括烟酸（又称尼克酸）和烟酰胺（又称尼克酰胺）两种物质，在花生中含量较多。在体内主要以尼克酰胺形式存在，烟酸是烟酰胺的前体。烟酸和烟酰胺是辅酶Ⅰ（NAD^+）和辅酶Ⅱ（$NADP^+$）的组成部分，参与体内脂质代谢，组织呼吸的氧化过程和糖类无氧分解的过程。

烟酸及烟酰胺为无色晶体，前者熔点为236℃，后者熔点为129～131℃，是维生素中较稳定的，不被光、空气及热破坏。溶于水及酒精。与溴化氰作用产生黄绿色化合物，可作为定量基础。

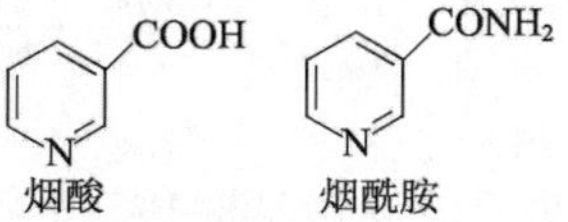

(2) 功能

①以 NAD^+ 或 $NADP^+$ 形式作为脱氢酶的辅酶而起到递氢体的作用。NAD^+（烟酰胺腺嘌呤二核苷酸，又称为辅酶Ⅰ）和 $NADP^+$（烟酰胺腺嘌呤磷酸二核苷酸，又称为辅酶Ⅱ）是维生素烟酰胺的衍生物，它们是多种重要脱氢酶的辅酶。

②维持神经组织的健康。烟酰胺对中枢及交感神经系统有维护作用，缺乏，则常产生神经损害和精神紊乱。

③促进微生物生长。

④烟酸可使血管扩张，使皮肤发赤发痒，烟酰胺无此作用。大剂量烟酸有降低血浆胆固醇和脂肪的作用。

(3) 缺乏症　维生素 PP 能维持神经组织的健康。缺乏时表现出神经营养障碍，出现皮炎。

NAD 与 NADP 的结构见下式：

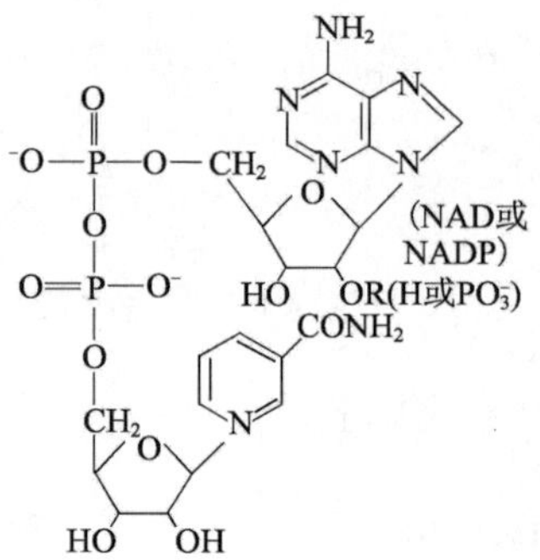

4. 维生素 B_6

(1) 来源与性质　维生素 B_6 是 3 种结构类似化合物的总称，即吡多醇、吡多醛和吡多胺，三者可以相互转化。一般以吡多醇作为维生素 B_6 的代表。维生素 B_6 在动植物中分布很广，谷类外皮中的维生素 B_6 含量尤为丰富。缺乏维生素 B_6 可出现呕吐、中枢神经兴奋等症状。

维生素 B_6 在体内转化为相应的磷酸脂，参加代谢的主要是磷酸吡哆醛和磷酸吡哆胺。磷酸吡哆醛是氨基酸转氨作用、脱羧作用和消旋作用的辅酶。

吡哆素为无色晶体，易溶于水及乙醇，在酸液中稳定，在碱液中易被破坏，对光不稳定，吡哆醇耐热，吡哆醛和吡哆胺不耐高温。

维生素 B_6 的结构见下式：

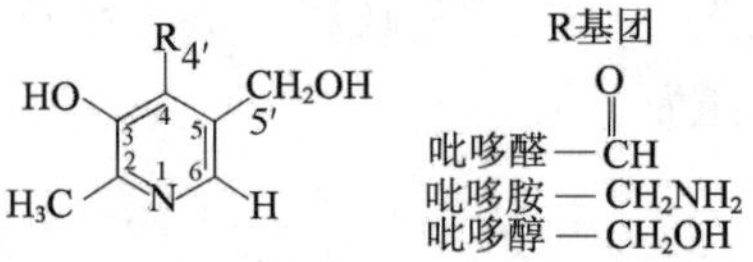

(2) 功能

①作为辅酶参加多种代谢反应，包括脱羧、转氨、氨基酸内消旋、含硫氨基

酸的脱硫、羟基氨基酸的代谢和氨基酸的脱水等。

②本品临床用于治疗妊娠呕吐，脂溢性皮炎、糙皮病等。

(3) 缺乏症　导致皮肤、中枢神经系统和造血机构的损害。

【知识链接】

吡多醇、吡多醛和吡多胺三者在体内的相互转化及作用特点。

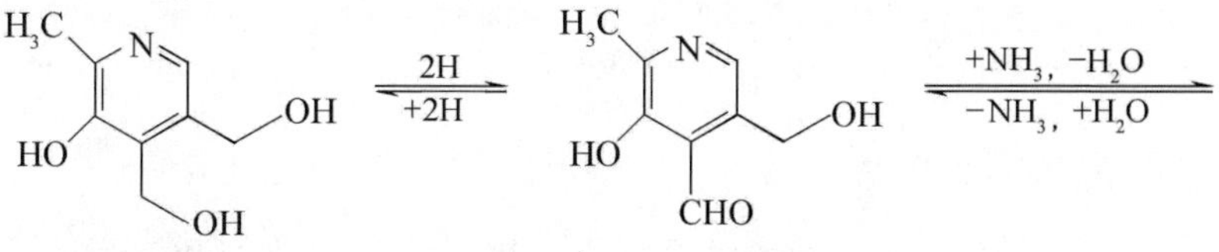

吡多醇　　吡多醛

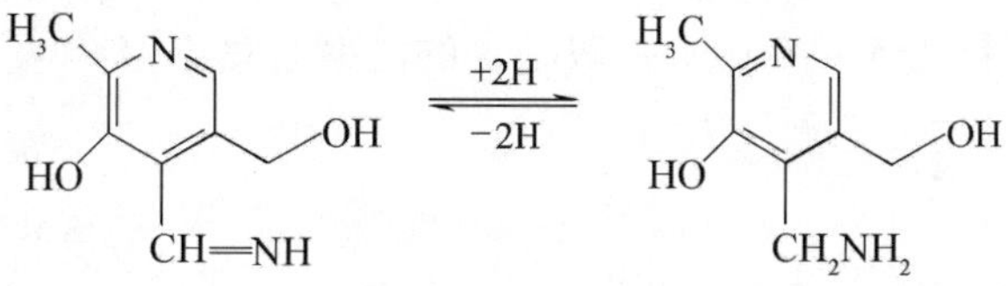

吡多胺

以上三者在生物体内分别与磷酸成酯，参与代谢作用的主要是磷酸吡多醛及磷酸吡多胺。这两种磷酸酯与氨基酸代谢密切相关，在氨基酸的转氨基、脱羧和消旋中起辅酶作用，可参与氨基酸和神经递质的代谢。

5. 泛酸

(1) 来源与性质　泛酸又称遍多酸，为淡黄色黏性油状物，溶于水和醋酸，不溶于氯仿和苯，在中性溶液中对湿热环境、氧化和还原都稳定。

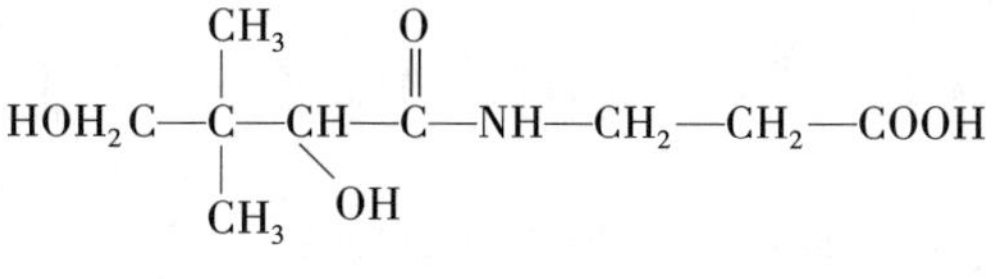

泛酸

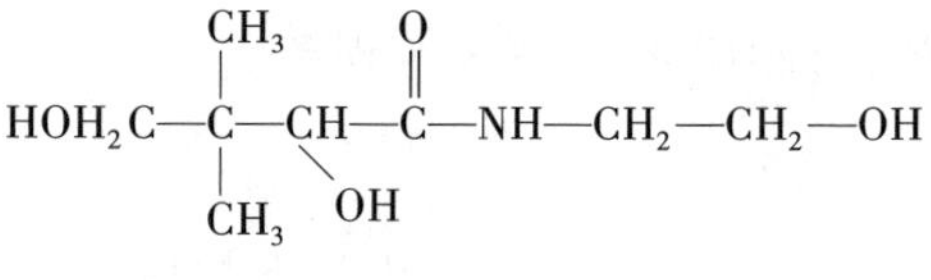

泛醇

(2) 功能　泛酸的生物功能是以辅酶 A（CoA）的形式参加代谢，CoA 是生物体内代谢反应中乙酰化酶的辅酶，它是含泛酸的复合核苷酸。它的重要生理功能是作为酰基的载体，传递酰基，是形成代谢中间产物的重要辅酶。CoA

参与丙酮酸和脂肪酸的氧化,对糖、脂、蛋白质代谢过程中的乙酰基转移有重要作用,因其活性基是巯基乙胺部分的巯基(—SH),所以辅酶 A 有时可写作 CoASH。

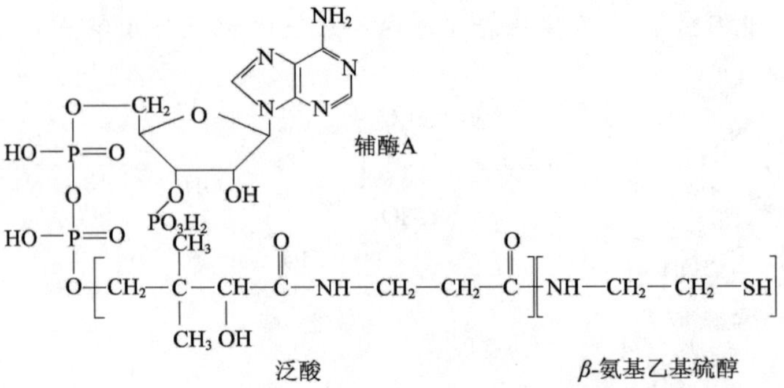

成人每天需要量为 5～10mg,一般膳食的泛酸含量丰富。

6. 生物素

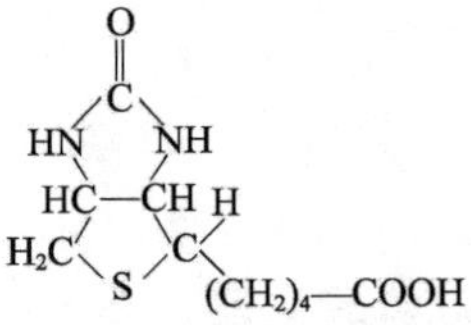

(1) 来源与性质　生物素:即维生素 B_7,又称维生素 H、辅酶 R,是多种羧化酶的辅酶。在肝、肾、酵母、牛乳中含量较多。

生物素是细长针状的晶体,熔点 232℃,耐热和耐酸、碱,微溶于水。

(2) 功能

①生物素的功能是作为 CO_2 的递体,在生物合成中起传递和固定 CO_2 的作用。

②生物素不但能防止落发,还能预防现代人常见的少年白发现象。它对维护皮肤健康也有重要作用。

(3) 缺乏症　人体一般不会发生生物素缺乏的情况,但生物素容易同鸡蛋白中一种蛋白质结合,大量食用生蛋白可阻碍生物素的吸收,导致生物素缺乏,如出现脱毛、体重减轻、肌肉疼痛、皮炎等现象。

7. 维生素 B_{11}

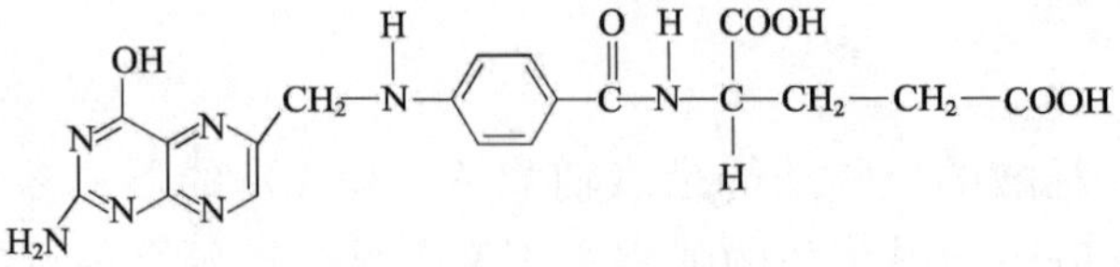

（1）来源与性质　维生素 B_{11} 即叶酸，由蝶呤啶、对氨基苯甲酸与 L-谷氨酸连接而成。叶酸为黄色或橙黄色结晶性粉末，无臭，无味，不溶于冷水，溶于沸水，可溶于氢氧化钠和硫酸钾中，为红细胞发育生长必需的因子。广泛存在于绿叶、酵母、蘑菇以及动物的肝脏中，最初从菠菜叶中分离提取，现用化学合成方法制备。

【拓展提高】

叶酸是物质代谢过程中催化"一碳基团"转移反应的辅酶构成部分。叶酸在叶酸还原酶催化下，以还原型磷酸烟酰胺腺嘌呤二核苷酸（NADPH）为供氢体，经还原反应，叶酸的 5、6、7、8 位置可被还原，形成四氢叶酸（FH_4 或 THFA）。四氢叶酸在各种生物合成反应中，以四氢叶酸辅酶的形式转移和利用"一碳基团"。许多重要物质如嘌呤、嘧啶、核苷酸等的合成过程中，必须有四氢叶酸作为"一碳基团"的供体来参与。叶酸是骨髓红细胞成熟和分裂所必需的物质。临床用于治疗巨幼细胞性贫血、白血病，与维生素 B_{12} 合用治疗恶性贫血。

（2）功能　因四氢叶酸的 N_5 和 N_{10} 位可与多种一碳单位结合，所以四氢叶酸的主要作用是作为一碳基团，如 —CH_3，—CH_2—，—CHO 等的载体，参与多种生物合成过程。

取代基(R)	位置
—CH_3（甲基）	5
—CHO（甲酰基）	5或10
—CH=NH（亚胺甲基）	5
—CH_2—（亚甲基）	5或10
—CH=（次甲基）	5或10

主要的生理功能：①Gly→Ser；②参与嘌呤环的合成；③dUMP→TMP；④半胱氨酸→蛋氨酸。

（3）缺乏症　叶酸缺乏时，红细胞的发育受到影响，造成巨红细胞性贫血症。

8. 维生素 B_{12}

（1）来源与性质　维生素 B_{12} 是含钴的化合物，又称为钴胺素。维生素 B_{12} 的发现是多年研究恶性贫血症（即巨初红细胞症）的结果。最初，人们发现服用全肝可控制恶性贫血症状。1948 年，人们从肝脏中分离出一种具有控制恶性贫血效果的红色晶体物质，定名为维生素 B_{12}。在自然界中只有微生物能合成维生素 B_{12}。

维生素 B_{12} 为深红色晶体，熔点甚高，溶于水、乙醇和丙酮，不溶于氯仿。维生素 B_{12} 晶体及水溶液都相当稳定。但酸、碱、日光、氧化和还原都能将其破坏，维生素 B_{12} 有光活性。

（2）功能

①作为甲基转移酶的辅因子，促进甲基转移作用，如参与蛋氨酸、胸腺嘧啶等的合成。

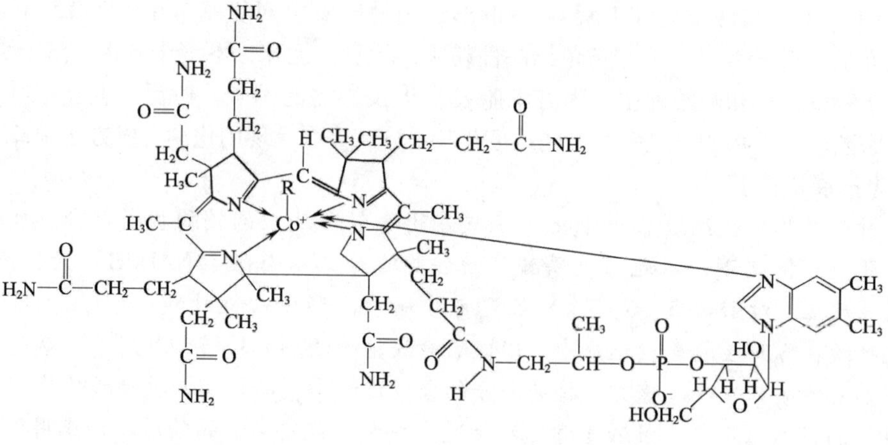

②促进某些化合物的异构作用。
③维持—SH 的还原型状态。
④促进核酸和蛋白质的生物合成。
⑤维持造血机构的正常运转。
⑥促进上皮组织细胞的新生。

（3）缺乏症
①儿童及幼龄动物发育不良。
②消化道上皮组织细胞失常。
③造血器官功能失常，不能正常产生红血细胞，导致恶性贫血。

（二）维生素 C
【知识链接】

维生素 C 的发现

15～16 世纪，因缺乏维生素 C 所引起的坏血病波及整个欧洲。1593 年，英国海军坏血病患者竟达 1 万多名。这些患者全身软弱无力，肌肉和关节疼痛难忍，牙龈肿胀出血。后来人们在无意中发现每天服用一个柠檬可以预防坏血病。1924 年，英国科学家从柠檬汁中提取得到一种白色晶体，它比浓缩的柠檬汁抗坏血病的效力高出 300 倍，这种白色的晶体就是维生素 C。

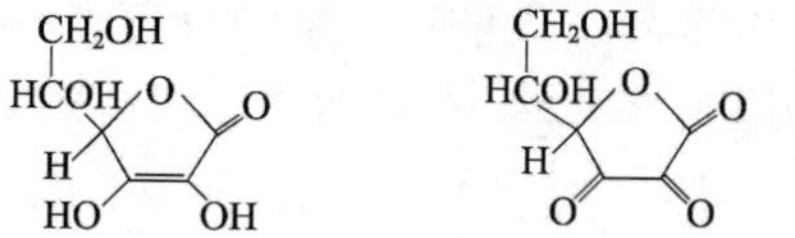

L-抗坏血酸　　　　L-脱氢抗坏血酸

1. 来源与性质

维生素 C 能防治坏血病，故又称抗坏血酸。为白色或略带淡黄色的结晶性粉末，熔点 192℃，无臭，味酸，易溶于水，显酸性。在乙醇中略溶，在氯仿或乙醚中不溶。干燥固体遇光及少量水分,颜色变微黄。故本品应避光、密闭保存。

维生素 C 分子中有 2 个手性碳原子,故有 4 个光学异构体,其中 L(+)-抗坏血酸效力最强。

【课堂互动】

维生素 C 生产制品中包括左旋产品和右旋产品,可否举几个例子?它们有什么不同?生物体对其吸收和效果有区别吗?

2. 功能

(1) 促进各种支持组织及细胞间粘合物的形成,是脯氨酸羟化酶的辅酶。

(2) 对生物氧化有重要作用。

3. 缺乏症

当机体缺乏维生素 C 时,将引起机体造血功能障碍、贫血、微血管壁的通透性和脆性增加,血管易破裂而出血,严重时还可引起肌肉、内脏出血甚至死亡,临床上称为坏血病。坏血病还可能引起齿、骨发育不全或退化。

临床用于防治坏血病,增加机体抵抗力,预防冠心病和感冒。

【知识拓展】

维生素 C 不仅是世界卫生组织和联合国工业发展组织共同确定的人类 26 种基本药物之一,也是一种重要的食品添加剂。除补足某些食品维生素 C 的不足外,人们还利用它的强还原性用作食品的抗氧化剂,大量用于脂肪、油、冷藏食品、酒类、饮料等的保藏,以及在腌制食品中减少亚硝酸的形成。此外,维生素 C 还可作为烘焙食品的烘焙剂以及饲料添加剂和催熟剂等。

【知识链接】

维生素往往通过组成酶的辅酶或辅基的形式发挥作用,见表 6-2。

表 6-2 维生素及其辅酶形式

B 族维生素	辅酶形式	主要作用
硫胺素(维生素 B_1)	硫胺素焦磷酸酯(TPP)	脱羧酶辅酶
核黄素(维生素 B_2)	黄素单核苷酸(FMN)	脱氢酶辅酶
	黄素腺嘌呤二核苷酸(FAD)	脱氢酶辅酶
烟酰胺(维生素 PP)	烟酰胺腺嘌呤二核苷酸(NAD^+)	脱氢酶辅酶
	烟酰胺腺嘌呤二核苷酸磷酸($NADP^+$)	脱氢酶辅酶
吡哆素(维生素 B_6)	磷酸吡哆醛	转氨酶辅酶
泛酸	辅酶 A(CoA)	酰基转移酶辅酶
生物素(维生素 H)	生物素	羧化酶辅酶
叶酸	四氢叶酸	一碳基团转移酶辅酶
钴胺素(维生素 B_{12})	5-甲基钴铵素 5-脱氧腺苷钴铵素	甲基转移

【知识链接】

为了使人体能够更充分地吸收各种维生素，维生素类药物一般应在饭后服用。其原因是如维生素 B_1、维生素 B_2、维生素 C 等，口服后主要经小肠吸收。若饭前空腹服，维生素会较快通过胃肠道使吸收不充分。油类食物有助于维生素 A、维生素 D、维生素 E 等的吸收。此外，维生素与某些矿物质可相互促进吸收，配合吃一些含矿物质丰富的食物，效果会更好。但维生素不是补品，人体每天所需要的维生素很有限，服用过多会导致疾病。如长期大量服用维生素 A、维生素 D 会引起慢性中毒反应，表现为饮食减少、体重下降等；维生素 B_1 用量过多会引起周围神经痛觉缺失；维生素 B_{12} 使用过多会引起红细胞过多；维生素 C 服用过多可引起贫血等。因此，在日常生活中应合理使用维生素。

学习小结

学习内容

本项目重点介绍了维生素与辅酶类制品的概念、结构、性质、来源、种类、应用及制备分析。详细介绍了一些常见的维生素与辅酶类制品。维生素是生物体必需的一类微量小分子有机物，对调节机体正常功能具有重要的作用，维生素缺乏会导致相应的疾病。维生素与辅酶类制品有着极高的应用价值和发展前景。

本项目要求重点掌握典型的维生素及辅酶类制品的名称和作用机制，知道其在防治疾病方面所发挥的重要作用。熟悉维生素及辅酶类制品的常用制备及分析方法，了解维生素及辅酶类制品的来源、分类、性质和常见规格。通过本项目的学习，能根据各个产品的特性，选择正确的使用、生产及分析方法。

知识框架

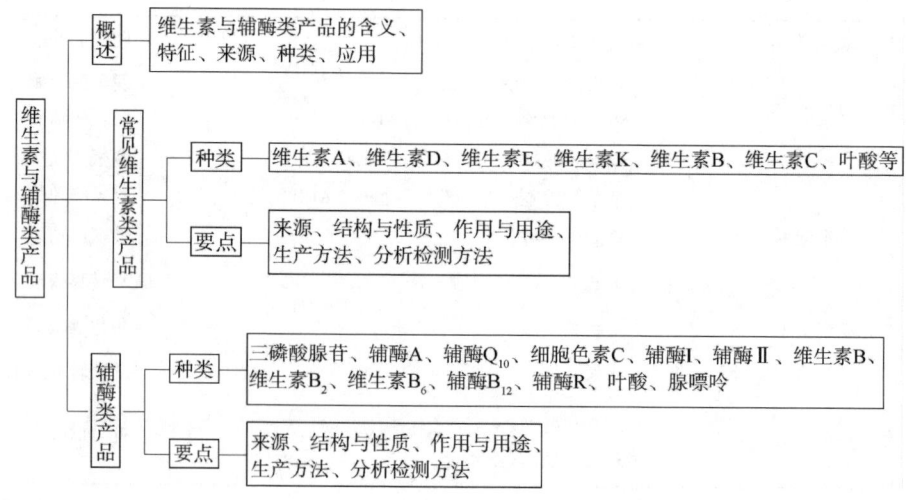

目标检测

一、单项选择题

1. 能够促进钙质吸收的维生素是（　　）
   A. 维生素 A   B. 维生素 C
   C. 维生素 D   D. 叶酸

2. 下列辅酶中的哪个不是来自于维生素（　　）
   A. CoA   B. CoQ
   C. PLP   D. FH_4
   E. FMN

3. 肠道细菌可以合成下列哪种维生素（　　）
   A. 维生素 A   B. 维生素 C
   C. 维生素 D   D. 维生素 E
   E. 维生素 K

4. 下列叙述哪一种是正确的（　　）
   A. 所有的辅酶都包含维生素组分
   B. 所有的维生素都可以作为辅酶或辅酶的组分
   C. 所有的 B 族维生素都可以作为辅酶或辅酶的组分
   D. 只有 B 族维生素可以作为辅酶或辅酶的组分
   E. 只有一部分 B 族维生素可以作为辅酶或辅酶的组分

5. 以玉米为主食，容易导致下列哪种维生素的缺乏（　　）
   A. 维生素 B_1 B. 维生素 B_2
   C. 维生素 B_5 D. 维生素 B_6
   E. 维生素 B_7

6. 需要维生素 B_6 作为辅酶的氨基酸反应有（　　）
   A. 成盐、成酯和转氨   B. 成酰氯反应
   C. 烷基化反应   D. 成酯、转氨和脱羧
   E. 转氨、脱羧和消旋

二、多项选择题

1. 下列描述与维生素 C 相符的是（　　）
   A. 水溶液 pH 大约 8.2   B. 水溶液显弱酸性
   C. 水溶液易被氧化   D. 临床用于防治坏血病、预防冠心病
   E. 属于脂溶性维生素

2. 下列维生素中光照易被氧化的是（　　）
   A. 维生素 A   B. 维生素 C
   C. 维生素 E   D. 维生素 D_3

E. 维生素 D_2

三、简答题

1. 根据结构分析维生素 C 的化学稳定性如何？

2. 什么是脂溶性维生素，什么是水溶性维生素，两者各有哪些代表？为什么脂溶性维生素摄入过多易引起积蓄中毒，而水溶性维生素需要经常补充？

3. 指出下列症状分别是由于哪种（些）维生素缺乏引起的？
（1）脚气病（2）坏血病（3）佝偻病（4）干眼病（5）癞皮病（6）软骨病（7）新生儿出血（8）巨红细胞贫血。

4. 指出下列各种情况下，应补充哪种（些）维生素？
（1）多食糖类化合物（2）多食肉类化合物（3）以玉米为主食（4）长期口服抗生素（5）长期服用雷米封的肺结核病人（6）嗜食生鸡蛋清的人。

5. 将下列化学名称与 B 族维生素及其辅酶形式相匹配？
（1）泛酸（2）烟酸（3）叶酸（4）硫胺素（5）核黄素（6）吡哆素（7）生物素。

实训　天然维生素 C 制备与检测

一、实训目的

（1）了解天然维生素 C 的原料选择与处理条件。

（2）掌握维生素 C 类制品的提取制备和分析检测方法与基本操作。

实训备忘

维生素 C 是具有 L 系糖型的不饱和多羟基物，属于水溶性维生素。它分布很广，植物的绿色部分及许多水果（如橘子、苹果、草莓、山楂等）、蔬菜（黄瓜、洋白菜、西红柿等）中的含量更为丰富。

维生素 C 具有很强的还原性。还原型抗坏血酸能还原染料 2,6-二氯酚靛酚（DCPIP），本身则氧化为脱氢型。在酸性溶液中，2,6-二氯酚靛酚呈红色，还原后变为无色。因此，当用此染料滴定含有维生素 C 的酸性溶液时，维生素 C 尚未全部被氧化前，则滴下的染料立即被还原成无色。一旦溶液中的维生素 C 已全部被氧化时，则滴下的染料立即使溶液变成粉红色。所以，当溶液从无色变成微红色时即表示溶液中的维生素 C 刚刚全部被氧化，此时即为滴定终点。如无其他杂质干扰，样品提取液所还原的标准染料量与样品中所含还原型抗坏血酸的量成正比。

二、实训材料

1. 材料

新鲜青菜或者是水果

2. 仪器

电子天平

3. 器材

微量滴定管：5mL×2；移液管：10mL×2；容量瓶：50mL×2；量筒：50mL；锥形瓶：50mL×4；研钵、漏斗：各1支。

三、实训准备

1. 2%草酸溶液

草酸1g溶于100mL蒸馏水中。

2. 1%草酸溶液

草酸1g溶于100mL蒸馏水中。

3. 2,6-二氯酚靛酚溶液

250mg 2,6-二氯酚靛酚溶于150mL含有52mg $NaHCO_3$ 的热水中，冷却后加水稀释至250mL，贮于棕色瓶中冷藏（4℃）约可保存一周。每次临用时，以标准抗坏血酸溶液标定。

4. 标准抗坏血酸溶液（1mg/mL）

准确称取100mg纯抗坏血酸（应为洁白色，如变为黄色则不能用）溶于1%草酸溶液中，并稀释至100mL，贮于棕色瓶中，冷藏。最好临用前配制。

四、实训内容与操作步骤

1. 样品液的制备

（1）取材

称取4.0g洗净、切碎并混匀的新鲜青菜。

（2）研磨

样品置研钵中，加5mL 2%草酸溶液通过漏斗将样品提取液转移到50mL容量瓶中。残渣再用2%草酸溶液提取2~3次，提取液及残渣一并转入容量瓶，2%草酸溶液约为35mL。

（3）定容

最后用1%草酸溶液定容至50mL。

（4）过滤

提取液摇匀，过滤，滤液备用。

2. 样品的测定

吸取滤液20mL，放入50mL的锥形瓶中，立即用2,6-二氯酚靛酚溶液滴定至出现粉红色在15s内不消失为止。记录所用滴定液体积。

3. 空白测定

在另一50mL的容量瓶内，放入35mL的2%草酸溶液，并用1%草酸溶液定容，摇匀。取此液20mL，放入另一50mL，锥形瓶内，用2,6-二氯酚靛酚溶液滴定至终点，记录滴定液用量。

样品提取液和空白实验各做 2 份，滴定结果取平均值进行计算。

五、结果处理

$$\text{维生素 C 含量} = \frac{(V_A - V_B) \times V_C \times m' \times 100}{V_D \times m} \text{（mg/100g 样品）}$$

式中　V_A——滴定样品所耗用的染料的平均体积，mL

　　　V_B——滴定空白对照所耗用的染料的平均体积，mL

　　　V_C——样品提取液的体积，mL

　　　V_D——滴定时所取的样品提取液体积，mL

　　　m'——为 1mL 染料能氧化抗坏血酸质量，mg

　　　m——待测样品的质量，g

标准液的滴定：准确吸取标准抗坏血酸溶液 1mL 置 100mL 锥形瓶中，加 9mL 1% 草酸，用微量滴定管以 0.1% 2,6-二氯酚靛酚溶液滴定至淡红色，并保持 15s 不褪色，即达终点。由所用染料的体积计算出 1mL 染料相当于多少 mg 抗坏血酸（取 10mL 1% 草酸作空白对照，按以上方法滴定）。

六、思考题

1. 为了测得准确的维生素 C 含量，实验过程中都应注意哪些操作步骤？为什么？

2. 试简述维生素 C 的生理意义。

项目七　氨基酸

学习目标

通过本项目的学习，获得氨基酸的分解、合成及转化等方面的知识，掌握氨基酸的脱氨基过程、转氨基过程、联合脱氨基过程以及生产上应用的蛋白酶类和氨基酸类产品等知识，了解氨基酸代谢与糖类、脂类代谢之间的转化及其在健康方面所发挥的重要作用等。为药品分析与检测技术、生物制药设备、生物制药工艺学等后续课程的学习打下基础。

知识目标

1. 了解蛋白酶的种类、水解产物、生产中的应用。
2. 掌握氨基酸氨基代谢的三种方式。
3. 掌握谷氨酸脱氢酶在氨基酸代谢中的重要性。
4. 掌握氨的来源与去路。
5. 了解氨基酸碳骨架的氧化途径，特别是与代谢中心途径（酵解和柠檬酸循环）的关系。
6. 了解各族氨基酸的生物合成。

能力目标

1. 能依据不同来源的蛋白质选择适宜的酶类进行水解制备氨基酸。
2. 能制备复合氨基酸营养液，对常用氨基酸产品选择合适的方法进行检测。
3. 能从事氨基酸典型产品的生产、提取、精制、贮存等岗位的操作。

任务描述

某生物制品生产企业在氨基酸营养品开发方面有一定经验，为迎合大众对健康日益高涨的需求。可厂家计划开发一系列氨基酸营养品，以满足不同群体的需求，可根据身体虚弱、病后、术后等不同情况调查需要补充氨基酸的种类和数量，并制定相应氨基酸营养液的制备方案。

【知识链接】

蛋白质是人体中最重要的营养素，人体中除了尿液和胆汁不含蛋白质以外，所有的脏器都需要蛋白质来修复和更新。根据计算，正常成人每日最低分解约20g蛋白质。由于食物蛋白质与人体蛋白质组成有差异，故每日食物蛋白质的最低需要量为 30~50g。为了长期保持氮总平衡，正常成人每日蛋白质的生理需要量应为 80g。

一、蛋白质的酶促降解

生物体内的蛋白质是经常处于动态的变化之中，一方面在不断地合成，另一方面又在不断地分解。蛋白质的分解对机体生命代谢的意义并不亚于蛋白质的合成。生物体为了进行正常的生长和发育，为了适应外界条件的变化，必须不断地合成具有不同结构与功能的各种蛋白质。因此，早期合成的蛋白质在完成其功能之后不可避免地要被分解，其分解产物将作为合成新性质蛋白质的原料。蛋白质的酶促降解，一方面通过将外源蛋白质降解和吸收合成生物体自身的蛋白质，实现自我更新；另一方面将自身蛋白质进行分解，排除不正常的蛋白质、过多的酶和调节蛋白，使细胞代谢井然有序。

（一）蛋白酶的分类

蛋白质的分解是在蛋白（水解）酶催化下进行的，蛋白水解酶存在于植物所有的细胞与组织中。大量蛋白酶已被人们从植物种子、果实的生长器官中分离出来并进行了研究，如番木瓜汁液中的木瓜蛋白酶、菠萝茎和果实中的菠萝蛋白酶、花生种子中的花生仁蛋白酶等。其中许多酶已制成结晶。蛋白水解酶可分为内肽酶（肽链内切酶）和端肽酶（肽链端解酶）两大类。

1. 按蛋白酶水解蛋白质的方式

（1）内肽酶 切开蛋白质分子内部肽键，生成相对分子质量较小的多肽类，这类酶一般称为内肽酶。其作用是水解蛋白质和多肽链内部的肽键，形成各种短肽。蛋白酶具有底物专一性，不能水解所有肽键，只能对特定的肽键发生作用。几个蛋白酶的水解位点见下式：

$$\text{氨肽酶} \quad\quad (\text{芳、疏}) \quad\quad\quad\quad\quad\quad\quad\quad \text{羧肽酶}$$

$$\underset{\text{胃蛋白酶}}{\overset{\text{⑥}}{\text{—NH—}}} \underset{\text{胰凝乳蛋白酶}}{\overset{\text{①}}{\text{—NH—}}} \underset{\text{胰蛋白酶}}{\overset{\text{②}}{\text{—NH—}}} \underset{\text{枯草杆菌蛋白酶}}{\overset{\text{③}}{\text{—NH—}}} \overset{\text{④}}{\text{—NH—}} \overset{\text{⑤}}{\text{—NH—}}$$

如木瓜蛋白酶只能作用于由碱性氨基酸以及含脂肪侧链和芳香侧链的氨基酸所形成的肽键。

（2）端肽酶 又称为肽酶，从肽链的一端开始水解，将氨基酸一个一个地从多肽链上切下来。肽酶根据其作用性质不同可分为氨肽酶、羧肽酶和二肽酶。氨肽酶从肽链的氨基末端开始水解肽链；羧肽酶从肽链的羧基末端开始水解肽链；二肽酶的底物为二肽,将二肽水解成单个氨基酸。肽酶的种类和专一性,见表7-1。

表7-1　　　　　　　　　　肽酶的种类和作用特征

名称	作用特征
α-氨酰肽水解酶	作用于多肽链的 N-末端
α-羧肽水解酶	作用于多肽链的 C-末端
二羧肽水解酶	水解二肽

2. 按酶的来源

蛋白酶可以分为动物蛋白酶、植物蛋白酶、微生物蛋白酶。

微生物蛋白酶又可分为细菌蛋白酶、霉菌蛋白酶、酵母蛋白酶和放线菌蛋白酶。

3. 按蛋白酶作用的最适 pH

蛋白酶可以分为 pH2.5~5.0 的酸性蛋白酶、pH9.5~10.5 的碱性蛋白酶、pH7~8 的中性蛋白酶。为了方便起见,微生物蛋白酶常用这种分类方法;根据蛋白酶的活性中心和最适反应 pH 可以分为丝氨酸蛋白酶、巯基蛋白酶、金属蛋白酶和活性中心有两个羧基的酸性蛋白酶。

蛋白酶的种类和特征见表7-2。

表7-2　　　　　　　　　　蛋白酶的种类和特征

名称	作用特征	实例
丝氨酸蛋白酶类	活性中心含丝氨酸	胰凝乳蛋白酶、胰蛋白酶、凝血酶
巯醇蛋白酶类	活性中心含半胱氨酸	木瓜蛋白酶、无花果蛋白酶、菠萝酶
羧基(酸性)蛋白酶类	活性中心含天冬氨酸,最适 pH 在 5 以下	胃蛋白酶、凝乳酶
金属蛋白酶类	活性中心含有金属离子	枯草杆菌蛋白酶、嗜热菌蛋白酶

【知识链接】

蛋白酶的应用

(1) 用于食品发酵工业　酱油的酿造就是利用米曲霉分泌的蛋白酶分解原料中的蛋白质,使其降解为胨、多肽、氨基酸,生成色、香、味于一体的产品。

(2) 用于制革生产　蛋白酶不能分解天然胶原,而只能分解间质蛋白,因而可用于制革工艺,国内生产的中性和碱性蛋白酶制剂均可用于酶法脱毛。

(3) 制造明胶和可溶性胶原纤维　用蛋白酶净化胶原,明胶纯度高,质量好,相对分子质量均匀,分子排列整齐,生产周期短,明胶收率高,几乎达 100%。

(4) 预处理羊毛低温染色　用蛋白酶处理后的羊毛,在沸点下染色,2min 的上色率可达100%,成品色泽鲜艳,手感丰满,还可使废水中染料的含量大大降低。

(5) 丝绸脱胶　用蛋白酶脱胶后,成品手感润滑柔软,光泽鲜艳,而且脱胶时间短,操作温度低,劳动生产率较高。

(二) 蛋白质的消化、吸收和腐败

1. 蛋白质的消化

(1) 胃液中的蛋白酶　胃黏膜细胞分泌的胃蛋白酶原是人胃液中仅有的蛋白质水解酶的酶原。在正常胃液中 (pH1~1.5),胃蛋白酶原经 H^+ 激活,生成胃蛋白酶。胃蛋白酶可催化这种转变,称为自身激活作用。

(2) 胰液中的蛋白酶　蛋白质的消化主要靠胰酶完成,这些酶的最适 pH 在7.0 左右。胰液中的蛋白酶分为两类,即内肽酶和外肽酶。内肽酶主要是胰蛋白酶、糜蛋白酶及弹性蛋白酶。

(3) 小肠黏膜细胞的水解酶　小肠黏膜细胞有氨基肽酶及二肽酶。寡肽的水解主要在小肠黏膜细胞内进行。

人体内蛋白质的消化,如图 7-1 所示,食物蛋白进入胃后,胃黏膜分泌胃泌素,刺激胃腺的腔壁细胞分泌盐酸和主细胞分泌胃蛋白酶原。无活性的胃蛋白酶原经激活转变成胃蛋白酶。胃蛋白酶将食物蛋白质水解成大小不等的多肽片段,随食糜流入小肠,触发小肠分泌胰泌素。胰泌素刺激胰腺分泌碳酸氢盐进入小肠,中和胃内容物中的盐酸,pH 达 7.0 左右。同时小肠上段的十二指肠释放出肠促胰酶肽,以刺激胰腺分泌一系列的胰酶原,其中有胰蛋白酶原、胰凝乳蛋

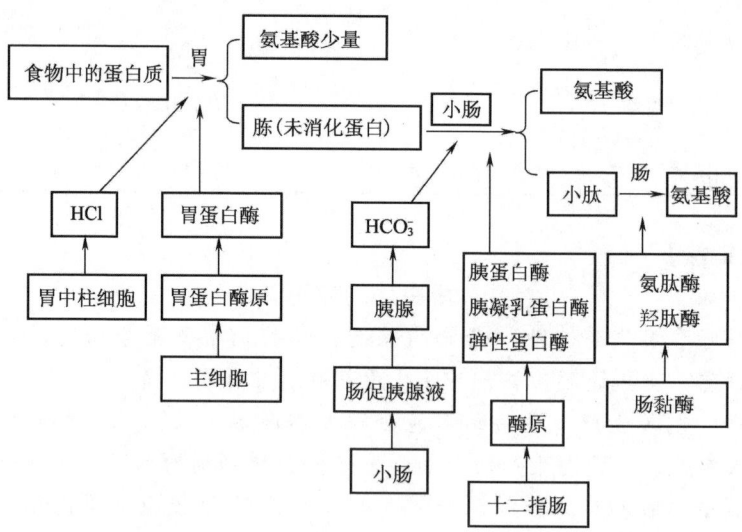

图 7-1　蛋白质在人体内的消化

白酶原和羧肽酶原等。在十二指肠内,胰蛋白酶原经小肠细胞分泌的肠激酶作用,转变成有活性作用的胰蛋白酶,催化其他胰酶原激活。这些胰酶将肽片段混合物分别水解成更短的肽。小肠内生成的短肽由羧肽酶从肽的C端降解,氨肽酶从N端降解,如此经过多种酶的联合催化,食糜中的蛋白质可降解成氨基酸(或氨基酸和小肽)的混合物,再由肠黏膜上皮细胞吸收进入机体。游离的氨基酸经血液循环进入人体。

【案例分析】

家住重庆沙坪坝新桥的李女士看到市场上的菠萝很诱人,就给五岁的儿子林林买了一个削了皮的菠萝。回到家后,儿子看见了就嚷着要吃,李女士连忙将菠萝在放有盐的开水里洗了一下,就递给儿子吃了。哪知儿子吃了不到一半,就一边吐着舌头一边大叫肚子疼,并出现呕吐症状,吓得李女士赶紧将孩子抱到医院去看病。

医生告诉李女士林林是对菠萝中的菠萝蛋白酶过敏,从而导致急性过敏反应,幸好吃得不多,过1~2h过敏症状就会消失,如果吃得过多,就会出现全身发痒、皮肤潮红、口唇和四肢发麻,出大汗等症状。严重的还会出现心动过速,面色苍白,神志不清,甚至会发生休克而危及生命。在生活中,蛋白酶过敏的情况比较多见,像海鲜类、荔枝和芒果等很多食品都可能引起过敏反应,因此,吃进食物后如果出现不适症状,除判断食物中毒外,首先要考虑一下是不是机体对食物过敏了。

2. 氨基酸的吸收

(1) 氨基酸吸收载体　氨基酸的吸收主要在小肠进行,是一种主动转运过程,需由特殊的氨基酸载体携带。转运氨基酸进入细胞的同时,转运入Na^+。

(2) γ-谷氨酰基循环　由γ-谷氨酰基转移酶催化,利用谷胱甘肽,合成γ-谷氨酰氨基酸,进行转运吸收,消耗的谷胱甘肽可重新再合成,如图7-2所示。

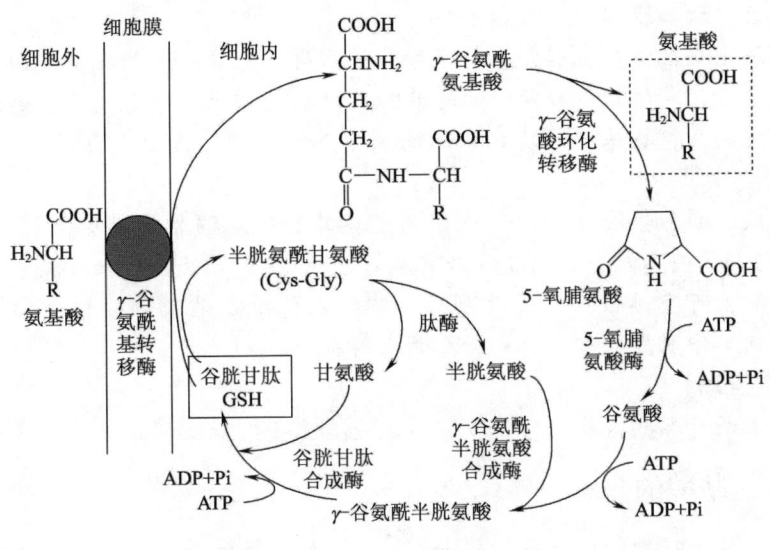

图7-2　γ-谷氨酰基循环

（3）肽的吸收　利用肠黏膜细胞上的二肽或三肽的转运体系进行吸收，也是一种耗能的主动吸收过程。

3. 蛋白质的腐败作用

蛋白质在肠道中不能完全被消化吸收，肠道细菌对肠道中未消化及未吸收的蛋白质或蛋白质消化产物的分解作用，称为腐败作用。分解作用包括水解、氧化、还原、脱羧、脱氨、脱硫基等反应。腐败作用可产生胺、醇、酚、吲哚、甲基吲哚、脂肪酸和某些维生素等物质。除少量脂肪酸及维生素外，大部分腐败产物对人体有毒性。正常情况下，上述有害腐败产物大部分随粪便排出，少量被吸收后，经肝脏代谢解除其毒性。当肠梗阻时，腐败时间延长，腐败产物被吸收进血的量增加，如在肝脏内解毒不完全时，可导致机体中毒。

（三）蛋白质的营养价值

人和动物必须由食物蛋白质提供所需要的氨基酸，并用于合成自身组织的蛋白质，以补偿代谢过程中被消耗的组织成分，多余的氨基酸则分解为含氮废物并释放能量。为了适应多种蛋白质合成的需要，人和动物必须从食物中获取各种氨基酸。

【知识链接】

市场上某氨基酸营养液为适应人群不同需求，分为两种类型。

Ⅰ型适合术后需要补充营养的人群。氨基酸是构成机体组织细胞的基本组成成分，是维持生命活动的基本物质，氨基酸摄入不足会影响人体内蛋白质的合成，延缓术后伤口愈合。

复合氨基酸营养液（Ⅰ型）采用高营养的复合氨基酸为原料，富含18种氨基酸（其中包括人体内不能合成的8种必需氨基酸），添加保持人体健康所需的抗坏血酸、尼克酸等营养物质，并均衡搭配酪蛋白磷酸肽（CPP）。复合氨基酸营养液可直接被人体吸收利用，适合术后需要补充营养的人群服用。不含蔗糖，糖尿病患者可放心服用。

Ⅱ型适合病后体质虚弱需要补充营养的人群。氨基酸是构成机体组织细胞的基本组成成分，是维持生命活动的重要物质，也是增强机体免疫力、制造免疫球蛋白的重要物质，氨基酸的缺乏会影响人体正常生理功能，也会影响病后机体体质的恢复。

复合氨基酸营养液（Ⅱ型）采用高营养复合氨基酸原料，富含18种氨基酸（其中包括人体内不能合成的8种必需氨基酸），同时均衡搭配硫胺素、核黄素和盐酸吡哆醇，可直接被人体吸收利用，弥补人体氨基酸及部分维生素摄入的不足，适合病后体质虚弱需要补充营养的人群服用。

【课堂互动】

市场上还有那些氨基酸营养液，请调查其主要功能及配方。

二、氨基酸的分解与转化

氨基酸分解时先脱去氨基，产生氨和α-酮酸。氨主要在肝脏中合成尿素后被排出。α-酮酸则进一步氧化成 H_2O 和 CO_2，或转化为糖及脂肪。氨基酸还有转氨、脱羧等共同的分解形式。氨基酸的分解反应包括脱氨基作用、脱羧作用与羟基化等。

脱氨基反应是氨基酸分解的最重要的一步，包括氧化脱氨基、非氧化脱氨基、转氨基、联合脱氨基、脱酰胺基等。

（一）氨基酸代谢库

食物蛋白质经消化吸收产生的氨基酸（外源性氨基酸）与体内组织蛋白质降解生成的氨基酸以及其他物质经代谢转变而来的氨基酸（内源性氨基酸）混在一起，分布于体内各处，参与代谢，被称为氨基酸代谢库，如图 7-3 所示。

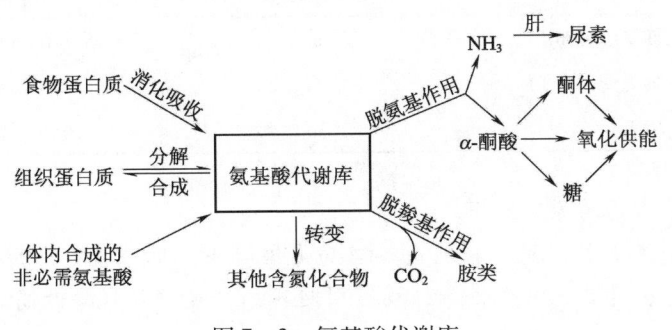

图 7-3 氨基酸代谢库

（二）氨基酸的脱氨基作用

氨基酸主要通过五种方式脱掉氨基，即转氨基、氧化脱氨基、联合脱氨基、非氧化脱氨基和脱酰胺基作用。在这五种脱氨基作用中，以联合脱氨基作用最为重要，非氧化脱氨基作用则主要见于微生物中。

1. 转氨基作用

一种 α-氨基酸的氨基可以转移到 α-酮酸上，而生成相应的 α-酮酸和 α-氨基酸，这种作用称为转氨基作用，又称为氨基移换作用。催化转氨基反应的酶称为转氨酶，其辅酶为磷酸吡哆醛或磷酸吡哆胺。转氨基作用的简式如下：

$$\underset{\alpha-\text{氨基酸}}{R_1-\underset{NH_2}{\overset{H}{C}}-COOH} + \underset{\alpha-\text{酮酸}}{R_1-\underset{O}{C}-COOH} \xrightleftharpoons{\text{转氨酶}} \underset{\alpha-\text{酮酸}}{R_1-\underset{O}{C}-COOH} + \underset{\alpha-\text{氨基酸}}{R_2-\underset{NH_2}{\overset{H}{C}}-COOH}$$

【知识链接】

转氨酶

转氨酶是人体代谢过程中必不可少的催化剂，主要存在于肝细胞内。当肝细胞发生炎症、坏死、中毒等，造成肝细胞受损时，转氨酶便会释放到血液里，使血清转氨酶升高。通常，体检中主要检查的转氨酶是谷丙转氨酶（ALT）。1%的肝脏细胞受损害，可以使血中 ALT 的浓度增加 1 倍。因此，ALT 水平可以比较敏感地监测到肝脏是否受到损害。

【课堂互动】

你知道哪些转氨酶，可否举几个例子？

【案例分析】

肝功检测中转氨酶的指标，见表 7-3。

表 7-3　　　　　　　　　　　肝功检测中转氨酶的指标

检查项目	单位	正常值
谷丙转氨酶（ALT）	u/L	0~40
谷草转氨酶（AST）	u/L	0~37
谷草/谷丙（AST/ALT）	u/L	0.80~1.5

引起转氨酶高的原因如下。

（1）肝脏本身的疾患，特别是各型病毒型肝炎、肝硬变、肝脓肿、肝结核、肝癌、脂肪肝、肝豆状核变性等，均可引起不同程度的转氨酶升高。

（2）除肝脏外，体内其他脏器组织也都含有此酶，因此当肌体患有心肌炎、肾盂肾炎、大叶性肺炎、肺结核、乙型脑炎、多发性肌炎、急性败血症、肠伤寒、流脑、疟疾、胆囊炎、钩端螺旋体病、流感、麻疹、血吸虫病、挤压综合征等时，均可见血中转氨酶升高。

（3）因为转氨酶是从胆管排泄的，因此如果有胆管、胆囊及胰腺疾患胆管阻塞等，也可使转氨酶升高。

（4）药源性或中毒性肝损害，以及药物过敏都可引起转氨酶升高，并常伴有淤胆型黄疸和肝细胞损伤。例如，生病时服用损伤肝脏的药物、红霉素、四环素等，在停用这些药物后，转氨酶水平会很快恢复正常。

（5）正常妊娠、妊娠中毒症、妊娠急性脂肪肝等也是转氨酶升高的常见原因。

（6）对于一些看起来没什么大病的人来说，长期酗酒也可导致酒精肝，或饮食结构不合理也导致脂肪肝，造成转氨酶升高。

2. 氧化脱氨基作用

氨基酸在相应酶的催化下脱去氨基生成相应的 α-酮酸的过程称为氧化脱氨基作用。

（1）氧化脱氨基　氧化脱氨基是高等植物最基本的脱氨基方式，氨基酸脱去 α-氨基后转变成相应的酮酸：

$$R-\underset{\underset{NH_2}{|}}{CH}-COOH + 1/2 O_2 \longrightarrow R-\underset{\underset{O}{\|}}{C}-COOH + NH_3$$

禾本科、豆科作物幼苗及马铃薯块茎中，主要是二羧基氨基酸（天冬氨酸和谷氨酸）的氧化脱氨。如谷氨酸在谷氨酸脱氢酶的催化下，氧化脱氨生成 α-酮戊二酸：

$$\begin{array}{c} COOH \\ | \\ CHNH_2 \\ | \\ CH_2 \\ | \\ CH_2 \\ | \\ COOH \end{array} + NAD^+ + H_2O \longrightarrow \begin{array}{c} COOH \\ | \\ C=O \\ | \\ CH_2 \\ | \\ CH_2 \\ | \\ COOH \end{array} + NADH + H^+ + NH_3$$

　　　谷氨酸　　　　　　　　　α-酮戊二酸

谷氨酸脱氢酶分布很广，在动植物、微生物中都存在，广泛存在于高等植物的种子、根、胚轴、叶片等组织中。

（2）催化氧化脱氨基作用的酶主要有以下几种。

①L-氨基酸氧化酶：这种酶有两种类型，一类以黄素腺嘌呤二核苷酸（FAD）为辅基，另一类以黄素单核苷酸（FMN）为辅基。人和动物体中的 L-氨基酸氧化酶属于后一类。该酶能催化十几种氨基酸的脱氨基作用，但对甘氨酸、β-羟丁酸（如 L-丝氨酸、L-苏氨酸），二羧基氨基（L-谷氨酸、L-天冬氨酸）和二氨基一羧基氨基酸（赖氨酸、精氨酸、鸟氨酸）都无催化作用。这些氨基酸可能都有特殊的、专一性强的氧基酸氧化酶催化脱氨基，如从粗糙链孢霉中得到的 L-氨基酸氧化酶能催化赖氨酸和鸟氨酸脱氨，从普通变形杆菌中得到的 L-氨基酸氧化酶能催化精氨酸脱氨等。

②D-氨基酸氧化酶：以 FAD 为辅基，在体内分布广泛，但生物体内 D-氨基酸不多，主要存在于脊椎动物肝、肾细胞中，以肾细胞活力最强，有些霉菌和细菌也含此酶。

③氧化专一氨基酸的酶：如甘氨酸氧化酶、D-天冬氨酸氧化酶、L-谷氨酸脱氢酶等。其中 L-谷氨酸脱氢酶专一性强，该酶以 NAD^+ 或 $NADP^+$ 为辅酶，分布广泛（动、植、微生物），活力强，是一种别构调节酶，ATP 与 GTP 是此酶的变构抑制剂，而 ADP 合 GDP 是变构激活剂，当体内的能量不足时能加速氨基酸的氧化，对机体的能量代谢起到重要的调节作用。因为该酶不需氧，可以通过呼吸链再生，在体外可用于合成味精。

3. 联合脱氨基作用

生物体内 L-氨基酸氧化酶活力普遍不高，而 L-谷氨酸脱氢酶的活力很高，又普遍存在，因此一般认为 L-氨基酸往往不是直接氧化脱去氨基，而是先与 α-酮戊二酸经转氨作用变为相应的酮酸与谷氨酸，谷氨酸再经谷氨酸脱氢酶作

用重新变成 α-酮戊二酸，同时释放出氨。这种脱氨基作用是转氨基作用和氧化脱氨基作用配合进行的，所以称联合脱氨基作用。联合脱氨基作用可在肝、肾等大多数组织细胞中进行，它是体内各种氨基酸脱氨基的主要形式。其逆反应也是在体内生成非必需氨基酸的途径，包括两种途径，如图 7-4 所示。

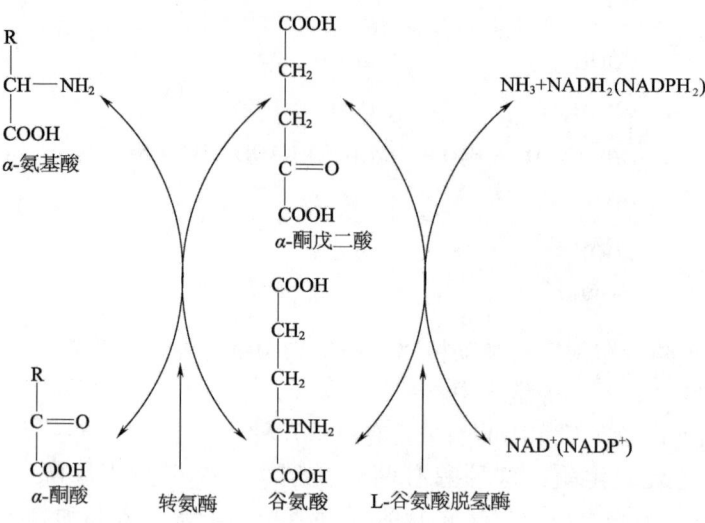

图 7-4　以谷氨酸脱氢酶为中心的联合脱氨基作用

（1）转氨酶与 L-谷氨酸脱氢酶作用相偶联。

（2）转氨基作用与嘌呤核苷酸循环相偶联　由于骨骼肌和心肌中 L-谷氨酸脱氢酶活性较低，氨基酸不易借上述联合脱氨基作用方式脱氨基，但可通过转氨基反应与嘌呤核苷酸循环（purine nucleotide cycle）的联合脱去氨基。在骨骼肌和心肌等组织中，氨基酸通过转氨基作用将其氨基转移到草酰乙酸上形成天冬氨酸，天冬氨酸可与次黄嘌呤核苷酸（IMP）作用，生成腺苷酸代琥珀酸，后者经酶催化裂解生成腺嘌呤核苷酸（AMP）并生成延胡索酸。肌组织中富含的腺苷酸脱氢酶可催化 AMP，脱下氨基酸的氨基，生成的 IMP 及延胡索酸可再参加循环。由此可见，此过程实际上也是另一种形式的联合脱氨基作用，如图 7-5 所示。

【拓展提高】

生物体内为何存在两种联合脱氨基作用？各有何重要的生理意义？

L-谷氨酸脱氢酶是一种不需氧的脱氢酶，以 NAD^+ 或 $NADP^+$ 为辅酶，生成的 $NADH+H^+$ 或 $NADPH+H^+$ 可进入呼吸链经氧化磷酸化产生 ATP。该酶专一性强，分布广泛（动、植、微生物），活力强，因而作用较大；该酶属于变构酶，其活性受 ATP、GTP 的抑制，受 ADP、GDP 的激活。但在骨骼肌和心肌中，因谷氨酸脱氢酶的活性较低，而腺苷酸脱氢酶的活性较高，故可采用嘌呤核苷酸循环进行脱氨基。

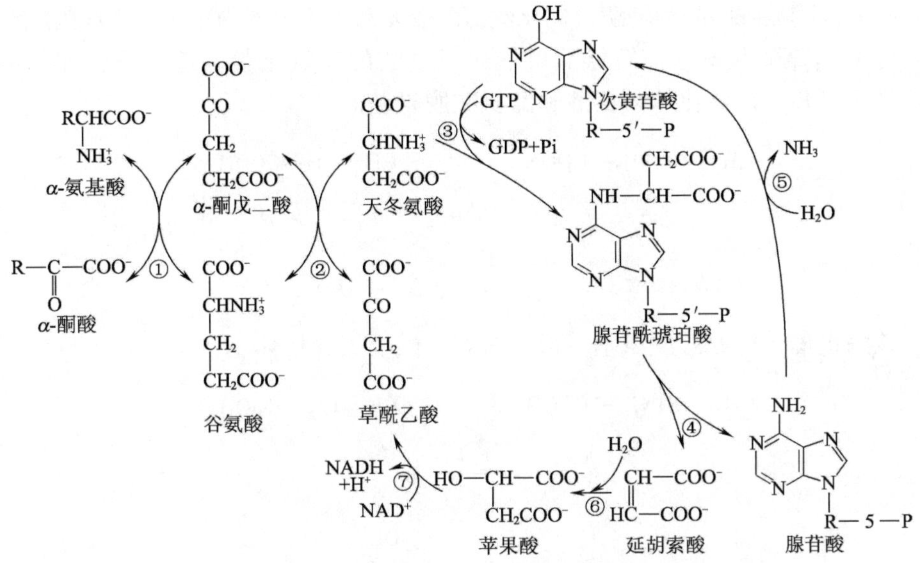

图 7-5　通过嘌呤核苷酸循环的联合脱氨基过程

两种作用都可以实现氨基酸的脱氨基作用，前者是普遍存在的一种方式，后者是存在于骨骼肌和心肌中的一种特殊的联合脱氨基作用方式。

4. 非氧化脱氨基作用

非氧化脱氨基方式主要在微生物体内进行，动物体内不普遍。对生存在缺氧环境下的生物更有意义，非氧化脱氨基包括多种方式。

（1）直接脱氨基　该反应是在氨基酸氨基裂解酶和辅助因子磷酸吡哆醛（PLP基）的催化下进行的，天冬氨酸在天冬氨酸氨基裂解酶的催化下，裂解成延胡索酸和氨。

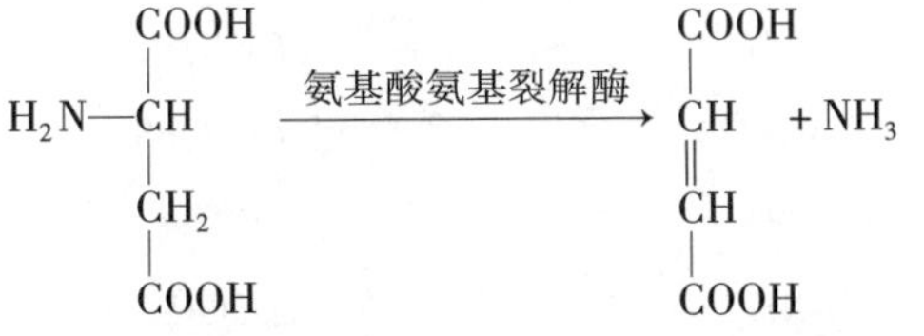

$$\text{天冬氨酸} \xrightarrow{\text{氨基酸氨基裂解酶}} \text{延胡索酸} + NH_3$$

（2）脱水酶脱氨基　脱水酶只作用于含有一个羟基的氨基酸上，如 L-丝氨酸，在丝氨酸脱水酶作用下发生脱氨基作用。

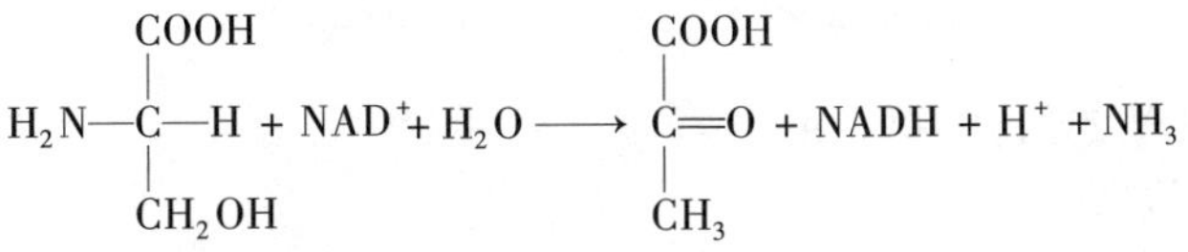

$$\text{L-丝氨酸} + NAD^+ + H_2O \longrightarrow \text{丙酮酸} + NADH + H^+ + NH_3$$

此酶以磷酸吡哆醛为辅酶,催化丝氨酸脱氨后发生分子内重排,生成丙酮酸。

(3) 解氨酶脱氨基　解氨酶可催化氨基酸的非氧化脱氨基反应,如苯丙氨酸解氨酶(PLA)催化苯丙氨酸和酪氨酸脱氨基。

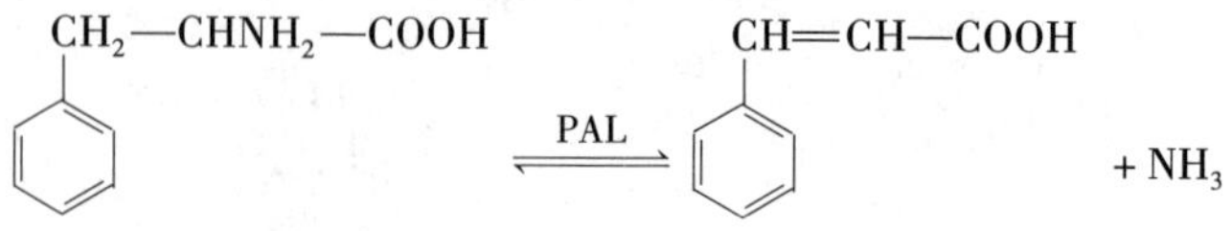

$$\text{L-苯丙氨酸} \xrightleftharpoons{\text{PAL}} \text{反式肉桂酸} + NH_3$$

该酶也催化酪氨酸脱氨基并形成对香豆酸反式异构体。

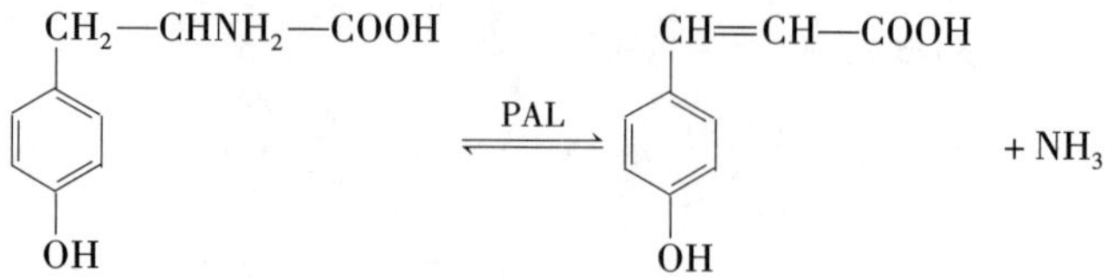

$$\text{酪氨酸} \xrightleftharpoons{\text{PAL}} \text{反式香豆酸} + NH_3$$

在高等植物中,存在催化苯丙氨酸和酪氨酸脱氨基形成氨和不饱和芳香酸的酶,如在许多植物中发现有苯丙氨酸解氨酶等。

5. 脱酰胺作用

谷氨酰胺和天冬酰胺可在谷氨酰胺酶和天冬酰胺酶的作用下分别发生脱酰胺基作用形成相应的氨基酸,两种酶广泛存在于微生物、动物、植物中,有相当高的专一性。

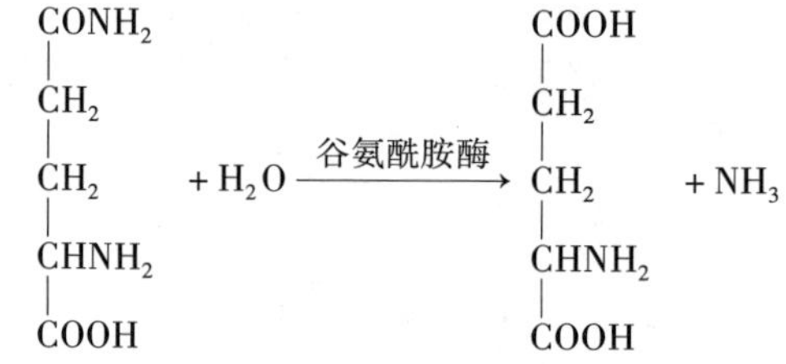

$$\text{谷氨酰胺} + H_2O \xrightarrow{\text{谷氨酰胺酶}} \text{谷氨酸} + NH_3$$

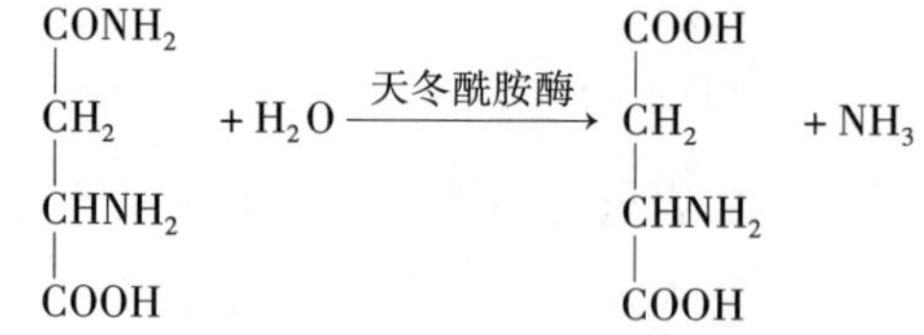

$$\text{天冬酰胺} + H_2O \xrightarrow{\text{天冬酰胺酶}} \text{天冬氨酸} + NH_3$$

(三) 氨基酸的脱羧基作用

1. 直接脱羧基作用

氨基酸在脱羧酶催化下脱去羧基生成胺。通式如下:

$$\text{R—CH(NH}_2\text{)—COOH} \longrightarrow \text{R—CH}_2\text{(NH}_2\text{)} + CO_2$$

氨基酸脱羧酶普遍存在于动植物及微生物组织中,其辅酶为磷酸吡哆醛。二羧基氨基酸主要在 α-位上脱羧,所生成的产物不是胺,而是另一种新的氨基酸,如天冬氨酸脱羧后生成 β-丙氨酸。

$$\text{HOOC—CH(NH}_2\text{)—CH}_2\text{—COOH} \xrightarrow{CO_2} \text{CH}_2\text{(NH}_2\text{)—CH}_2\text{—COOH}$$

天冬氨酸　　　　　　　　　　　β-丙氨酸

谷氨酸脱羧后生成 γ-氨基丁酸。

$$\text{HOOC—CH(NH}_2\text{)—CH}_2\text{—CH}_2\text{—COOH} \xrightarrow{CO_2} \text{CH}_2\text{(NH}_2\text{)—CH}_2\text{—CH}_2\text{—COOH}$$

谷氨酸　　　　　　　　　　　　γ-氨基丁酸

γ-氨基丁酸与 α-酮戊二酸进行转氨反应,生成谷氨酸和琥珀酸半醛,后者被氧化成琥珀酸后进入三羧酸循环。

$$\text{CH}_2\text{(NH}_2\text{)—CH}_2\text{—CH}_2\text{(COOH)} \longrightarrow \text{OHC—CH}_2\text{—CH}_2\text{—COOH} \longrightarrow \text{HOOC—CH}_2\text{—CH}_2\text{—COOH}$$

γ-氨基丁酸　　　　　　　　　　琥珀酸半醛　　　　　　　　　　琥珀酸

色氨酸在脱氨和脱羧后转变成植物生长素(吲哚乙酸)。

色氨酸 → 吲哚丙酮酸 → 吲哚乙醛 → 吲哚乙酸

丝氨酸经脱羧生成乙醇胺,乙醇胺经甲基化作用生成胆碱。

$$\text{CH}_2\text{(OH)—CH(NH}_2\text{)—COOH} \xrightarrow{CO_2} \text{CH}_2\text{(OH)—CH}_2\text{(NH}_2\text{)} \xrightarrow{3(-CH_3)} \text{CH}_2\text{(OH)—CH}_2\text{—N}^+\text{(CH}_3\text{)}_3$$

丝氨酸　　　　　　　　　乙醇胺　　　　　　　　胆碱

乙醇胺和胆碱分别是脑磷脂和卵磷脂的成分。

这些胺类在植物体内进一步转化所形成的产物都具有一定的生理作用。胺可经氨氧化酶氧化成醛和氨，醛经脱氢酶作用氧化成脂肪酸，脂肪酸经 β - 氧化生成乙酰辅酶 A 而进入三羧酸循环彻底氧化。

$$RCH_2NH_2 \xrightarrow[\text{胺氧化酶}]{+O_2+H_2O} RCHO \xrightarrow[\text{醛脱氢酶}]{+1/2O_2} RCOOH \xrightarrow[\text{TCA 环}]{\beta-\text{氧化}} CO_2+H_2O$$

胺　　　　　　　　　　　醛　　　　　　　　酸

2. 羟化脱羧基作用

酪氨酸在酪氨酸酶催化下发生羟化而生成 3，4 - 二羟苯丙氨酸，简称多巴，后者可脱羧生成 3，4 - 二羟苯乙胺，简称多巴胺。

酪氨酸 $\xrightarrow[\text{酪氨酸酶}]{+1/2O_2}$ 多巴 $\xrightarrow[\text{多巴脱羧酶}]{-CO_2}$ 多巴胺

多巴进一步氧化聚合成黑素。马铃薯、苹果、梨等切开后由于形成黑素而变黑。人的表皮及毛囊有形成黑素的细胞，使皮肤及毛发呈黑色；如果人体缺乏酪氨酸就会使黑色素的合成受阻，皮肤毛发变白，称为白化病。在植物体内，由多巴和多巴胺可以生成生物碱，在动物体内可生成激素——去甲肾上腺素和肾上腺素，在动植物体内多巴和多巴胺还可以形成激素和生物碱。

三、氨的来源与去路

氨具有毒性，血氨过高，可引起脑功能紊乱，氨与肝性脑病的发病有关。正常人血液中氨的浓度很低，一般不超过 0.60μmol/L。体内代谢产氨或经肠道吸收的氨主要在肝中合成尿素而解毒。

（一）血液中的氨基酸代谢库

血液中氨的来源包括：组织中氨基酸分解生成的氨；肾脏的肾小管上皮细胞中分解生成的氨；肠道吸收来的氨以及其他含氮物分解生成的氨等。氨是有毒的物质，人体必须及时将氨转变成无毒或毒性小的物质，然后排出体外。氨主要去路是在肝脏合成尿素、随尿排出；一部分氨可以合成谷氨酰胺和天冬酰胺，也可合成其他非必需氨基酸和其他含氮物；少量的氨可直接随尿排出体外。血氨来源与去路，如图 7 - 6 所示。

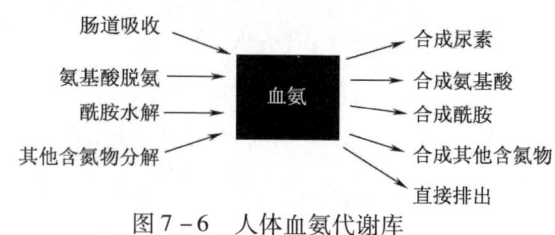

图 7 - 6　人体血氨代谢库

（二）血液中氨的转运

（1）**丙氨酸–葡萄糖循环**　肌肉中的氨基酸将氨基转给丙酮酸生成丙氨酸，后者经血液循环转运至肝脏再脱氨基，生成的丙酮酸经糖异生转变为葡萄糖后再经血液循环转运至肌肉重新分解产生丙酮酸，这一循环过程就称为丙氨酸–葡萄糖循环，如图7–7所示。

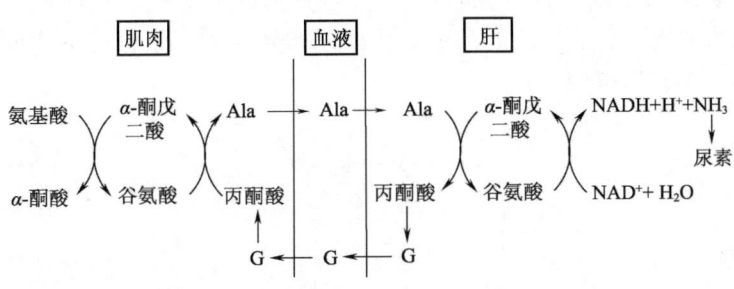

图7–7　丙氨酸–葡萄糖循环

（2）**谷氨酰胺的运氨作用**　肝外组织，如脑、骨骼肌、心肌在谷氨酰胺合成酶的催化下，合成谷氨酰胺，以谷氨酰胺的形式将氨基经血液循环带到肝脏，再由谷氨酰胺酶将其分解，产生的氨即可用于合成尿素。因此，谷氨酰胺对氨具有运输、贮存和解毒作用，如图7–8所示。

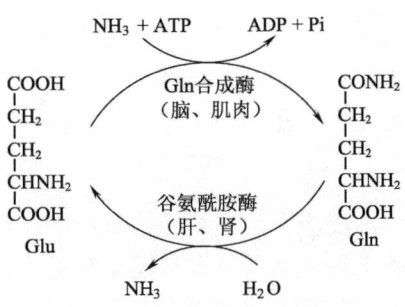

图7–8　谷氨酰胺的运氨作用

（三）尿素循环

【知识链接】

尿素循环指氨与二氧化碳通过鸟氨酸、瓜氨酸、精氨酸生成尿素的过程。

1932年，Krebs等人利用大鼠肝切片做体外实验，发现在供能的条件下，可由CO_2和氨合成尿素。若在反应体系中加入少量的精氨酸、鸟氨酸或瓜氨酸可加速尿素的合成，而这种氨基酸的含量并不减少。为此，Krebs等人提出了鸟氨酸循环学说。

1. 尿素的形成过程

（1）**氨基甲酰磷酸的合成**　氨甲酰磷酸合成酶主要存在于真核生物中，这种酶有两类。氨甲酰磷酸合成酶Ⅰ存在于线粒体上，氨甲酰磷酸合成酶Ⅱ存在于细胞溶液中。此反应基本上是不可逆的，它在鸟氨酸循环中是限速的第一步反应，因为氨甲酰磷酸合成酶Ⅰ在线粒体内，所以本反应发生在线粒体基质片层中。

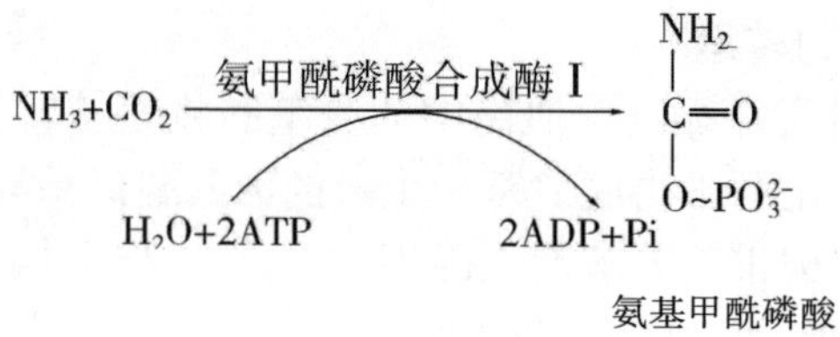

$$NH_3 + CO_2 \xrightarrow[H_2O + 2ATP \quad 2ADP + Pi]{\text{氨甲酰磷酸合成酶 I}} \begin{array}{c} NH_2 \\ | \\ C=O \\ | \\ O\sim PO_3^{2-} \end{array}$$

氨基甲酰磷酸

（2）瓜氨酸的合成　尿素循环的第二个反应是发生在线粒体内，在鸟氨酸转氨甲酰酶的催化下，氨甲酰磷酸的氨甲酰基被转移到尿素循环的中间代谢物鸟氨酸分子上，形成瓜氨酸。

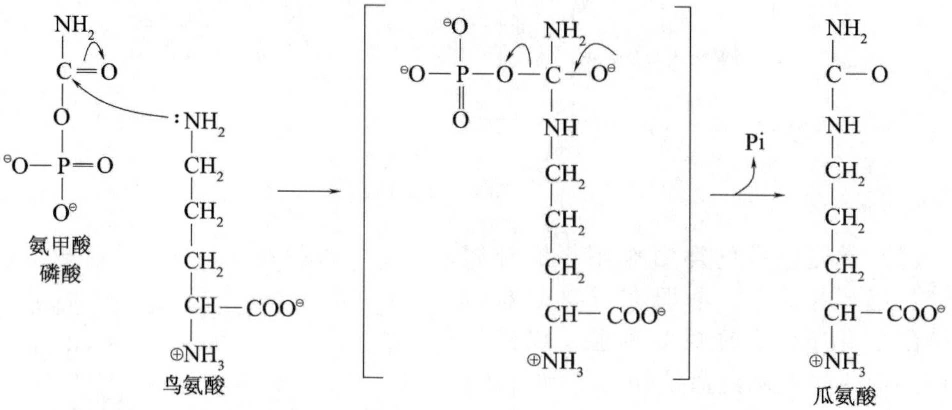

本反应发生在线粒体基质中，而鸟氨酸则产生于细胞液中，它必须通过线粒体膜上特异的鸟氨酸运输系统进入线粒体。

（3）精氨琥珀酸的形成　进入胞液的瓜氨酸与天冬氨酸缩合形成精氨琥珀酸，这个需要 ATP 的反应是由精氨琥珀酸合成酶催化的。通过这步反应，将用于尿素合成的第二个氮原子整合到了尿素的前体分子中。

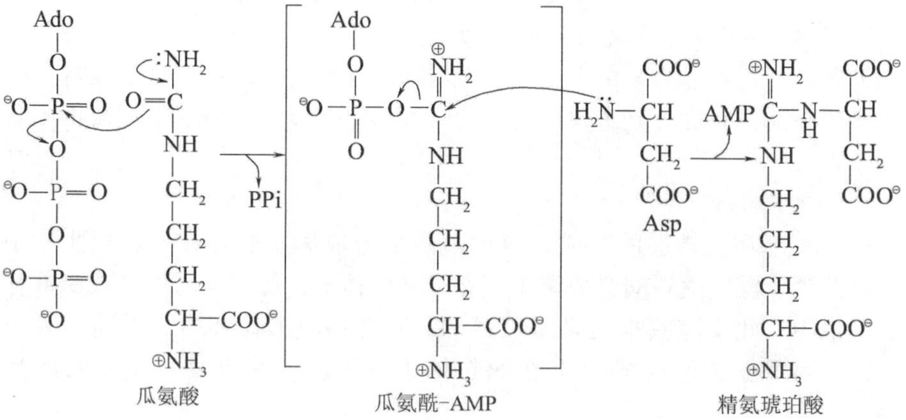

238

(4) **精氨琥珀酸的裂解** 精氨琥珀酸在精氨琥珀酸裂解酶的催化下裂解为精氨酸和延胡索酸，生成的延胡索酸可以转换为葡萄糖，此反应在细胞液中进行。生成的延胡索酸可经三羧酸循环的中间步骤生成草酰乙酸，再经谷草转氨酶催化进行转氨基作用重新生成天冬氨酸。由此，通过延胡索酸和天冬氨酸，使三羧酸循环与尿素循环联系起来。

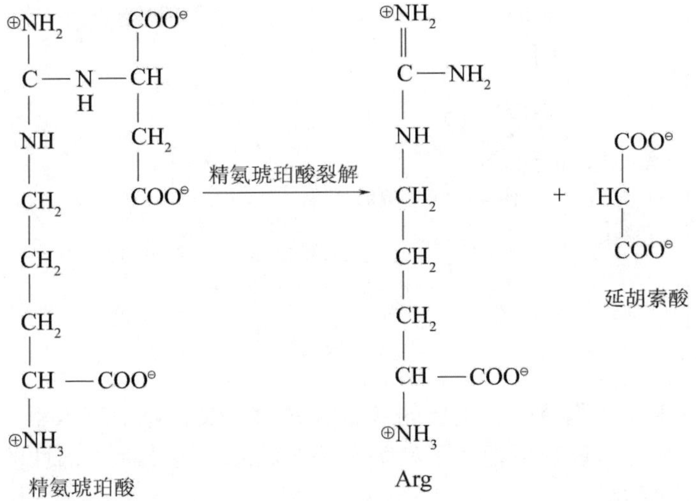

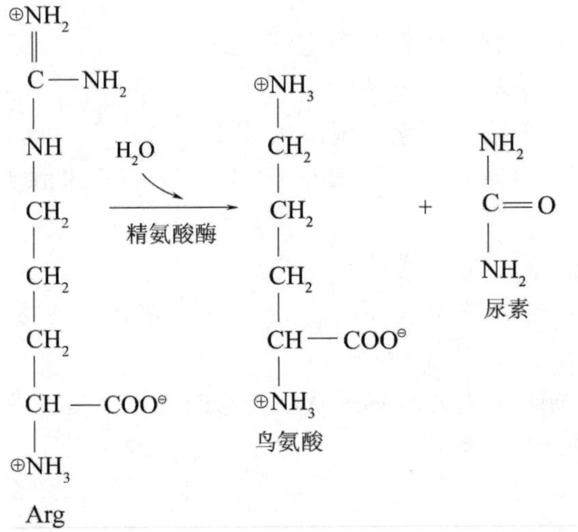

(5) **尿素的形成** 尿素循环最后一步反应中，精氨酸酶催化精氨酸的胍基水解生成鸟氨酸和尿素。生成的鸟氨酸又被转运到线粒体内，与氨甲酰磷酸缩合反应开始另一轮尿素环。如图7-9所示。

从图7-9尿素循环可以看出，形成1分子尿素可清除2分子氨和1分子CO_2。尿素是中性无毒物质，所以它不仅可消除氨的毒性，还可减少CO_2溶于血液所产生的酸性。它催化精氨酸水解成尿素和鸟氨酸。

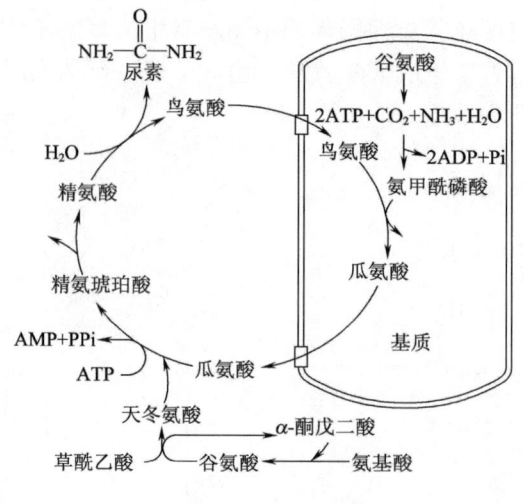

图7-9 尿素循环

此反应发生在细胞液中，生成的鸟氨酸又回到线粒体中进入下一轮循环。在肝脏中，通过鸟氨酸循环可把两个氨基和一个碳原子转化为无毒性的尿素，在肾脏中随尿液排出体外。

2. 尿素形成的特点

（1）尿素合成主要在肝细胞的线粒体和胞液中进行。

（2）合成一分子尿素需消耗4分子ATP。

（3）精氨酸代琥珀酸合成酶是尿素合成的限速酶。

（4）尿素分子中的两个氮原子，一个来源于NH_3，另一个来源于天冬氨酸。

【拓展提高】

除以尿素形式排氨外，氨还有那些排泄方式？

直接排氨生物：NH_3转变成酰胺（Gln），运到排泄部位后再分解（原生动物、线虫和鱼类）。

以尿酸形式排出：将NH_3转变为溶解度较小的尿酸排出。通过消耗大量能量而保存体内水分（陆生爬虫及鸟类）。

【案例分析】

高血氨症是由于血氨代谢通路——尿素循环系统中的任意一种酶缺陷所致的遗传性疾病。氨基酸降解产生的大量氨分子不能通过尿素循环系统代谢，而是迅速在脑细胞中与谷氨酸形成谷氨酰胺并累积在脑细胞中，使其渗透压增高，导致脑细胞水肿。脑水肿不仅使供血不足，还使神经元、轴突、树状突和突触的功能受损，引致一系列脑代谢和神经化学异常，产生了相应的临床征候——高血氨性脑病。

四、α-酮酸的代谢转变

1. 再氨基化为氨基酸

α-酮酸可经联合脱氨基作用的逆过程氨基化，生成相应的氨基酸。如草酰乙酸接受氨基形成天冬氨酸，α-酮戊二酸形成谷氨酸等。

2. 转变为糖或脂肪

α-酮酸在生物体内可转变为糖和脂肪贮存起来。根据氨基酸碳骨架的代谢合成，可将氨基酸分为如下几类。

(1) 生糖氨基酸　凡能形成丙酮酸、草酰乙酸、α-酮戊二酸、琥珀酰 CoA 和延胡索酸的氨基酸，都称为生糖氨基酸。这些非糖物质可通过糖异生作用合成葡萄糖或糖原。在 20 种氨基酸中，有 14 种是纯生糖的氨基酸（所有非必需氨基酸全是生糖氨基酸）。

(2) 生酮氨基酸　指在分解途径中能转变为酮体（乙酰胺、β-羟丁酸和丙酮）的氨基酸，酮体经分解产生的乙酰 CoA 可进入脂肪的合成途径。

在 20 种氨基酸中，只有亮氨酸和赖氨酸是纯生酮的氨基酸。

(3) 生糖兼生酮氨基酸　指既生酮也生糖的氨基酸，包括苯丙氨酸、酪氨酸、异亮氨酸、苏氨酸、色氨酸。

氨基酸之所以能转变成糖或酮体，是因为氨基酸代谢的某些中间产物与糖代谢或脂代谢直接相关，所以糖、脂、蛋白质三大物质代谢是紧密相关的。

3. 氧化供能

在脊椎动物体内氨基酸分解代谢过程中，20 种氨基酸有着各自的酶系，可催化氧化分解形成 α-酮酸，它们集中形成 5 种中间产物可分别进入三羧酸循环，进一步分解生成 CO_2 和脱出的氢通过呼吸链生成水。20 种氨基酸进入 TCA 循环的途径，如图 7-10 所示。

综上所述，氨基酸代谢与糖和脂肪的代谢密切相关。氨基酸可转变成糖与脂肪，糖也可以转变成脂肪及多数非必需氨基酸的碳架部分。但是，一般来说，脂肪酸既不能转变成糖，也不能转变为氨基酸（奇数碳的脂肪酸例外）。由此可见，三羧酸循环是物质代谢的总枢纽，通过它可使糖、脂肪酸及氨基酸完全氧化，也可使其彼此相互转变，构成一个完整的代谢体系。

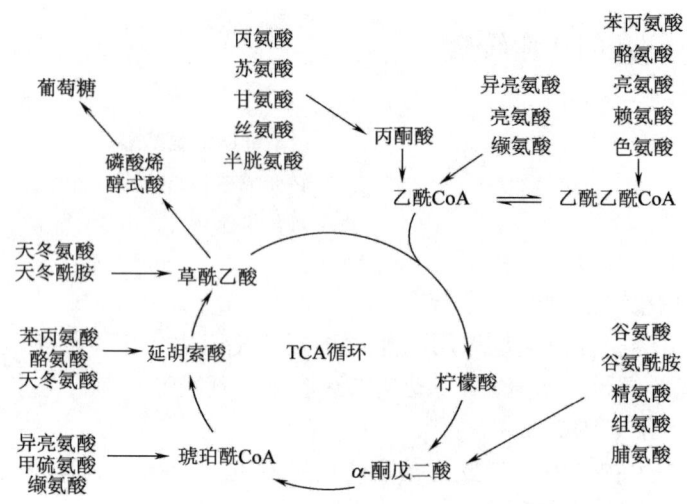

图 7-10 氨基酸碳骨架进入三羧酸循环的途径

五、氨基酸衍生的重要化合物

1. 一氧化氮

1992年，一氧化氮被著名的《科学》杂志评选为"年度分子"，同时以"Just say NO"为封面、以"NO News is Good News"为题发表专论，高度评价了一氧化氮的发现及其生物学意义。穆拉德和佛契哥特因研究一氧化氮获得了1998年诺贝尔生理学医学奖。

一氧化氮广泛分布于生物体内各组织中，特别是神经组织中。它是一种新型生物信使分子，是一种极不稳定的生物自由基，分子小，结构简单。一氧化氮的生成依赖于一氧化氮合成酶，通过精氨酸在体内生成一氧化氮，并在心、脑血管调节、神经、免疫调节等方面有着十分重要的生物学作用，因此，受到人们的普遍重视。

【知识拓展】

一氧化氮的神奇功效

（1）一氧化氮在人体内起着信使分子的作用，可以穿透任何细胞，到达任何组织，使信息从人体某一部分，传到其他部分，行使着传输信号的功能。

（2）一氧化氮是对付细菌、病毒、血液垃圾的有效武器。能够杀死多种病原体，很好的保护人体健康，因此说一氧化氮是人体内不可缺少的"健康信使"，是人体健康的重要元素，如图7-11所示。

（3）一氧化氮可以调节全身的血管系统和血液循环系统。

（4）一氧化氮也能在神经系统的细胞中发挥作用。

（5）免疫系统产生的一氧化氮分子，还能够在一定程度上阻止癌细胞的繁殖，阻止肿瘤细胞扩散。

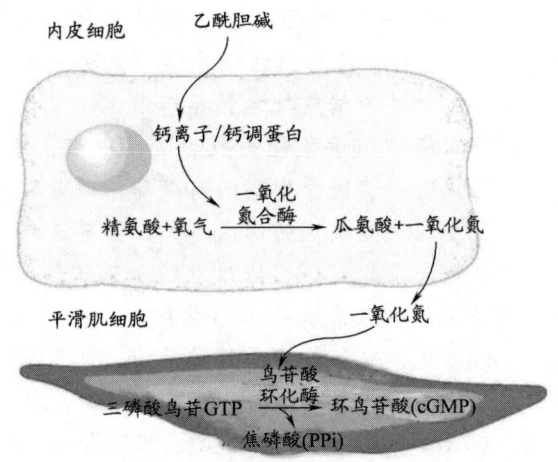

图 7-11 一氧化氮传导示意

2. γ-氨基丁酸（GABA）

γ-氨基丁酸是一种重要的神经递质，由 L-谷氨酸脱羧而产生。反应由 L-谷氨酸脱羧酶催化，在脑及肾中活性很高。γ-氨基丁酸广泛分布于动植物体内。植物如豆属、参属、中草药等的种子、根茎和组织液中都含有 GABA。在动物体内，GABA 几乎只存在于神经组织中，其中脑组织中的含量为 $0.1 \sim 0.6 mg/g$ 组织，GABA 是目前研究较为深入的一种重要的抑制性神经递质，它参与多种代谢活动，具有很高的生理活性。

【知识链接】

γ-氨基丁酸的作用

γ-氨基丁酸是中枢神经系统中很重要的抑制性神经递质，它是一种天然存在的非蛋白组成氨基酸，具有极其重要的生理功能，它能促进脑的活化性、健脑益智、抗癫痫、促进睡眠、美容润肤、延缓脑衰老机能，能补充人体抑制性神经递质，具有良好的降血压功能，有促进肾机能改善和保护作用。抑制脂肪肝及肥胖症，活化肝功能。每日补充微量的伽马氨基丁酸有利于心脑血管血压的缓解，又能促进人体内氨基酸代谢的平衡，调节免疫功能。

它是抑制性神经递质，可以抑制动物的活动，减少能量的消耗。氨基丁酸作用于动物细胞中的 GABA 受体，GABA 受体是一个氯离子通道，GABA 的抑制性或兴奋性是依赖于细胞膜内外氯离子浓度的，GABA 受体被激活后，导致氯离子通道开放，能增加细胞膜对氯离子通透性，使氯离子流入神经细胞内，引起细胞膜超极化，抑制神经细胞元激动，从而减少动物的运动量。

它是通过减少动物的无意识运动，来减少能量消耗，从而达到促生长的目的。γ-氨基丁酸能促进动物胃液和生长激素的分泌，从而提高生长速度和采食量；能兴奋动物的采食中枢，从而增加采食量。

(1) 镇静神经、抗焦虑　医学家已经证明 GABA 作用是降低神经元活性，防止神经细胞过热，GABA 能结合抗焦虑的脑受体并使之激活，然后与另外一些物质协同作用，阻止与焦虑相关的信息抵达脑指示中枢。

(2) 降低血压　GABA 能作用于脊髓的血管运动中枢，有效促进血管扩张，达到降低血压的目的。据报道，黄芪等中药的有效降压成分即为 GABA。

(3) 治疗疾病　GABA 与某些疾病的形成有关，帕金森病人脊髓中 GABA 的浓度较低，癫痫病患者脊髓液中的 GABA 浓度也低于正常水平。另外，神经组织中 GABA 的降低与老年痴呆等神经衰败症的形成有关。

(4) 降低血氨　GABA 能抑制谷氨酸的脱羧反应，使血氨降低。更多的谷氨酸与氨结合生成尿素排出体外，以解除氨毒，从而增进肝机能。

(5) 提高脑活力　GABA 能进入脑内三羧酸循环，促进脑细胞代谢，同时还能提高葡萄糖代谢时葡萄糖磷酸酯酶的活性，增加乙酰胆碱的生成，扩张血管增加血流量，促进大脑的新陈代谢，恢复脑细胞功能。

(6) 促进乙醇代谢　以嗜酒者为对象，服用 GABA 再饮用 60mL 威士忌后采血测定血中乙醇及乙醛浓度，发现后者浓度明显比对照组低。

(7) 其他　最新的研究表明，GABA 还具有防止皮肤老化、消除体臭、改善脂质代谢，防止动脉硬化高效减肥等功能。

目前 GABA 在医药上用于治疗肝昏迷和脑血管障碍引起的各种疾病，如 4-氨基丁酸有降低血脂作用适用于治疗和预防各类型肝昏迷，还可治疗小儿麻痹症、脑溢血，并可作煤气中毒解毒剂；也用于生化研究和有机合成；在食品工业用于开发功能性乳制品、运动食品、烘焙食品、饮料生产等方面。

3. 肌酸

在 1996 年夏季奥运会中，有很多金牌得主都服用了肌酸，同时在《健与美》杂志的插页上出现了美国健美营养补剂——肌酸的广告。肌酸作为一种不含违禁药物的合法营养补剂，近年来在体育界迅速走红，被广泛应用于力量、速度项目以及健美运动中。

肌酸是由精氨酸、甘氨酸及甲硫氨酸三种氨基酸所合成的物质，可以由人体自行合成，也可以从食物中摄取。肌酸，是人体内自然产生的一种生物活性小肽，它可以快速增加肌肉力量，促进肌肉增长，加速疲劳恢复，提高爆发力。肌酸在人体内贮存越多，力量及运动能力就越强。

学习小结

学习内容

本项目首先介绍了蛋白质的消化、水解及腐败作用，为蛋白质水解产物的获得奠定基础，然后详细介绍了氨基酸脱氨基作用、脱羧基作用、氨的代谢和酮酸代谢过程等方面的知识,为从事蛋白质水解和提取等方面工作奠定基础。由氨基酸代谢所产生的一氧化氮、谷光氨肽、肌酸、激素等对调节机体正常功能具有重要的作用,其制品有着极高的临床应用价值和广阔的发展前景。

本项目要求重点掌握氨基酸脱氨基、脱羧基的过程,氨基酸代谢过程的生理意义,了解代谢产物在防治疾病方面所发挥的重要作用。熟悉氨基酸类制品的常用制备及分析方法,能根据不同来源的氨基酸原料,选择正确的降解、分离、提取、精制和分析方法。为生物药品检测技术、生物制药设备、生物制药工艺学等后续课程的学习打下基础。

知识框架

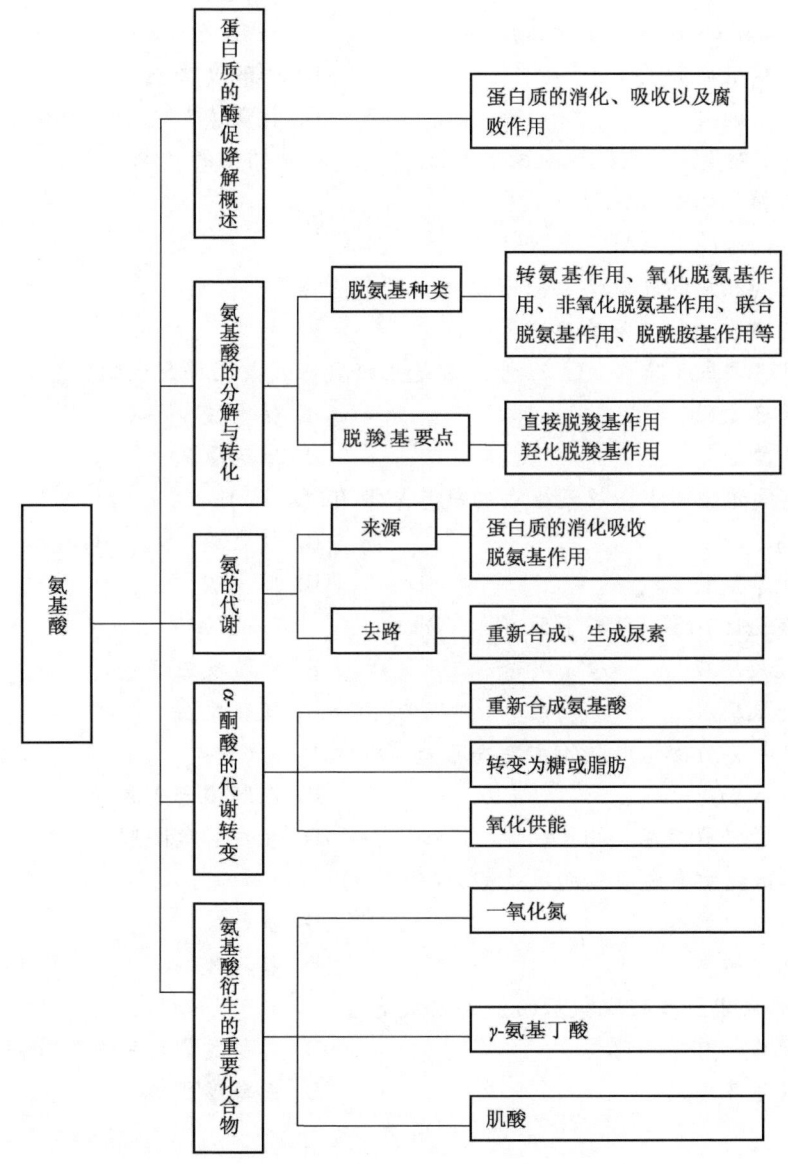

目标检测

一、单项选择题

1. 生物体内大多数氨基酸脱去氨基生成 α-酮酸是通过（　　）作用完成的
   A. 氧化脱氨基　　　　　　　　B. 还原脱氨基
   C. 联合脱氨基　　　　　　　　D. 转氨基

2. 下列氨基酸中（　　）可以通过转氨作用生成 α-酮戊二酸
   A. 谷氨酸　　　　　　　　　　B. 亮氨酸
   C. 天冬氨酸　　　　　　　　　D. 丝氨酸

3. 转氨酶的辅酶是（　　）
   A. 焦磷酸硫胺素　　　　　　　B. 磷酸吡哆醛
   C. 生物素　　　　　　　　　　D. 核黄素

4. 以下对 L-谷氨酸脱氢酶的描述（　　）是错误的
   A. 它催化的是氧化脱氨反应
   B. 它的辅酶是 NAD^+ 或 $NADP^+$
   C. 它和相应的转氨酶共同催化联合脱氨基作用
   D. 它在生物体内活力不强

5. 下述氨基酸除（　　）外，都是生糖氨基酸或生糖兼生酮氨基酸
   A. 天冬氨酸　　　　　　　　　B. 精氨酸
   C. 亮氨酸　　　　　　　　　　D. 苯丙氨酸

6. 鸟氨酸循环中，尿素生成的氨基来源有（　　）
   A. 鸟氨酸　　　　　　　　　　B. 精氨酸
   C. 天冬氨酸　　　　　　　　　D. 瓜氨酸

7. 磷酸吡哆醛不参与下面（　　）反应
   A. 脱羧反应　　　　　　　　　B. 消旋反应
   C. 转氨反应　　　　　　　　　D. 羧化反应

8. 哺乳类动物体内氨的主要去路是（　　）
   A. 渗入肠道　　　　　　　　　B. 在肝中合成尿素
   C. 经肾泌氨随尿排出　　　　　D. 生成谷氨酰胺

9. 不出现于蛋白质中的氨基酸是（　　）
   A. 半胱氨酸　　　　　　　　　B. 胱氨酸
   C. 瓜氨酸　　　　　　　　　　D. 精氨酸

10. 肌肉中氨基酸脱氨基的主要方式是（　　）
    A. 嘌呤核苷酸循环　　　　　　B. 谷氨酸氧化脱氨基作用
    C. 转氨基作用　　　　　　　　D. 鸟氨酸循环

二、多项选择题

1. 生糖兼生酮氨基酸有（　　）
   A. 亮氨酸　　　　　　　　　　　B. 苏氨酸
   C. 色氨酸　　　　　　　　　　　D. 酪氨酸
   E. 丙氨酸
2. 食物蛋白质的腐败作用（　　）
   A. 是由于肠道细菌的作用　　　　B. 生成的产物全部有毒
   C. 大部分产物被肠道吸收　　　　D. 毒性产物在肝脏解毒
   E. 肠梗阻或肝功能障碍者更为严重
3. α-酮酸在体内的代谢途径有（　　）
   A. 生成相应的非必需氨基酸　　　B. 转变成糖、脂肪
   C. 氧化成 CO_2 和 H_2O　　　　　D. 合成必需氨基酸
   E. 参与血红素的合成
4. 机体内血氨可以来自（　　）
   A. 肠道内蛋白质的腐败作用　　　B. 胺类物质的氧化分解
   C. 氨基酸的脱氨基作用　　　　　D. 肾小管细胞内谷氨酰胺的分解
   E. 血红素分解
5. 蛋白质的功能有（　　）
   A. 维持细胞、组织的生长、更新和修补　B. 参与催化作用
   C. 参与体内一些物质的转运　　　D. 参与代谢调节
   E. 氧化供能

三、简答题

（1）简述血氨的来源与主要代谢去路。
（2）试从蛋白质、氨基酸代谢角度分析严重肝功能障碍时肝昏迷的原因。

实训一　玉米蛋白粉制备谷氨酸钠

一、实训目的

（1）了解玉米蛋白粉提取活性物质的常用方法。
（2）掌握玉米蛋白粉制备谷氨酸的方法与基本操作。

实训备忘

　　谷氨酸是一种常见的氨基酸；人体自身可产生谷氨酸，它主要以络合状态存在于富含蛋白质的食物中，如蘑菇、海带、西红柿、坚果、豆类、肉类以及大多数乳制品。部分食物中的谷氨酸以自由形态存在；并且只有这种自由形态的谷氨酸盐能够增强食物的鲜味。西红柿、发酵的大豆制品、酵母提

取物、某些乳酪以及发酵或水解蛋白质产品（如酱油或豆酱）所能带来的调味作用中，部分归功于谷氨酸的存在。

味精，也称味之素（商品名称），学名谷氨酸钠。其发展大致有三个阶段：

第一阶段：1866年，德国人H·Ritthasen博士从面筋中分离到氨基酸，即谷氨酸。根据原料定名为麸酸或谷氨酸（因为面筋是从小麦里提取出来的）。

1908年日本东京大学池田菊苗实验，从海带中分离到L-谷氨酸结晶体，这个结晶体和从蛋白质水解得到的L-谷氨酸是同样的物质，而且都是有鲜味的。

第二阶段：以面筋或大豆粕为原料通过用酸水解的方法生产味精，在1965年以前是用这种方法生产的。这个方法消耗大，成本高，劳动强度大，对设备要求高，需耐酸设备。

第三阶段：随着科学的进步及生物技术的发展，使味精生产发生了革命性的变化。自1965年以后我国味精厂都采用以粮食为原料（玉米淀粉、大米、小麦淀粉、甘薯淀粉）通过微生物发酵、提取、精制而得到符合国家标准的谷氨酸钠，为市场上增加了一种安全又富有营养的调味品，用了它以后使菜肴更加鲜美可口。

二、实训材料

1. 试剂

（1）玉米蛋白粉。

（2）6mol/L盐酸 取100g 36.5%的浓盐酸，加水至体积为167mL。

（3）50%氢氧化钠 氢氧化钠50g定容至100mL。

2. 仪器

电子天平，水浴锅，盐浴装置，731阳性树脂柱，烘箱，磁力搅拌器，真空泵，具塞三角瓶：500mL 2支；量筒：1000mL；漏斗1个、烧杯1000mL。

三、实训内容与操作步骤

（1）水解 取玉米蛋白粉200g与3倍量6mol/L盐酸混合，搅拌均匀，用盐浴加热至108℃保温搅拌24h。

（2）脱色 降温至70~80℃，加入总液量3%的活性炭，保温搅拌0.5h，趁热过滤。

（3）交换 收集滤液，用蒸馏水稀释成相对密度为1.043（6°Bé）溶液，以中等流速通过731阳性树脂柱，用蒸馏水洗至中性，再用6mol/L的盐酸洗脱。

（4）析晶 收集酸性洗脱液，减压浓缩至有晶体析出，冷却，静置过夜。次日滤取晶体，用蒸馏水洗涤数次，于70℃条件下烘干得L-谷氨酸粗品。

（5）精制 将粗品溶于蒸馏水，用50%氢氧化钠溶液中和至pH为6.3，水浴冷却至4℃结晶用真空泵抽滤，得到的谷氨酸钠固体置于干燥箱中70℃干燥2小时，可制得较纯的味精——谷氨酸单钠盐。

四、思考题

1. 为了保证得到纯度较高的谷氨酸钠，实验过程中都应注意哪些操作步骤？为什么？
2. 试简述谷氨酸钠的功效。

实训二　复合氨基酸营养液制备及含量测定

一、实训目的

（1）了解氨基酸营养液的组成成分和含量。
（2）掌握复合氨基酸营养液的制备方法。

实训备忘

复合氨基酸营养液是一种保健品，能补充人体每天新陈代谢所需要的氨基酸，补充精力，综合调理机体功能，提高免疫力，增强体质，并有助于疾病后的康复。

复合氨基酸营养液功效如下。

（1）消除疲劳、保持精力旺盛，改善亚健康状态　美国著名营养学家柏格尔将氨基酸称为人体"精力的自动调节器"。

（2）改善睡眠质量　色氨酸是人体必需的氨基酸之一，具有神奇的促进睡眠的效果，素有"天然安眠药"的美誉。

（3）提高免疫力　氨基酸是构成人体免疫系统的基本材料。补充全面均衡的氨基酸，是提高人体免疫力的关键。

（4）加快手术、创伤愈合　人体在手术、创伤后，机体的代谢速度加快，支链氨基酸作为维持机体能量的主要来源被大量消耗。如果不及时补充，会严重影响康复速度。

（5）补充大脑营养，提高注意力　大脑处于疲劳状态时，蛋白质的消耗会引起精神不集中、记忆力减退等症状。长期而有规律的补充复合氨基酸口服液，可以从根本上避免这种状况的发生，最大限度地提高学习效率。

（6）保护肝脏　精氨酸、天冬氨酸等多种氨基酸可以起到保肝护肝的作用。

（7）养血、生血、补血，治疗缺铁性贫血　氨基酸可促进人体对食物中铁的吸收，纠正贫血，改善因贫血所致的抵抗力低下。

（8）改善更年期综合征　氨基酸可以有效地调节人体内分泌系统的平衡，延缓性腺的衰老、萎缩，促进激素分泌。

二、实训材料

1. 试剂

（1）0.04mol/L 亮氨酸、0.04mol/L 苯丙氨酸、0.04mol/L 异亮氨酸、0.04mol/L 苏氨酸、0.04mol/L 缬氨酸、0.04mol/L 色氨酸、0.04mol/L 赖氨酸、0.04mol/L 精氨酸、0.04mol/L 蛋氨酸、0.04mol/L 天冬氨酸。

（2）0.5%茚三酮乙醇溶液 茚三酮0.5g溶于100mL95%乙醇溶液中。

（3）1mol/L乙酸溶液。

2. 仪器

电泳仪，电泳槽，镊子，直尺，铅笔，毛细管，电吹风，灭菌锅，电子天平。

3. 器材

电泳仪，电泳槽，镊子，直尺，铅笔，毛细管，吹风机，灭菌锅，电子天平。烧杯：250mL 2 支；容量瓶：100mL 2 支；量筒：100mL；锥形瓶：100mL 4 支；漏斗：1 个。

试剂含量（每100mL含量）见表7-4。

表7-4　　　　　　　　　　试剂含量表

名称	含量/g	名称	含量/g
亮氨酸	0.33	苯丙氨酸	0.22
异亮氨酸	0.05	苏氨酸	0.10
缬氨酸	0.28	色氨酸	0.02
赖氨酸	0.07	精氨酸	0.13
蛋氨酸	0.06	天冬氨酸	0.25
维生素B_1	0.01	维生素B_2	0.004
维生素B_6	0.004	茄酸胺	0.04
大枣	适量	山梨酸	适量

三、实训内容与操作步骤

1. 复合氨基酸营养液的制备

（1）大枣50g加蒸馏水30mL 100℃提取3次，合并提取液，浓缩到40mL，过滤备用。

（2）按照上述含量表格准确称取各种氨基酸和维生素，置于100mL烧杯中。

（3）新鲜蒸馏水30mL，加热至规定温度，加入到各种氨基酸、维生素的烧杯中溶解，再加入处理好的大枣提取液调pH到7.0，移入100mL容量瓶中，用蒸馏水冲洗烧杯和玻璃棒3次，将冲洗液一并移入容量瓶，加入蒸馏水至刻度。

2. 灭菌

将制备的复合氨基酸营养液分装到 10mL 的棕色瓶中，充入氮气封口，100℃火菌 30min。

3. 检测

（1）点样　取 12cm×20cm 滤纸一块，用铅笔在滤纸之一端 2cm 处划以直线为原点线，在原点线上距离均匀的位置点上 5 个点，分别注上"精""亮""混""缬""赖"5 个字，然后在 5 个点上分别点上相应的样品。

（2）准备　本实验使用 DY – W_2 型电泳仪和与其配套的 DC – Ⅱ 型电泳槽。

①向电泳槽内加入 1mol/L 乙酸溶液，至红水平线位置（中间的槽约 210mL，两边的各 190mL），可通过底角调平，盖好电泳槽的盖。检查电泳仪的开关是否在"关"的位置，然后用输出引线把电泳仪和电泳槽的" + "" – "，极依次连接好。

②调整"输出选择"，旋至零位，将选择开关扳到"100mA，600V"的位置。打开电源开关，指示灯亮，预热 10min。

③将点好样的滤纸放在电泳槽的电解液中全部浸湿，立即取出放于支架（两槽之间的平台上），纸条的两端要浸在电解液中（点样处千万不能浸入电解液），由于甘氨酸和赖氨酸在 1mol/L 的乙酸溶液中均带正电荷，所以要把点样的一端浸入连接正极的槽内，盖好电泳槽盖。电泳过程中会放出热量，电泳槽中有两个空腔利于散热，对热敏感的物质（如酶蛋白）进行电泳时，若环境温度过高，可以通过自来水对支持物或缓冲溶液进行冷却。

（3）电泳　调整"输出选择"，使电压达到 400V，电泳 10min。如果电泳一段时间后电压下降，应调整电压到 400V。在实验过程中应有人观察电压与电流大小，并在相隔 2~5min 内记录电流和电压。

（4）显色　用镊子取出滤纸，用电吹风吹干，喷上茚三酮显色剂润湿滤纸，再用热吹风吹干显出色斑。注意防止显色剂流动，冲洗电泳结果。

（5）记录　用铅笔描出色斑的轮廓，量出色斑（中心浓度最高处）至原点线的距离（cm），将滤纸贴在实验报告上，并将环境温度、电解液、电压、通电时间、显色剂等实验条件同样纪录在报告上。

四、注意事项

（1）点样应在滤纸的一端距纸边 2~10cm 处。点样量为 5~10μg 和 5~10μL。点样方法有干点法和湿点法。点样时可用吹风机吹干后多次点样，因而可以用较稀的样品。

（2）严禁空载，空载易造成电泳仪损坏，只有高级双稳（能控制电流强度和电压）电泳仪才提供空载保护。

（3）电泳完毕后，应先关闭电源，再拔小插头，以免触电。在仪器接通电源工作期间，严禁接触电泳槽电极、电极插头和电泳物等，严禁输出电极与地短路，以免破坏仪器。仪器不许空载运行，防止震动，使用环境应保持干燥，应无腐蚀性气体存在。

五、思考题

1. 复合氨基酸营养液组成成分有哪些？如何进行含量测定？
2. 在重复使用电泳仪时，如何控制电泳时的电压和电流？
3. 为什么电泳法可以分离氨基酸？

项目八 基因工程

学习目标

通过本项目的学习，学生能够掌握 DNA 复制和转录的方式、特点、参与的酶和因子，熟悉 DNA 复制和转录的过程，了解 DNA 损伤修复、RNA 转录后的加工等知识；掌握基因工程的原理及技术，熟悉基因工程的应用等知识，并运用所学的知识模拟制作重组 DNA，并尝试运用基因工程原理，提出解决某一实际问题的方案。在此基础上通过讨论、进展追踪等活动能够在资料收集、处理基础上撰写专题综述报，为药品分析与检测技术、生物制药工艺学等后续课程的学习打下基础。

知识目标

1. 掌握 DNA 复制的原料、模板、参与的酶和因子、复制的特点；了解 DNA 复制的基本过程、DNA 的损伤和修复、逆转录等。
2. 掌握 DNA 转录的原料、模板、参与的酶和因子、转录的特点；了解转录的过程和转录后的加工。
3. 掌握基因工程的原理及技术，熟悉基因工程的应用等知识。

能力目标

1. 运用所学的知识模拟制作重组 DNA。
2. 能进行 DNA、RNA 质粒等的提取。
3. 掌握用凝胶电泳分离鉴定核酸的方法。

任务描述

某生物制品生产厂家在重组 DNA 医药产品开发方面有一定经验，由于目前市场上对超氧化物歧化酶需求日益旺盛，可通过基因工程方法生产该酶，试根据基因工程的原理和方法设计方案获得具有超氧化物歧化酶生产能力的菌株。

【知识链接】

DNA 半保留复制的实验

Meselson 与 Stahl（1958）用同位素 ^{15}N 实验证明。将大肠杆菌培养在以 $^{15}NH_4Cl$ 为唯一氮源的培养基中，经多代之后，细胞内所形成的 DNA 都为 ^{15}N 所标记，如

图 8-1 所示。

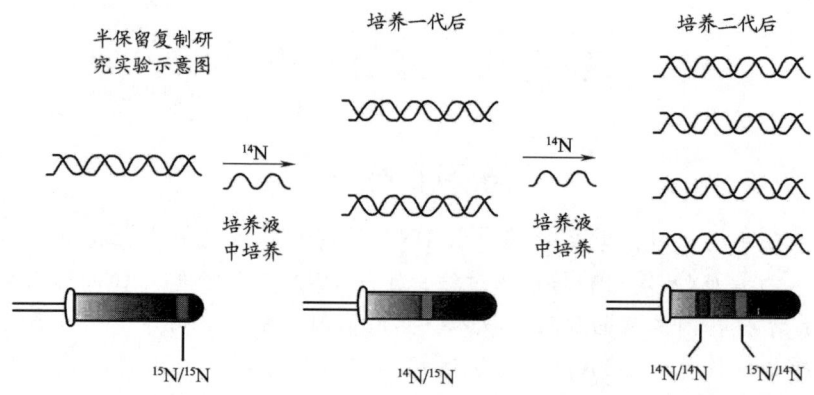

图 8-1 DNA 半保留复制的实验

收集细胞并抽提出 DNA，然后进行氯化铯平衡密度梯度离心。这时 DNA 形成单一的浮力密度为 1.724g/mL 的条带。现在将 ^{15}N 氮源培养的大肠杆菌转移到含 ^{14}N 的培养基中生长，经一代之后，DNA 只出现一条区带，浮力密度为 1.717g/mL，位于 ^{15}N—DNA 和 ^{14}N—DNA 之间，这条区带的 DNA 是由 ^{14}N/^{15}N—DNA 组成的。经二代之后，出现两条区带，其浮力密度分别为 1.710g/mL 和 1.717g/mL，即一条区带为 ^{14}N/^{14}N—DNA，另一条区带为 ^{14}N/^{15}N－DNA。再继续培养，^{14}N/^{14}N—DNA 分子逐渐增多，而 ^{14}N/^{15}N—DNA 分子所占的比例逐渐减少。这个实验结果证明 DNA 是以半保留方式进行复制的。

一、DNA 的生物合成——复制

（一）半保留复制

DNA 的两条链严格以 A—T 和 G—C 碱基配对所形成的氢键联结在一起，这两条链是互补的。在 DNA 复制时，亲代 DNA 的双螺旋先行解旋和分开，然后以每条链为模板，按照碱基配对原则，在这两条链上各形成一条互补链。这样，由亲代 DNA 的分子可以精确地复制出 2 个子代 DNA 分子。每个子代 DNA 分子中有一条链是从亲代 DNA 来的，另一条则是新形成的，这种复制方式称为半保留复制。

【拓展提高】

Meselson 与 Stahl 以后用其他细菌、动物、植物、噬菌体、动物病毒等也证明了 DNA 的半保留复制。DNA 的半保留复制可以使遗传信息的传递保持相对的稳定，这和它的遗传功能是相吻合的，说明半保留复制具有重要的生物学意义，但是这种稳定性是相对的。在一定条件下，DNA 会发生损伤，需要修复；在复制和转录中 DNA 会有损耗，必须进行更新；在发育和分化过程中，DNA 特定序列可能修饰、删除、扩增和重排。

（二）与 DNA 复制有关的酶和蛋白质

DNA 的合成是以四种三磷酸脱氧核糖核苷为底物的聚合反应，该过程除了酶的催化之外，还需要以适量的 DNA 为模板，以 RNA（或 DNA）为引物和镁离子的参与。

$$\left.\begin{array}{c} n_1\,dATP \\ + \\ n_2\,dGTP \\ + \\ n_3\,dCTP \\ + \\ n_4\,dTTP \end{array}\right\} \xrightarrow[DNA,\ Mg^{2+}]{DNA\ 聚合酶} DNA + (n_1 + n_2 + n_3 + n_4)\,PPi$$

实际上，DNA 合成的反应是很复杂的，催化这个反应的酶也有多种，除 DNA 聚合酶外，还有 DNA 引物合成酶（即引发酶），DNA 连接酶、拓扑异构酶、解螺旋酶及多种蛋白质因子参与。现将与 DNA 合成有关的几种酶和蛋白质因子扼要介绍如下所述。

1. 引物合成酶

此酶以 DNA 为模板合成一段 RNA，这段 RNA 作为合成 DNA 的引物。催化引物 RNA 合成的酶对利福平不敏感，而且在一定程度上可用脱氧核糖核苷酸代替核糖核苷酸作为底物，而与经典的 RNA 聚合酶不同。

2. DNA 聚合酶

目前已知的 DNA 聚合酶有多种，它们的性状和在 DNA 合成中的功能均不相同。

（1）原核生物的 DNA 聚合酶　在大肠杆菌中发现有 3 种 DNA 聚合酶，分别称为 DNA 聚合酶 Ⅰ、Ⅱ、Ⅲ。三种酶的活性及主要功能见表 8-1。

表 8-1　聚合酶 Ⅰ 聚合酶 Ⅱ 聚合酶 Ⅲ 的活性及主要功能

酶名称	酶活性	生物学功能
聚合酶 Ⅰ	它具有 5′→3′聚合酶，5′→3′外切酶及 3′→5′外切酶的活性	对 DNA 损伤的修复，DNA 复制时，填补 RNA 引物切除后留下的空隙
聚合酶 Ⅱ	3′→5′外切酶的活性	能在修复紫外光引起的 DNA 损伤中起某种作用
聚合酶 Ⅲ	它具有 5′→3′聚合酶，3′→5′外切酶的活性	合成新链

DNA 聚合酶 Ⅰ 最初是在 1955 年由 Kornberg 在大肠杆菌内发现的。DNA 聚合

酶 I 是多功能酶，它具有 5′→3′ 聚合酶，5′→3′ 外切酶及 3′→5′ 外切酶的活性。它的主要功能是对损伤的 DNA 进行修复，以及在 DNA 复制时，填补 RNA 引物切除后留下的空隙。

DNA 聚合酶 II 的活力很低，其生理功能尚不清楚，可能在修复紫外光引起的 DNA 损伤中起某种作用。

DNA 聚合酶 III 极为复杂，现在一般认为，DNA 聚合酶 III 是原核生物 DNA 复制的主要聚合酶。

（2）真核细胞的 DNA 聚合酶　在真核细胞内已发现四种 DNA 聚合酶，分别用 α、β、γ 和 δ 表示。现在一般认为 DNA 聚合酶 α 和 δ 的作用是复制染色体 DNA，主要的根据是它们在细胞内活力水平的变化与 DNA 复制有明显的平行关系，在分裂细胞的 S 期达到高峰。聚合酶 α 催化随后链的合成，而聚合酶 δ 催化领头链的合成，它还具有 3′→5′ 外切酶的活性。DNA 聚合酶 β 的功能主要是修复作用。DNA 聚合酶 γ 是从线粒体中分离得到的，推测它与线粒体 DNA 的复制有关。

3. DNA 连接酶

DNA 连接酶作用是催化双链 DNA 中的切口处的相邻 5′-磷酸基与 3′-羟基以形成磷酸酯键，但是它不能将两条游离的 DNA 单链连接起来。DNA 连接酶在 DNA 复制、修复、重组中均起重要作用。

4. 拓扑异构酶

生物体内 DNA 分子通常处于超螺旋状态，而 DNA 的许多生物功能需要解开双链才能进行。拓扑异构酶就是催化 DNA 的拓扑连环数发生变化的酶，它可分为拓扑异构酶 I 和拓扑异构酶 II。I 型酶可使双链 DNA 分子中的一条链发生断裂和再连接，反应不需要提供能量，它们主要集中在活性转录区，同转录有关。II 型酶能使 DNA 的两条链同时发生断裂和再连接，当它引入负超螺旋时需要由 ATP 提供能量。拓扑异构酶在重组、修复和 DNA 的其他转变方面起着重要的作用。

5. 解螺旋酶

这类酶能通过水解 ATP 将 DNA 的两条链打开，ATP 水解活力要有单链 DNA 存在时才表现。大肠杆菌中的 rep 蛋白（rep 基因的产物）就是这样一种酶，它由相对分子质量为 65000 的一条多肽链组成，每解开一对碱基需要水解 2 个 ATP 分子。

6. 其他蛋白因子

（1）单链结合蛋白（SSP）　它的功能是稳定已被解开的 DNA 单链，阻止复性和保护单链不被核酸酶降解。

（2）引发前体　它是由 6 种蛋白质即 dnaB、dnaC、n、n′、n″ 和 i 组成。引发前体再与 RNA 引物合成酶（引发酶）结合，组装成引发体。引发体结合到随后链的模板上，具有识别合成起始位点的功能，可以沿模板链 5′→3′方向移动，移动到一定位置上即可以引发 RNA 引物的合成。

（三）DNA 的复制过程

DNA 的复制按一定的程序进行，双螺旋的 DNA 是边解开边合成新链的。复制从特定位点开始，可以单向或双向进行，但是以双向复制为主。由于 DNA 双链的合成延伸均为 5′→3′的方向，因此复制是以半不连续的方式进行的，即其中一条链相对地连续合成，称之为领头链，另一条链的合成则是不连续的，称为后随链。在 DNA 复制叉上进行的基本活动包括双链的解开、RNA 引物的合成、DNA 链的延长、切除 RNA 引物、填补缺口、连接相邻的 DNA 片段。

1. 双链的解开

很多实验都证明了复制是从 DNA 分子的特定位置开始的，这一位置称复制原点，常用 ori（或 o）表示。许多生物的复制原点都是富含 A、T 的区段。这一区段产生的瞬时单链与单链结合蛋白结合，对复制的起始十分重要。原核生物基因组一般只有一个复制原点。所有 DNA 的复制原点都处于双螺旋结构内部，就是线状 DNA 也不是从末端开始复制的。DNA 复制速率的调节主要在于起始频率，而 DNA 延长的速度则大体上是恒定的。在迅速生长的细菌中，当第一次复制起始后，在复制未完成之前，复制原点可以起始第二次复制，这样可以加快复制的速度。真核细胞可以在 DNA 链上的多个不同位点同时起始进行复制，所以原核细胞的复制速度尽管比真核细胞快，但由于真核细胞可以在多个位点同时进行复制，其总速度反而比原核细胞快。

在 DNA 的复制原点，双股螺旋解开，成单链状态，分别作为模板，各自合成其互补链。在起点处形成一个"眼"状结构。在"眼"的两端，则出现两个叉子状的生长点，称为复制叉。在复制叉上结合着各种各样与复制有关的酶和辅助因子，如 DNA 解旋酶、引发体和 DNA 聚合酶，它们在 DNA 链上构成与核糖体相似大小的复合体称为复制体。彼此配合，进行高度精确的复制，如图 8-2 所示。

2. RNA 引物的合成

在 DNA 复制的起始处双链解开，领头链先引发开始合

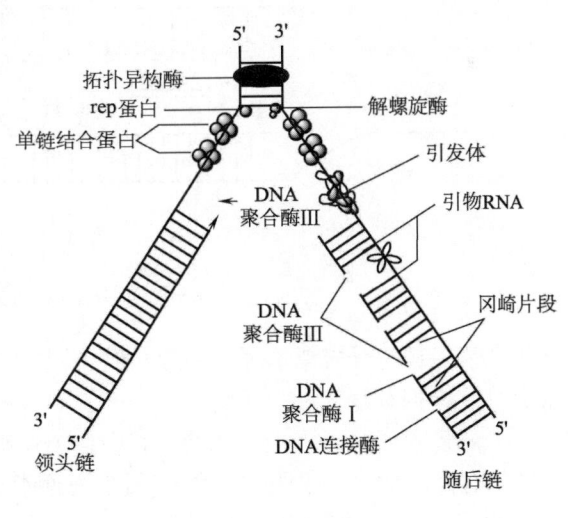

图 8-2 DNA 的复制

成，与其模板形成双链结构，而另一条亲代链则被置换出来。只有在领头链将另一条亲本链的特别序列置换出来，才能产生随后链的前体片段的前引发作用。需要引发酶与引发前体结合形成引发体，引发体在复制叉上移动，识别合成的起始点，引发 RNA 引物的合成。移动和引发均需要由 ATP 提供能量，以 DNA 为模板，按 5′→3′的方向，合成一段引物 RNA 链。引物长度为几个至 10 个核苷酸，在引物的 5′端含 3 个磷酸残基，3′端为游离的羟基。

3. DNA 链的延长

当 RNA 引物合成之后，在 DNA 聚合酶Ⅲ的催化下，以四种脱氧核糖核苷 5′-三磷酸为底物，在 RNA 引物的 3′端以磷酸二酯键连接上脱氧核糖核苷酸并释放出 PPi。DNA 链的合成是以两条亲代 DNA 链为模板，按碱基配对原则进行复制的，亲代 DNA 的双股链呈反向平行，一条链是 5′→3′方向，另一条链是 3′→5′方向。在一个复制叉内两条链的复制方向不同，所以新合成的二条子链极性也正好相反。由于迄今为止还没有发现一种 DNA 聚合酶能按 3′→5′方向延伸，因此子链中有一条链沿着亲代 DNA 单链的 3′→5′方向（即新合成的 DNA 沿 5′→3′方向）不断延长，这条新链称为领头链。而另一条链的合成方向与复制叉的前进方向相反，只能断续地合成 5′→3′的多个短片段。1968 年，冈崎发现了这些片段故又称为冈崎片段，它们随后连接成大片段，这条新链称为后随链。这种领头链是连续合成的，随后链断续合成的方式称为半不连续复制。原核细胞的冈崎片段长度为 1000～2000 个核苷酸，真核细胞的较短，长度为 100～200 个核苷酸，如图 8-3 所示。

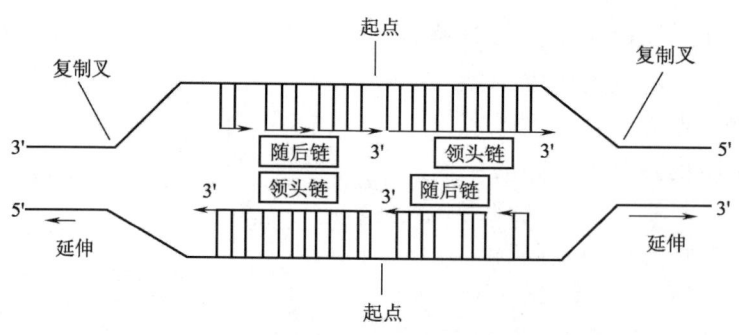

图 8-3　DNA 的双向复制

尽管领头链的合成总是领先一段，但是从来没有发现领头链跑得太远，而总是与随后链保持相对稳定的一段距离。1988 年 Kornberg 等人从大肠杆菌中分离出 800ku 的 polⅢ和 900ku 的 polⅢ全酶，其中各个亚基均有两个，并证明是具有双活性部位的非对称结构，这表明同一个 polⅢ全酶可能同时负责领头链和随后链的复制。

4. 切除引物，填补缺口，连接

当新形成的冈崎片段延长至一定长度后，其 3′-OH 端与前面一条老片段的

5′端接近时，即发生下列变化：在 DNA 聚合酶 I 的作用下，在引物 RNA 与 DNA 片段的连接处切断，切去 RNA 引物后留下的空隙，由 DNA 聚合酶 I 催化合成一段 DNA 填补上，在 DNA 连接酶的作用下，连接相邻的 DNA 链。这样以两条亲代 DNA 链为模板，各自形成一条新的 DNA 互补链，结果是形成了两个 DNA 双股螺旋分子。每个分子中一条链来自亲代 DNA，另一条链则是新合成的，故称为半保留复制。

【拓展提高】

端粒与端粒酶

端粒是染色体的重要部分，是线性染色体两端的特殊序列，这种序列广泛分布在原生动物、真菌、植物和哺乳动物的染色体中，经常被比作鞋带两端防止磨损的塑料套。它保证了染色体的完全复制；同时在染色体的两端形成保护性的帽结构，使染色体的 DNA 免受核酸酶和其他不稳定因素的破坏和影响。

每当染色体进行复制时，末端的 DNA 总是会发生丢失。为了防止重要遗传信息的遗失，端粒会损耗掉自己的 DNA 片段。久而久之，端粒就会变得越来越短。

端粒酶可以把 DNA 复制的缺陷填补起来，把端粒修复延长，可以让端粒不会因细胞分裂而有所损耗，使得细胞分裂的次数增加。端粒的长短与细胞的寿命有着重要的联系。而许多癌细胞之所以能够长久生存，就是因为它们能够利用端粒酶来不断的续长端粒，成为永生不死的细胞。

（四）逆转录

以 RNA 为模板，按照 RNA 中的核苷酸顺序合成 DNA，这与通常转录过程中遗传信息流从 DNA 到 RNA 的方向相反，故称为逆转录，如图 8-4 所示。在 20 世纪 60 年代，Temin 根据有关的实验结果提出，由 RNA 肿瘤病毒逆向转录为 DNA 前病毒，然后由 DNA 前病毒再转录为 RNA 肿瘤病毒的设想，但当时未得到重视。直至 1970 年，Temin 和 Baltimore 各自在鸟类劳氏肉瘤病毒和小鼠白血病病毒等 RNA 肿瘤病毒中找到了逆转录酶，才证明了存在逆向转录过程。

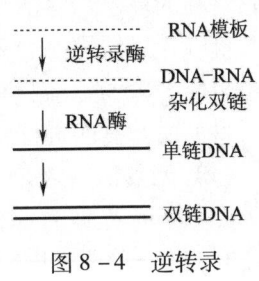

图 8-4　逆转录

现在人们已发现各种高等真核生物的 RNA 肿瘤病毒都有逆转录酶。逆转录酶需要以 RNA（或 DNA）为模板，以四种 dNTP 为原料，要求短链 RNA（或 DNA）作为引物，此外还需要适当浓度的二价阳离子 Mg^{2+} 和 Mn^{2+}，沿 5′→3′方向合成 DNA，形成 RNA-DNA 杂交分子（或 DNA 双链分子）。以后，再以 RNA-DNA 杂交分子中的 DNA 链为模板，在寄主细胞的 DNA 聚合酶作用下，可合成另一条 DNA 互补链，这样便形成了新的双链 DNA 分子。

逆转录酶是一种多功能酶，它除了具有以 RNA 为模板的 DNA 聚合酶和以

DNA 为模板的 DNA 聚合酶活性外还兼有 RNaseH、DNA 内切酶、DNA 拓扑异构酶、DNA 解链酶和与 tRNA 结合的活性。逆转录酶的发现，表明遗传信息也可以从 RNA 传递到 DNA，从而丰富了分子遗传学中心法则的内容。

几乎所有的真核生物的 mRNA 分子的 3′末端都有一段多聚腺苷酸。当加入寡聚 dT 作引物时，mRNA 就可以成为逆转录酶的模板，在体外合成与其互补的 DNA，称为 cDNA。这种方法已成为生物技术和分子生物学研究中最常见的方法之一，也使逆转录酶得到广泛的应用。

（五）基因突变和 DNA 的损伤修复

1. 基因突变

基因突变是指 DNA 的碱基顺序发生突然而永久性地变化，从而影响 DNA 的复制，并使 DNA 的转录和翻译也跟着改变，因而表现出异常的遗传特征。DNA 的突变可以有几种形式：①一个或几个碱基对被置换；②插入一个或几个碱基对；③一个或多个碱基对缺失。置换和插入的变化是可逆的，缺失则是不可逆的。最常见的突变形式是碱基对的置换。嘌呤碱之间或嘧啶碱之间的置换称为转换，嘌呤和嘧啶之间的置换称为颠换。突变有自发突变和诱发突变两种，自发突变的几率很低，诱发突变可以由物理因素或化学因素引起，物理因素如电离辐射和紫外光等均可以诱发突变，化学因素如脱氨剂和烷化试剂均可诱发突变。

2. DNA 损伤的修复

某些物理化学因子，如紫外线、电离辐射和化学诱变剂等，都能引起生物突变和致死。因为它们均能作用于 DNA，造成其结构和功能的破坏。例如，X 射线可以在 DNA 链上形成缺口；高剂量的紫外辐射则使 DNA 链上嘧啶碱基，特别是胸腺嘧啶的环乙烯键活化，使同股相邻或不同股的胸腺嘧啶环乙烯键之间形成新的共价键，连结成一个环丁烷，产生二聚体，在双螺旋区产生变形。构象的改变必将阻碍 DNA 的复制和转录，引起错股合成，使细胞死亡。

目前已知有四种修复途径：光复活、切除修复、复组修复和紧急修复。

（1）光复活　这是一种高度专一的修复形式。其机制是利用光能（最有效波长为 400nm 左右）激活光复活酶（高等哺乳动物缺乏该系统），切除嘧啶二聚体之间的 C—C 键，使酶恢复原来的状态。光修复机制只作用于紫外线照射所形成的产物。

（2）切除修复　如果 DNA 损伤较为严重，则必须进行切除修复，即在一系列酶的作用下，将 DNA 分子中受损伤部分切除掉，并以完整的一股链为模板，合成出切去的部分，使 DNA 恢复正常，如图 8-5 所示。

（3）重组修复　重组修复的关键酶是重组修复酶，如大肠杆菌中的 ReeA 蛋白。含有损伤的 DNA 仍可进行复制，但在子代 DNA 链与损伤链相对应部位出现缺口。通过分子间重组，从完整的亲代或子代链上将相应的碱基顺序片段移至缺口处，然后用再合成的多核苷酸链补上提供缺口片段所造成的空缺，如图 8-6 所示。

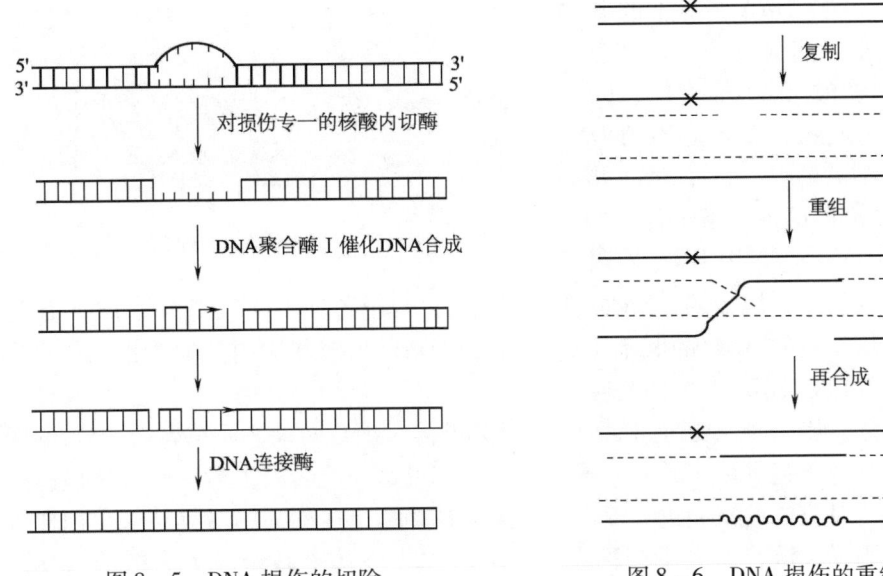

图 8-5　DNA 损伤的切除　　　　图 8-6　DNA 损伤的重组修复

（4）紧急修复　许多能造成 DNA 损伤或抑制复制的处理均能引起一系列复杂的诱导效应，称为应急反应（SOS 反应）。它包括 DNA 修复和导致变异两个方面。应急反应能诱导切除修复和重组修复中某些关键酶和蛋白质的产生，加强修复能力。此外，应急反应还能诱导产生缺乏校对功能的 DNA 聚合酶，它能在 DNA 损伤部位进行复制，避免了死亡，也带来了高的变异率。

以上几种修复系统只有光复活是利用光能，其余均利用 ATP 水解所释放的能量。光复活、切除修复和糖苷化酶修复都是修复模板链，重组修复是形成一条新的正常模板链，而 SOS 修复是唯一导致突变的修复。

二、RNA 的生物合成——转录

在 DNA 指导下的 RNA 合成称为转录。在转录过程中，以 DNA 的一条链为模板，按照碱基配对原则，合成一条与 DNA 链的一定区段互补的 RNA 链。细胞的各类 RNA（包括 mRNA、rRNA 和 tRNA）都是通过转录合成的，最初转录的 RNA 产物通常需要经过一系列断裂、拼接、修饰等加工过程才能成为成熟的 RNA 分子。

（一）RNA 的合成反应

在 DNA 指导下 RNA 的合成反应可用下式表示。

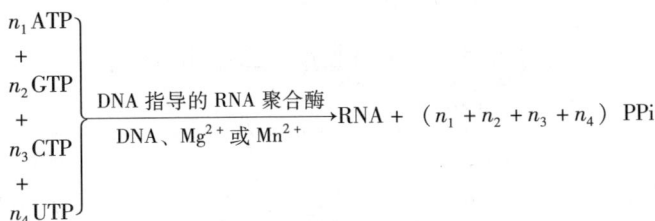

上式表明，DNA 指导下的 RNA 合成反应是一酶促反应，以四种核糖核苷三磷酸（ATP、GTP、CTP、UTP）作为底物，需要适当的 DNA 为模板，不需要引物，在 DNA 指导的 RNA 聚合酶的催化下进行，如图 8-7 所示。反应产物 RNA 的组成

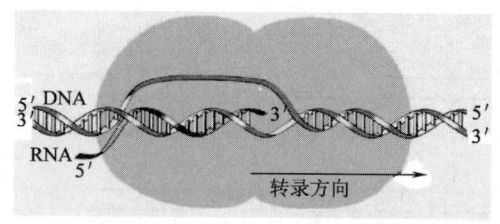

图 8-7 RNA 聚合酶

决定于加入的作为模板的 DNA 的性质。例如，曾用各种不同碱基组的 DNA 作为模板，其所产生的 RNA 的碱基比例与加入的 DNA 之碱基比例基本上相一致，只是以尿嘧啶代替了 DNA 中的胸腺嘧啶。

在体外，RNA 聚合酶能使 DNA 的两条链同时进行转录，而在体内 DNA 的两条链中仅有一条链可用于转录，或者某些区域以这条链转录，另一些区域以另一条链转录，对应的链只能进行复制，而无转录功能，这称为不对称转录。用作模板的链称为反义链，另一条链称为有义链。DNA 在体外转录时失去链的选择作用，而使两条链同样进行转录，这种不正常情况可能是由于 RNA 聚合酶在分离时丢失亚基引起的。在 RNA 聚合酶反应中，天然的（双链）DNA 作为模板比变性的（单链）DNA 更为有效。这表明 RNA 聚合酶的作用方式与 DNA 聚合酶有某些不同。DNA 在复制时，首先需要将两条链解开，通过半保留的方式形成两个子代 DNA 分子；而 RNA 聚合酶以完整双链 DNA 为模板，DNA 碱基顺序的转录是通过全保留的方式，转录后 DNA 仍然保持双链的结构。当然，这并不排除在转录时 DNA 的双链结构部分地被解开。事实上，有许多实验说明，DNA 进行转录的部分结构是不稳定的，很可能发生局部的解开。两条链中的一条可作为有效的模板，在其上合成出互补的 RNA 链。当被解开的两条 DNA 链重新形成双螺旋结构时，已合成的 RNA 链即离开 DNA 链。

（二）RNA 聚合酶

已从大肠杆菌和其他细菌中高度提纯了 DNA 指导的 RNA 聚合酶。大肠杆菌的 RNA 聚合酶全酶（holoenzyme）相对分子质量约 50 万，由五个亚基（$\alpha_2\beta\beta'\sigma$）组成。没有 σ 亚基的酶（$\alpha_2\beta\beta'$）称为核心酶。核心酶只能使已开始合成的 RNA 链延长，但不具有起始合成 RNA 的能力，必须加入 σ 亚基才表现出全部聚合酶的活性。这就是说，在开始合成 RNA 链时必须有 σ 亚基参与作用，因此 σ 亚基为起始因子。各亚基的大小和功能见表 8-2。

表 8-2　　　　大肠杆菌 RNA 聚合酶各亚基的大小和功能

亚基	相对分子质量	比例	功能
β'	165000	1	和模板 DNA 结合
β	155000	1	起始和催化作用

续表

亚基	相对分子质量	比例	功能
σ	95000	1	起始作用
α	39000	2	未知

在不同的细菌中，α、β 和 β' 亚基的大小比较恒定，σ 亚基有较大变动，其相对分子质量 44000～92000。σ 亚基的功能在于使 RNA 聚合酶稳定地结合到 DNA 的启动子上。单独的核心酶也能与 DNA 结合，这主要是由碱性蛋白质与酸性核酸之间的静电引力造成的，因此与其特殊序列无关，DNA 仍然保持双螺旋形式。σ 亚基能够改变 RNA 聚合酶与 DNA 之间的亲和力，它极大减少了酶与 DNA 一般序列的结合常数和停留时间，同时又大大增加了酶与 DNA 启动子的结合常数和停留时间。这样就使得全酶能迅速找到启动子并与之结合。

真核细胞的 RNA 聚合酶有许多种，相对分子质量都在 50 万左右，通常由 4～6 种亚基组成。利用 α-鹅膏蕈碱的抑制作用可将它们分为三类：RNA 聚合酶 A（或Ⅰ）、RNA 聚合酶 B（或Ⅱ）和 RNA 聚合酶 C（或Ⅲ）。它们可以分别对不同种类的 RNA 进行转录（表 8-3）。

表 8-3　　　　　真核细胞 RNA 聚合酶的种类和性质

酶的种类	不同名称	分布	合成的 RNA 类型
A（对 α-鹅膏蕈碱不敏感）	AⅠ（a+b）、Ⅰ、ⅠA、RC-Ⅱ、AⅡ、Ⅰ、ⅠB	核仁	rRNA
B（对低浓度 α-鹅膏蕈碱敏感）	BⅠ、Ⅱ、ⅡA、RC-Ⅰ、BⅡ、Ⅱ、ⅡB	核质	核内不均一的 RNA（mRNA 的前体）
C（对高浓度 α-鹅膏蕈碱敏感）	AⅢ、Ⅲ、RC-Ⅲ	核质	rRNA 和 5S RNA

（三）RNA 的转录过程

由 RNA 聚合酶催化的转录过程可分为三个反应步骤：①转录的起始；②链的延长；③链的终止。

1. 转录的起始

RNA 聚合酶与 DNA 双链的特定部位相结合，并局部解开双螺旋，以使模板链可与核糖核苷酸进行碱基配对。解链仅发生在与 RNA 聚合酶结合的部位。起始阶段通常包括对双链 DNA 特定部位的识别、局部解开双链和在最初两个核苷酸之间形成磷酸二酯键。在此过程中所要求的全部 DNA 序列称为启动子。启动子部位必定具有某种特殊结构。这种特殊结构可能表现为 DNA 片段的特定核苷酸排列顺序，也可能表现为 DNA 片段局部的特异高级结构。一般地说，启动子部位常是 AT 含量高的区域，因为该区域的熔点（T_m）较低，双链容易打开。第一个核苷酸掺入的位置称为转录起点，在新合成的 RNA 链的 5′末端通常为带有三个磷酸基团的鸟苷或腺苷（pppG 或 pppA）。这就是说，合成的第一个底物通常是 GTP 或 ATP。

2. 链的延长

σ 亚基仅与转录的起始有关，一旦 RNA 开始合成，它就被释放而离开核心酶。σ 亚基的存在与否对核心酶的亚基构象有较大影响。当 σ 亚基存在时，核心酶的 β′ 亚基和其他亚基表现为有利于专一结合在 DNA 特定序列上的构象；而 σ 亚基释放后，核心酶失去识别和专一结合在特定序列上的能力，因而可在模板上移动并按模板序列选择核糖核苷酸。在模板链上合成的 RNA 链可暂时形成 RNA-DNA 杂交双链。在延长阶段，随着 RNA 聚合酶向前移动，DNA 解链区也随之推进，RNA 链得以不断延长。但随后 DNA 的互补链即取代 RNA-DNA 杂交双链中的 RNA 链，从而恢复原来的 DNA 双螺旋结构。RNA 聚合酶沿着模板链 $3'\rightarrow 5'$ 方向移动，RNA 链的合成方向是 $5'\rightarrow 3'$。

3. 链的终止

DNA 分子具有终止转录的核苷酸序列信号。在这些信号中，有些能被 RNA 聚合酶本身所识别，转录进行到该处即告终止，RNA 链和 RNA 聚合酶便会从 DNA 模板上脱离下来。另一些信号则被 ρ 因子所识别。ρ 因子是一种参与转录终止过程的蛋白质因子，它能辨别 DNA 上特殊的终止位点（ρ 位点），使 RNA 链从 DNA 上脱离，停止转录。

在大肠杆菌中，由 RNA 聚合酶催化合成 RNA 的整个过程，如图 8-8 所示。

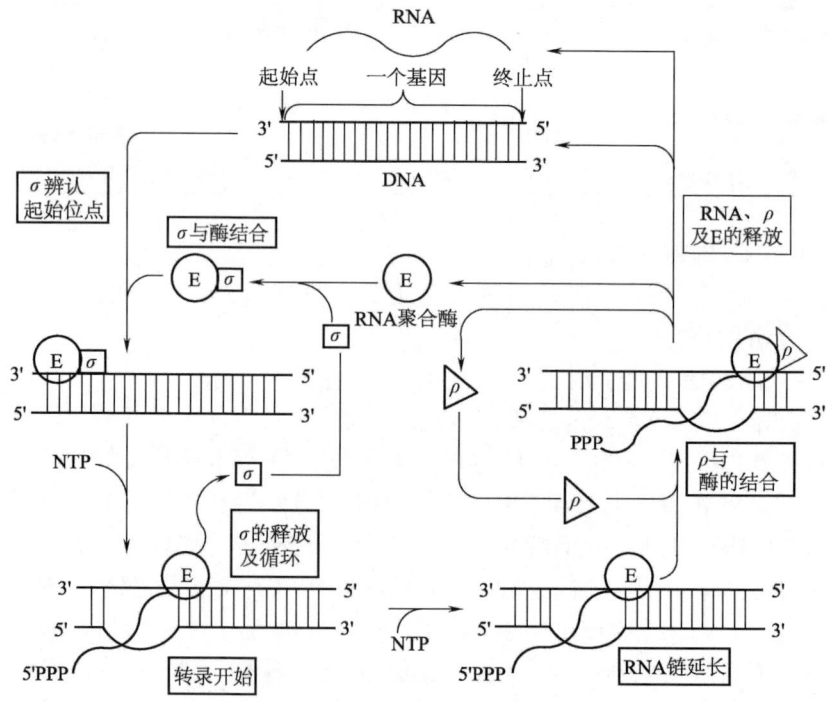

图 8-8 RNA 的合成

(四) RNA 的转录后加工

在细胞内，由 RNA 聚合酶合成的原初转录物往往需要经过一系列的变化，包括键的裂解、5′端与3′端的切除和特殊结构的形成、碱基的修饰和糖苷键的改变以及拼接等过程，才能转变为成熟的 RNA 分子。此过程总称为 RNA 的成熟或转录后加工。

原核生物的 mRNA 一经转录通常立即进行翻译，除少数外，一般不进行转录后加工。但稳定的 RNA（tRNA、rRNA）都要经过一系列加工才能成为有活性的分子。真核生物由于存在细胞核结构，转录和翻译在时间上和空间上都被分隔开来，其 mRNA 前体的加工极后需通过拼接使编码区成为连续序列。在真核生物中，还能通过不同的加工方式，表达出不同的信息。因此，对于真核生物来讲，RNA 的加工尤为重要。

1. mRNA 前体的加工

mRNA 的原初转录物是相对分子质量极大的前体，即核内含不均一 RNA（缩写为 hnRNA）。hnRNA 的碱基组成与总的 DNA 组成类似，因此又称为类似 DNA 的 RNA（D‑RNA）。它们在核内迅速合成和降解，其半寿期很短，只有几分钟，比细胞质 mRNA 更不稳定。hnRNA 分子中含有大量的插入部分即内含子，将在转录后的加工过程中被降解掉。据估算，hnRNA 分子中大约只有25%的部分经加工转变成 mRNA。当然，插入部分绝不会是无意义的，推测它们可能与转录和转录后代谢的调控作用有关。由 hnRNA 转变成 mRNA 的加工过程如下：①5′端形成特殊的帽子结构（$m^7GpppmNp$）；②在链的3′端切断并加上多聚腺苷酸（PolyA）尾巴；③通过拼接除去由内含子转录来的序列；④链内部核苷被甲基化，如图8‑9所示。

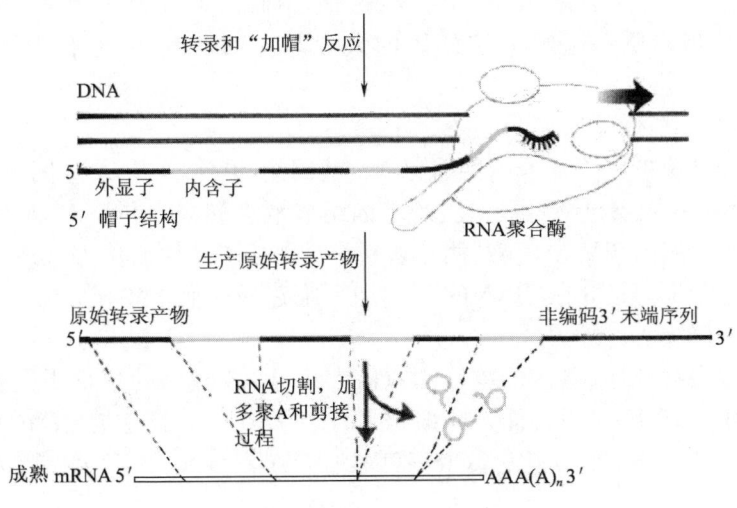

图 8‑9　mRNA 前体的加工

2. rRNA 前体的加工

在原核细胞内含有三种 rRNA，即 5S、16S、23S rRNA。在各类细菌细胞中，编码核糖体 RNA 的基因排列在一起，它们包含有 16S、23S、5S rRNA 以及一个或几个 tRNA 基因，成为一个转录单位，其沉降系数为 30S。在核糖核酸酶 III 和核糖核酸酶 E 的作用下，形成这三种成熟 rRNA 的前体，分别以 P16S、P23S 和 P5S 表示，它们经断裂和甲基化后即转变为成熟的 rRNA。rRNA 前体的加工，如图 8-10 所示。

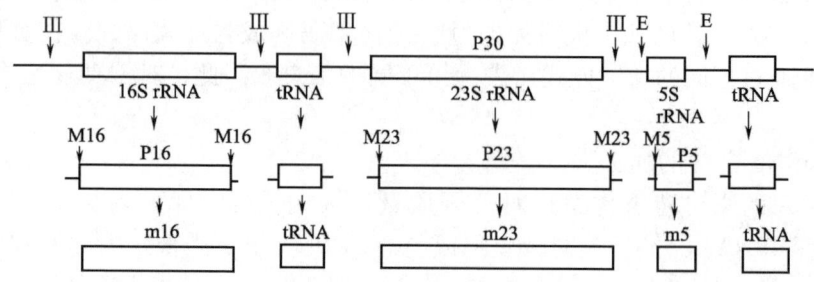

图 8-10　RNA 前体的加工

真核生物细胞的核仁是 rRNA 合成、加工和装配成核糖体的场所。哺乳类动物细胞的核糖体含有四种不同的 RNA，即 28S、18S、5.8S 和 5S rRNA（它们的相对分子质量分别为 $1.7×10^6$、$0.65×10^6$、$5×10^4$ 和 $4×10^4$）。28S、18S 和 5.8S rRNA 在转录过程中先形成共同的 45S 大分子前体（相对分子质量为 $4×10^6$），然后再断裂成相应的 rRNA，它们的关系如下：

在真核生物中，5SrRNA 基因也是成簇排列的，中间隔以不被转录的区域。它由 RNA 聚合酶 III 转录，经过适当加工即与 28S rRNA 和 5.8S rRNA 以及有关蛋白质一起组成核糖体的大亚基。18S rRNA 与有关蛋白质则组成小亚基。

3. tRNA 前体的加工

大肠杆菌染色体基因组共有 tRNA 基因约 60 个。tRNA 基因大多成簇存在，或与 tRNA 基因或与编码蛋白质的基因组成混合转录单位。tRNA 前体的加工包括：①由核酸内切酶在 tRNA 两端切断；②由核酸外切酶从 3′端逐个切去附加的顺序，进行修剪；③在 tRNA 的 3′端加上胞苷酸—胞苷酸—腺苷酸（—CCA$_{OH}$）；④核苷的修饰。

真核生物 tRNA 基因的数目比原核生物 tRNA 基因的数目要大得多，啤酒酵母有 250 个 tRNA 基因，而人体细胞则有 1300 个。真核生物 tRNA 基因也成簇排列，并且被间隔区所分开。tRNA 基因由 RNA 聚合酶 III 转录，转录产物为稍大的 tRNA 前体。在 tRNA 前体分子的 5′端和 3′端都有附加的序列，需由核酸内切酶和外切酶加以切除。真核生物 tRNA 前体的 3′端不含 CCA 序列，成熟 tRNA3′

端的 CCA 是后加上去的，tRNA 的修饰成分由特异的修饰酶催化。真核生物的 tRNA 除含有修饰碱基外，还有 2′-O-甲基核糖，具有居间序列的 tRNA 前体还需将这部分序列切掉。

（五）RNA 的复制

核糖核酸（RNA）在传递 DNA 的遗传信息和控制蛋白质生物合成中的重要作用已如上述。在有些生物中，核糖核酸还可以是遗传信息的基本携带者，并能通过复制而合成出与其自身相同的分子。例如，某些 RNA 病毒，当它侵入寄主细胞后即可借助于复制酶（replicase）（RNA 指导的 RNA 聚合酶）而进行病毒 RNA 的复制。

从感染 RNA 病毒的细胞中可以分离 RNA 复制酶，这种酶以病毒 RNA 作模板，在有四种核苷三磷酸和镁离子存在时合成出与模板性质相同的 RNA。用复制产物去感染细胞，能产生正常的 RNA 病毒。可见，病毒的全部遗传信息包括合成病毒外壳蛋白质（coat protein）和各种有关酶的信息均贮存在被复制的 RNA 之中。

三、基因工程简介

基因工程是指在体外将核酸分子插入病毒、质粒或其他载体分子，构成遗传物质的新组合，并使之加入到原先没有这类分子的寄主细胞内，而能持续稳定地繁殖，从而赋予寄主新的性状。根据这个概念，人们可以从一个生物的基因中提取有用的基因片段，植入到另外一个生物体内，从而使该生物获得某些新的遗传性状。

【知识链接】

每天吃几个鸡蛋就能治疗人类顽疾，相信很多人对此都会感到不可思议。然而英国科学家日前表示，他们已率先培育出携带人类基因的母鸡，它们产下的蛋可含有多种特殊蛋白质，具有一定的药用潜能，可能会用在癌症、多发性硬化症等疾病的治疗方面。

（一）基因工程工具酶

所谓基因工程工具酶指切割 DNA 分子、进行 DNA 片段修饰和 DNA 片段连接等所需的酶。

1. 限制性内切酶

限制性内切酶主要形成于细菌内，具有极高的专一性，识别双链 DNA 上的特定位点，将两条链都切断，形成黏末端或平末端。一种限制性核酸内切酶只能识别一种特定的核苷酸序列，并且使每一条链中特定部位的两个核苷酸之间的磷酸二酯键断开。大多数限制酶的识别序列由 6 个核苷酸组成。

常用的工具酶及识别序列见表 8-4。

表 8 – 4　　　　　　　　　　　常用的工具酶及识别序列

酶	识别序列	酶	识别序列
ApaI	5′GGGCC^C 3′	HindIII	5′ A^AGCTT 3′
BamHI	5′ G^GATCC 3′	KpnI	5′ GGTAC^C 3′
BglII	5′ A^GATCT 3′	NcoI	5′ C^CATGG 3′
EcoRI	5′ G^AATTC 3′	NdeI	5′ CA^TATG 3′
NheI	5′ G^CTAGC 3′	NotI	5′ GC^GGCCGC 3′
SacI	5′ GAGCT^C 3′	SalI	5′ G^TCGAC 3′
SphI	5′ GCATG^C 3′	XbaI	5′ T^CTAGA 3′

（1）识别特定序列，一般 4～6 个碱基，且大多呈二重对称，即回文序列。

（2）具有特定的酶切位点。

（3）没有甲基化修饰酶功能，不需要 ATP 和 SAM 作为辅助因子。

【知识链接】

限制酶在原核生物中的作用

原核生物容易受到自然界外源 DNA 的入侵，限制酶是原核生物的一种防御性工具，当外源 DNA 侵入时，会利用限制酶将外源 DNA 切割掉，使之失效，达到保证自身的安全的目的。

【拓展提高】

为什么细菌中限制酶不剪切细菌本身的 DNA？

因为微生物在长期的进化过程中形成了一套完善的防御机制，对于外源入侵的 DNA 可以降解；含有某种限制酶的细胞，其 DNA 分子中或者不具备这种限制酶的识别切割序列，或者通过甲基化酶将甲基转移到所识别序列的碱基上，使限制酶不能将其切开。

2. DNA 连接酶

DNA 连接酶的功能是将双链的 DNA 片段"缝合"起来，恢复被限制酶切开了的两个核苷酸之间的磷酸二酯键。应用的连接酶主要有两种。

（1）*E·coli* DNA 连接酶　从大肠杆菌中分离得到，只能将双链 DNA 片段互补的粘性末端之间连接起来，不能将双链 DNA 片段平末端之间进行连接。

（2）T_4 DNA 连接酶　从 T_4 噬菌体中分离得到，既可"缝合"双链 DNA 片段互补的黏性末端，又可以"缝合"双链 DNA 片段的平末端，但连接平末端之间的效率比较低。

【拓展提高】

DNA 连接酶与 DNA 聚合酶是一回事吗？为什么？

不是一回事。

相同点：两者都是形成磷酸二酯键。

不同点：DNA 聚合酶是以一条 DNA 链为模板，将单个核苷酸通过磷酸二酯键形成一条与模板链互补的 DNA 链；而 DNA 连接酶是将 DNA 双链上的两个缺口同时连接起来，不需要模板。

（3）DNA 聚合酶 I　其主要功能包括合成双链 cDNA 分子或片段，连接缺口平移制作高比活探针，进行 DNA 序列分析和填补 3′末端的空缺位点等功能。基因工程中常用的 TaqDNA 聚合酶是一种耐热的依赖于 DNA 的 DNA 聚合酶，具有 5′→3′聚合酶活性，该酶最适反应温度为 75~80℃（表 8-5）。

表 8-5　　　　　　　　基因工程常用工具酶的功能

工具酶	功能
限制性核酸内切酶	识别特异序列，切割 DNA
DNA 连接酶	催化 DNA 中相邻的 5′磷酸基和 3′羟基末端之间形成磷酸二酯键，使 DNA 切口封合或使两个 DNA 分子或片段连接
DNA 聚合酶 I	①合成双链 cDNA 分子或片段 ②连接缺口平移制作高比活探针 ③DNA 序列分析④填补 3′末端
Klenow 片段	又名 DNA 聚合酶 I 大片段，具有完整 DNA 聚合酶 I 的 5′→3′聚合、3′→5′外切活性，而无 5′→3′外切活性。常用于 cDNA 第二链合成，双链 DNA 3′末端标记等
反转录酶	①合成 cDNA ②替代 DNA 聚合酶 I 进行填补，标记或 DNA 序列分析
多聚核苷酸激酶	催化多聚核苷酸 5′羟基末端磷酸化，或标记探针
末端转移酶	在 3′羟基末端进行同质多聚物加尾
碱性磷酸酶	切除末端磷酸基

（二）基因载体

基因载体是作为基因导入细胞的工具。基因载体可以把目的基因送入靶细胞内，从而发挥目的基因的特定功能。

1. 基因载体的概念

基因载体是把基因导入细胞的工具，其作用是：①运载目的基因进入宿主细胞，②使之能得到复制和进行表达。

2. 基因载体的分类

根据来源：质粒载体、噬菌体载体、病毒载体。

根据用途：克隆载体、表达载体、穿梭载体。

3. 常用载体

（1）质粒载体　质粒是存在于细菌染色体外的能独立复制的双链闭环的 DNA 分子。质粒载体特点：分子质量相对较小，能在细菌内稳定存在，能在宿主细胞内独立自主复制，具有某些遗传标志，会赋予宿主细胞一些遗传性状；具有多个限制酶的单一位点（多克隆位点），如图 8-11 所示。

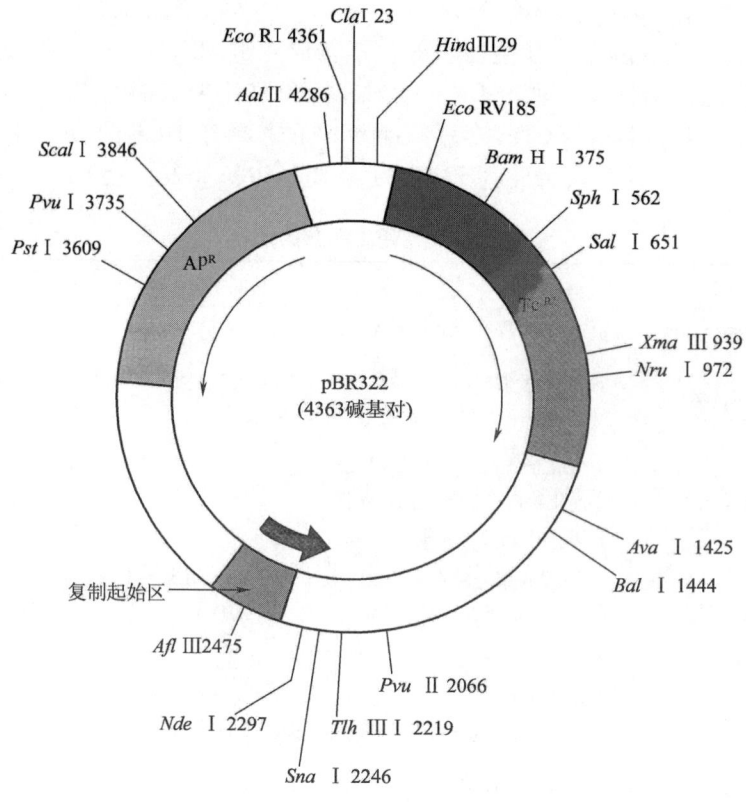

图 8-11　PBR322 质粒的物理图谱

（2）噬菌体　利用 λ 噬菌体作载体，主要是将外来目的 DNA 替代或插入中段序列，使其随左右臂一起包装成噬菌体，去感染大肠杆菌，并随噬菌体的溶菌繁殖而繁殖。大小约 49kb，具有黏性末端，进入细胞后变成环状，易于感染而进入细胞，转化 DNA 片段长，能包装 38~54kb，能转化 5~20kb 外源基因且限制性内切酶位点多，如图 8-12 所示。

（3）C_0S 质粒　又称为装配型质粒。

λ 噬菌体的黏性末端＋大肠杆菌抗氨苄青霉素＋抗四环素基因常用于构建真核生物基因组文库能加入 40~50kb 的外源基因。

【拓展提高】

天然的 DNA 分子可以直接用做基因工程载体吗？为什么？

作为运载体的条件：

（1）必需有一个或多个限制酶的切割位点，以便目的基因可以插入到运载体上去，而且这些位点所处的位置，还必须是在质粒本身需要的基因片段之外，

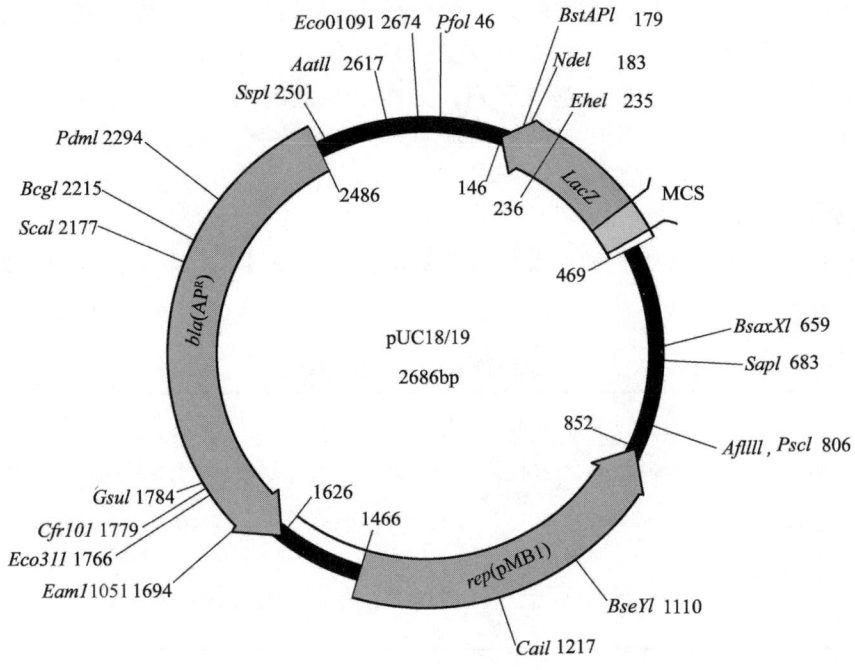

图 8-12 噬菌体图谱

这样才不致因目的基因的插入而失活。

（2）必需具备自我复制的能力，或整合到受体染色体 DNA 上随染色体 DNA 的复制而同步复制。

（3）必需带有标记基因，以便重组后进行重组子的筛选。

（4）必需是安全的，不会对受体细胞有害，或不能进入到受体细胞外的其他生物细胞中的。

（5）分子大小应适合，以便提取和在体外进行操作。

故天然的 DNA 分子一般不能直接用做基因工程运载体。

（三）基因工程的一般过程

基因工程的操作程序一般为首先获取目的基因，在此基础上构建基因表达载体，然后将目的基因导入受体细胞，最后是目的基因的检测与鉴定。

1. 目的基因的获取

（1）鸟枪法　用限制酶将供体细胞中的 DNA 切成许多片段，将这些片段分别载入运载体，然后通过运载体分别转入不同的受体细胞，让供体细胞提供的外源 DNA 的所有片段分别在各个受体细胞中大量复制（即扩增），从中找出含有目的基因的细胞，再利用一定方法将目的基因的 DNA 片段分离出来。

（2）人工合成基因法

①反转录法：以目的基因转录成的信使 RNA 为模板，反转录成互补的单链 DNA，然后在酶的作用下合成双链 DNA，从而获得所需的基因。

②根据已知蛋白质的氨基酸序列，推测出相应的信使 RNA 序列，然后按照碱基互补配对原则，推测出它的结构基因的核苷酸序列，再通过化学方法，以单核苷酸为原料合成目的基因。

【拓展提高】

鸟枪法、反转录法、根据已知的氨基酸序列合成 DNA 法三种目的基因提取的方法有何优缺点（表 8 – 6）？

表 8 – 6　　　　　　　　　不同转基因方法的比较

方法	优点	缺点
鸟枪法	操作简便广泛使用	工作量大，盲目，分离出来的有时并非一个基因
反转录法	专一性强	操作过程麻烦，mRNA 很不稳定，要求的技术条件较高
根据已知氨基酸合成 DNA 法	专一性最强	仅限于合成核苷酸对较少的简单基因

（3）从基因文库中获取目的基因　将含有某种生物不同基因的许多 DNA 片段，导入受体菌的群体中贮存，各个受体菌分别含有这种生物的不同的基因，称为基因文库。

①基因组文库：基因文库中包含了一种生物所有的基因，这种基因文库称为基因组文库。

②部分基因文库：基因文库中包含了一种生物的一部分基因，这种基因文库称为部分基因文库。

【拓展提高】

大大简化基因工程操作的新技术

（1）DNA 序列自动测序仪　对提取出来的基因进行核苷酸序列分析。

（2）PCR 技术　使目的基因的片段在短时间内成百万倍地扩增。

2. 基因表达载体的构建

单独的 DNA 片段——目的基因是不能稳定遗传的。构建表达载体的目的是为了使目的基因在受体细胞中稳定存在，并且可以遗传给下一代，同时使目的基因能表达和发挥作用。

（1）用一定的限制酶切割质粒，使其出现一个切口，露出黏性末端。

（2）用同一种限制酶切断目的基因，使其产生同样的黏性末端。

（3）将切下的目的基因片段插入质粒的切口处，再加入适量 DNA 连接酶，形成了一个重组 DNA 分子（重组质粒），如图 8 – 13 所示。

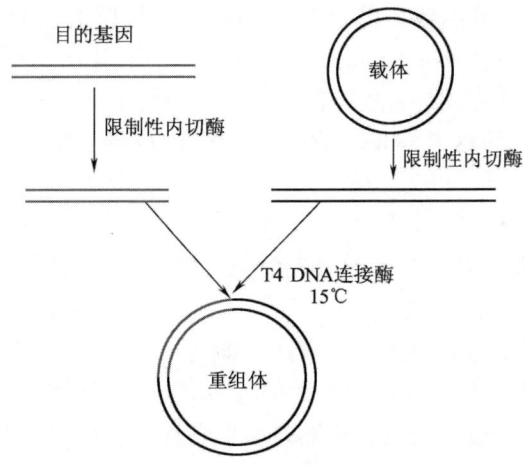

图 8-13 表达载体构建过程

【知识链接】

作为基因工程表达载体，只需含有目的基因就可以完成任务吗？为什么？

不可以。因为目的基因在表达载体中得到表达并发挥作用，还要有启动子、终止子和标记基因等。必须构建上述元件的主要理由是：

（1）生物之间进行基因交流，只有使用受体生物自身基因的启动子才能比较有利于基因的表达。

（2）通过 cDNA 文库获得的目的基因没有启动子，只将编码序列导入受体生物中无法转录。

（3）目的基因是否导入受体生物中需要有筛选标记。

3. 重组 DNA 导入受体菌

将外源重组体分子导入受体细胞的途径，包括转化（或转染）、转导、显微注射和电穿孔等多种不同的方式。转化和转导主要适用于细菌一类的原核细胞和酵母这样的低等真核细胞，而显微注射和电穿孔则主要应用于高等动植物的真核细胞。

（1）重组体 DNA 分子的转化或转染　在基因操作中，转化严格地说是指感受态的大肠杆菌细胞捕获和表达质粒载体 DNA 分子的生命过程；而转染，则是专指感受态的大肠杆菌细胞捕获和表达噬菌体 DNA 分子的生命过程。但从本质上讲，两者并没有什么根本的差别。无论转化还是转染，其关键的因素都是用氯化钙处理大肠杆菌细胞，以提高膜的通透性，从而使外源 DNA 分子能够容易地进入细胞内部。

细菌转化（或转染）的具体操作程序是：将 DNA 分子同经过氯化钙处理的大肠杆菌感受态细胞混合，置冰浴中培养一段时间之后，转移到 42℃下做短暂的热刺激。

（2）体外包装的λ噬菌体的转导　体外包装颗粒的转导，是一种使用体外包装体系的特殊转导技术。它先将重组的λ噬菌体 DNA 或重组的柯斯载体 DNA 包装成具有感染能力的λ噬菌体颗粒，然后经由在受体细胞表面上的λDNA 接受器位点，使这些带有目的基因序列的重组体 DNA 注入大肠杆菌寄主细胞。

【课堂互动】
导入过程完成后，全部受体细胞都能摄入重组 DNA 分子吗？

4. 目的基因的检测与鉴定

检测受体细胞中的标记基因是否表达，即是否表现出标记基因的性状，从而判断受体细胞中是否已导入含有目的基因的运载体。如果检测出标记基因表达的性状，说明运载体已导入受体细胞。检测方法主要有以下几种，如图 8-14 所示。

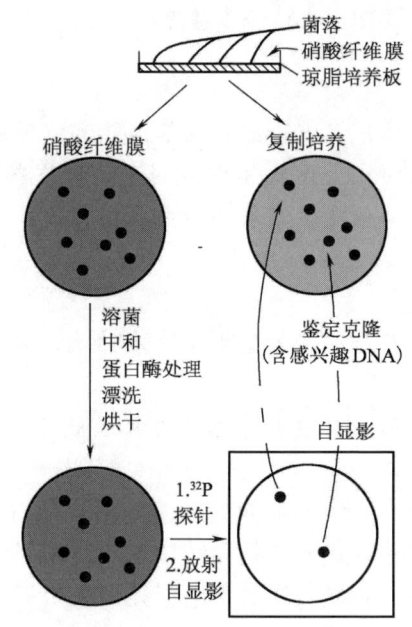

图 8-14　目的基因的检测

（1）直接选择法

①检测转基因生物染色体的 DNA 上是否插入了目的基因：采用 DNA 分子杂交技术。先将转基因生物的基因组提取出来；把目的基因的 DNA 片段用放射性同位素作标记做成探针；使探针与基因组 DNA 杂交，如果出现杂交带，就表明目的基因已插入染色体 DNA 中。

②检测目的基因是否转录出了 mRNA，这是检测目的基因是否发挥功能作用的第一步。采用 DNA 与 RNA 分子杂交技术。从转基因生物中提取出 mRNA，把目的基因的 DNA 片段用放射性同位素作标记做成探针；使探针与 mRNA 杂交，

如果出现杂交带,就表明目的基因转录出了 mRNA。

(2) 免疫学方法检测目的基因是否翻译成蛋白质 从转基因生物中提取蛋白质,用相应的抗体(对抗进行同位素标记)进行抗原——抗体杂交;如果出现杂交带,表明目的基因已形成蛋白质产品。

(3) 个体生物学水平的鉴定 如一个抗虫或抗病的目的基因导入植物细胞后,是否具有了抗虫或抗病特性,需要做抗虫或抗病的接种实验,观察害虫的存活情况或植物的患病情况以确定是否具有抗性及抗性的程度。

(四) 基因工程药物与基因治疗

1. 基因工程药物

基因工程药物主要来自三个方面:一是微生物基因工程,即把目的基因导入大肠杆菌等工程菌中,通过微生物表达目的基因的产物;二是细胞基因工程,即用哺乳动物细胞株表达目的产物;三是转基因动物,即将目的基因直接导入鼠、兔、羊、猪体内,使目的基因在哺乳动物体内表达,从而获得目的产物。表8-7列举了部分利用基因工程技术研制的药品。

表 8-7　　　　　　利用基因工程技术研制的部分药品

产品名称	菌株或细胞	应用	产品名称	菌株或细胞	应用
人胰岛素	大肠杆菌	治疗糖尿病	肿瘤坏死因子	大肠杆菌	杀死某些肿瘤细胞
人生长激素(GH)	大肠杆菌	治疗生长缺陷症	白细胞介素-2(IL-2)	大肠杆菌	治疗某些癌症
表皮生长因子(EGF)	大肠杆菌	治疗烫伤、胃溃疡等	尿激酶原	大肠杆菌	治疗心脏病
α-干扰素	酵母菌	治疗癌症或病毒感染	组织溶纤原激活剂(tPA)	哺乳动物细胞	治疗心脏病
乙型肝炎疫苗	酵母菌	预防病毒性肝炎			

2. 基因诊断与基因治疗

基因诊断是利用分子生物学及分子遗传的技术和原理,在 DNA 水平分析、鉴定遗传疾病所涉及基因的置换、缺失或插入等突变。

探针制备:放射性同位素(如^{32}P)、荧光分子等标记的 DNA 分子。

原理:利用 DNA 分子杂交原理;互补的 DNA 单链能够在一定条件下结合成双链,即能够进行杂交。这种结合是特异的,即严格按照碱基互补配对进行。因此,当用一段已知基因的核苷酸序列作为探针,与被测基因进行接触,若两者的碱基完全配对成双链,则表明被测基因中含有已知的基因序列。

【知识链接】

在诊断遗传性疾病方面发展迅速。目前已经可以对几十种遗传病进行产前诊断。介绍如下。

(1) β-珠蛋白的 DNA 探针→镰刀状细胞贫血症。

(2) 苯丙氨酸羧化酶基因探针→苯丙酮尿症。

(3) 白血病患者细胞中分离出的癌基因制备的 DNA 探针→白血病。

基因治疗是向有功能缺陷的细胞补充相应功能的基因，以纠正或补偿其基因的缺陷，从而达到治疗的目的。

患半乳糖血症的患者，由于细胞内半乳糖苷转移酶基因缺陷而缺少半乳糖苷转移酶，使过多的半乳糖在体内积聚，引起肝、脑等功能受损。1971年，美国科学家在体外做了实验，用带有半乳糖苷转移酶基因的噬菌体侵染患者的离体组织细胞，结果发现这些组织细胞能够利用半乳糖了。这表明，用基因替换的方法治疗这种遗传病是可能的。此后，国内外不断有基因治疗成功案例，我国从1991年开始基因治疗以来已经有关于血友病、宫颈癌、肥胖等很多成功案例。

学习小结

学习内容

本项目重点介绍了 DNA 复制的原料、模板、参与复制的酶和因子，DNA 复制的基本过程和损伤的修复，RNA 转录的原料、模板、酶及转录的基本过程，介绍了各类 RNA 转录后的加工过程，详细介绍了基因工程的工具酶、常用载体、基因工程的一般过程、基因工程药物与基因治疗等知识。DNA 是遗传信息的携带者，通过复制控制后代的遗传稳定性，经过转录和表达控制生物体的遗传性状，基因工程是指在体外将核酸分子插入病毒、质粒或其他载体分子，构成遗传物质的新组合，并使之加入到原先没有这类分子的寄主细胞内，而能持续稳定地繁殖，从而赋予寄主新的性状。基因工程在医疗方面的贡献主要是生产基因工程药物和基因治疗，基因工程药物是利用基因工程技术生产的药物，其中胰岛素是最早应用的基因工程药物，转基因疫苗是目前应用最广泛的基因工程药物。现在，科学研究发现除了一些常见遗传病以外，其他的如肿瘤、糖尿病、心脑血管疾病和老年痴呆肥胖等疾病，也是和基因的错误表达或错误调控有关，要想根治这些疾病还是要从基因水平上进行治疗，也就是基因治疗。基因治疗是用正常的基因，纠正错误的基因或者补偿缺失的基因，从而治愈疾病的方法。基因治疗将会在医学方面开辟崭新的领域，尤其是随着人类基因组计划的完成和功能基因组计划的开展，很多现在尚无有效治疗手段的疾病渴望通过基因治疗的方法治愈，因此基因工程药物和基因治疗有着极高的临床应用价值和广阔的发展前景。

本单元要求重点掌握 DNA 复制的原料、模板、参与复制的酶和因子，复制的过程及损伤的修复，RNA 转录的原料、模板、参与转录的酶和因子以及转录后的修复。熟悉基因工程常用的工具酶、载体、基因工程的一般过程、基因工程药物与基因治疗等。通过本项目的学习，能根据要求选择合适的方法进行表达载体的构建项目设计，并能进行 DNA、RNA 的制备和提取，为后续课程的学习打下基础。

知识框架

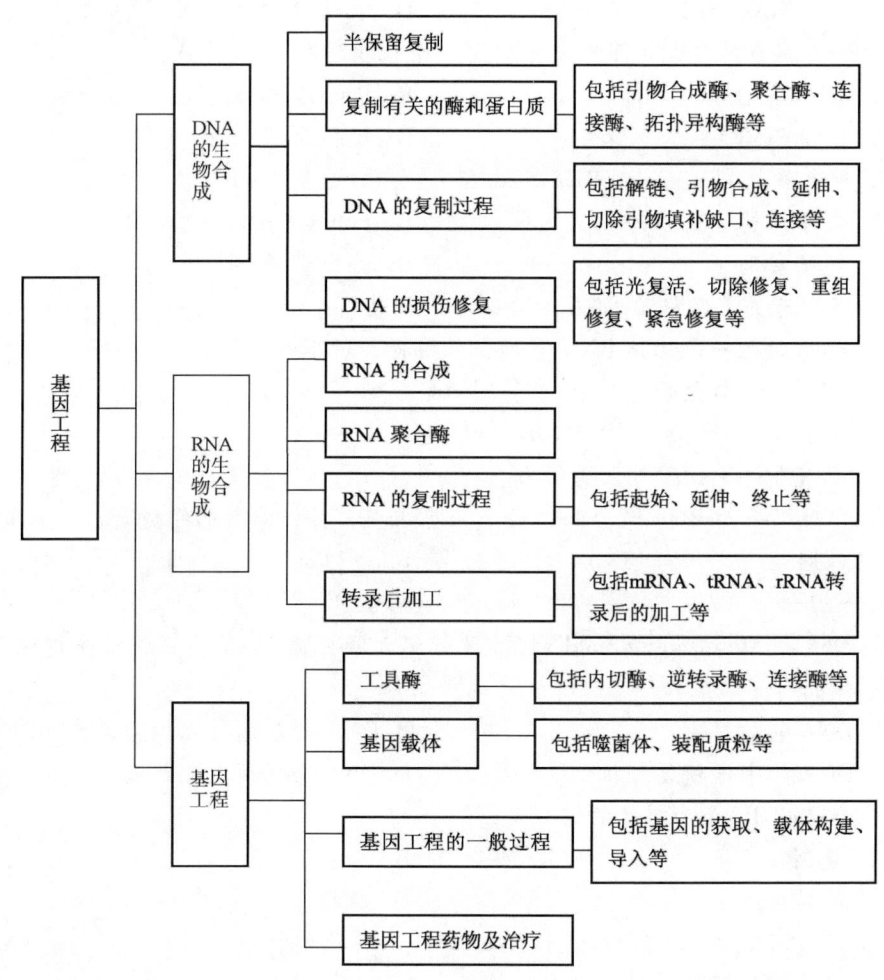

目标检测

一、单项选择题

1. 逆转录酶是一类（　　）
A. DNA 指导的 DNA 聚合酶　　　　　　B. DNA 指导的 RNA 聚合酶
C. RNA 指导的 DNA 聚合酶　　　　　　D. RNA 指导的 RNA 聚合酶
2. DNA 上某段碱基顺序为 5′- ACTAGTCAG -3′，转录后的上相应的碱基顺

序为（　　）

A. 5′-TGATCAGTC-3′   B. 5′-UGAUCAGUC-3′
C. 5′-CUGACUAGU-3′   D. 5′-CTGACTAGT-3′

3. 参与转录的酶是（　　）
A. 依赖 DNA 的 RNA 聚合酶   B. 依赖 DNA 的 DNA 聚合酶
C. 依赖 RNA 的 DNA 聚合酶   D. 依赖 RNA 的 RNA 聚合酶

4. RNA 病毒的复制由下列酶中的哪一个催化进行？（　　）
A. RNA 聚合酶   B. RNA 复制酶
C. DNA 聚合酶   D. 反转录酶

5. 绝大多数真核生物 mRNA 5′端有（　　）
A. 帽子结构   B. PolyA
C. 起始密码   D. 终止密码

6. 下列有关大肠杆菌 DNA 聚合酶Ⅰ的描述哪个是不正确的（　　）
A. 其功能之一是切掉 RNA 引物，并填补其留下的空隙
B. 是唯一参与大肠杆菌 DNA 复制的聚合酶
C. 具有 3′→5′核酸外切酶活力
D. 具有 5′→3′核酸外切酶活力

7. DNA 指导的 RNA 聚合酶由数个亚基组成，其核心酶的组成是（　　）
A. $\alpha_2\beta\beta$ B. $\alpha_2\beta\beta'\omega$
C. $\alpha\alpha\beta'$ D. $\alpha\beta\beta'$

8. 1958 年 Meselson 和 Stahl 利用 ^{15}N 标记大肠杆菌 DNA 的实验首先证明了下列哪一种机制（　　）
A. DNA 能被复制   B. DNA 的基因可以被转录为 mRNA
C. DNA 的半保留复制机制   D. DNA 全保留复制机制

9. 需要以 RNA 为引物的过程是（　　）
A. 复制   B. 转录
C. 反转录   D. 翻译

10. 下列叙述中，哪一种是错误的（　　）
A. 在真核细胞中，转录是在细胞核中进行的
B. 在原核细胞中，RNA 聚合酶存在于细胞核中
C. 合成 mRNA 和 tRNA 的酶位于核质中
D. 线粒体和叶绿体内也可进行转录

二、多项选择题

1. DNA 复制需要的酶包括（　　）
A. DNA 聚合酶Ⅲ   B. 解链蛋白
C. DNA 聚合酶Ⅰ   D. DNA 指导的 RNA 聚合酶

E. DNA 连接酶

2. DNA 生物合成时，直接参与脱氧核苷酸链合成的部分原料是（　　）

A. dUTP
B. dTTP
C. dGTP
D. dATP
E. dCTP

3. 真核生物 mRNA 转录后的加工包括（　　）

A. 3′端加帽子结构
B. 5′端加 PolyA
C. 剪接
D. 碱基修饰

4. 在 DNA 修复中，不会引起变异的修复是（　　）

A. 光修复
B. 切除修复
C. 重组修复
D. 紧急修复

三、简答题

1. 为什么说 DNA 的复制是半保留半不连续复制？
2. 参与复制的酶和蛋白因子有哪些？它们在复制中各有何作用？
3. DNA 复制与 RNA 转录各有何特点？请作出比较。
4. 什么是基因工程？基因工程和 DNA 重组的关系如何？基因工程有何理论意义和实践意义？
5. 简要说明 RNA 转录的基本过程。

实训一　大肠杆菌转基因实验

一、实训目的

（1）了解细菌转基因的基本过程，进一步理解细菌转基因的原理。
（2）观察大肠杆菌转基因的结果。

实训备忘

质粒习惯上用来专指细菌、酵母菌和放线菌等生物中染色体（或拟核）以外的 DNA 分子，它们在细菌中以独立于染色体或拟核之外的方式存在。即使细菌细胞不含质粒，也可以正常地存活。质粒的存在通常不会对寄主细胞产生不利影响，有时还会为寄主细胞提供新的遗传特性。例如，有些质粒携带帮助自身从一个细胞转入另一个细胞的信息；有些质粒含有对某种抗生素具有抗性的基因；作为载体的质粒通常需要具有以下特点：第一，能够在细菌细胞内自主复制，并以多拷贝形式存在，以便于实验操作；第二，要有一个或多个选择标记，用于转化细菌的筛选。在基因工程操作中，用肉眼无法看到载有目的基因的载体是否真正进入细胞，这时，标记基因就为鉴别和筛选提供了标记。所谓的选择标记指的就是抗生素抗性基因，如抗四环素或抗氨苄青霉素基因。只要在培养基中加入四环素或氨苄青霉素就能够筛选已转化的细胞。当质粒存在于细菌细胞时，细菌便获得了抗生素抗性，用来区别未转化的细胞；第三，质粒的相对分子质量要小，以便于操作；最后，需要有适于外源 DNA 片段插入的限制性内切酶识别位点。

二、实训材料

1. 试剂

（1）大肠杆菌 DH5α。

（2）质粒 pBR322 或 pUC18 等。

（3）LB 培养基　牛肉膏 5.0g，蛋白胨 10.0g，NaCl 5.0g，琼脂 20.0g。

将上述物质溶解后，用自来水定容至 1000mL。配制后，在高压蒸汽灭菌锅内，压力 100 kPa，121.3℃，15~30min 的条件灭菌后倒平板。

（4）LBA 培养基　将配制好的 LB 培养基高压灭菌后，冷却至 60℃左右，加入氨苄青霉素，使氨苄青霉素最终浓度为 50mg/mL，摇匀后倒平板。

（5）冰块　氨苄青霉素（浓度为 100mg/mL），0.1mol/L $CaCl_2$ 溶液，去离子水。

2. 器材

烧杯，试管，Eppendorf 管，酒精灯，火柴，1.5mL 离心管，接种环，棉花，棉线，记号笔，标签，塑料盒，离心机，恒温摇床，恒温培养箱，吸液器，高压蒸汽灭菌锅。

三、实训内容与操作步骤

1. 感受态细胞的制备

（1）将大肠杆菌 DH5α 接种于 5mL LB 培养基中，37℃恒温，在摇床上以 200r/min 的转速培养 8h。

（2）取 2mL 菌液转接于 50mL LB 培养基中，37℃恒温，在摇床上以 300r/min 的转速培养约 2h。

（3）将培养液转移到 50mL 预冷的无菌离心管中，在冰上放置 10min。在 4℃以 4000r/min 离心 10min。

（4）除去上清液，用 10mL 冰浴的 $CaCl_2$ 溶液洗涤沉淀，在冰上放置 10min。在 4℃以 4 000r/min 离心 10min。

（5）除去上清液，将沉淀悬浮在 2mL 冰浴的 $CaCl_2$ 溶液中，0.5h 后即可使用，或者在 4℃保存，48h 内使用。

2. 转化

（1）取 200μL 感受态细胞，加入 1~10μL 质粒（质粒含量不超过 0.1μg），混匀，在冰上放置 30min 后，在 42℃水浴中保温 1min，迅速在冰浴中冷却 3~5min。

（2）每管加入 100μL 液体 LB 培养基，将转化后的细菌在 37℃、低于 200r/min 的转速培养 45min。

（3）将转化后的菌液涂布在含有氨苄青霉素的培养基上，并将未转化的大肠杆菌作为对照实验。

3. 培养

将涂布好的平板倒置，于 37℃ 培养 12～16h。

四、结果讨论

观察大肠杆菌在培养基上的生长情况，将观察到的结果和得出的结论记录在实验报告中。谈谈自己对细菌转基因实验的体会。

五、思考题

1. 感受态细胞的制备实验过程中都应注意哪些操作步骤？为什么？

2. 转基因实验的意义有哪些？

实训二　酵母 RNA 的提取及鉴定

一、实训目的

掌握稀碱法提取酵母 RNA 的原理和方法。

> **实训备忘**
>
> 酵母细胞富含核酸，且核酸主要是 RNA，含量为干菌体的 2.67%～10.0%，而 DNA 含量较少，仅为 0.03%～0.516%。为此提取 RNA 多以酵母为原料。RNA 可溶于碱性溶液，当碱被中和后，可加乙醇使其沉淀，由此可得粗 RNA 制品。工业上制备 RNA 多选用低成本、适于大规模操作的稀碱法或浓盐法。这两种方法所提取的核酸均为变性的 RNA，主要用作制备单核苷酸的原料，其工艺比较简单，用碱液提取的 RNA 有不同程度的降解。

二、实训材料

1. 试剂

（1）干酵母粉。

（2）0.2% 氢氧化钠溶液　2g 氢氧化钠溶于蒸馏水并稀释至 1000mL。

（3）乙酸（A.R.）。

（4）95% 乙醇。

（5）无水乙醚（A.R.）。

（6）10% 硫酸　浓硫酸（相对密度 1.84）10mL，缓缓倾于水中，稀释至 100mL。

（7）氨水（A.R.）。

（8）5%硝酸银溶液 5g硝酸银溶于蒸馏水并稀释至100mL，贮于棕色瓶中。

2. 器材

离心机，水浴锅，电炉，烧杯，量筒，移液管，滤纸，漏斗，pH试纸（pH1~14）。

三、实训内容与操作步骤

（一）RNA的提取

1. 称取2g干酵母粉于100mL烧杯中，加入0.2%氢氧化钠溶液10mL，沸水浴加热30min，经常搅拌（如沸水浴过程中溶液蒸干可再加5~8mL氢氧化钠）。冷却，然后加入乙酸数滴，使提取液呈酸性（pH试纸检验，pH5~6），离心10~15min（4000r/min）。

倒去上清液，加入2倍体积的95%乙醇，边加边搅，加毕，静置，待完全沉淀，过滤。

2. 滤渣先用95%乙醇洗2次，每次约5mL，再用无水乙醚洗2次，每次也约5mL。

3. 洗涤时，可小心地用玻璃棒搅动沉淀。乙醚滤干后，滤渣即为粗RNA，可鉴定和测定含量用。

（二）鉴定

1. 取上述RNA约0.5g，加10%硫酸5mL，加热至沸1~2min，将RNA水解。

2. 水解液2mL，加入氨水2mL和5%硝酸银溶液1mL，观察是否产生絮状嘌呤银化合物。

3. 取水解液0.5mL，加苔黑酚-三氯化铁试剂1mL，加热至沸1min，观察颜色变化。

四、结果处理

RNA提取率 = RNA质量（g）/干酵母粉质量（g）×100（%）

五、注意事项

1. 过滤时，洗涤不能带水，否则沉淀物会粘在滤纸上取不下来。

2. 有时絮状沉淀出现较慢，可放十多分钟。

3. 利用等电点控制RNA析出时，应严格控pH。

4. 稀碱法提取的RNA为变性RNA，可用于RNA组分鉴定及单核苷酸制备，不能作为RNA生物活性实验材料。

5. 离心的时候，要两两对称放置，且离心管中溶液的量基本一样，否则会造成离心机转子的损坏。

6. 本实验为定性实验，提取酵母中的RNA中，产生白色沉淀时可能因副反应产生的其他沉淀，即最终的沉淀中可能混有其他杂质，不适于进行定量测定。

六、思考题

1. 简述核酸分离纯化的一般原则。
2. RNA 提取过程中的关键步骤及注意事项有哪些？

项目九 蛋白质工程

学习目标

通过本项目的学习，获得遗传密码、蛋白质合成和蛋白质工程等有关知识，掌握蛋白质工程药物如重组人胰岛素等的设计及生产过程，了解此类药物的优缺点。为工业微生物及育种技术、微生物制药工艺及反应器、生物制药技术等后续课程的学习打下基础。

知识目标

1. 掌握遗传密码的概念及其特点。
2. 掌握遗传信息传递的中心法则。
3. 了解 DNA 复制的原料、模板、参与复制的酶类和因子及复制的基本过程；了解转录过程的原料、模板、参与复制的酶类和因子及转录的基本过程；掌握蛋白质生物合成的原料、三类 RNA 在蛋白质生物合成中的作用及翻译加工的过程。
4. 熟悉蛋白质生物合成过程。
5. 了解常见药物对蛋白质合成体系的影响。
6. 掌握蛋白质结构分析技术、蛋白质创造和改进技术。

能力目标

1. 掌握蛋白质结构分析技术。
2. 能够根据对天然蛋白质结构与功能分析建立起来的数据库里的数据，可以预测一定氨基酸序列肽链空间结构和生物功能。
3. 反之也可以根据特定的生物功能，设计蛋白质的氨基酸序列和空间结构；能够进行蛋白质操作和改进。

任务描述

某药厂拟设计一种新型药物，请大家根据该药物的功能，利用蛋白质工程的原理，设计该药物的制备、提取工艺。

蛋白质是一类非常有用的物质。例如，酶是催化化学反应的蛋白质；抗体起到防护的作用；角蛋白或胶原蛋白用于稳定结构；激素用于传递信号等。从生态学角度看，蛋白质也是非常理想的物质，它的生物合成不需要消耗很多能量，并且专一性非常强,不会产生副作用、能够很快降解等。

但是到目前为止,蛋白质没有像化学试剂那样被普遍应用,其原因是与化学试剂比较,蛋白质的相对分子质量是非常巨大的,通常在10000~1000000,因此它们之中的大多数不能通过化学方法进行生产。在进化过程中,蛋白质的功能是在生理条件下发挥的,在其他条件下,如在有机溶剂中它是不稳定的。另外,专一性很强是蛋白质一大优点,但从另一角度它的应用范围却会受到影响,这又是它的缺点。但分子生物学的迅速发展使蛋白质工程化成为可能。

一、遗传密码

所谓的遗传密码,又称为密码子,指mRNA分子上从5′→3′方向,由起始密码子AUG开始,每3个核苷酸组成的三联体,决定肽链上某一个氨基酸或蛋白质合成的起始、终止信号,称为三联体密码,又称遗传密码子。这样mRNA中所含有的AUGC4种核苷酸(碱基)根据排列组合,可以组成64(4^3)中不同的密码子。64种密码子已经全部破译,其中61种密码子分别代表不同的氨基酸表9-1。

表9-1   遗传密码表

第一碱基(5′端)	第二碱基							第三碱基(3′端)
	U		C		A		G	
U	UUU	苯丙氨酸	UCU	丝氨酸	UAU	酪氨酸	UGU	半胱氨酸	U
	UUC		UCC		UAC		UGC		C
	UUA	亮氨酸	UCA		UAA	终止信号	UGA	终止信号	A
	UUG		UCG		UAG		UGG	色氨酸	G
C	CUU	亮氨酸	CCU	脯氨酸	CAU	组氨酸	CGU	精氨酸	U
	CUA		CCC		CAC		CGC		C
	CUC		CCA		CAA	谷氨酰胺	CGA		A
	CUG		CCG		CAG		CGG		G
A	AUU	异亮氨酸	ACU	苏氨酸	AAU	天冬酰胺	AGU	丝氨酸	U
	AUC		ACC		AAC		AGC		C
	AUA		ACA		AAA	赖氨酸	AGA	精氨酸	A
	AUG	蛋氨酸	ACG		AAG		AGG		G
G	GUU	缬氨酸	GCU	丙氨酸	GAU	天冬氨酸	GGU	甘氨酸	U
	GUC		GCC		GAC		GGC		C
	GUA		GCA		GAA	谷氨酸	GGA		A
	GUG		GCG		GAG		GGG		G

研究结果表明,密码子具有以下重要特点。

（1）方向性　密码子在 mRNA 分子中的排列是有方向性的，即从 5′—3′ 端，也就是说，翻译过程必须是从起始密码子（5′端）开始，沿着 mRNA 向 3′端方向逐一进行，不能倒读。

（2）简并性　一共有 64 个三联体密码子，除了三个终止密码子外，余下 61 个密码子编码 20 种氨基酸，所以许多氨基酸的密码子不止一个。同一种氨基酸有两个或更多密码子的现象称为密码子的简并性。对应于同一种氨基酸的不同密码子称为同义密码子，只有色氨酸与甲硫氨酸仅有一个密码子（表 9-2）。

表 9-2　　　　　　　　　　氨基酸密码子的简并性

氨基酸	密码子数目	氨基酸	密码子数目
丙氨酸	4	亮氨酸	6
精氨酸	6	赖氨酸	2
天冬酰胺	2	蛋氨酸	1
天冬氨酸	2	苯丙氨酸	2
半胱氨酸	2	脯氨酸	4
谷氨酰胺	2	丝氨酸	6
谷氨酸	2	苏氨酸	4
甘氨酸	4	色氨酸	1
组氨酸	2	酪氨酸	2
异亮氨酸	3	缬氨酸	4

由遗传密码表可以看出，同一密码子的第一个、第二个核苷酸残基总是相同的，所不同的是第 3 个核苷酸残基，这种现象称为"摆动现象"。密码的简并性具有重要的生物学意义。它可以减少有害突变。假设每种氨基酸只有一个密码子，64 个密码子中只有 20 个是有意义的，对应于一种氨基酸，那么剩下 44 个密码子都将是无意义的，将使肽链合成导致终止。因而，由基因突变而引起肽链合成终止的概率也会大大提高，这将极不利于生物生存。简并增加了密码子中碱基改变，但其仍然有编码原来氨基酸的可能性。密码简并也可使 DNA 上碱基组成有较大变动的余地，细菌 DNA 中 G+C 含量变动很大，但不同 G+C 含量的细菌却可以编码出相同的多肽链。所以密码简并性在物种的稳定上可起一定作用。

（3）连续性　在 mRNA 分子上两个相邻的密码子之间没有任何核苷酸间隔，密码子是连续排列的，也就是说，在正确翻译时，必须从某一特定的位点开始，每 3 个核苷酸为一组，一个密码子挨着一个密码子连续地阅读翻译下去，直至终止密码子为止。这样，如果在 mRNA 分子中插入或删去一个核苷酸，就会使其以后的"阅读"发生错误，合成一条不是原来意义上的多肽链，这种情况称为"移码"，由于移码引起的突变称为"移码突变"。

(4) 起始密码子和终止密码子　起始密码子为 AUG。AUG 除了可以代表蛋氨酸（真核生物）、甲酰甲硫氨酸（原核生物）外，当它处于起始部位时，还可作为氨基酸合成肽链的启动信号。另外，在 64 个密码子中，UAA、UGA 和 UAG 3 个密码子不代表任何氨基酸，只代表蛋白质合成的终止信号，读码时，只要在 mRNA 上读到这 3 个中的任何一个，肽链的合成即告终止。

(5) 通用性与变异性　大量实验证明，生物界所有的物种，无论是简单的病毒还是高等的人类，都通用这套标准遗传密码，这表明各种生物是由同源进化而来的，遗传密码非常保守。但近年来的研究发现，人体线粒体中的密码子与标准密码子有所不同，如线粒体中 UGA 不代表终止信号而代表色氨酸，异亮氨酸的密码子 AUA 变成了蛋氨酸的密码子。

二、蛋白质合成的分子基础

蛋白质是包含有内在结构信息的生物大分子，其结构信息贮存在一级结构中，而一级结构的信息最终是由存在于染色体上的核苷酸序列来决定的。每一个蛋白质都是由一个或一个以上的多肽链组成的，每一条多肽链又是由许多氨基酸以酰胺键聚合起来的线性分子。多肽链中的氨基酸残基序列是由这一多肽链对应的信使 RNA（mRNA）分子中的核苷酸序列决定的。

(一) mRNA 是蛋白质合成的模板

mRNA 以遗传密码的方式携带遗传信息，通过这些信息来指导合成多肽链中的氨基酸的序列。这些密码以连续的方式连接，组成读码框架。读码框架之外的序列称为非编码区，这些区域通常与遗传信息的表达调控有关。在读码框架的 5′ 端，是由起始密码 AUG 开始的，它编码蛋氨酸。在读码框架的 3′ 端，含有一个或以上的终止密码（UAA、UAG、UGA），其功能是终止这一多肽链的合成。在真核生物 mRNA 的 3′ 端，通常还含有转录后加上去的多聚腺嘌呤核苷酸（polyA）序列作尾巴，其功能可能与增加 mRNA 分子的稳定性有关。

(二) tRNA 转运活化的氨基酸至 mRNA 模板上

tRNA 具有两个关键部位：一个是氨基酸结合部位，另一个是与 mRNA 的结合部位，如图 9 - 1 所示。对于组成蛋白质的 20 种氨基酸来说，每一种至少有一种 tRNA 负责转运。为了准确地翻译，每一种 tRNA 必须能被很好地识别。在书写时，将所运输氨基酸写在 tRNA 的右上角，如 tRNA^{Phe} 及 tRNA^{Ser} 分别表示为苯丙氨酸和丝氨酸转运的 tRNA。大多数氨基酸具有几种用来转运的 tRNA，一个细胞中，通常含有 50 或更多的不同的 tRNA 分子。

tRNA 在识别 mRNA 分子上的密码子时，具有接头作用。氨基酸一旦与 tRNA 形成氨酰 - tRNA 后，进一步的去向就由 tRNA 来决定了。tRNA 凭借自身的反密码子与 mRNA 分子上的密码子相识别，而把所带的氨基酸送到肽链的一定位置上。

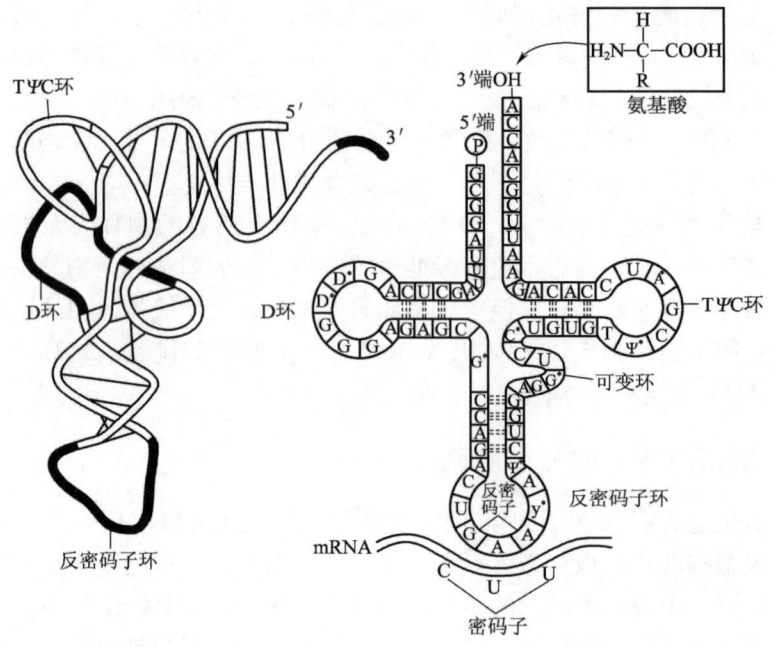

图 9-1 tRNA 结构

（三）核糖体是蛋白质合成的工厂

【课堂互动】

核糖体结构是什么样的？为什么可以合成蛋白质？

核糖体是一个巨大的核糖核蛋白体，如图 9-2 所示。

在原核细胞中，它可以游离形式存在，也可以与 mRNA 结合形成串状的多核糖体。平均每个细胞约有 2000 个核糖体。真核细胞中的核糖体既可以游离存在，也可以与细胞内质网结合，形成粗面内质网。每个真核细胞所含核糖体的数目要多得多，为 $10^6 \sim 10^7$ 个。线粒体、叶绿体及细胞核内也有自己的核糖体。

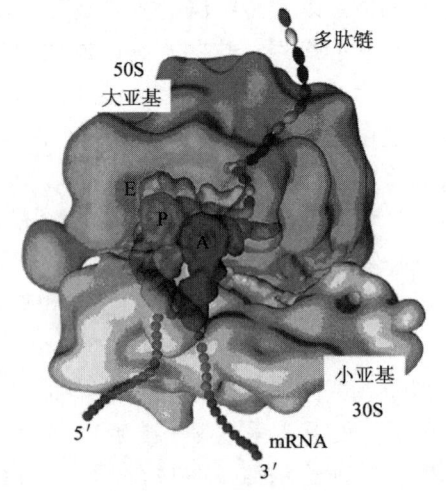

图 9-2 核糖体结构

（四）参与蛋白质生物合成的主要酶类及蛋白因子

1. 氨基酰-tRNA 合成酶

催化 tRNA 氨基酸臂的 -CCA-OH 与氨基酸的羧基反应形成酯键连接，使氨基酸活化。氨基酰-tRNA 合成酶具有高度专一性，它既能识别特异的氨基酸，又能识别相应的特异 tRNA，并将两者连接，从而保证了遗传信息的准确翻译。

2. 转肽酶

存在于核蛋白体的大亚基上，催化核蛋白体 P 位上的肽酰基转移到 A 位上氨基酰 – tRNA 的 α – 氨基上，结合成肽键，使肽链延长。

3. 转位酶

催化核蛋白体向 mRNA 的 3′方向移动一个密码子的距离，使下一个密码子定位于 A 位。

4. 蛋白因子

参与蛋白质合成的蛋白因子主要有：起始因子，用 IF（原核细胞）或 eIF（真核细胞）表示；延长因子，用 EF 或 eEF 表示；终止因子，用 RF 或 eRF 表示。它们参与蛋白质合成过程中氨基酰 – tRNA 对模板的识别和附着、核蛋白体沿 mRNA 模板的相对移动、合成终止时肽链的解离等环节。

三、蛋白质生物合成过程

蛋白质的生物合成过程非常复杂，以原核微生物为例，介绍蛋白质生物合成的基本过程。

（一）氨基酸的活化与转运

氨基酸的化学性质比较稳定，必须经过活化才能参加蛋白质合成。活化的氨基酸与 tRNA 连接，由 tRNA 转运到核蛋白体上合成肽链，整个反应过程都是由氨基酰 – tRNA 合成酶催化、由 ATP 供能的。

第一步是氨酰 – tRNA 合成酶识别它所催化的氨基酸以及另一底物 ATP，在氨酰 – tRNA 合成酶的催化下，氨基酸的羧基与 AMP 上的磷酸之间形成一个酯键，同时释放出一分子 PPi：

$$氨基酸 + ATP \rightarrow 氨酰 – AMP + PPi$$

这个反应的平衡常数大约为 1，以至于 ATP 分子中磷酸酐键断裂所具备的能量继续保存到了氨酰 – AMP 分子中。这时，氨酰 – AMP 仍然紧密地与酶分子结合。

第二个氨酰 – tRNA 合成酶催化的反应是通过形成酯键将氨基酸连接到 tRNA 3′端的核糖上：

$$氨酰 – AMP + tRNA \rightarrow 氨酰 – tRNA + AMP$$

（二）起始阶段

起始阶段是指在 Mg^{2+}、起始因子及 GTP 的参与下，核蛋白体大亚基、小亚基、mRNA 及甲酰蛋氨酰 – tRNA（真核生物为蛋氨酰 – tRNA）结合形成起始复合物的过程。

起始复合体的机构非常严格。具有多个功能部位：①mRNA 结合的部位，该部位在小亚基上，小亚基正好覆盖 mRNA 模板两个相邻的密码子；②氨基酰 - tRNA 结合的部位，称为受位或 A 位；③肽酰 - tRNA 结合的部位，在合成肽链时，该部位可供出肽酰基，结合到与之相邻的 A 位氨基酰 - tRNA 上，称为给位或 P 位；④催化肽链形成的部位，转肽酶存在于该部位；⑤各种蛋白质因子结合的部位。A 位、P 位和转肽酶均位于大亚基上，如图 9 - 3、图 9 - 4 所示。

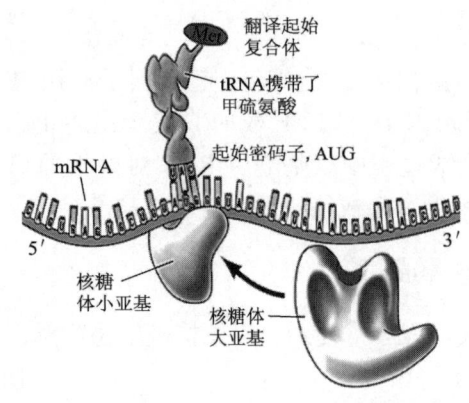

图 9 - 3 肽链合成的起始阶段

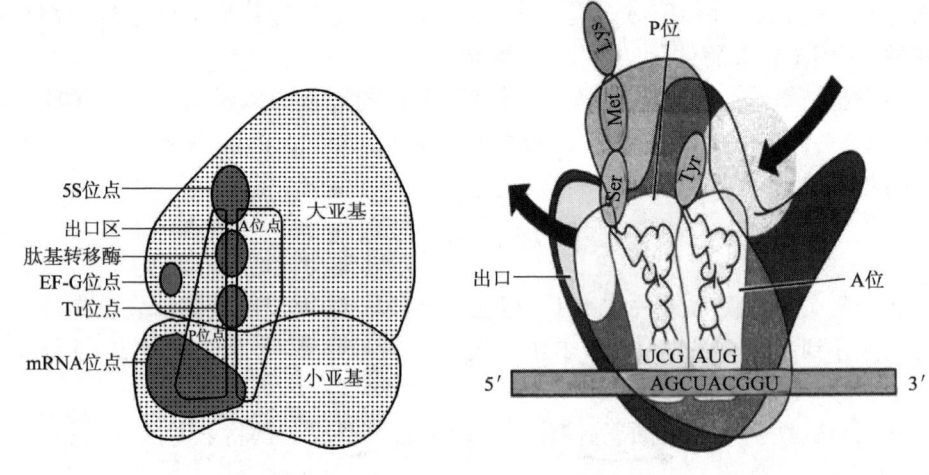

图 9 - 4 核糖体上 A、P 位结构示意图

（三）延长阶段

延长阶段是一个循环过程，肽链的延长包括进位、肽键形成、脱落和移位等过程。肽链合成的延长需延长因子（Elongation factor，EF）和 GTP 供能。肽链延长的方向是从 N - 端到 C - 端，如图 9 - 5 所示。

1. 进位

结合在 mRNA 上的 fMet - tRNAiMet（或肽酰 - tRNA）占着 P 位，新的氨酰 - tR-

NA 和 EF-Tu 及 GTP 形成的 AA-tRNA·EF-Tu·GTP 利用 GTP 水解的能量进入 A 位,并与 mRNA 上相应的密码子结合。EF-Tu·GDP 由 EF-Ts 协助再生成 EF-Tu·GTP。

2. 肽键形成

50S 亚基上肽酰转移酶催化 P 位的肽(氨)酰-tRNA 把肽(或氨酰基)转给 A 位的 AA-tRNA,并以肽键相连。P 位的氨基酸(或肽的 C 端氨基酸)的 α-COOH 基,与 A 位氨基酸的 α-NH$_2$ 形成肽链。催化肽键形成的是 23SrRNA 的肽酰转移酶活性。

3. 脱落

在 A 位上的 tRNA 负载着二肽酰基(或肽酰基),P 位上成为无负载的 tRNA 脱落。

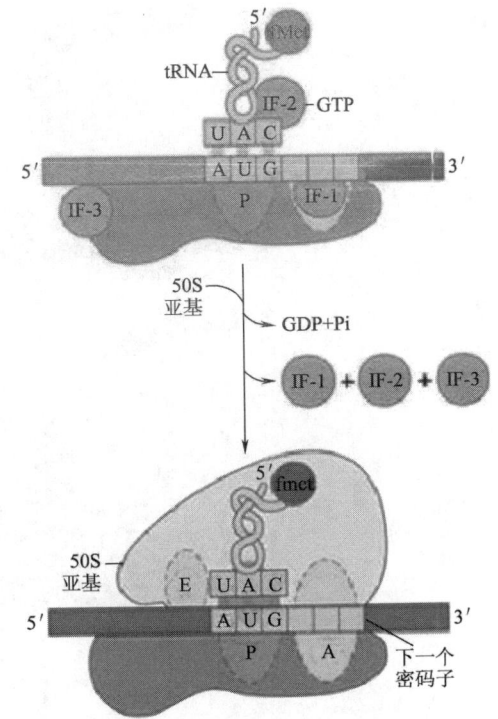

图 9-5 蛋白质合成延长阶段

4. 移位

在 EF-G 协助下,由 EF-G·GTP 提供能量,核糖体构象改变,沿 mRNA 的 5′→3′相对移动一个密码子距离,使下一个密码子定位于 A 位,原来处于 A 位上的肽酰 tRNA 转移到 P 位上,空出 A 位点。

再依次进位、形成肽键、脱落和移位循环反复,直到 mRNA 上的终止密码子进入 A 位,翻译终止。肽链的延伸是从 N-端开始。延长过程每重复一次,肽链延伸一个氨基酸残基,多次重复使肽链增长到必要的长度。

(四)终止阶段

肽链合成的终止,需释放因子(releasing factor,RF)参与。原核生物的 RF$_1$ 识别 UAA、UAG;RF$_2$ 识别 UAA、UGA,使肽链释放,核糖体解聚。

当核蛋白体沿 mRNA 的 3′-端方向移动,受位上出现终止信号(UAA、UAG、UGA)时,各种氨基酰-tRNA 都不能进位了,此时能够进位的只有终止因子(RF)。终止因子结合大亚基受位后,使转肽酶的构象发生改变,不起转肽作用,而起水解作用,使给位上 tRNA 所携带的多肽链与 tRNA 之间的酯键水解释放出来。

随后,tRNA、mRNA 与终止因子从核蛋白体脱落,使核蛋白体解离成大亚基、小亚基。

解体后的各成分可重新聚合成起始复合物,开始新的肽链的合成,循环往复,如图 9-6 所示。

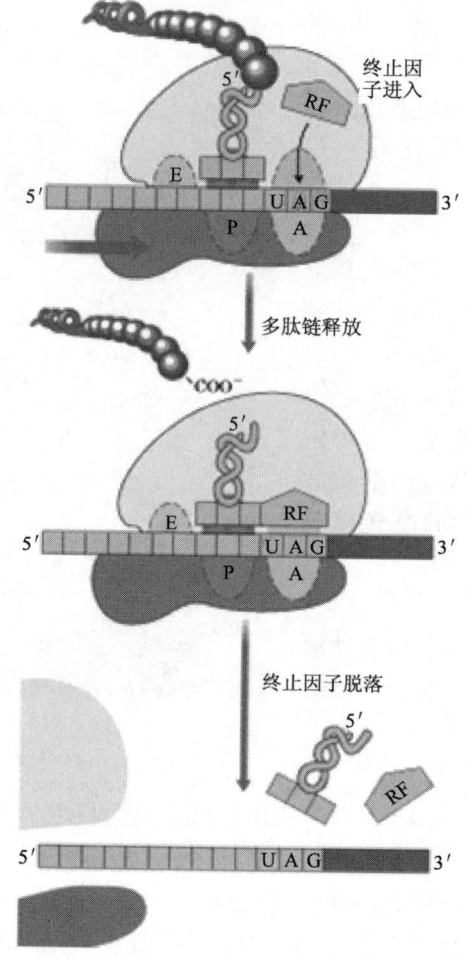

图 9-6 肽链合成的终止阶段

以上是单个核蛋白体的循环,实际上细胞内通常有 5~6 个甚至 50~60 个核蛋白体连接在一分子 mRNA 上,形成多核蛋白体,如图 9-7 所示,进行蛋白质的合成。

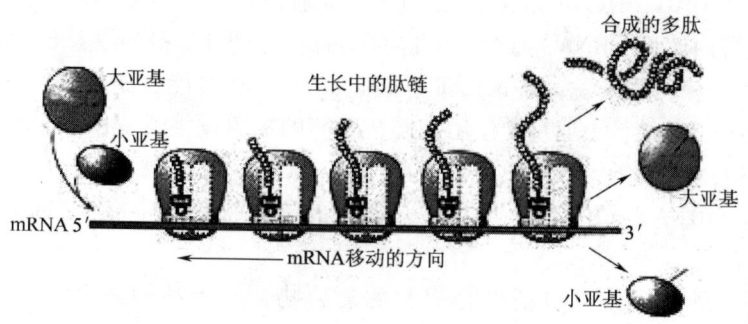

图 9-7 多核蛋白体

蛋白质的生物合成是一个耗能过程，氨基酸的活化需要消耗 2 个高能磷酸键。延长阶段的进位和转位各消耗 1 个高能磷酸键，每形成一个肽键至少要消耗 4 个高能磷酸键，如果加上起始、终止阶段消耗的能量，估计每形成一个肽键平均要消耗 5 个高能磷酸键。因此蛋白质的合成反应是不可逆的。

四、肽链合成后的加工修饰

经核蛋白体循环合成的多肽链，多数还不具备生理功能，必须经过进一步加工修饰，卷曲形成一定的空间结构，才能转变为具有一定生物学活性的蛋白质。

1. 蛋白质的修饰

（1）N-端的 Met（fMet）残基以及有些多肽链 N-端的多个残基或 C-端的残基都会被切除。

（2）一些多肽链还要经过一定的剪接。

（3）氨基酸侧链的修饰　包括二硫键形成（图 9-8）、磷酸化、糖基化、脂化、核糖基化和乙酰化等。

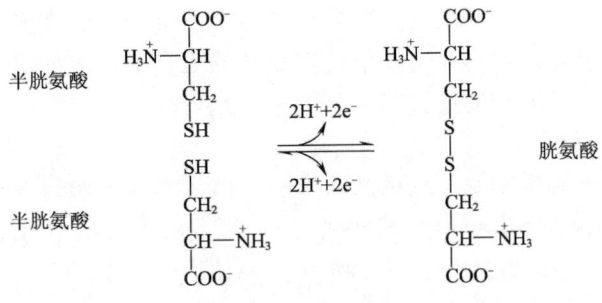

图 9-8　二硫键的形成

2. 蛋白质的折叠

蛋白质的折叠是由多肽链中氨基酸顺序决定的。但环境条件对折叠有影响。肽链折叠与肽链合成同步进行。随着肽链的延伸，空间构象不断调整，最终成为天然态的构象。一些酶和分子伴侣可参与肽链的折叠，如蛋白质二硫键异构酶、肽酰脯氨酰顺反异构酶。

分子伴侣是在细胞内有帮助新生肽链的正确折叠、组装和跨膜运输等作用的蛋白质分子。但它们本身不是酶分子，也不是最终功能蛋白的组分。一般结合在不完全装配蛋白或不恰当折叠蛋白上防止它们聚集，如图 9-9 所示。

3. 辅基结合

在结合蛋白质的合成过程中，生成的多肽链需要进一步与辅基结合。如糖蛋白的辅基（糖链）、血红蛋白的辅基（血红素）、脂蛋白的辅基（脂类）等，都是在多肽链合成后结合上去的。

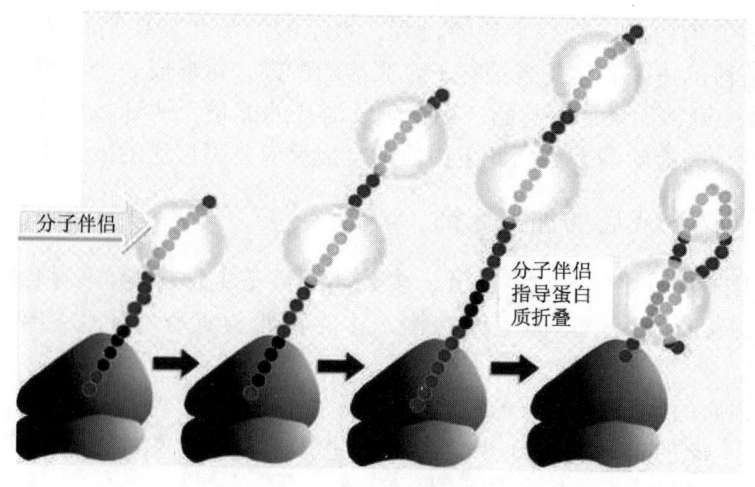

图9-9 蛋白质折叠

4. 亚基的聚合

具有两个或两个以上亚基的蛋白质,在各个肽链合成后,要通过非共价键将亚基聚合形成多聚体,才具有生物活性。亚基的聚合不一定都要等到辅基连接以后才能进行,有时,辅基的连接与亚基的聚合是可以同时进行的。

【知识拓展】

真核生物的蛋白质合成与原核生物有些不同。真核生物的蛋白质合成核糖体为80S,由60S的大亚基和40S的小亚基组成。起始密码AUG,起始tRNA为Met-tRNA。起始复合物结合在mRNA 5'端AUG上游的帽子结构,真核mRNA无富含嘌呤的SD序列(除某些病毒mRNA外)。已发现的真核起始因子有近9种(eukaryote Initiation factor,eIF) eIF4A. eIF4E. P220复合物称为帽子结构结合蛋白复合物(CBPC)。

肽链终止因子为EF1α、EF1βγ,释放因子为RF。线粒体、叶绿体内蛋白质的合成与原核细胞相同。

五、干扰蛋白合成的药物

蛋白质是一切生命现象的物质基础,蛋白质的结构是否正常、合成是否顺利,将直接影响到细胞乃至机体的正常生命活动。蛋白质的生物合成受很多因素的影响。病原微生物、病毒以及肿瘤细胞在人体内可迅速生长繁殖,即大量合成病原体所需要的核糖体和多种蛋白质,干扰了人体正常的生理代谢。而一些药物可破坏微生物体的蛋白合成,使它们的生长繁殖受到有效的抑制,如图9-10、图9-11所示。

项目九　蛋白质工程

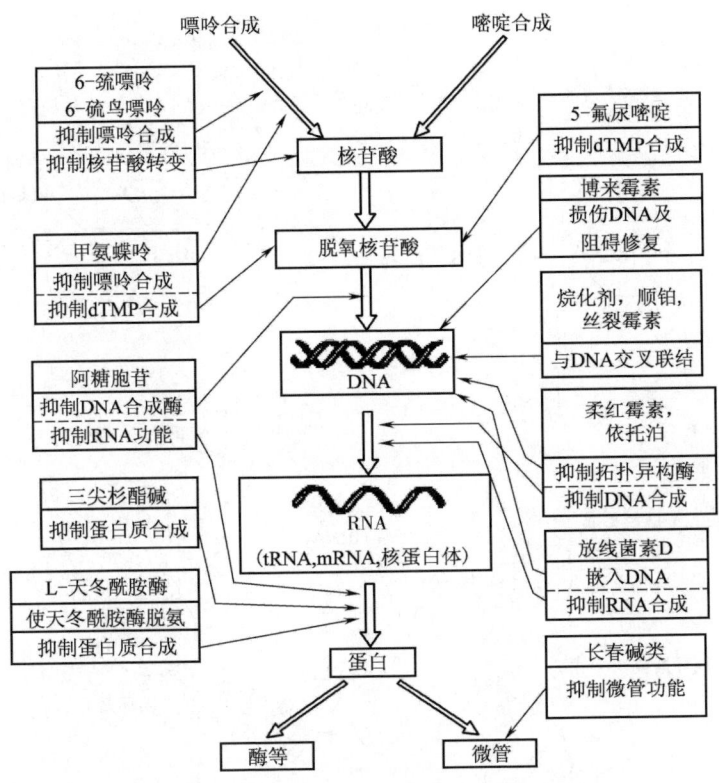

图 9-10　药物在蛋白质合成中的影响

1. 烷化剂

烷化剂是一类化学活性很强的有机化合物，主要作用是破坏 DNA 的分子结构。其分子结构中有一个或几个活性烷基，此活性烷基可与细胞 DNA 分子中的鸟嘌呤和腺嘌呤发生烷化反应，并使其脱落，造成 DNA 缺损，引起 DNA 复制时紊乱。具有多个烷基的烷化剂可通过烷化作用在 DNA 的两条链间交联，导致 DNA 核苷酸链的断裂。烷化剂属于非特异性药物，它对生长发育越快的组织，抑制作用越强。

【知识链接】

烷化剂是临床上较常用的一类抗肿瘤药物。分裂旺盛的肿瘤细胞对它们特别敏感，其缺点是选择性差。因其对骨髓、胃肠道上皮和生殖系统等生长旺盛的正常细胞有较大的毒性，对体液或细胞免疫功能的抑制也较明显，所以在临床应用方面受到一定的限制。烷化剂为细胞周期非特异性药物，一般对有丝分裂期和染色体合成前期细胞杀伤作用较强。小剂量时可抑制细胞由染色体合成期进入有丝分裂期。有丝分裂前期细胞较不敏感，增大剂量时可杀伤各期的增殖细胞和非增殖细胞，具有广泛的抗癌作用。常用的烷化剂有氮芥、环磷酰胺、噻替哌、马利兰、氮烯米胺、甲基苄肼等。

295

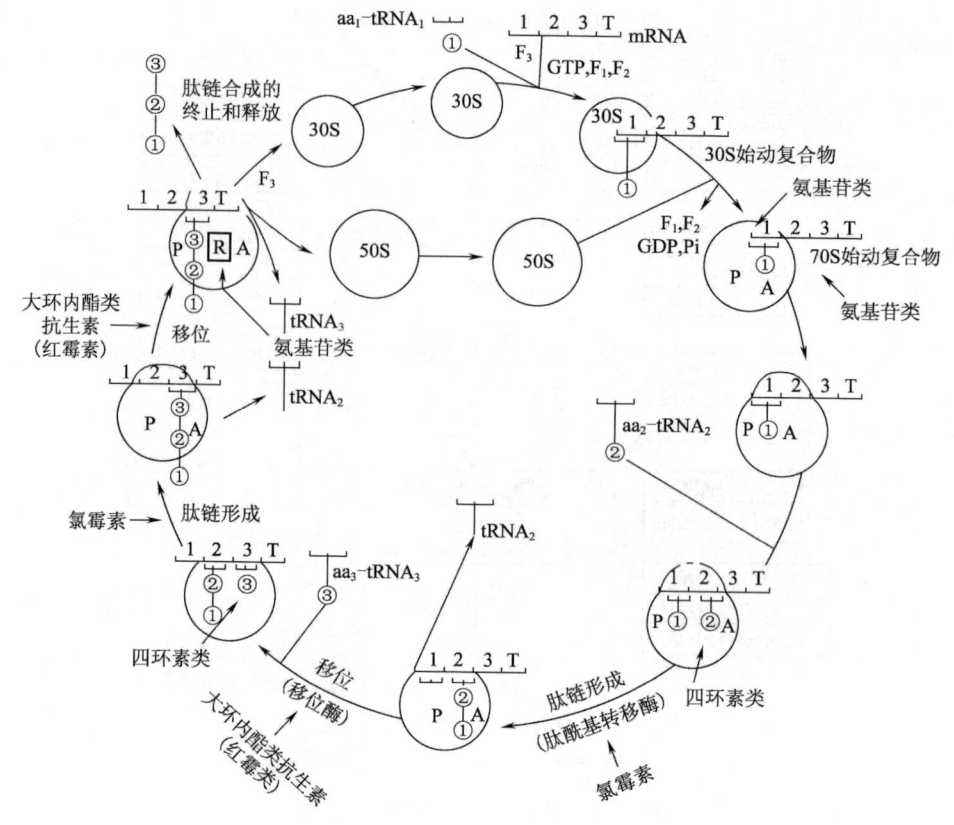

图 9-11 药物在蛋白质合成影响的机理

2. 抗生素类

抗生素的作用原理主要是干扰 DNA 复制、RNA 转录和蛋白质合成的各个环节，选择性抑制细菌和癌细胞的蛋白质合成，从而抑制其生长繁殖。

【知识链接】

抗生素是由微生物（包括细菌、真菌、放线菌属）或高等动植物在生活过程中所产生的具有抗病原体或其他活性的一类次级代谢产物，能干扰其他生活细胞发育功能的化学物质。临床上应用广泛。

在使用时注意：在明确指征下选用适宜的抗生素，并采用适当的剂量和疗程，以达到杀死致病菌、控制感染的目的，采取各种相应措施以增强患者的免疫力和防止不良反应的发生，尤其是避免细菌耐药性的产生。

3. 生物碱类

一些生物碱对核酸和蛋白质代谢也有影响，具有抗癌作用，如秋水仙碱、长春花碱等。

六、蛋白质工程简介

蛋白质工程，是指在基因工程的基础上，结合蛋白质结晶学、计算机辅助设计和蛋白质化学等多学科的基础知识，通过对基因的人工定向改造等手段，对蛋白质进行修饰、改造和拼接以生产出能满足人类需要的新型蛋白质的技术。

（一）蛋白质工程的基本途径

从预期的蛋白质功能出发→设计预期的蛋白质结构→推测应有的氨基酸序列→找到相对应的核糖核苷酸序列（RNA）→找到相对应的脱氧核糖核苷酸序列（DNA），如图9-12所示。

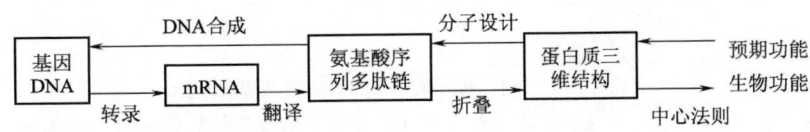

图9-12 蛋白质工程的基本途径

（二）蛋白质工程的基本内容

1. 蛋白质结构分析

蛋白质工程的核心内容之一就是收集大量的蛋白质分子结构信息，以便建立结构与功能之间关系的数据库，为蛋白质结构与功能之间关系的理论研究奠定基础。三维空间结构的测定是验证蛋白质设计的假设即证明是新结构改变了原有生物功能的必需手段。

晶体学的技术在确定蛋白质结构方面有了很大发展，但是最明显的不足是需要分离出足够量的纯蛋白质（几毫克至几十毫克），制备出单晶体，然后再进行繁杂的数据收集、计算和分析。另外，蛋白质的晶体状态与自然状态也不尽相同，在分析的时候要考虑到这个问题。

核磁共振技术可以分析液态下的肽链结构，这种方法绕过了结晶、X-射线衍射成像分析等难点，直接分析自然状态下的蛋白质结构。现代核磁共振技术已经从一维发展到三维，在计算机的辅助下，可以有效地分析并直接模拟出蛋白质的空间结构、蛋白质与辅基和底物结合的情况以及酶催化的动态机理，如图9-13所示。从某种意义上讲，核磁共振可以更有效地分析蛋白质的突变。国外有许多研究机构正在致力于研究蛋白质与核酸、酶抑制剂与蛋白质的结合情况，以开发具有高度专一性的药用蛋白质。

2. 结构、功能的设计和预测

根据对天然蛋白质结构与功能分析建立起来的数据库里的数据，可以预测一定氨基酸序列肽链空间结构和生物功能；反之，也可以根据特定的生物功能，设

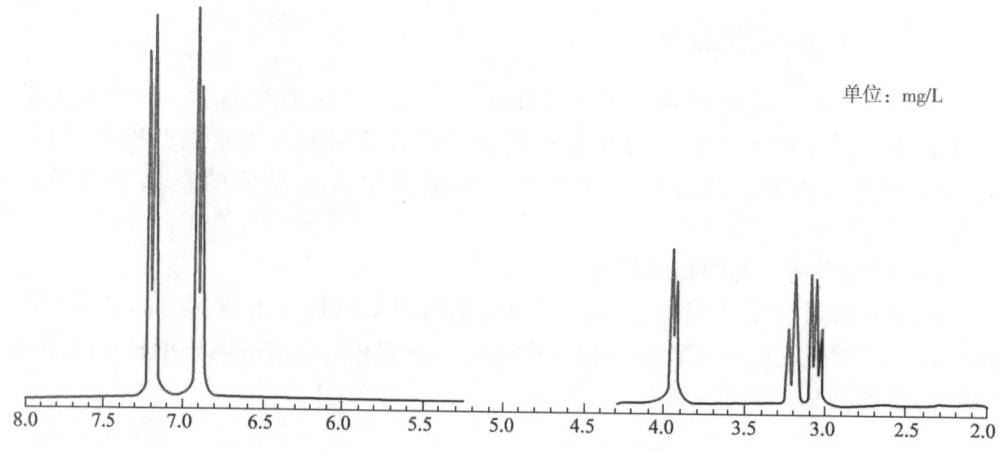

图 9-13 酪氨酸 360MHz′H 核磁共振图谱
7.2mg/L 处的二重峰为苯环间位（3,5）质子峰，6.9mg/L 处的二重峰为苯环临位（2,6）质子峰，3.95mg/L 处的多重峰为 α-CH 质子峰，3.2mg/L 及 3.05mg/L 处的多重峰为 β-CH$_2$ 质子峰

计蛋白质的氨基酸序列和空间结构。通过基因重组等实验可以直接考察分析结构与功能之间的关系；也可以通过分子动力学、分子热力学等理论，根据能量最低、同一位置不能同时存在两个原子等基本原则分析计算蛋白质分子的立体结构和生物功能。

3. 创造和改造

蛋白质是生命的体现者，离开了蛋白质，生命将不复存在。可是，生物体内存在的天然蛋白质，有的往往不尽人意，需要进行改造。因为蛋白质是由许多氨基酸按一定顺序连接而成的，每一种蛋白质有自己独特的氨基酸顺序，所以改变其中关键的氨基酸就能改变蛋白质的性质。而氨基酸是由三联体密码决定的，只要改变构成遗传密码的一个或两个碱基就能达到改造蛋白质的目的。蛋白质工程的一个重要途径就是根据人们的需要，对负责编码某种蛋白质的基因重新进行设计，使合成的蛋白质变得更符合人类的需要。

（1）蛋白质的改造

①物理与化学法：对蛋白质进行变性、复性处理，修饰蛋白质侧链官能团，分割肽链，改变表面电荷分布促进蛋白质形成一定的立体构象等。

②生物化学法：使用蛋白酶选择性地分割蛋白质，利用转糖苷酶、酯酶、酰酶等去除或连接不同化学基团，利用转酰胺酶使蛋白质发生交连等。

以上方法只能对相同或相似的基团或化学键发生作用，缺乏特异性，不能针对特定的部位起作用。

（2）蛋白质的创造（蛋白质的从头合成） 蛋白质从头设计可以分为三步：第一步，产生一个能形成特定折叠结构的骨架；第二步，找到一个对应的氨基酸序列，该序列的能量值足够低，能使对应的蛋白质稳定存在；第三步，对序列和骨架进行优化，进一步降低蛋白质的能量，并使其具有期望的结构和功能。

（三）蛋白质工程实例

人胰岛素是采用基因工程技术生产的第一个经批准而用于人体的药物。以往治疗糖尿病都用猪或牛胰岛素，虽然他们在人体有生物学活性，但其氨基酸序列和人胰岛素不完全相同，用后有的病人会产生抗体，影响继续用药的效果，偶然还会出现严重的免疫反应。而重组人胰岛素与天然产品相同，不存在以上免疫问题。

目前，药物制剂在临床用的注射胰岛素是六聚体，进入体内后要解离为单体才能有效发挥生物学作用。六聚体胰岛素解离为单体的速度，可影响其降血糖的速度。如果通过分子改造使注射胰岛素进入体内后，解离时间延长，即可制备长效胰岛素；相反，使注射胰岛素主要以单体形式存在或使其从六聚体解离为单体的过程缩短，即可制备速效胰岛素。利用蛋白质工程技术，可使这一设想有可能实现。

1. 速效胰岛素

重组突变体 B_9（丝氨酸→天冬氨酸）人胰岛素（B_9Asp）是通过蛋白质工程途径制备的一种速效胰岛素。它将处于二聚体界面上的中性、短链残基 B_9 丝氨酸突变为酸性、较长链的天冬氨酸，使其在中性 pH 条件下主要以单体形式存在，注入体内后无需解聚进入血液，从而产生速效效应。

2. 长效胰岛素

Novo 研究所利用定点诱变技术对人胰岛素进行定点改造，获得一种突变体，是目前已知在血液中半衰期最长的一种长效胰岛素。它的长期效应主要在于 B 链羧基端苏氨酸被酰胺化和胰岛素 B_{27} 的苏氨酸突变为带正电荷的精氨酸，使其等电点上升（从 pH5.4 升至 pH6.8），而 21 位突变使其在酸性溶液中也不会脱酰胺，保证了它的稳定性，这样制成 pH3.0 的可溶剂，注射后能在生理 pH 条件下形成结晶，延缓了吸收，半衰期因而延长，有利于低剂量胰岛素基础水平的维持。

3. 高效胰岛素

高效胰岛素类似物的研究开展的较早。1987 年由 Schwartz 等利用定点诱变技术将人胰岛素 B_{10} 的组氨酸突变为天冬氨酸，获得 B_{10} Asp 突变体。该突变体的体外生物活力和受体结合能力均明显提高，约为天然人胰岛素的 5 倍。

目前，利用蛋白质工程技术制备的药物已经应用与临床。人类基因组序列的破译，为药物设计提供了更多的蛋白质靶位。对大量未知蛋白质的发现和结构评估将为新药的创新提供新的机遇。随着用于药物设计的计算机方法的改进，未来的计算机程序将可能对先导化合物的代谢和毒理学进行预测。人类面临的新的健康问题，例如，艾滋病、病原菌的抗药品系的出现以及诸如癌症、心血管等，都将对以结构为基础的定点药物设计提出更多的挑战，而蛋白质工程也必然在这些挑战中不断地得到完善和发展。

学习小结

学习内容

本项目重点介绍了蛋白质的生物合成过程及蛋白质工程基本工艺流程。详细介绍了遗传密码子的概念、种类和特点，介绍了蛋白质的生物合成过程，包括起始阶段、延伸阶段、终止阶段、合成后修饰，介绍了蛋白质工程的基本工艺流程。在遗传信息传递的过程中，DNA将其遗传信息转录给mRNA，这是基因表达的第一步。mRNA再指导蛋白质的合成，这是基因表达的第二步，这一过程又称为翻译。翻译时，携带遗传密码的mRNA作为合成多肽链的模板，通过遗传密码决定蛋白质分子上的氨基酸组成和排列顺序。rRNA和多种蛋白质构成核蛋白体，作为合成多肽链的装置。tRNA则通过其反密码子与mRNA的密码子反向配对结合，特异性的转运氨基酸。多肽链合成后需要经过一定的加工修饰，才能转变成具有一定生物学活性的蛋白质。某些药物会影响蛋白质的合成。本项目简单介绍了蛋白质工程的工作过程，在基因工程的基础上，通过对基因的人工定向改造等手段，对蛋白质进行修饰、改造和拼接以生产出能满足人类需要的新型蛋白质。

本项目要求重点掌握遗传密码子的概念与特点，翻译的基本过程。熟悉蛋白质工程的基本流程，知道其在生产中的应用。通过本项目的学习，能够根据蛋白质生物合成基本过程，设计蛋白质药物。为学习后续生物制药技术课程打下良好基础。

知识框架

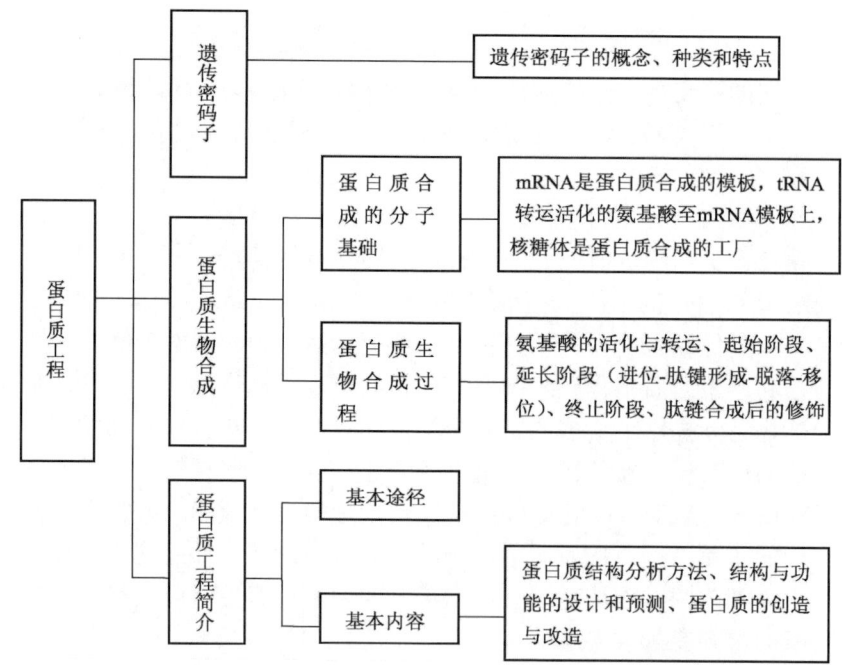

目标检测

一、单项选择题

1. 能与密码子 ACU 相识别的反密码子是（   ）
   A. UGA   B. IGA   C. AGI   D. AGU
2. 蛋白质合成所需的能量来自（   ）
   A. ATP   B. GTP   C. ATP 和 GTP   D. CTP
3. 蛋白质生物合成的方向是（   ）
   A. 从 C 端到 N 端   B. 从 N 端到 C 端
   C. 定点双向进行   D. 从 C 端、N 端同时进行
4. 在蛋白质合成过程中，不消耗高能磷酸键的是哪个阶段（   ）
   A. 移位   B. 氨酰 tRNA 进位
   C. 氨基酸活化   D. 肽键形成
5. 下面关于蛋白质生物合成的叙述中，不正确的一项是（   ）
   A. 氨基酸必须活化成活性氨基酸
   B. 氨基酸的羧基端被活化
   C. 体内所有密码子都有相应氨基酸
   D. 活化的氨基酸被运送到核糖体上

二、判断题

1. 核糖体是细胞内进行蛋白质生物合成的部位。（   ）
2. 在蛋白质生物合成中，所有氨酰 – tRNA 都是首先进入核糖体的 A 位的。（   ）
3. 因为遗传密码的通用性，所以真核细胞的 mRNA 可在原核翻译系统中得到正常的翻译。（   ）
4. 从 DNA 分子的三联体密码中，可以毫不怀疑地推断出某一多肽的氨基酸序列，但从氨基酸序列并不能准确推断出相应基因的核苷酸序列。（   ）
5. 蛋白质的三级结构不是由一级结构决定的，而是由分子伴侣决定的。（   ）

三、简答题

1. 什么是遗传密码？简述其基本特点。
2. 核酸在蛋白质合成中的作用有哪些？
3. 重组人胰岛素这一蛋白质药物合成的工艺流程有哪些？

实训　血清蛋白的分离纯化与鉴定

一、实训目的

（1）了解蛋白质分离纯化的总体思路。
（2）掌握盐析法、分子筛层析法、离子交换层析等操作技术。

实训备忘

血清中蛋白质按电泳法一般可分为五类：清蛋白、α_1-球蛋白、α_2-球蛋白、β-球蛋白、γ-球蛋白，其中γ-球蛋白约占16%，100mL中约含1.2g。

首先利用清蛋白和球蛋白在高浓度中性盐溶液（常用硫酸铵）中溶解度的差异而进行沉淀分离，称为盐析法。半饱和硫酸铵溶液可使球蛋白沉淀析出，清蛋白则仍溶解在溶液中，经离心分离，沉淀部分即为含有γ-球蛋白的粗制品。用盐析法分离得到的蛋白质中含有大量的中性盐，会妨碍蛋白质进一步纯化，因此首先必须除去。常用的方法有透析法、凝胶层析法等。本实训采用凝胶层析法，其目的是利用蛋白质与无机盐类之间相对分子质量的差异进行分离。当溶液通过Sephadex G-25凝胶柱时，溶液中分子直径大的蛋白质不能进入凝胶颗粒的网孔，而分子直径小的无机盐能进入凝胶颗粒的网孔之中。因此在洗脱过程中，小分子的盐会被阻滞而后洗脱出来，从而可达到去除盐的目的。

脱盐后的蛋白质尚含有各种球蛋白，利用它们等电点的不同可进行分离。α-球蛋白、β-球蛋白的pI<6.0；γ-球蛋白的pI的7.2左右。因此在pH为6.3的缓冲液中，各种球蛋白所带电荷不同。经DEAE（二乙基氨基乙基）纤维素阴离子交换层析柱进行层析中，带负电荷的α-球蛋白和β-球蛋白能与DEAE纤维素进行阴离子交换而被结合；带正电荷的γ-球蛋白则不能与DEAE纤维素进行交换结合而直接从层析柱流出。因此，随洗脱液流出的只有γ-球蛋白，从而使γ-球蛋白粗制品被纯化。

二、实验材料

1. 试剂

（1）人血清。

（2）饱和硫酸铵溶液　称固体硫酸铵（AR）850g，置于1000mL蒸馏水中，温度调整到70~80℃搅拌溶解。将酸度调整至pH7.2，室温下放置过夜，瓶底析出白色结晶，上清液即为饱和硫酸铵溶液。

（3）葡聚糖凝胶G-25的处理　按每100mL凝胶床体积需要葡聚糖凝胶G-25干胶25g的量称取，置于锥形瓶中。每毫升干胶加入蒸馏水约30mL，用玻璃棒轻轻混匀，置于90~100℃水中不时搅拌，使气泡逸出。1h后取出，稍静置，倾去上清液细粒。也可与室温下浸泡24h，搅拌后稍静置，倾去上清液细粒，用蒸馏水洗涤2~3次，然后加17.5mmol/L磷酸盐缓冲液（pH6.3）平衡，备用。

（4）DEAE-32（二乙基氨基乙基-32）纤维素的处理　按100mL柱床体积需DEAE纤维素14g称取，每毫升加0.5mol/L盐酸15mL，搅拌。放置30min（盐酸处理时间不可太长，否则DEAE纤维素变质）。加约10倍量的蒸馏水搅拌，放置片刻，待纤维素下沉后，倾去含细微悬浮物的上层液。如此反复数次。静置 30min，虹吸去除上清液（也可用布氏漏斗抽干），直至上清液 pH>4 为止。加等体积 1mol/L 氢氧化钠溶液，使最终浓度约为 0.5mol/L 氢氧化钠，搅拌后放置 30min，以虹吸除去上层液体。同上用蒸馏水反复洗至 pH<7 为止。虹吸去除上层液体，然后加入 17.5mmol/L 磷酸盐缓冲液（pH6.3）平衡，备用。

(5) 17.5mmol/L 盐酸盐缓冲液（pH6.3） 取 A 液 77.5mL，加入 B 液 22.5mL，混匀后即成。

A 液：称取磷酸二氢钠（$NaH_2PO_4 \cdot 2H_2O$）2.730g，溶于蒸馏水中，加蒸馏水稀释至 1000mL。

B 液：称取磷酸氢二钠（$Na_2HPO_4 \cdot 12H_2O$）6.269g，溶于蒸馏水中，加蒸馏水稀释至 1000mL。

(6) 奈氏（Nessler）试剂应用液 贮存液：称取碘化钾 KI 7.58g 于 250mL 三角瓶中，加 5mL 蒸馏水溶解，再加入碘 I_2 5.5g 溶解，加 7.0~7.5g 汞用力振摇 10min（此时产生高热，须冷却），直至棕红色的碘转变成绿色的碘化汞钾溶液为止，过滤上清液，倾入 100mL 容量瓶，洗涤沉淀，洗涤液一并倒入容量瓶内，用蒸馏水稀释至 100mL。

应用液：取贮存液 75mL，加 10% NaOH 溶液 350mL，加水至 500mL。

(7) 0.9% NaCl 溶液、20% 磺基水杨酸溶液

2. 仪器

层析柱、长滴管、醋酸纤维素薄膜、试管、比色板。

三、实训内容与操作步骤

1. 盐析

取正常人血清 2.0mL 于小试管中，加 0.9% NaCl 溶液 2.0mL，边搅拌混匀边缓慢滴加饱和硫酸铵溶液 4.0mL，混匀后于室温下放置 10min，3000r/min 离心 10min。小心倾去有清蛋白的上清液，重复洗涤一次，于沉淀中加入 17.5mmol/L 磷酸盐缓冲液（pH6.3）0.5~1.0mL 使之溶解。此溶液即为粗提的 γ-球蛋白溶液。

2. 脱盐

(1) 装柱 将洗净的层析柱保持垂直放置，关闭出口，柱内留下约 2.0mL 洗脱液。一次性将凝胶从塑料接口加入层析柱内，打开柱底部出口，调节流速为 0.3mL/min。凝胶随柱内溶液慢慢流下而均匀沉降到层析柱底部，最后使凝胶床达 20cm 高，床面上保持有洗脱液，操作过程中切忌将凝胶床表面露出液面，使层析床内出现"纹路"。在凝胶表面可盖一圆形滤纸，以免加入液体时冲起胶粒。

(2) 上样与洗脱 可以再凝胶表面上加圆形尼龙滤布或滤纸使表面平整，小心控制凝胶柱下端活塞，使柱上的缓冲液面刚好下降至凝胶床表面，关紧下端出口，用长滴管吸取盐析球蛋白溶液，小心缓慢加到凝胶床表面。打开下端出

口，将流速控制在0.25mL/min，使样品进入凝胶床内。关闭出口，小心加入少量17.5mmol/L磷酸盐缓冲液（pH6.3）洗涤柱内壁。打开下端出口，待缓冲液进入凝胶床后再加少量缓冲液。如此反复3次，以洗净内壁上的样品溶液。然后加入适量缓冲液开始洗脱。加样开始应立即收集洗脱液。洗脱时接通蠕动泵，流速为0.5mL/min，用部分收集器收集，每管1mL。

（3）洗脱液中 NH_4^+ 与蛋白质的检查 取比色板两个（其中一个为黑色背底），按洗脱液的顺序每管取1滴，分别滴入比色板中，前者加20%磺基水杨酸溶液2滴，出现白色混浊或沉淀即表示有蛋白质析出，由此可估计蛋白质在洗脱各管中的分布及浓度；于另一比色板中，加入奈氏试剂应用液1滴，以观察 NH_4^+ 出现的情况。

合并球蛋白含量高的各管，混匀。除留少量做电泳鉴定外，其余用DEAE纤维素阴离子交换柱进一步纯化。

3. 纯化

用DEAE纤维素装柱8~10cm高，并用17.5mmol/L磷酸盐缓冲液（pH6.3）平衡，然后将脱盐后的球蛋白溶液缓慢加于DEAE纤维素阴离子交换柱上，用同一缓冲液洗脱、分管收集。用20%磺基水杨酸溶液检查蛋白质分布情况。装柱、上样、洗脱、收集及蛋白质检查等操作步骤同凝胶层析。

4. 浓缩

经DEAE纤维素阴离子交换柱纯化的γ-球蛋白液往往浓度较低。为便于鉴定，常需浓缩。收集较浓的纯化γ-球蛋白液2mL，按每毫升0.2~0.25g加Sephadex G-25干胶，摇动2~3min，3000r/min离心5min。上清液即为浓缩的γ-球蛋白溶液。

5. 鉴定

取醋酸纤维素薄膜2条，分别将血清、脱盐后的球蛋白、DEAE纤维素阴离子交换柱纯化的γ-球蛋白液等样品点上。然后进行电泳分离、染色。比较电泳结果。

四、思考题

如何从血清中分离纯化免疫球蛋白？

项目十　物质转化

学习目标

通过本项目的学习，熟悉物质代谢的特点和相互间的联系，酶水平调节的方式和原理；了解激素和神经水平调节的方式和特点；能够根据代谢调节的知识解释发酵产品的积累过程。

知识目标

1. 熟悉物质代谢的特点和相互间的联系，掌握交叉点。
2. 了解代谢调节的方式和水平。
3. 熟悉酶水平调节的方式、原理。
4. 了解激素和神经水平调节的特点。

能力目标

1. 能利用物质代谢间的关系解释机体内的生化反应变化。
2. 能利用代谢调节的知识解释发酵产品的积累过程。

任务描述

柠檬酸发酵厂欲提高产量，从菌种选育、发酵条件优化等方面做了大量的工作，成效不是很显著，现考虑通过调节产生菌的代谢途径来提高产量，请画出相关的代谢流程，并说明调节方法。

【课堂互动】

动物在生命活动过程中，除摄入氧气排出二氧化碳外，还要不断地摄取食物排出代谢废物。机体这种和环境间不断进行的物质交换，即物质代谢。物质代谢是生命本质特征，是生命活动的物质基础。其特点是什么？

各类物质的代谢在相互联系、相互制约下进行，形成一个完整统一的网络，具共同的代谢池，处于动态平衡中。由于机体内存在精细的调节机制，各种物质代谢能适应内外环境变化，有序地进行。

一、物质代谢的相互联系

物质代谢通过各代谢途径的共同中间产物相互联系，形成经济有效、运转良好的代谢网络通路。乙酰CoA是糖、脂、氨基酸代谢共有的重要中间代谢物，三羧酸循环是三大营养物最终代谢途径，是转化的枢纽。如图10-1所示。

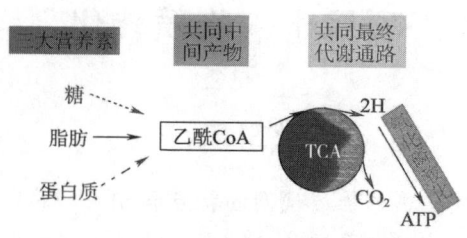

图10-1　重要的中间产物和共同途径

（一）糖代谢与脂类代谢的关系

糖类物质在体内可以转化成脂肪，同样，脂肪又可以部分的转化成糖。可见，糖类代谢和脂类代谢之间有着密切的关系，并可相互转化，如图10-2所示。

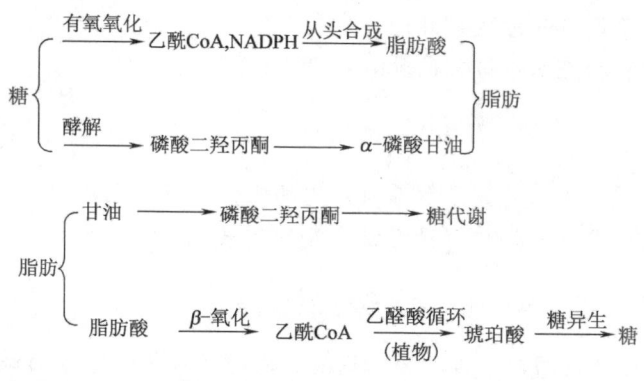

图10-2　糖代谢与脂肪代谢的关系

1. 糖转变为脂类

通常糖类转化成脂肪是很容易的。首先是由葡萄糖分解为磷酸二羟丙酮及乙酰辅酶A，并由磷酸戊糖途径产生$NADPH+H^+$。然后，以磷酸二羟丙酮为原料，合成磷酸甘油；以乙酰辅酶A及$NADPH+H^+$为原料，经脂肪酸生物合成途径合成脂肪酸（必需脂肪酸不能合成，必须由食物提供）。最后以磷酸甘油和脂肪酸为原料合成脂肪。

2. 脂类转变为糖

在动物体内，只有脂肪中的甘油部分可经磷酸化及氧化而产生磷酸二羟丙酮，再沿糖异生途径生成糖。但甘油仅占脂肪分子中的很少一部分，其量微不足道。

脂肪酸经β-氧化后产生乙酰辅酶A，不能逆向转化为丙酮酸异生成糖。而脂肪中的大部分物质是脂肪酸，甘油只占很少的比例，因此脂肪酸转变为糖的量很少。

在植物体内，乙酰辅酶 A 可以通过乙醛酸循环途径缩合成三羧酸循环的中间产物，从而转变成糖，所以，脂肪能大量转变成糖。

【课堂互动】

联系糖和脂肪代谢的相互关系，谈谈应当如何减少体内的脂肪积存？

（二）糖代谢与蛋白质代谢的关系

糖代谢与蛋白质代谢之间存在密切的关系，如图 10 - 3 所示。

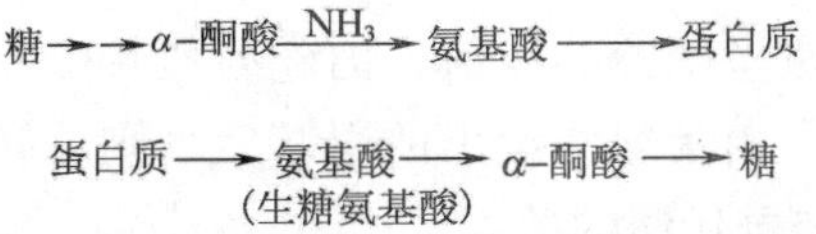

糖 → α-酮酸 $\xrightarrow{NH_3}$ 氨基酸 ——→ 蛋白质

蛋白质 ——→ 氨基酸 ——→ α-酮酸 ——→ 糖
（生糖氨基酸）

图 10 - 3　糖代谢与蛋白质代谢之间的联系

1. 蛋白质转变为糖

蛋白质转化成糖，必须先分解为氨基酸。20 种氨基酸中除亮氨酸和赖氨酸外，均可生成糖代谢的中间产物 α - 酮酸（丙酮酸、α - 酮戊二酸、草酰乙酸），并通过糖异生作用生成糖。蛋白质转化成糖是一个比较容易进行的过程。

2. 糖转变为蛋白质

糖类物质转化成蛋白质，首先必须提供氮源（氨基）合成氨基酸。通过糖代谢可形成 12 种非必需氨基酸的碳链，再经还原氨基化或转氨基作用合成相应的氨基酸。但是糖类不能转化成 8 种必需氨基酸，即使提供充足的氨基，糖类也不可能转化为体内所需的完全蛋白。必需氨基酸只能由食品提供。

（三）脂类代谢和蛋白质代谢的关系

脂类代谢与蛋白质代谢之间存在密切的关系，如图 10 - 4 所示。

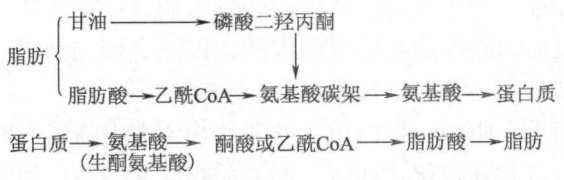

图 10 - 4　脂类代谢与蛋白质代谢的关系

1. 脂类转变为蛋白质

脂类中的甘油部分较易转化为合成各种非必需氨基酸相应的碳链部分 α - 酮酸，可进一步转化为氨基酸和蛋白质。

在动物体内，脂肪酸转变成氨基酸是受限制的，因为脂肪酸氧化分解产生的乙酰辅酶 A 虽然可以进入三羧酸循环产生相应的氨基酸碳链部分 α - 酮酸，但需要草酰乙酸的配合,而草酰乙酸只能由甘油和糖提供,脂肪酸要转变为蛋白质只能与其他物质配合,因此,动物不易利用脂肪酸合成蛋白质。在植物和微生物体内,由于存在乙醛酸循环,可以由两分子乙酰辅酶 A 合成一分子琥珀酸,从而变成三羧酸循环的中间产物。因此,植物和微生物可以利用脂肪酸合成氨基酸和蛋白质。

2. 蛋白质转变为脂类

蛋白质分解产生的氨基酸,无论是生糖氨基酸还是生酮氨基酸,都会产生乙酰 CoA,从而转变为脂肪和胆固醇。此外,某些氨基酸还是合成磷脂的原料。例如,丝氨酸是合成磷脂酰丝氨酸的原料,由丝氨酸转变而成的胆胺则可转变为脑磷脂;在脑磷脂的基础上由蛋氨酸给出的甲基后,则可转变为卵磷脂。

(四) 核酸和其他物质代谢的关系

核酸和其他物质代谢的关系密切。

生物体内的一切物质代谢都离不开酶的催化作用。酶是一种特殊的蛋白质,而蛋白质的生物合成又离不开核酸的指导作用。核酸通过控制蛋白质的合成影响细胞的组成成分和代谢类型,但是我们不能把核酸作为细胞中的氮素、碳素和能源分子来看待。

(五) 营养物质之间的相互影响

糖、脂类和蛋白质代谢之间的相互影响是多方面的,而且突出地表现在能量供应上。除水分外糖是数量最多的营养物质,占 80% 以上。因此,在一般情况下,各种生理活动所需要的能量约 70% 以上是由糖供应的。当糖类供应充足时,机体以糖作为能量的主要来源,而很少利用脂肪和蛋白质来分解供能。如糖的供应量超过机体的需要,由于糖在体内以糖原贮存的量不多,一般不到体重的 1%,因而过量的糖则转变成脂肪作为能量贮备。在这种情况下,脂肪的合成代谢增强。反之,当糖类供应不足或饥饿时,体内的糖原很快被消耗。此时,一方面糖的异生作用加强,即主要动用体蛋白转变为糖,以维持体内糖的含量不至过少,另一方面动员体内贮存的脂肪分解供能,以减少糖的利用。若长期饥饿,体内脂肪分解大大加快,甚至会出现酮血症。

综上所述,糖类、脂类、蛋白质及核酸的代谢在生物体内有着非常密切的联系,它们之间也可以相互转化。现将它们的相互联系归纳,如图 10-5 所示。

二、物质代谢的调节

代谢调节是指细胞内的各种物质和能量代谢速度按生物体的需要而改变的一种作用。它保证了细胞内的物质既不过多也不缺乏。生物体在正常的生理条件下,各种代谢有条不紊地进行,这是由于生物体内有一套完善的调节机制,可以适应体内外环境的不断变化,保持机体内环境的稳定。这一调节机制一旦失去平衡,就将导致新陈代谢的异常,就会产生疾病。

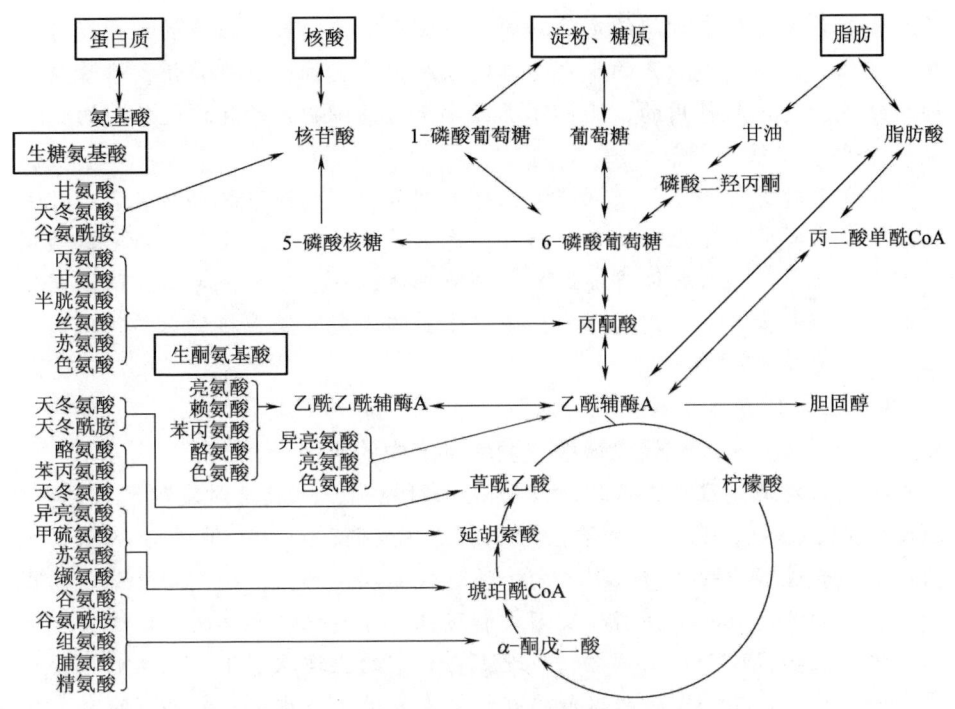

图 10-5 糖、脂类、蛋白质和核酸代谢的相互关系

在生物的进化过程中，生物体内代谢调节机制也随着发展，进化程度越高的生物，代谢调节机制越复杂。对人和高等动物来说，主要有下面3个层次：①细胞或酶水平调节，通过改变酶的结构和酶的含量来调节代谢速度；②激素水平调节，通过激素的作用，改变酶的活力或酶的数量，从而调节代谢速度；③整体水平综合调节，在中枢神经系统指挥下，对整体代谢进行综合性的调节。

在上述3个层次中，不管是哪个层次的调节，最终都离不开酶的结构及酶的含量的改变。所以，细胞或酶水平的调节是最基础、最原始的调节。

【拓展提高】

1. 细胞或酶水平的调节

细胞或酶水平的调节可以分为两种：酶结构的调节，通过改变酶的结构，使代谢速度改变；酶含量的调节，通过改变酶的数量，使代谢速度改变。

2. 激素水平的调节

激素是由内分泌细胞所分泌的一类化学物质，对代谢产生调节作用时有着很强的特异性，一种激素只作用于一定的组织或细胞，并对一定的受体起作用。激素按其化学本质可分为含氮类激素和甾体类激素。含氮类化合物是一些水溶性的物质，而甾体类化合物则是一些脂溶性的物质，生物体的细胞膜是脂溶性膜，脂溶性的物质很容易透过，而水溶性物质则基本不能透过。这就决定了不同化学本质的激素其作用受体在细胞的定位不同。一般而言，含氮类激素的作用受体在细胞膜上定位，而甾体类激素的作用受体则在细胞内定位。也就是说，含氮类激素是通过细胞膜受体起作用的，而甾体类激素是通过细胞内的受体起作用的。

3. 整体水平综合调节

整体调节就是神经－体液调节。在整体调节中，神经系统可协调调节几种激素的分泌。在整体水平上，就激素而言，也不是单一激素，而是多种激素共同协调，综合对机体代谢进行调节。例如，调节机体血糖浓度的恒定就有降血糖激素与一组升血糖激素共同作用的结果，使机体血糖浓度即使是在餐后与饥饿时都不会有太大的波动。

【生化视野】

代谢调控在发酵生产中的应用

在微生物发酵过程中，人们对发酵过程的控制，一般是对发酵参数的控制，如温度、pH、溶氧、基质浓度等。实际上，在发酵过程中，更应该从根本上考虑菌体在生长过程中的物质代谢方向，通过代谢调控作用，控制培养基中的成分向产物合成的方向流动，并消除反馈抑制现象，才能保证发酵的高效性。

根据微生物代谢受精细调控的原理，在正常的生理状态下，微生物不会大量积累中间产物，也不会大量积累最终产物。在发酵工业中使用的高产菌株常常是代谢异常的菌株，这些菌株能克服原有的反馈调节系统，从而达到大量积累发酵产物的目的。

在发酵工业上可以通过选择代谢中间产物的营养缺陷型积累某一分支产物，从而造成后续产物无法合成，因此，使用这样的菌株，就必须在培养基中加入微量的受损分支的最终产物，保证菌体的生长。

此外，通过降低最终产物的浓度可以解除最终产物对合成途径的反馈抑制或反馈阻遏作用，有利于某些中间产物或最终产物的积累。

案例分析一：柠檬酸发酵代谢调节

由葡萄糖在黑曲霉的作用下生物合成柠檬酸，包括糖酵解途径（EMP）、三羧酸循环（TCA）等，在糖酵解及丙酮酸代谢中酶的调节。正常情况下，柠檬酸、ATP对磷酸果糖激酶有抑制作用，而AMP、无机磷、铵离子对该酶则有激活作用，特别是还能接触柠檬酸、ATP对磷酸果糖激酶的抑制作用。铵离子浓度与柠檬酸生成速度有密切关系，正是由于细胞内浓度升高，使磷酸果糖激酶对细胞内积累的大量柠檬酸不敏感。

案例分析二：谷氨酸发酵

由葡萄糖在谷氨酸产生菌的作用下生物合成谷氨酸，包括糖酵解途径（EMP）、磷酸己糖途径（HMP）、三羧酸循环（TCA）、乙醛酸循环等。谷氨酸产生菌糖代谢的一个重要特征是α-酮戊二酸氧化脱羧酶氧化能力微弱，尤其在生物素缺乏条件下，三羧酸循环到达α-酮戊二酸时代谢即受阻，积累了大量的

α-酮戊二酸。在铵离子存在的条件下，α-酮戊二酸由谷氨酸脱氢酶催化，经还原氨基化反应生成谷氨酸。由于产生菌为生物素缺陷型，可通过控制生物素的浓度，使谷氨酸透过细胞膜分泌于发酵培养基内。

学习小结

学习内容

体内各种物质代谢是相互联系、相互制约的。各代谢途径之间可通过共同枢纽性中间产物互相联系和转变。糖、脂肪、蛋白质等营养素在供应能量上可互相代替，互相制约，但不能完全互相转变。

代谢调节可分为三级水平，即细胞水平调节、激素水平调节和以中枢神经系统为主导的整体调节。

知识框架

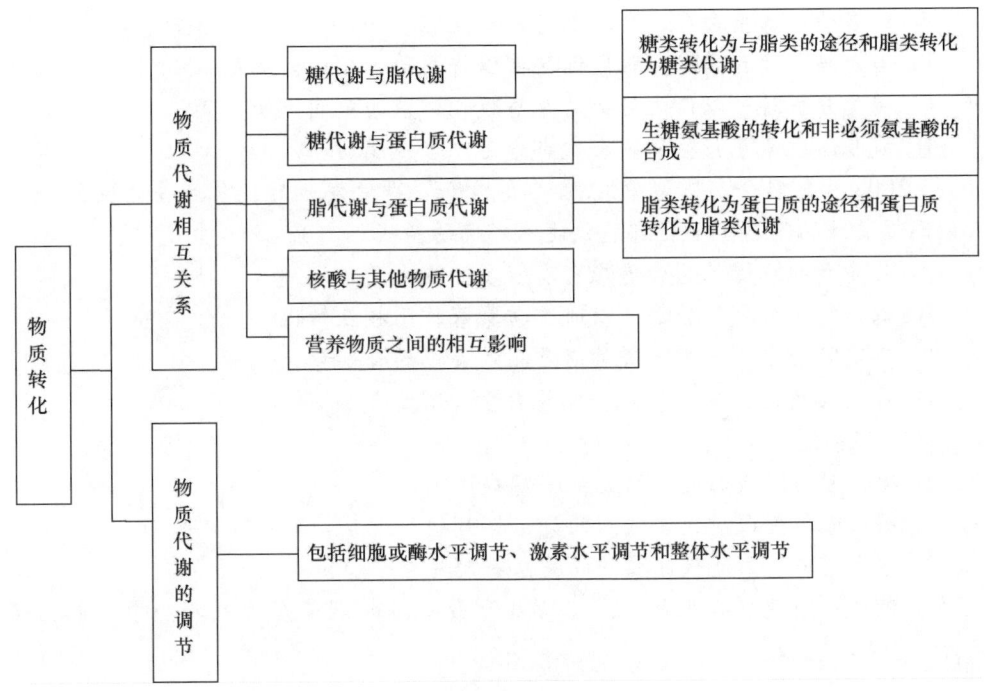

目标检测

一、填空题

1. 下列过程发生在真核生物细胞的哪一部分？

DNA 合成在_____　　氧化磷酸化在_____

rRNA 合成在_____　　糖酵解在_____

蛋白质合成在_____　　　　β-氧化在_____
脂肪酸合成在_____　　　　脂肪酸转变为糖在_____

2. 生物体内往往利用某些三磷酸腺苷作为能量的直接来源，如_____用于多糖合成，_____用于磷脂合成，_____用于蛋白质合成。

3. 在糖、脂类和蛋白质代谢的互变过程中，_____和_____是关键物质。

二、单项选择题

1. 下列叙述中，能正确表明人体内三大营养物质代谢关系的是（　　）
　A. 三大营养物质之间的转化程度无明显差异
　B. 当糖类和脂肪的摄入量不足时，人体内蛋白质的分解就会增加
　C. 当蛋白质的摄入量不足时，糖类代谢的中间产物能转变成赖氨酸等各种氨基酸
　D. 甲状腺激素和生长激素对糖类、蛋白质、脂肪的氧化分解都有促进作用

2. 下列关于人和高等动物新陈代谢的叙述，不正确的是（　　）
　A. 过多地摄入蛋白质，会增加肝、肾生理负担
　B. 当血糖含量升高时，肌肉细胞要以将葡萄糖合成为糖元
　C. 糖类分解时可以产生与必需氨基酸相对应的中间产物
　D. 氨基酸脱氨基产生的不含氮部分可以合成脂肪

3. 2008年9月含有三聚氰胺的"毒奶粉"事件发生后，食品安全问题成为人们高度关注的问题。下列有关叙述不正确的是（　　）
　A. 儿童和病愈者的膳食更应含有较多的蛋白质
　B. 糖类与各种氨基酸都可以通过转氨基作用相互转化
　C. 测定乳粉中的蛋白质含量通是测定其中的含氮量
　D. 在婴儿体内，蛋白质的合成量大于分解量

三、问答题

1. 糖代谢与脂代谢之间的关系有哪些？
2. 糖代谢与蛋白质代谢之间的关系有哪些？
3. 脂代谢与蛋白质代谢之间的关系有哪些？
4. 机体代谢调节有几种方式有哪些？最基础的调节层次是哪一个？包括哪两大类型？

实训一　柠檬酸的发酵生产

一、实训目的

（1）理解柠檬酸发酵原理及过程。
（2）能够分析说明柠檬酸积累的代谢途径。
（3）能够进行柠檬酸含量的检测。

实训备忘

黑曲霉发酵法生产柠檬酸的代谢途径被认为是黑曲霉生长繁殖时产生的淀粉酶、糖化酶首先将薯干粉或玉米粉中的淀粉转变为葡萄糖；葡萄糖经过酵解途径（EMP）和 hMP 途径转变为丙酮酸；丙酮酸由丙酮酸氧化生成乙酸和二氧化碳，继而经乙酰磷酸形成乙酰辅酶 A，然后在柠檬合成酶的作用下生成柠檬酸。黑曲霉在限制氮源和锰等金属离子条件下，同时在高浓度葡萄糖和充分供氧的条件下，TCA 循环中的酮戊二酸脱氢酶受阻遏，TCA 循环变成"马蹄形"，代谢流汇集于柠檬处，使柠檬酸大量积累并排出菌体外。

二、实训材料

1. 设备

0.1429mol/L NaOH，1%酚酞试剂，pH 计，3，5 二硝基水杨酸试剂，葡萄糖；草酸铵结晶紫液（A 液：1%结晶紫 95%酒精溶液；B 液：1%草酸铵溶液。取 A 液 20mL，B 液 80mL 混合，静置 48h 后使用）

2. 材料

菌种：黑曲霉（本实验室保存）。

黑曲霉种子培养基：20%玉米粉糖化液。

发酵培养基：20%玉米粉糖化全液与过滤后的玉米糖化清液 1∶5 混合。

3. 器材

摇床，离心机，超净工作台，恒温培养箱，灭菌锅，析天平，蒸发器，分光光度计，比色管，容量瓶，滤布，布氏漏斗，滴定管，水浴锅，试管、烧杯、500mL 三角瓶等若干。

三、实训内容与操作步骤

1. 摇瓶种子制备

（1）摇瓶发酵培养基的配制　将玉米粉用 100 目筛子筛好备用，称取 200g 玉米粉于烧杯中，同时加入自来水 800mL，即质量比自来水：玉米粉为 4∶1，混匀。

（2）培养基的糖化　边加热边搅拌培养基，待加热到 90℃后，加入高温淀粉水解酶 0.5~1mL，加热搅拌恒温保持 20~30min，防止糊化粘壁，用碘指示剂检验不变蓝，即糖化完全。得到 20%玉米水解液全液（含碳 6.73%，氮 1.26%）。

注：筛玉米粉的目的是便于下次接种时菌种能以液体形式轻松吸出，用碘液检验淀粉含量时要待被检测液冷却后才能检测，否则结果不准确。装入摇瓶的培养基不能太多，否则培养过程中黑曲霉所需要的氧气会不充分。

（3）分装、灭菌　将糖化好的培养基装入 2 个摇瓶（锥形瓶）中，装入量为摇瓶总体积的 1/10，2~4 层纱布封口，121.3℃，灭菌 15~20min。

（4）接种 待糖化好的培养基温度降至40℃以下时，将活化的黑曲霉孢子（为 4~5 片麸皮）接种入培 3 养基中，在 33~36℃，200~300r/min 的摇床中 20h 左右，培养后菌体浓度应达 60 万~150 万/mL，菌丝球为致密形的，菌球直径不应超过 0.1mm，菌丝短，且粗壮，分支少，瘤状，部分膨胀为优。

注：进行下一步操作前应用显微镜检测菌球的生长状况，若菌丝细长则说明黑曲霉已经提前进入柠檬酸发酵时期，会导致后期的柠檬酸产量降低。

2. 发酵培养

（1）发酵培养基的配制 将配制摇瓶发酵培养基时所剩的约 700mL 糖化培养基取出 100mL，另外 600mL 用滤布（2~4 层纱布）过滤，得到透明清液（含碳 7.27%，氮 0.13%），然后将未过滤的糖化培养基与 500mL 过滤后的清液混匀。

（2）分装、灭菌 取 40mL 混合后的培养基加入 500mL 摇瓶（小于总体积的 1/10），2 层纱布封口，121.3℃，灭菌 15~20min。

（3）接种 待培养基温度降至 40℃ 以下，接入发酵种子 2mL，24h 前于转速 100r/min，24h 后于转速 200~300r/min 摇床上，35℃ 连续培养 72h。

注：发酵过程中不能断氧，否则发酵失败。

（4）发酵过程检测

①还原糖、柠檬酸的检测：发酵 0、24、48、72h 分别各取下两瓶检测还原糖（残糖）、柠檬酸含量，以观察发酵过程中黑曲霉的耗糖与柠檬酸的生成速率。

②pH 的检测：每隔 12h 检查 pH。

③黑曲霉菌丝形态的观察：每隔 12h 镜检黑曲霉菌丝的形态变化。

四、检测方法

1. 黑曲霉镜检

方法一：直接取一滴发酵液于载玻片上，用盖玻片密封后镜检。

方法二：镜检过程：涂片→干燥→固定→染色→水洗→干燥→镜检（染料：草酸铵结晶紫液）。

2. pH 的跟踪测定：pH 计。

3. 还原糖（残糖）的测定

方法一：DNS 还原糖测定法。

方法二：发酵完成后取发酵清液 2mL 稀释到 500mL，取 1mL 加菲林 A、B 各 5mL，加热到沸腾，用葡萄糖溶液滴定残糖。

4. 柠檬酸的测定

柠檬酸的测定：一般检测发酵过程中的总酸，精确吸取 1mL 的发酵液过滤液于 100mL 锥形瓶中，加入少量的去离子水，加 2~3 滴 0.1% 酚酞指示剂，用 0.1429mol/L NaOH 溶液滴定，滴定至溶液里微红色，计算用去的 NaOH 体积

（mL），计为柠檬酸的百分含量（每消耗 1mL NaOH 1% 的酸度）。

五、实训结果

（1）不同时间点菌丝形态和 pH 的变化见表 10-1。

表 10-1　　　　　　　　　不同时间点菌丝形态和 pH

时间	菌丝形态	pH
0h		
12h		
24h		
48h		
60h		
72h		

（2）还原糖（残糖）与柠檬酸含量的测定见表 10-2。

表 10-2　　　　　　　　还原糖（残糖）与柠檬酸含量的测定

发酵时间/h	还原糖（残糖）质量/g	柠檬酸/%
0		
24		
48		
72		

计算公式 = 标准曲线上查得的还原糖质量（g）×（提取液总体积/测定时提取液体积）

计算公式酸度 = 消耗 0.1429mol/L 的 NaOH 的体积数（mL）

七、思考题

1. 柠檬酸合成代谢的生化途径有哪些？
2. 分析说明柠檬酸合成的代谢中调节作用有哪些？
3. 应当如何控制发酵条件才有利于柠檬酸的代谢积累？

实训二　糖酵解中间产物的鉴定

一、实训目的

（1）了解抑制剂对代谢的调控作用。

（2）了解物质代谢的调控机理。

> **实训备忘**
>
> 利用碘乙酸对糖酵解过程中3-磷酸苷油醛脱氢酶的抑制作用,使3-磷酸苷油醛不再向前变化而积累。硫酸肼作为稳定剂,用来保护3-磷酸苷油醛是不自发分解。然后,用2,4-二硝基苯肼与3-磷酸苷油醛,在碱性条件下形成2,4-二硝基苯肼——丙糖的棕色复合物,其棕色程度与2-磷酸苷油醛含量成正比。

二、实训材料

1. 仪器

试管(1.5cm×1.5cm),吸量管(1mL、2mL、3mL),恒温水浴,烧杯(50mL)。

2. 原料

新鲜酵母。

3. 试剂

(1) 2,4-二硝基苯肼　0.1g 2,4-二硝基苯肼溶于水100mL 2mol/L盐酸溶液中,贮于棕色瓶中备用。

(2) 0.56mol/L硫酸肼溶液　称取7.28g硫酸肼溶于50mL水中,这时不会全部溶解,当加入NaOH使pH达7.4时则完全溶解。此液也可用于水合肼溶液配制,可按其分子浓度稀释至0.56mol/L,此时溶液呈碱性,可用浓硫酸调pH至7.4即可。

(3) 5%葡萄糖溶液。

(4) 10%三氯乙酸溶液。

(5) 0.75mol/L NaOH溶液。

(6) 0.002mol/L碘乙酸溶液。

三、实训内容与操作步骤

(1) 取小烧杯3只,分别加入新鲜酵母0.3g,并按表10-3分别加入各试剂,混匀。

表10-3　　　　　　　　　　操作步骤1

杯号	5%葡萄糖加入量/mL	10%三氯醋酸加入量/mL	碘乙酸加入量/mL	硫酸肼加入量/mL	发酵时起泡量
1	10	2	1	1	
2	10	—	1	1	
3	10	—	—	—	

(2) 将各杯混合物分别倒入编号相同的发酵罐内,放入37℃保温1.5h,观

察发酵管产生气泡的量有何不同。

（3）把发酵管中发酵液倾倒入同号小烧杯中并在 2 号和 3 号杯中按表 10-4 补加各试剂，摇匀放 10min 后和第一只烧杯中内容物一起分别过滤，取滤液进行测定。

表 10-4　　　　　　　　　　　操作步骤 2

杯号	10% 三氯乙酸/mL	碘乙酸/mL	硫酸肼/mL
2	2	—	—
3	2	1	1

（4）取 3 个试管，分别加入上述滤液 0.5mL，并按表 10-5 加入试剂和处理。

表 10-5　　　　　　　　　　　操作步骤 3

管号	滤液体积/mL	0.75mol/L NaOH 体积/mL		2,4-二硝基苯肼体积/mL		0.75mol/L NaOH 体积/mL	观察结果
			室温放置 10min		38℃ 水浴保温 19min		
1	0.5	0.5		0.5		3.5	
2	0.5	0.5		0.5		3.5	
3	0.5	0.5		0.5		3.5	

四、思考题

实验中哪一发酵管生成的气泡最多？哪一管最后生成的颜色最深？为什么？

参 考 文 献

[1] 丁向明，吴士良，等．糖基转移酶的结构生物学．生命的化学，2003，23（5）：369～371
[2] 丁国英，王招娣，等．医用生物化学．南京：东南大学出版社，1999
[3] 于自然，黄熙泰．生物化学．北京：化学工业出版社，2001
[4] 王希成．生物化学．北京：清华大学出版社，2001
[5] 王鄂生．代谢调控．北京：高等教育出版社，1990
[6] 王联结．生物化学与分子生物学原理．北京：科学出版社，2002
[7] 王金胜．基础生物化学．北京：中国林业出版社，2003
[8] 王镜岩，朱圣庚，等．生物化学．北京：高等教育出版社，2002
[9] 毛华伟，赵晓东，等．脱氧核酶研究进展．中国生物工程杂志，2003，23（4）：43～47
[10] 方允中，郑荣梁．一氧化氮的化学与生物化学．见：自由基生物学的理论与应用．北京：科学出版社，2002
[11] 卢忠心．脱氧核酶及其应用进展．国外医学分子生物学分册，2003，25（3）：282～285
[12] 孙大业，郭艳林，等．细胞信号转导．第3版．北京：科学出版社，2001
[13] 孙志贤．现代生物化学理论与研究技术．北京：军事医学科学出版社，1995
[14] 冯雁，杨同书．抗体酶研究的新进展．生物学杂志，1997，14（4）：1～3
[15] 许金晃，张宇峰，等．抗体酶的研究与展望．科学导报，1999，（8）：15～17
[16] 刘大钧．细胞遗传学．北京：中国农业出版社，1998
[17] 李剑，王玉珍．细胞内大分子拥挤环境．生物化学与生物物理进展，2001，28（6）：788～792
[18] 李建武．生物化学原理和方法．北京：北京大学出版社，2000
[19] 李斯孟．霍普金斯大学生物系为何成为诺贝尔奖获得者的摇篮．高等教育研究，1998，(2)：78～80
[20] 任本命．不屈不挠 情有独钟．西安联合大学学报，2002，5（4）：110～111
[21] 张曼夫．生物化学．北京：中国农业大学出版社，2002
[22] 张楚富．生物化学原理．北京：高等教育出版社，2004
[23] 张廼蘅．生物化学．第二版，北京：北京医科大学出版社，1999
[24] 张洪渊．生物化学教程．第三版．成都：四川大学出版社，2002
[25] 吴显荣．基础生物化学．第2版．北京：中国农业出版社，1999
[26] Agre P, Kozono D. Aquaporin water channal: molecular mechanisms for human diseases. FEBS Lett, 2003, 1: 72～78
[27] Agre P, Kin L S, et al. Aguaporin water channel – from atomic structure to clinical medicine. Journal of Physiology, 2002, 543: 3～16
[28] Buchanan B B, Gruissem W, et al. Biochemistry & Molecular Biology of Plants（影印版）．北京：科学出版社，2002
[29] D. R 马歇克（美）．蛋白质纯化与鉴定指南．北京：科学出版社，2000
[30] Doherty E A, Doudna J. A. Ribozyme structures and mechanisms. Annu Rev Biochem, 2000,

69：597~615

[31] Galon A, Sot B, et al. Excluded volume effects on the refolding and assembly of an oligomeric protein：GroEL, a case study. Journal of Biological Chemistry, 2001, 276（2）：957~964

[32] Garrett R H, Grisham. C. M. Biochemistry. New York：London：Saunders College Publishing Harcourt College Publishers. 1995

[33] Garrett R H., Grisham C M.. 生物化学. 第2版（影印版）. 北京：高等教育出版社, 2002

[34] Hames B D, Hooper N M, et al. Instant Notes in Biochemistry. London：IOS Scientific Publishers Limited, 1997

[35] Hiley S L, Collins R A. Rapid formation of solvent inaccessible core in the Neurospora Varkud Satellite ribozyme. EMBOJ, 2001, 20（19）：5461~5469

[36] H. R 马休兹, 等. 生物化学简明教程. 吴相钰译. 北京：北京大学出版社, 2001

[37] Irie A. Hammerhead ribozyme as therapeutic agents for bladder Cancer. Mol Urol, 2000, 4：61~67

[38] Jack J Z. Method rules for ribozyme. Mol Ceiiular Neurocsienxe, 1998, 11：92~96

[39] Joyce G F. Directed evolution of RNA enzyme. Science, 1994, 257：635~641

[40] Lafontaine D A, Norman D G., et al. Structure, folding and activity of the VS ribozyme：importance of the 2-3-6 helical junction. EMBOJ, 2001, 20（6）：1415~1424

[41] Lehninger, A L, Nelson, et al. Principles of Biochemistry, Second Edition. New York：Worth Publishers, Inc, 1993

[42] Lewin B. Genes Ⅶ. New York：Oxford University Press, Inc, 2000

[43] Li Q X. A novel functional genomics approach identifies m TERT as a supperessor of fibroblast transformation. Nucleic Acid Res, 2000, 28：2605~2609

[44] Lubert Stryer. 生物化学. 唐有祺等译. 北京：北京大学出版社, 1990

[45] Marschner H. Mineral Mutrition of Higher Plants, Second Edition. London：Academic Press, 1995

[46] Mckee, T Mckee J R. Biochemistry. An introduction 2th ed. New York：McGraw-Hill Companies, Inc, 1999

[47] Nelson D L, LehningerA L, et al. Principles of Biochemistry. New York：Worth Publishers, 2000

[48] P. W 库彻. 全美经典生物化学学习指导系列. 北京：科学出版社, 2000

[49] Shabat D, Rader C, et al. Multiploevent activation of generic prodrug by catalysis. Proc Natl Acod Sci, 1999, 96（12）：6925~6930

[50] Stryer, L. Biochemistry. 3th ed. New York：W. H. Freeman and Company, 1995

[51] Takagi Y, Warashina M, et al. Recent advances in the elucidation of the mecha-nisms of action of ribozymes. Nucleic Acids Research, 2001, 29（9）：1815~1834

[52] TrudyMckee. 生物化学导论. 北京：科学出版社, 2000

[53] Yang Z M, Wang J, et al. Salicylic acid-induced aluminum tolerance by modulation of citrate efflux from roots of *Cassia tora L*. Planta, 2003, 217：168~174.

[54] Zogakis T G., Libutti S K, General aspects of anti-angiogenesis and cancer therapy. Expert Opin Biol Ther, 2001,（1）：253~256